典型脆弱生态系统的适应技术体系研究

吕宪国 等 著

科学出版社

北京

内 容 简 介

本书是全球变化研究国家重大科学研究计划"全球变化影响下我国主要陆地生态系统的脆弱性与适应性研究"课题"典型脆弱生态系统的适应技术体系研究"的成果。著者在对脆弱农田、沙地、高寒草地和湿地生态系统的长期研究和应用实践的基础上,确立了全球变化影响下我国典型脆弱生态系统的适应技术体系,提出了典型脆弱生态系统气候变化适应技术流程和技术标准。本书为国家适应气候变化战略、规划和工程提供了相关科学基础,对我国积极适应气候变化,提高应对能力具有重要意义。

本书可供生态、地理、环境、湿地、农业、草业、水资源、气象、气候等领域的科研与教学人员参考,也可供相关行业管理部门使用。

图书在版编目(CIP)数据

典型脆弱生态系统的适应技术体系研究 / 吕宪国等著. —北京:科学出版社,2016.1
ISBN 978-7-03-046752-2

Ⅰ.①典… Ⅱ.①吕… Ⅲ.①生态系–适应性–技术体系–研究 Ⅳ.①Q147

中国版本图书馆CIP数据核字(2015)第302359号

责任编辑:李秀伟 田明霞 / 责任校对:郑金红
责任印制:赵 博 / 封面设计:北京图阅盛世文化传媒有限公司

科学出版社出版
北京东黄城根北街16号
邮政编码:100717
http://www.sciencep.com

涿州市般润文化传播有限公司印刷
科学出版社发行 各地新华书店经销

*

2016年1月第 一 版 开本:787×1092 1/16
2025年1月第三次印刷 印张:19 1/4
字数:450 000

定价:180.00元
(如有印装质量问题,我社负责调换)

著者名单

（按姓氏拼音排序）

常　亮	董　鸣	高树琴	郭跃东
韩丛海	韩丽娟	黄振英	李祎君
梁　宏	刘志兰	吕宪国	尚占环
沈国强	王　强	王培娟	吴东辉
闫修民	杨白洁	叶学华	张更新
张新时	郑海峰	朱雅娟	邹元春

序

全球气候变化正日渐显著地影响着地球的自然过程、社会经济发展和人类的生存环境。根据我国实际情况，分析气候变化对自然生态系统和社会经济系统产生的可能影响，正确理解气候变化对我国各个方面影响的深度和广度，提出相应的适应及减缓对策，是在可持续发展道路中面临的和必须要认真对待并加以解决的重大课题之一。

气候变化对自然生态系统及社会经济系统的影响表现为正负两方面，从目前的认知水平和人们的关注点来看，负面影响可能更为突出。我国地大物博，主要陆地生态系统在分布范围、结构与功能、系统稳定性等方面有显著的差异，对 CO_2 浓度倍增、气候变化及水热与 CO_2 协同作用会产生不同的反应，主要的植被类型会在物种和群落水平上发生适应性变化，进而又引发生态系统功能的改变。气候变暖和 CO_2 浓度的上升，可能造成作物生长加快，生长期普遍缩短，减少物质积累和籽粒产量，加上气候资源时空分布格局的变化，相应的种植制度也必须进行调整。如此种种都说明全球变化的影响与适应研究将成为今后一个时期内科学研究的重点。

联合国政府间气候变化专门委员会（IPCC）第三次气候变化评估报告曾指出，应提高对气候变化的影响和系统脆弱性及适应能力的评价水平：定量评价自然和人类系统对气候变化的敏感性、脆弱性及适应能力，尤其要将重点放在气候变异范围的变化和极端气候事件的频率和强度的变化上；评价系统对预测的气候变化可能存在的强烈不连续的反应情况，从而采取其他措施予以避免；理解生态系统对多重压力（包括气候的全球变化、区域变化和更小尺度的变化）的动态反应；发展各种适应变化的方法，评估各种适应方法的有效性，认识不同区域、国家和居住区所用方法效果的差异；评价预测的气候变化可能造成的各种影响；改进综合评估（包括风险评估）的手段，研究自然和人类系统各组成部分与不同决策结果之间的相互作用；评价包括关于影响、脆弱性和适应的科学知识在决策过程、风险管理及可持续发展中的可能应用；改进长期监测气候变化结果的系统和方法，进一步理解气候变化对人类和自然系统的其他影响。

近年来，我国对全球变化的适应性问题给予了高度重视。国际地圈生物圈计划（IGBP）中国全国委员会也已把对全球变化的适应研究作为未来全球变化研究的主要方向，强调对全球变化影响的研究应与中国国情结合，针对中国迫切而切实的土地资源、水资源利用等问题进一步拓展。对适应问题的重视反映了人类响应全球变化策略的明智选择，是目前人类应对环境变化所采取的一种态度积极的行为。发展各种适应变化的方法，评估各种适应方法的有效性，而科学地适应未来环境变化是人类社会保持可持续发展的首要准则。就人类的主观目的而言，所有响应行为的出发点都是趋利避害，实现人类社会的可持续发展。进行适应研究的关键是对全球变化影响的利弊进行综合分析，区分有利和不利的变化，认识直接影响和间接影响。特别值得注意的是，全球变化影响的发生及其影响程度不仅与全球变化本身有关，而且与人类社会、生态系统的脆弱性密切相关。

采取减缓措施，控制和减少污染物及温室气体的排放，可在源头上减缓气候与环境变化的速率和程度，采取适应性措施可以减轻气候与环境变化造成的后果。在可持续发展的框架下应对气候变化，需要综合考虑减缓与适应之间的协同作用，以权衡取舍，采取积极措施，趋利避害。重要的是需要根据温度、水资源、生物等气候与环境因子的空间格局与演化趋势，调整生产结构与生活方式。

科技部于2010年启动了"全球变化研究国家重大科学研究计划"，首批设立了19个项目。《典型脆弱生态系统的适应技术体系研究》是首批启动的"全球变化影响下我国主要陆地生态系统的脆弱性与适应性研究"项目的课题之一"典型脆弱生态系统的适应技术体系研究（课题编号：2010CB951304）"的研究成果。该书论述了我国主要陆地生态系统（沙地、草地、湿地与农田）在气候变化影响下的适应技术体系，评价了不同典型脆弱生态系统对气候变化适应性的试验示范效果，提出了适应技术流程和技术标准，建立了中国典型脆弱生态系统适应技术示范平台，提出在气候变化背景下的典型脆弱生态系统适应性管理对策，为应对全球气候变化提供了技术方法。该书是我国第一部基于典型脆弱生态系统适应性技术的研究专著，为适应全球气候变化、生态系统管理及环境资源保护等方面提供了理论与技术支撑。

全球变化的适应性问题已不再是一个遥远的科学问题，而是一个亟待解决的社会政治经济问题。适应技术研发是目前人类应对环境变化所采取的一种积极的行为。希望该书能引起全球变化研究、教学与管理人员的关注，进而推动相关工作的开展。

2015年6月6日

前　言

　　全球变化是人类共同面临的巨大挑战，给自然生态系统和社会经济系统带来了深刻影响。以气候变暖为标志的全球变化已经发生，并将持续到可预见的将来。我国地处季风气候区，幅员辽阔，地形结构特别复杂，具有从寒温带到热带、从湿润到干旱的不同气候带区。伴随着气候变暖和降水变异的加剧，气象灾害频发，已经对我国的生态系统造成了严重影响，威胁着我国的生态环境及粮食安全。据统计，我国每年因气象灾害造成的损失占整个自然灾害损失的 70% 左右，造成的直接经济损失占国民生产总值的 3%~6%，制约着我国经济社会的可持续发展。生态系统提供多种多样的服务，支撑着人类的生产、生活，开展气候变化影响下陆地生态系统适应技术体系的研究，对减缓气候变化对我国主要陆地生态系统的不利影响，遏制我国生态环境恶化，制订我国陆地生态系统应对气候变化的措施和行动，实现经济社会的可持续发展，具有重大的理论和实践意义。

　　减轻人类压力是降低气候变化脆弱性的关键策略。建立生态系统适应性技术体系，有利于提高生态系统对气候变化的适应能力，减缓气候变化对人类社会带来的灾难。"典型脆弱生态系统的适应技术体系研究（课题编号：2010CB951304）"是科技部于 2010 年启动的"全球变化研究国家重大科学研究计划"中"全球变化影响下我国主要陆地生态系统的脆弱性与适应性研究"项目的课题之一，以我国主要陆地生态系统（沙地、草地、湿地与农田）为研究对象，深入开展气候变化影响下生态系统适应技术体系的研究，确立了我国脆弱陆地生态系统适应气候变化的技术体系，并进行示范，最终形成了创新性中国陆地生态系统适应气候变化的可持续性原理与范式。课题针对区域特点，选取我国气候变化敏感区的典型脆弱生态系统：水分胁迫下的鄂尔多斯高原沙地生态系统、气候变暖胁迫下的三江平原湿地生态系统、气候变暖影响下的青藏高原高寒草地生态系统、气候变暖影响下的华北地区与东北地区主要农田生态系统，以及中高纬平原地区草地、农田和湿地等典型生态系统地下功能组分，对全球变化的响应特征及其适应性，开展适应技术与示范研究；研发气候变化影响下典型脆弱生态系统的适应技术，并建立示范基地；建立气候变化背景下我国脆弱生态系统的适应技术体系。

　　本课题由中国科学院东北地理与农业生态研究所、中国气象科学研究院、中国科学院植物研究所和中国科学院青藏高原研究所共同承担。在项目的总体框架下，课题组成员在原有扎实工作基础上，通过 4 年的努力，圆满完成了课题既定目标。确立了全球变化影响下我国典型脆弱生态系统的适应技术体系。针对脆弱农田、沙地、高寒草地和湿地生态系统，建立了9个适应性示范基地，示范面积达20 076hm^2。验证了全球变化影响下中国主要陆地生态系统的脆弱性与适应性评价指标：①针对人为干扰（放牧、过伐和农业用水）和气候变化（温度升高、降水变化）影响导致的典型脆弱生态系统，提出了适应技术流程和技术标准，建立了生态系统适应性技术体系；②建立了中国典型脆弱生态系统适应技术示范平台，包括播种期调整和种植熟性调整的农业适应技术；水分管理、种植密度、沙埋和风蚀坑修复等沙地适应技术；接种、牧草间作、围栏等高寒草地适应技术；水位调控与人工筑巢的湿地适应技术，提出在气候变化背景下的典型脆弱生态系统适应性管理对策，为中国粮食安全、生物多样性保护和生态文明建设提供了技术方法。期望本书的出版，对于国家与地方有关决策部门，以及从事适应气候变化战略、规划与管理和工程技术的生态、地理、环境、湿地、农业、草业、水资源、气象、气候等领域的科研人员与高等院校师生，以及政府相关部门管理人员有所帮助。

本书各章作者名单如下：第一章适应全球气候变化：从原理到实践，吕宪国、邹元春；第二章典型农田生态系统脆弱性的适应技术，王培娟、梁宏、李祎君、韩丽娟；第三章沙地生态系统的适应性技术与示范，黄振英、叶学华、朱雅娟、刘志兰、高树琴、董鸣、张新时；第四章高寒草地生态系统的适应性技术与示范，尚占环、杨白洁、韩丛海、张更新；第五章气候变化情势下沼泽湿地植被适应技术与示范，郭跃东；第六章水鸟生境的适应性技术与示范，王强；第七章土壤动物对全球变化的响应与适应，吴东辉、常亮、闫修民；第八章气候变化情境下水鸟栖息地潜在分布及应对策略，郑海峰、沈国强。邹元春对全书体例进行了统一修订。

感谢科技部"全球变化研究国家重大科学研究计划"的经费支持，感谢项目专家咨询组在课题执行过程中对课题的指导，感谢项目首席科学家周广胜研究员对课题的指导与帮助，感谢本课题所有研究人员与本书所有作者，以及为本课题提供资料与文献的所有人员。

由于生态系统的复杂性和作者学识水平所限，不足之处在所难免，衷心期望广大读者批评指正。

吕宪国

2014年12月

目 录

序
前言

第一章 适应全球气候变化：从原理到实践 1
  第一节 适应气候变化的概念 1
  第二节 生态系统适应气候变化的理论基础 2
    一、自然地理环境地域分异规律 2
    二、生态系统演替理论 3
    三、生态系统稳定性理论 5
    四、生态系统复杂性理论 6
    五、耐受性定律 7
    六、健康适应原则 7
  第三节 适应气候变化的实践原则 8
    一、生态系统管理原则 8
    二、宏观决策原则 9
    三、优先适应性原则 9
  第四节 适应气候变化的技术流程 9
  第五节 适应气候变化的研发趋势 10
  参考文献 12

第二章 典型农田生态系统脆弱性的适应技术 15
  第一节 气候变暖影响下典型农田生态系统的脆弱性 15
    一、农田生态系统对气候变化的脆弱性研究进展 15
    二、农田生态系统对气候变化的适应性研究进展 16
  第二节 气候变暖影响下东北春玉米品种布局调整技术 17
    一、研究区概况 17
    二、东三省热量资源时空变化特征 17
    三、东三省春玉米关键发育期与气象条件的关系 34
    四、东三省春玉米品种熟性时空变化特征及其脆弱性 36
    五、基于时空播种法的东三省春玉米适应气候变暖的品种布局调整技术及示范 38

第三节 气候变暖影响下华北冬小麦最佳播种期的选择技术 ················ 50
    一、研究区概况 ·· 50
    二、我国冬小麦种植界限的时空变化特征 ······································ 50
    三、华北冬小麦关键发育期与气象条件的关系 ······························ 55
    四、气候变暖对华北冬小麦发育期的影响 ······································ 61
参考文献 ·· 66

第三章 沙地生态系统的适应性技术与示范 ·· 69
第一节 气候变化影响下沙地生态系统的脆弱性 ·································· 69
    一、沙地生态系统及其分布 ·· 69
    二、沙地生态系统的特殊性 ·· 71
    三、沙地生态系统研究概况 ·· 74
    四、沙地生态系统的退化机制 ·· 77
第二节 鄂尔多斯沙化草地生态适应的优化生态生产范式 ····················· 79
    一、沙地生态系统的保护与恢复的原理 ··· 79
    二、沙地生态系统的保护与恢复的模式 ··· 80
    三、"三圈"范式概念的提出 ·· 80
    四、鄂尔多斯高原"三圈"范式概念下的研究 ······························ 83
第三节 鄂尔多斯高原植物群落对沙埋和降水的适应与响应 ················· 85
    一、研究背景 ·· 85
    二、实验材料与方法 ··· 86
    三、结果分析 ·· 89
    四、讨论 ·· 107
    五、结论 ·· 109
第四节 全球变化背景下降水变化对毛乌素重要植物的影响 ·············· 110
    一、研究背景 ··· 110
    二、实验材料与方法 ··· 111
    三、结果分析 ··· 112
    四、讨论 ·· 116
参考文献 ·· 120

第四章 高寒草地生态系统的适应性技术与示范 ·· 130
第一节 气候变暖影响下高寒草地生态系统的脆弱性 ·························· 130
    一、气候变化与脆弱性 ··· 130
    二、气候变暖影响下高寒草地生态系统脆弱性特征 ··················· 134
    三、降低脆弱性的适应技术 ·· 136
第二节 野外围栏技术与效果 ·· 137
    一、气候变化与高寒草地脆弱性 ·· 137
    二、围栏的普遍性 ··· 138

  三、草地围栏的原则与方法·····139
  四、围栏封育的效果·····140
  五、总结·····166
 第三节 野外豆科接种技术与效果·····167
  一、高寒气候下植被生长的限制性及脆弱性·····167
  二、豆科植物的特点及作用·····168
  三、野外黄花苜蓿接种根瘤菌的方法与作用·····171
  四、总结·····176
 参考文献·····176

第五章 气候变化情势下沼泽湿地植被适应技术与示范·····181
 第一节 气候变化情势下沼泽湿地植被脆弱性特征·····181
  一、气候条件和湿地植被基本特征·····181
  二、气候变化与湿地植被脆弱性表征·····183
 第二节 沼泽湿地植被适应性技术理论·····189
  一、沼泽植被适应性技术建立目标·····189
  二、沼泽植被萌芽期适应技术·····189
  三、沼泽植被繁殖期适应技术·····193
  四、沼泽植被种群竞争调节适应技术·····197
 第三节 适应性技术基础与示范·····201
  一、适应性技术集成·····201
  二、适应性技术小区示范·····202
 参考文献·····208

第六章 水鸟生境的适应性技术与示范·····209
 第一节 东方白鹳生境及环境特征·····209
  一、东方白鹳分布与生境特征·····209
  二、东方白鹳生境气候变化特征·····213
  三、三江平原农田开垦变化特征·····216
  四、东方白鹳适宜生境变化·····224
 第二节 三江平原东方白鹳繁殖生境恢复技术试验示范·····227
  一、东方白鹳人工巢招引技术标准·····228
  二、人工巢选址与适宜密度·····228
 第三节 东方白鹳繁殖生境利用中适应性生境管理·····229
 参考文献·····231

第七章 土壤动物对全球变化的响应与适应·····232
 第一节 东北平原区域土壤动物概况·····232
  一、三江平原湿地土壤动物概况·····232
  二、松嫩草原土壤动物多样性概况·····233

第二节　区域土壤动物对全球环境变化的响应 ···234
　　一、三江平原土地利用方式对土壤跳虫多样性的影响 ·································234
　　二、气候变化对不同农田土地利用方式下土壤跳虫多样性的影响 ···············236
　　三、松嫩平原草地土地利用方式对土壤跳虫的影响 ···································240
　　四、气候变化对松嫩草地不同利用方式下土壤跳虫多样性的影响 ···············248
第三节　区域土壤动物对全球环境变化的适应性机制 ··256
　　一、跳虫对不同土地利用方式的适应性 ···256
　　二、气候变化下跳虫对不同农田土地利用方式的适应性 ····························257
　　三、松嫩平原草地土壤动物地下功能群对全球环境变化的适应性 ··············259
第四节　区域土壤动物对全球环境变化的适应技术体系 ···································264
　　一、一种基于原位土柱移位的土壤动物响应气候变化技术体系 ·················264
　　二、一种基于开顶箱土壤增温的土壤动物响应气候变化和草地利用方式的
　　　　技术体系 ···265
参考文献 ··267

第八章　气候变化情境下水鸟栖息地潜在分布及应对策略 ·······························270
第一节　东北地区三江平原气候变化空间分布特征 ··270
　　一、当今气候变化空间分布特征 ···270
　　二、未来A1B情景和线性情景下气候变化的空间分布格局 ·······················274
第二节　气候变化影响下三江平原东方白鹳栖息地的分布 ·································280
　　一、当今气候变化影响下栖息地的空间分布 ··280
　　二、未来气候变化影响下栖息地的空间分布 ··284
第三节　东方白鹳栖息地适应气候变化的策略分析 ··285
　　一、保护区建立及其空间适应性效益 ··285
　　二、退田还湿及其空间适应性效益 ··286
　　三、人工筑巢及其空间适应性效益 ··289
　　四、组合适应对策及其空间适应性效益 ··290
参考文献 ··291

第一章 适应全球气候变化：从原理到实践

全球气候变化是人类共同面临的巨大挑战，给自然生态系统和社会经济系统带来了深刻影响。气候变化是指气候平均状态随时间的变化，即气候平均状态和离差（距平）两者中的一个或两个一起出现了统计意义上的显著变化。现有的人类活动压力（如资源需求与污染等）比气候变化对自然生态系统影响更直接。但是，气候变化往往"放大了"这些影响，使这些影响带来的后果更加严重。应对气候变化一般包括两个方面：减缓和适应。减缓主要是通过减少温室气体的排放，从气候变化的源头解决问题；适应则是采取措施适应气候变化或降低气候变化带来的影响。应对气候变化，不仅要减少温室气体排放，还要采取积极主动的适应行动，通过加强管理和调整人类活动，充分利用有利因素，减轻气候变化对自然生态系统和社会经济系统的不利影响（国家发展和改革委员会，2013）。在全球气候变化影响日益突出、气候变化减缓难以很快奏效且国际一致行动进展缓慢的情形下，适应气候变化已经成为世界各国更为紧迫的重要选择。

第一节 适应气候变化的概念

适应（adaptation）一词起源于自然科学。自然科学中适应的研究尺度包含了从有机个体到单个种群乃至整个生态系统。尽管适应性在自然科学中的定义有很多争议，但泛指组织或系统为了生存、繁殖而增强应对环境变化的基因和行为特征，是该主体在生存竞争中适合环境条件而形成一定性状的现象，是长期自然选择的结果（方一平等，2009；潘志华和郑大玮，2013）。适应这一概念扩展到文化和社会经济等领域，并开始被气候变化领域所引入。目前，适应气候变化还没有统一的概念。近年来，由于适应气候变化工作本身的艰巨性、复杂性，目前提出的气候变化适应措施的针对性还不是很强，问题所在就是对适应气候变化的科学认识不足，亟待适应理论上的突破以支撑适应气候变化的行动。许吟隆等（2013）基于系统论观点提出了"边缘适应"的概念；吴绍洪等（2014）在总结前人研究的基础上提出了"有序适应"、"定量适应"等观点。尽管各种定义各有侧重，但大都强调需要调整系统以削减其脆弱性和改善对气候变化的适应能力，而适应的内容涉及自然的和突发灾害的影响评估过程，针对气候变化所采取的对策可以增强可持续的区域发展的措施设计和完善过程（殷永元，2002）。

联合国政府间气候变化专门委员会（IPCC）报告认为，适应是指针对现实和预期的气候变化驱动及其作用和影响，对生态、社会和经济系统的调整，为趋利避害在过程、实践和结构上进行的改变。适应所针对的主体是人类社会，是在承认全球变化不可避免的前提下，通过改变人类社会的脆弱性而规避全球变化带来的风险（陈宜瑜，2004）。适应者既包括人类社会，也包括为人类社会提供服务的自然生态系统等。IPCC经过历次报告的演进，对适应的定义更全面，涵盖了自然系统和社会经济系统，系统性更强，更受到国际社会的认可。自1990年IPCC发布首部气候变化影响评估报告（FAR）以来，每一次报告都在不断丰富和深化国际社会对气候变化影响和适应的认识，并对国际和各国气候适应政策和行动产生了重要的推动作用。1995年，第二次评估报告（SAR）只强调了自然系统的"被动"适应，而2007年的第四次评估报告（AR4）和2014年的第五次评估报告（AR5）则增加了人类系统的主动适应，强调"恢复能力"（resilience）建设。AR5在此前3种适应（自发适应、预期适应和计划适应）划分的基础上，进一步将适应划分为增量适应（incremental adaptation）和转型适应（transformational adaptation）（巢清尘等，2014）。AR5把适应定义为"对实际或预期气候及其效应的调整过程"。对于人类系统，适应寻求缓解危害或利用有利机会；对于自然系统，人为干预有助于对预期气候及其效应的调整（IPCC，2014）。

从社会科学的角度看，适应气候变化可以划分为3个思想流派，即"限制适应论"、"自然适应论"和"现实适应论"。"限制适应论"主张减少温室气体的排放，即减缓策略才是气候变化制度的核心内容；"自然适应论"则认为没有必要通过任何特殊的途径去学习适应，市场这只"无形之手"就可以鼓励和实现适应。以《联合国气候变化公约》为代表的早期国际气候变化制度都是深受"限制适应论"和"自然适应论"影响的产物。"现实适应论"目前刚刚兴起，认可气候变化的事实及气候变化影响的不确定性，并认为与减缓一样，适应也是一项关键和现实的响应气候变化的选择。2001年IPCC第7次缔约方大会马拉喀什协议下发展中国家适应行动可以获得资助的3项资金机制的建立就是这种"现实适应论"的产物（陶蕾，2014）。然而，从自然科学的角度看，生物本身在各自的耐受范围内即具备"趋利避害"的适应性。从个体通过调整生理过程以适应短期的天气变化，到物种通过漫长的进化以适应长期的气候变化，整个生态系统赖以存在的生命基础是可适应的（李振基等，2004），且这种本性并不以人的视角的演变而更改。

第二节　生态系统适应气候变化的理论基础

生态系统对气候变化适应可以理解为：生态系统对温度、降水平均值、极端事件变化的忍耐和自我调整过程。虽然目前缺少适应气候变化的理论体系，但已有的相关学科理论与方法为研究适应气候变化提供了知识，可以为研究气候变化适应提供借鉴。

一、自然地理环境地域分异规律

自然地理环境地域分异规律最初是解释地球上自然地理现象分布特征的学说。地球上生物群落在环境因子的作用下，呈现有规律的分布，具有明显的地域分异特征。

太阳辐射能在地表分布不均,由低纬度地区向高纬度地区逐渐减少,在不同的气候带内又有不同的生物和土壤分布,形成了自然带沿纬向分布的规律。在同一纬度带中,受海陆分布和山脉的南北走向控制,而在大气湿度、降水等水的因素引起的自然地理特征方面表现为东西差异。在高山地区,从山麓到山顶的温度、湿度和降水随着高度的增加而变化,生物、土壤等受气候的影响也相应地有垂直分带的分布规律。

生态系统是生物和环境相互作用形成的有机整体。生物生命活动中每一生理生化过程都会受到热量条件和水分条件的影响,通过长期的自然选择,生物在形态、生理和行为等方面表现出对热量条件和水分条件的适应,热量条件和水分条件是决定某种生物分布区的重要生态因子之一,不同地区发育着与之气候特征相适应的生态系统。

二、生态系统演替理论

演替是生态学中最重要的概念之一,关于群落变化的规律性和方向性一直是生态学家争论的焦点。演替的定义有广义和狭义之分,广义上讲是指植物群落随时间变化的生态过程,狭义上讲是指在一定地段上群落由一个类型变为另一类型的质变且有顺序的演变过程。目前关于演替的理论有9个基本学说,从深层次看演替研究历史可知,主要是两种哲学观或尺度的问题。Clements 等有机体论学派把群落视为超有机体,而把演替过程视为有机体个体发育,是经过几个离散阶段发育到顶极期的有顺序的过程,是生物群落与环境相互作用导致生境变化的结果。在确定的气候背景下,群落构建是一个确定性过程,群落之间有着可分辨的边界,群落在受干扰后能够逐渐演变到原来的状态,即群落演替;在群落组分的相互作用下,演替从一个方向有规律地向另一个方向变化,演替的最后阶段是稳定的单元顶极或多元顶极。Gleason 等个体论学派认为植被是由大量植物个体组成的,植被的发展和维持是植物个体的发展和维持的后果,从而应把演替看作群落中各物种个体替代个体进行的变化过程,而群落只是一些物种的随机组合,群落之间并没有明显的界限,群落结构变化也没有明确的方向性,各物种以其独特的方式响应着环境的时空变化。后来 Odum 和 Margalef 强调群落或生态系统具有超特征,并提出了演替的一般性规律和趋势(任海等,2001)。

传统的演替理论大多是基于地带性模式的研究成果。一些学者提出了连续统一体的观点,认为植物分布仅简单地表明了单个物种对环境变化的响应。分布的显著差异是由于环境变化剧烈,物种的分布由它们对环境的适应能力来控制,导致具有相似承受能力的物种在相同的环境中形成群落。每个物种在最合适生存的环境中才能生存。由于每个物种对环境的响应不同,没有两个物种占据绝对相同的位置,这导致了物种重叠的连续统一体。这种观点更加强调了环境的作用。

目前,虽然演替理论经过了近一个世纪的发展,但其依然不完善。与许多宇宙现象和生命现象本身一样,随机作用和确定性因素相互依存,共同决定了生命和生态系统的多样性。越来越多的研究者倾向于将演替视为气候等外部环境的确定性因素和遗传等生命内在的不确定性因素共同作用的结果(牛克昌等,2009)。

演替研究除了对生态学本身的发展意义重大外,由于其与人类社会经济活动紧密相连,是合理利用自然资源并适应环境变化的理论基础,因此,演替理论有助于对气候变化背景下自然生态系统和人工生态系统进行有效地控制和管理,并且指导退化生态系统的恢复和重建(林勇等,2001)。

中国是农业大国,从历史上看,我国古代农业充分尊重生态系统演替的规律,强调"天人合一",发展演化出了"三宜"原则,指因地、因时、因物制宜的耕作思想。《管子》一书中写到,"天时不祥,则有水旱;地道不宜,则有饥馑","五谷不宜其地,国之贫也"。贾思勰在《齐民要术》中指出:"顺天时,量地利,则用力少而成功多,任情返道,劳而无获。"中国很早就懂得根据不同土壤、地貌、气候与作物,采取不同的经营方式。2000多年前的《淮南子》一书就对"三宜"的经营思想作了系统总结,指出"水处者渔,山处者木,谷处者牧,陆处者农",又提出用24节气指导农事活动,西汉时的《氾胜之书》明确提出:"得时之和,适地之宜,田虽薄恶,收可亩十石。"在《王祯农书》中亦有如下记载,"九州之内,田各有等,土各有差,山川阻隔,风气不同,凡物之种,各有所宜,故宜于冀兖者,不可以青徐论,宜于荆扬者,不可以雍豫拟。此圣人所谓'分地之利'者也"(张壬午等,1996)。中国古代农业生产中气候资源光、热、水、气条件的选择,主要反映在对农时的关注和选择方面。农时季节不同,其反映的光、热、水、气等气候因子也不同。传统农业一贯重视与天争时,不违农时。《吕氏春秋·审时》中说:"凡农之道,厚(候)之为宝",视农时为农业生产之根本保证。该书中还详细讨论了禾、黍、稻、麻、菽、麦6种主要农作物的"先时"、"后时"和"得时"的利弊,指出"先时"、"后时"对作物生长发育、结实和收获等都有不利,只有"得时"才是最佳选择。"得时"的环境,光、热、水、气等自然地理气候因子的组合对于农作物生长发育来说是最优化的(胡火金,2002)。

当前,在我国经济持续高速发展的同时,部分地区退化生态系统由于长期外来干扰的影响,其结构和各种生物依赖的生境发生了变化,导致某些物种的种群数量连锁性变化甚至消失。一些成功的生态恢复工程案例都体现了生态演替理论的指导价值:太行山低山丘陵区由于长期放牧或林木砍伐,顶极群落类型已由橡栎阔叶混交林退化为荆条灌草丛和酸枣灌草丛,多年的水土流失和各种生物资源过度开发使现有的群落结构和立地条件不再适于橡栎阔叶混交林生存,在这种条件下直接营造橡栎林已很难成功。生态恢复需要根据退化生态系统的现状,结合生态系统演替规律循序渐进进行。因此,原中国科学院石家庄农业现代化研究所根据生态系统演替规律和生态位理论引进了大量的经济植物材料,通过嫁接技术发展了枣树经济林,取得了较好的成效,成功加速了该地区退化生态系统的恢复(林勇等,2001)。由于长期的水质污染,太湖富营养化治理进展缓慢,近年来蓝藻持续爆发。为了避免蓝藻水华的堆积遮蔽水生植物生长所需的光照,中国科学院南京地理与湖泊研究所在太湖梅梁湾水源地设计了软围隔挡藻、鱼牧食、贝类滤食、机械除藻和絮凝除藻等措施来控制示范区内的蓝藻浓度,通过围隔、消浪、综合控藻等工程,结合水生植物的恢复,可以有效促进示范区的沉积物淤积,进一步为水生植物的生长创造条件,从而引导水体生态系统向草型湖泊转变,达到净化水质、恢复生态的目的(秦伯强等,2005)。

对于气候变化而言,地理学中的三向地带性使地形因素,特别是海拔和坡向形成了特殊的小气候，这些小气候常常与区域大气候有较大差异。因此，气候顶极的出现或表现必须依赖于一定的条件，即基于一定的前提：稳定的区域气候条件、相对一致的地理环境、较长时间无大的干扰发生。在这样的条件下，气候顶极将出现并稳定地存在。相反，若是区域气候不稳定（如气候变化）、地理环境多变、干扰频繁发生而且范围大，则稳定的气候顶极将很难表现并长期存在（江洪等，2013）。不同气候区生态系统现存的空间分布格局代表了长时间尺度和大空间尺度进化的结果，体现了各生态系统对所在环境的长期适应过程及方向。

三、生态系统稳定性理论

生态系统稳定性自 20 世纪 50 年代初先后由植物生态学家 MacArthur（1955）和动物生态学家 Elton（1958）提出以来，许多关于稳定性的概念、方法和假设被相继提出并引起了广泛的争论（Holling，1973；何芳良，1988；马风云，2002；柳新伟等，2004）。据统计，目前有 70 多种不同的稳定性概念，相关术语超过 40 个（Ives and Carpenter，2007）。生态系统稳定性是一个很复杂的概念。稳定性与敏感性、阈值、恢复力密切相关。一般来说，生态系统的物种多样性越高、系统成分和营养结构越复杂、生产力越高，其稳定性就越大，对气候扰动的抵抗能力也越强，生态阈值也就越高。相反，某些自然生态系统和部分人工生态系统，由于组分单调、结构简单、稳定性较低，生态阈值也就较低（柳新伟等，2004）。

根据稳定性的一般表述，生态系统稳定性也包含两方面内容：一是生态系统因受外界干扰而产生的抵抗力；二是生态系统受到干扰后恢复到初始状态的恢复力。当生态系统受到自然、人为因素干扰超过阈值而不能通过自身调节功能消除影响时，原有的稳定性被破坏，发生演替，进而形成新的稳定性。决定一个生态系统稳定性的主要因素包括内部特征因素（如形态、结构、功能和发育阶段等）与外部胁迫因素（气候变化、水文改变和土地利用等）两大类。

从系统论的角度看，生态系统都是耗散系统，其稳定性正是通过连续不断的来自外界的负熵流来实现熵的最小化过程维持的。当生态系统从环境中不断吸取能量和物质时，系统的总熵减小，信息量增加，结构复杂性也随之而增加。当生态系统达到顶极状态时，负熵和有序性达到最大值。在自然生态系统中，来自植物光合作用的高质量、低熵产生率的能量一部分以热量形式在呼吸及其他代谢过程中耗散，另一部分则进入景观生物量中。生态系统的组织有序化和信息量将随着食物网络中结构和种类多样性的增加而增加，同时景观系统的熵产生率不断减小；对于半自然或人工生态系统，其稳定性更依赖于与外界环境永久性的能量、物质和熵交换。中度干扰促进的光合作用可以源源不断地输入负熵流，而且系统可以利用自由能增加其结构复杂性和多样性，以达到再建系统之目的，从而实现对扰动环境的主动适应。然而，如果干扰强度太大，超过了这些生态系统的自组织能力和恢复力，那么该生态系统的稳定性将崩溃，整个生态系统发生演替或者消失（邬建国，1991）。

对于气候变化，生态系统稳定性的高低都是相对而言的，它只是一个生态系统不同时空尺度下适应气候变化能力的综合体现。中国古代农业在其漫长的发展历程中，始终遵循着朴素的稳态生态观，通过适应性农业管理达到的农业生态系统的稳定性，以及与其相适应的气候技术体系逐渐形成，成功地支持着中华民族的持续发展（张壬午等，1996）。从 2005 年开始，国际野生动物保护学会（the Wildlife Conservation Society）等在斐济 Kubulau 地区开展了旨在提高气候变化稳定性和恢复力的适应性管理工作，如具备抗气候干扰珊瑚礁的基线调查，并将这些结果提交给当地管理机构和居民代表。2011 年，当地规划了新的渔业区和缓冲带，并制订了应对 3 种主要气候灾害（干旱、非季节性天气类型和海平面上升）的可持续管理策略（Andrade et al.，2011）。

四、生态系统复杂性理论

生态系统复杂性是目前生态研究的前沿领域之一。它利用复杂性理论来研究生态系统问题，强调生态系统内不同层次上的结构与功能的复杂相互作用（张知彬等，1998）。在 20 世纪 70 年代至今利用复杂性科学对理论生态学的研究中，耗散结构理论、协同学理论、自组织临界性理论、等级理论、复杂适应系统理论等都体现了系统开放性、组元的大量性、强非线性耦合等特征，抓住了生态系统的非线性、非平衡性、不可逆性、开放性、多层次性、动态性、自组织性、临界性、自相似性、统计性等鲜明特征，更重要的是这些理论注意到了生态系统的最基本特征——异质性和层次性，它们毫无疑问地成为了当前理论生态学研究的主流。到了 20 世纪 90 年代，由 Holland 提出的复杂适应系统理论是复杂系统理论的升华和结晶，在经济系统、生态系统和社会系统等领域都获得了广泛的运用。该理论的核心是适应性造就复杂性，复杂系统在演化发展的过程中，适应主体可以通过学习来改变自己的行为，从而达到与外部环境的相互协调和相互适应。复杂适应系统主体之间的相互作用会涌现出新的组织行为模式，在每个层次上都有新的模式出现，低层次上的复杂适应系统通过相互作用产生高层次的现象，高层次现象由低层次现象组成。复杂适应系统理论可以分析和描述生态系统的层次结构和功能，而且在算法和模型方面已取得了巨大的成功，如元胞自动机法、遗传算法、博弈论、复杂网络等。运用复杂科学的原理和方法，探讨生态系统复杂性的机制及发展规律，为认识和解决生态问题提供一条新的途径（柴立和和郎铁柱，2004；侯宁等，2009）。

利用生态复杂性理论指导的气候适应技术在我国古代农业中也有体现。中国古代非常讲究多种作物的搭配与布局，创造了间作、混作、套种等多层次的种植制度，使农田生态系统复杂化，稳定性提高。《汉书·食货志》记载，"种谷必杂五种，以备灾害"，其目的就是防备水旱灾害。中国古代深刻地认识到不同作物，其生活习性及对生态环境的反应不同，《农政全书·凡例》中认为，"谷以百者，所以别地宜，防水旱也"（张壬午等，1994）。位于尼日利亚东北荒漠草原南缘的 Hadejia-Nguru 湿地由彼此以运河联系的永久性湖泊和季节性泡沼构成。近年来，为抗旱，该湿地上游兴建了用于保障农业灌溉的水坝，却导致下游湿地面积缩小。随着运河中水位的下降和流速的降低，原生的香蒲迅速扩张，近5年面积从550hm²增加到200km²，一度阻塞了河道，导致下游河漫滩和泡沼得不到足够的水补给，而上游农田却被淹。尼日利亚保护基金会（the BirdLife of Nigeria）为当地社区提供技术和资金清除香蒲以恢复湿地原有的水文情势，减缓了因湿地对水坝不良适应而对上游农业和下游渔业的负面影响，并增加了当地居民的收入，成为利用生态系统复杂适应性理论指导的成功案例（Andrade et al., 2011）。

简言之，上述3种生态系统基础理论都有彼此相通之处：从较短的时间尺度看，处于某个演替阶段的生态系统具备稳定性特征，而这种稳定性往往与复杂性正相关。气候变化对生态系统的影响也因类、因时、因地而异，任何适应气候变化的生态系统管理项目都应遵循该生态系统的自身属性，在更广阔的时空尺度下制订和实施。

五、耐受性定律

生态系统中生物的生存和繁殖依赖于各种生态因子的综合作用，生物与环境的关系往往是复杂的，但在一定条件下对一定生物种来说，并非所有因子都具有同样的重要性，其中限制生物生存和繁殖的关键性因子就是限制因子。任何一种生态因子只要接近或超过生物的耐受范围，就会成为这种生物的限制因子。

各个生态因子都存在量的变化，大于或小于生物所能忍受的限度，超过因子间的补偿调节作用，就会影响生物的生长和分布，甚至导致其死亡。Liebig根据生物所需的最小量提出了最小量定律（law of the minimum），Shelford将此观点发展为生物所能忍受因子的最大量和最小量，提出了耐性定律（law of tolerance）。除最大量和最小量之外，还提出了最适度的概念。认为生物对某项环境因子的需要有一个最适宜的程度。若超过这些适应范围，达到生物体不能忍受的程度，则称为忍耐的最大限度。反之，最适度降至该生物体不能忍受的程度时，称为忍耐的最小限度。温度、水分、辐射等都是生物的重要限制因子，影响生物的分布和生命周期，气候变化及其引起的环境因子变化，超过生态系统组成要素的忍耐阈值，就会引起生态系统变化。

六、健康适应原则

健康的生态系统一般是指生态系统没有疾病，具有稳定性或可恢复性，保持多样性或复杂性，有活力或增长的空间和存在系统及其要素间的自动平衡（Costanza and Mageau, 1999）。健康的生态系统稳定而且可持续，具有活力，能维持其组织且保持自我运作能力，在受到外界干扰后能恢复或保持原有的功能和结构。生态系统的形成是长期适应环境的结果，健康的生态系统承受压力、削减影响，并从中反弹、恢复的能力更强。保护生态系统，维持生态系统健康，是适应全球气候变化的首要任务。利用生态系统的自然适应力，将气候变化的不利影响降到最低。相对于气候变化来说，不合理的人类活动压力对生态系统的影响更加直接。但是，气候变化往往加重了不合理的人类活动所带来的影响。因此，减轻人类活动对生态系统带来的压力，保持和恢复生态系统的健康，是降低气候变化脆弱性的重要策略。

第三节 适应气候变化的实践原则

适应是人类社会对观测的和未来的气候变化严重后果的一种响应，更是降低生态系统脆弱性和保障其发展的行动。适应气候变化是一项复杂而系统的工程，一般而言，适应的方法有工程性适应、技术性适应和制度性适应。在不同的气候风险区和不同的部门与产业，可以根据适应需求选择不同的适应手段（潘家华和郑艳，2010）：①工程性适应是指采用工程建设措施，增加社会经济系统在物质资本方面的适应能力，包括修建水利设施、环境基础设施、跨流域调水工程、疫病监测网点、气象监测台站等；②技术性适应是指通过科学研究、技术创新等手段，增强适应能力，如开展气候风险评估研究，研发农作物新品种，开发生态系统适应技术、疾病防控技术、风险监测预警信息技术等；③制度性适应是指通过政策、立法、行政、财政税收、监督管理等制度化建设，促进相关领域增强适应气候变化的能力，例如，借助在碳税、碳汇林业、流域生态补偿、气候保险、社会保障、教育培训、科普宣传等领域的政策激励措施，为增强适应能力提供制度保障。

除了自然生态系统的被动适应之外，人类社会也已经在实施主动适应措施。各国政府已开始制定适应计划和政策，并将气候变化纳入更广泛的发展规划中。在适应措施选择上，虽然生态系统适应措施、制度和社会层面适应经验正在增加，但是工程和技术适应措施仍然是最常见的适应选择，包括建设防洪堤、提高灌溉效率、发展节水技术、培育新品种、进行保护性耕作、灾害风险区划、监测及建设预警系统等。适应措施的选择以增量型适应为主，旨在减少气候变化的新增风险及其不利影响从而达到共赢目标。然而，为了应对气候变化影响，有时需要转型适应（transformational adaptation）。此外，有必要运用多种适应方法考虑综合性适应措施而非单一举措。已有的成功适应经验表明，公私部门的合作是成功适应的重要因素。此外，决策者也需要关注适应行动中存在的不良适应问题（mal-adaptation），即某一地区或部门的政策干预可能会增加另一个地区或部门的脆弱性，或加剧目标群体应对未来气候变化的脆弱性（IPCC，2014；段居琦等，2014；姜彤等，2014）。

一、生态系统管理原则

2005 年联合国《千年生态系统评估报告》指出，气候变化是全球生态系统服务变化及恶化的重要原因之一，并且在未来可能还将加剧。健康的生态系统能帮助人类减缓气候变化，适应气候变化带来的影响。例如，作为自然储水库的沼泽地可以调节强降雨造成的洪水，沿海地区的红树林是抵御暴风雨和洪水的天然屏障。过去 10 年，随着生态系统服务概念的发展，形成了一种新的研究模式，即综合生态、社会、经济多方面因素的考虑来进行更合理更明智的抉择。国际社会也逐渐认识到生态系统的脆弱性、气候变化对生态系统的影响及生态系统在适应方面的作用，将生态系统管理融入适应策略中。运用公众熟悉的工具和措施，"基于生态系统的适应"（ecosystem-based adaptation, EBA）概念被应用到特定的气候变化适应领域，通过管理和恢复生态系统及其服务，提高社区的适应能力，缓解气候变化对生态系统的压力。EBA 在制定和实施过程中，应遵循以下原则（Pérez et al., 2010；李晓炜等，2014）：①倡导多部门协作，并在多个地理尺度实施，通过整合多元、灵活的管理方式实现适应和管理的目的；②使妥协最小化、利益最大化，从而达到发展和保护的目的，避免无意识的负面社会和环境影响，有助于生态系统的恢复，并应用基于自然的途径为人类特别是最脆弱区域的人们提供惠益；③ EBA 基于最优科学及本土知识，促进知识的发现和传播；④ EBA 应当可共享、操作透明、负责任、文化上适当，兼顾性别等方面的平等。

二、宏观决策原则

我国适应气候变化工作应坚持以下原则（国家发展和改革委员会，2013）：①突出重点。在全面评估气候变化影响和损害的基础上，在战略规划制定和政策执行中充分考虑气候变化因素，重点针对脆弱领域、脆弱区域和脆弱人群开展适应行动。②主动适应。坚持预防为主，加强监测预警，努力减少气候变化引起的各类损失，并充分利用有利因素，科学合理地开发利用气候资源，最大限度地趋利避害。③合理适应。基于不同区域的经济社会发展状况、技术条件及环境容量，充分考虑适应成本，采取合理的适应措施，坚持提高适应能力与经济社会发展同步，增强适应措施的针对性。④协同配合。全面统筹全局和局部、区域和局地及远期和近期的适应工作，加强分类指导，加强部门之间、中央和地方之间的协调联动，优先采取具有减缓和适应协同效益的措施。⑤广泛参与。提高全民适应气候变化的意识，完善适应行动的社会参与机制。积极开展多渠道、多层次的国际合作，加强南南合作。

三、优先适应性原则

不同生态系统及同一生态系统不同过程、组分等对气候变化适应能力不同，所表现出来的脆弱程度也不同。对气候变化适应是一个渐近的过程，对脆弱性程度高、价值大（最重要的）的生态系统及同一生态系统不同过程、组分等应优先采取适应性技术。生态系统某个个体或某个组分在生态系统中可能起到关键作用。例如，在 Mauritia 渡渡鸟灭绝 300 年后，人们才发现渡渡鸟对于当地某个树种的更新所起的作用。该树种的种子只有通过渡渡鸟食道之后才能发芽，其他物种代替不了渡渡鸟的这一功能 Temple(1977)。对于生态系统中关键物种采取优先适应，才能更好地维持生态系统发展。优先适应可以针对某一物种、功能群，也可以针对生态系统。

第四节 适应气候变化的技术流程

气候变化本身是一个复杂过程，在不同区域表现出不同特征；同时，不同生态系统、生态系统的不同状态对气候变化相应也不同。因此，在开展适应气候变化技术时，要综合分析，具有针对性。主要技术流程如下。

1. 气候变化特征分析

分析生态系统所在区域气候变化特征，包括变化趋势、偏离度、极端气候事件等。

2. 生态系统脆弱性评估

定量评估生态系统气候变化脆弱性，确定气候变化脆弱性生态系统和程度。首先要识别气候变化下的生态系统敏感性因子和暴露因子，建立脆弱性评价指标。通过定量评估气候变化脆弱性生态系统的主要敏感度和暴露度因子，包括气候变化对生态系统带来的变化和气候变化对生态系统的潜在影响程度，确定气候变化生态系统脆弱度，划分脆弱性等级，为制定脆弱性适应技术提供依据。

3. 适应性技术筛选与技术体系建立

评估已有相关技术，根据生态系统气候变化脆弱性评估结果，依据生态重要程度、可行性与成本，对已有相关技术进行筛选，确定适应技术，建立适应性技术体系。

4. 适应性技术试验示范

对确定的气候变化适应技术进行试验示范。

5. 监测、反馈与技术修正

在试验示范过程中加强监测，并对技术效果进行评估。对试验示范中发现的技术不完善地方，及时进行修正和调整。

第五节 适应气候变化的研发趋势

早在1990年IPCC的首次评估报告中，就明确将适应与减缓列为应对气候变化的两项基本策略。适应技术选择之所以关键基于很多理由：第一，众所周知，因为温室气体排放及由此带来的气候变化之间存在时间差，气候可能已经发生了变化，所以，不论采取了何种限制排放的行动，实施适应措施都是必要的；第二，自然的气候变化本身也需要适应。此外，一旦不利的气候变化发生，限制和适应必须作为一个整体策略加以考虑，两者相辅相成以尽可能地降低成本。真正的综合管理应当意识到控制不同的气体排放可能对不同自然资源的适应能力产生不同的影响（陶蕾，2014）。2000年以前，气候变化谈判主要关注气候变化减缓问题，与适应相关的内容集中在资金机制及技术开发和转让机制方面。2000年以后，随着人们对气候变化影响和脆弱性认识的不断深入，谈判内容涉及越来越多具体的适应计划和行动。回顾国际气候变化适应政策的发展历程可以看出，进入21世纪以来，适应在应对气候变化行动中已经获得了与减缓同等的重要性。多数发达国家从2006年开始制定专门的气候变化适应政策，包括法律、框架、战略、规划等文件形式，最不发达国家在公约资金机制的支持下也相继开展了国家适应行动方案和国家适应规划的编制工作，因此制定专门的气候变化适应政策已经成为必然趋势（孙傅和何霄嘉，2014）。

我国政府重视适应气候变化问题，结合国民经济和社会发展规划，采取了一系列政策和措施，取得了积极成效。适应气候变化相关政策法规不断出台。1994 年颁布的《中国二十一世纪议程》首次提出适应气候变化的概念；2007 年制定实施的《中国应对气候变化国家方案》系统阐述了各项适应任务，把减缓温室气体排放和提高适应气候变化能力并列作为我国应对气候变化的主要目标和任务，提出了适应气候变化的重点领域及技术和能力建设的需求；同年，我国启动了"中国应对气候变化科技专项行动"；从 2008 年开始，我国每年发布《中国应对气候变化的政策与行动》报告；2010 年发布的《中华人民共和国国民经济和社会发展第十二个五年规划纲要》明确要求"在生产力布局、基础设施、重大项目规划设计和建设中，充分考虑气候变化因素。提高农业、林业、水资源等重点领域和沿海、生态脆弱地区适应气候变化水平"；2013 年 11 月，在分析中国面临的气候变化威胁形势下，国家发展和改革委员会、中国气象局等 9 个部门联合印发了《国家适应气候变化战略》，将适应气候变化问题纳入政府的经济和社会发展规划，明确中国适应气候变化的指导思想、原则和主要目标，指出应在基础设施、农业、水资源、海岸带、森林和其他生态系统、人体健康等领域实施重点适应任务，在城市化地区、农业发展地区、生态安全地区有侧重地实施适应任务，构建区域适应格局等。在部门层面，国务院有关部门相继成立了应对气候变化研究中心等工作支持机构，一些高等院校、科研院所成立了气候变化研究机构；农业、林业、水资源、海洋、卫生、住房和城乡建设等领域也制定实施了一系列与适应气候变化相关的重大政策文件和法律法规（国家发展和改革委员会，2013；孙傅和何霄嘉，2014；段居琦等，2014）。

从目前国际研究的主流文献来看，气候变化适应性研究主要集中在以下 4 个方面（方一平等，2009）。

1）研究主要采用适应性假设，按照气候变化情景模型测算的影响条件或参数变化，估计、预判不同适应性手段对气候变化趋势的不同效果，这类研究没有对适应性进行实际调查，没有验证适应性或适应能力的实际过程，没有适应性决策的具体过程，也没有对气候变化的适应性机制进行探讨。

2）研究主要集中在气候变化条件下特殊系统的适应性选择和策略方面，在《联合国气候变化框架公约》（UNFCCC）条款中，强调各个国家要承诺应用适当的气候变化适应性，构架和实施有效的应对策略，其目的是评估替代适应性的优点和效用，确认最好的、较好的策略，包括可能适应性的选择，通过研究者的观测、模拟、推断、分析筛选关键信息和因果关系，一些共同的分析工具包括成本效益、成本有效性、多标准过程等方法，对可能适应性的相对优点进行分类分级，其中常用的变量有：效益、成本、可实施性、有效性、效率和平等。

3）研究主要集中于国家、区域、社区相对适应能力，选择一定的标准、指标、变量进行比较评估和分级。该类研究依据一定的因果关系和决定性因素进行测度，通过一些指标、分值、分级过程，评估一个国家、一个区域、一个社区的相对适应能力，将每一系统的适应能力要素进行累积加总，形成系统的总体评价分值。

4）主要针对主动适应实践策略开展相关研究，就目前而言，适应性实践过程的研究还不普遍，至少在适应性标签或框架之下直接进行的针对性研究还不多，尤其是在区域层次和社区层次更为薄弱。尽管如此，但在资源管理、社区发展、风险管理、区域规划、食品安全、生计安全、持续发展领域的许多学者均涉及适应性实践和过程的研究。

由此可见，适应气候变化研究已经不局限于从科学研究的角度，应用实证性的评价方法，客观评价人为气候变化对自然生态和社会系统可能带来的潜在不利影响，或是不同系统或地区应对人为气候变化的脆弱性，而是更多地采用规范性的分析和评价方法，更全面地考虑自然和人为气候变化的复杂情景及其不确定性，对适应行动的不同选择作出更全面的分析，注重和鼓励利益相关者的参与，从而更好地满足制定和实施适应政策的现实需要（陈迎，2005）。

总之，以全球变暖为显著特征的全球气候变化已是不争的事实，并已经对全球社会、经济和环境的可持续发展带来了严峻挑战。在气候变化已经成为事实的情况下，减缓和适应气候变化是应对气候变化挑战的两个有机组成部分，二者相辅相成（葛全胜等，2009）。我国是一个发展中国家，减缓全球气候变化是一项长期、艰巨的挑战，而适应气候变化则是一项现实、紧迫的任务，目前已经成为我国一项重要的国家战略，一些有利于缓解气候变化影响的措施也已经开始实施。只有适应气候变化，才能实现可持续发展。如何根据现有的科学认识，研究和选择积极主动的适应方法和技术，才是应对气候变化的明智选择（刘燕华等，2013）。然而，目前我国专门针对气候变化的适应技术和措施的研究及实施较少，缺乏可供借鉴的成功适应范例和系统有效的技术体系；并且，气候变化对我国的影响在不同领域和区域上有重大的差异（潘韬等，2012）。因此，需要根据不同地区、不同生态系统的属性，因地制宜、因时制宜，采取具有针对性的适应措施，进行试验和技术示范研究后，才能够集成不同领域和区域的适应关键技术，构建起我国适应气候变化的科学技术体系。

参 考 文 献

柴立和, 郎铁柱. 2004. 生态系统复杂性研究的几个基本理论及其局限性. 自然杂志, 2: 98-102.
巢清尘, 刘昌义, 袁佳双. 2014. 气候变化影响和适应认知的演进及对气候政策的影响. 气候变化研究进展, 10(3): 167-174.
陈宜瑜. 2004. 对开展全球变化区域适应研究的几点看法. 地球科学进展, 19(4): 496.
陈迎. 2005. 适应问题研究的概念模型及其发展阶段. 气候变化研究进展, 1(3): 133-136.
段居琦, 徐新武, 高清竹. 2014. IPCC第五次评估报告关于适应气候变化与可持续发展的新认知. 气候变化研究进展, 10(3): 197-202.
方一平, 秦大河, 丁永建. 2009. 气候变化适应性研究综述——现状与趋向. 干旱区研究, 26(3): 299-305.
葛全胜, 曲建升, 曾静静, 等. 2009. 国际气候变化适应战略与态势分析. 气候变化研究进展, 5(6): 369-375.

国家发展和改革委员会. 2013. 国家适应气候变化战略. http://www.gov.cn/gzdt/att/att/site1/20131209/001e3741a2cc140f6a8701.pdf.[2015-5-12].
何芳良. 1988. 生态系统的复杂性与稳定性. 生态学进展, 5(3): 157-162.
侯宁, 何继新, 朱学群, 等. 2009. 复杂科学在生态系统研究中的应用. 生态经济, 12: 142-145.
胡火金. 2002. "尚中"观与中国传统农业的生态选择. 南京农业大学学报(社会科学版), 12(3): 71-78.
江洪, 张艳丽, Strittholt J R. 2003. 干扰与生态系统演替的空间分析. 生态学报, 23(9): 1861-1876.
姜彤, 李修仓, 巢清尘, 等. 2014. 《气候变化2014: 影响、适应和脆弱性》的主要结论和新认知. 气候变化研究进展, 10(3): 157-166.
李晓炜, 付超, 刘健, 等. 2014. 基于生态系统的适应(EBA)——概念、工具和案例. 地理科学进展, 33(7): 922-928.
李振基, 陈小麟, 郑海雷. 2004. 生态学. 2版. 北京: 科学出版社.
林勇, 张万军, 吴洪桥, 等. 2001. 恢复生态学原理与退化生态系统生态工程. 中国生态农业学报, 9(2): 35-37.
刘燕华, 钱凤魁, 王文涛, 等. 2013. 应对气候变化的适应技术框架研究. 中国人口·资源与环境, 23(5): 1-6.
柳新伟, 周厚诚, 李萍, 等. 2004. 生态系统稳定性定义剖析. 生态学报, 24(11): 2635-2640.
马凤云. 2002. 生态系统稳定性若干问题研究评述. 中国沙漠, 22(4): 401-407.
牛克昌, 刘怿宁, 沈泽昊, 等. 2009. 群落构建的中性理论和生态位理论. 生物多样性, 17(6): 579-593.
潘家华, 郑艳. 2010. 适应气候变化的分析框架及政策涵义. 中国人口·资源与环境, 20(10): 1-5.
潘韬, 刘玉洁, 张九天, 等. 2012. 适应气候变化技术体系的集成创新机制. 中国人口·资源与环境, 22(11): 1-5.
潘志华, 郑大玮. 2013. 适应气候变化的内涵、机制与理论研究框架初探. 中国农业资源与区划, 34(6): 12-17.
秦伯强, 高光, 胡维平, 等. 2005. 浅水湖泊生态系统恢复的理论与实践思考. 湖泊科学, 17(1): 9-16.
任海, 蔡锡安, 饶兴权, 等. 2001. 植物群落的演替理论. 生态科学, 20(4): 59-67.
孙傅, 何霄嘉. 2014. 国际气候变化适应政策发展动态及其对中国的启示. 中国人口·资源与环境, 24(5): 1-9.
陶蕾. 2014. 国际气候适应制度进程及其展望. 南京大学学报(哲学、人文和社会科学版), 2: 52-60.
邬建国. 1991. 耗散结构、等级系统理论与生态系统. 应用生态学报, 2(2): 181-186.
吴绍洪, 黄季焜, 刘燕华, 等. 2014. 气候变化对中国的影响利弊. 中国人口·资源与环境, 24(1): 7-13.
许吟隆, 郑大玮, 李阔, 等. 2013. 边缘适应: 一个适应气候变化新概念的提出. 气候变化研究进展, 9(5): 376-378.
殷永元. 2002. 气候变化适应对策的评价方法和工具. 冰川冻土, 24(4): 426-432.
张壬午, 计文英, 张彤. 1994. 中国古代朴素生态经济观念及其在农业上的应用. 生态经济, 5: 27-33.
张壬午, 张彤, 计文瑛. 1996. 中国传统农业中的生态观及其在技术上的应用. 生态学报, 16(1): 100-106.
张知彬, 王祖望, 李典谟. 1998. 生态复杂性研究——综述与展望. 生态学报, 18(4): 433-441.
Andrade A, Córdoba R, Dave R, et al. 2011. Draft Principles and Guidelines for Integrating Ecosystem-based Approaches to Adaptation in Project and Policy Design: A Discussion Document. Kenya: CEM/IUCN, CATIE.
Costanza R, Mageau M. 1999. What is a healthy ecosystem. Aquatic Ecology, 33: 105-115.
Elton C S. 1958. The Ecology of Invasions by Animals and Plants. London: Chapman and Hall: 143-153.
Holling C S. 1973. Resilience and stability of ecological systems. Annual Review of Ecology, Evolution and Systematics, 4: 1-24.
IPCC. 2014. Climate Change 2014: Impacts, Adaptation, and Vulnerability. Part A: Global and Sectoral Aspects. Contribution of Working Group II to the Fifth Assessment Report of the Intergovernmental Panel

on Climate Change. Cambridge, United Kingdom and New York, NY, USA: Cambridge University Press: 833-977.

IPCC. 2001. Climate Change 2001: Impacts, Adaptation and Vulnerability. Contribution of Working Group II to the Third Assessment Report of the Intergovernmental Panel on Climate Change. Cambridge, United Kingdom and New York, USA: Cambridge University Press: 3-103.

Ives A R, Carpenter S R. 2007. Stability and diversity of ecosystems. Science, 317: 58-62.

MacArthur R. 1955. Fluctuations of animal populations, and a measure of community stability. Ecology, 36: 533-536.

Pérez Á A, Fernandez B H, Gatti R C. 2010. Building Resilience to Climate Change: Ecosystem-based Adaptation and Lessons from the Field. Gland, Switzerland: IUCN.

Temple S A. 1977. Plant-animal mutualism: coevolution with Dodo leads to near extinction of plant. Science, 197: 885-886.

第二章 典型农田生态系统脆弱性的适应技术

我国农业种植有悠久的历史，但对于全球变化适应仍停留在农民基于传统经验的自发适应阶段，缺乏系统的理论研究。根据联合国政府间气候变化专门委员会（IPCC）第四次评估报告：近100年全球地表温度上升了0.74℃（IPCC，2007），有研究表明，近100年我国年平均气温明显升高，升幅为0.5~0.8℃，且以北方升幅最高（刘志娟等，2009）。大量研究表明，气候变化一方面使得我国热量资源明显改善，有利于扩大部分区域的农业种植面积（刘志娟等，2010；李勇等，2010；杨晓光等，2011）、更换晚熟高产品种（李克南等，2010；赵锦，2010）、提高农作物复种指数（IPCC，1996）等；另一方面气候变化也加剧了我国极端气候事件的发生频率，农作物受气象灾害的影响程度和范围均呈增加趋势。为应对气候变暖，充分利用气候变暖带来的丰沛热量资源，减缓对农业生产的不利影响，农业生产中应采取科学的应对措施，为确保我国粮食高产稳产和农民增收提供技术支持和理论指导。

第一节 气候变暖影响下典型农田生态系统的脆弱性

一、农田生态系统对气候变化的脆弱性研究进展

IPCC（1996）第二次评估报告具体给出了气候变化脆弱性的定义：脆弱性是指气候变化对一个系统的破坏或伤害程度，它不但取决于系统的敏感性，而且取决于系统对新气候条件的适应能力，即脆弱性是一个系统对气候变化的敏感性（系统对给定气候变化情景的反映，包括有益的和有害的影响）和系统对气候变化的适应能力（在一定气候变化情景下，通过实践、过程或结构上的调整措施能够减缓或弥补潜在危害或可利用机会的程度）。IPCC（2001）第三次评估报告《气候变化2001：影响、适应性和脆弱性·决策者摘要》中进一步明确给出气候变化的敏感性、适应性和脆弱性的定义：敏感性是指系统受到与气候有关的刺激因素影响的程度，包括有利和不利影响。所谓刺激因素是指所有的气候变化因素，包括平均气候状况、气候变率和极端气候事件的频率与强度。适应性是指系统的活动、过程或结构本身对气候变化的适应、减少潜在损失或应付气候变化后果的能力。适应性既包括自然界、系统本身，又包括人为的作用，特别是与系统自身调节、恢复的能力，社会经济的基础条件及人为影响、干预有关。脆弱性是指系统容易遭受和有没有能力对付气候变化（包括气候变率和极端气候事件）的影响（主要是不利影响）的程度，它是系统内的气候变率特征、幅度和变化速率及其敏感性和适应能力的函数，用简单的数学形式可表达为：$V=S-A$，V 为系统的脆弱性，

S 为系统的敏感性,即系统对外界因子变化的敏感程度,A 为系统的适应性。孙芳(2005)参考 IPCC 关于脆弱性的定义,给出了农业气候变化脆弱性的定义,即农业对气候变化的脆弱性是指农业系统容易受到气候变化(包括气候变率和极端气候事件)的不利影响,且无法应对不利影响的程度,是农业系统经受的气候变异特征、程度、速率及系统自身敏感性和适应能力的反应。

农田生态系统对气候变化的脆弱性研究方法最初以定性研究为主,近年来逐渐发展为统计分析法、指标权重法、作物模型法等定量评估方法。

定性研究方法是最简单的研究方法,根据某地或某国的自然、气候状况,分别分析其社会经济、农业生产、水资源状况等对气候变化的脆弱性程度,并给出一定的适应对策(刘文泉,2002)。

统计分析法通过现存作物产量与气候变量的统计数据,分析了农业生产或作物产量对气候变化的脆弱性,也可以通过一系列的观测指标(统计量)结合函数方程来表示(唐为安等,2010)。常规的统计分析一次只能对一个指标进行脆弱性分析,而运用多指标来表征农业系统的脆弱性时,就需要综合各指标间的统计关系,建立函数模型,以构建能反映敏感性和适应能力的指标来表示系统的脆弱性(郑有飞等,2009)。

指标权重法是综合考虑影响农业系统脆弱性的各种因素,建立合理的指标体系,并对每个因素按重要程度设定权重,最后加权求和得出农业对气候变化的脆弱性(王馥棠和刘文泉,2003)。该方法是目前最常用的评价方法,但是在评价指标体系的合理建立和各指标权重的科学设定上存在较大的问题,常用的确定权重的方法主要有专家咨询法和层次分析法(AHP)(吴丽丽和罗怀良,2010)。

作物模型法是一种重要的定量评估方法,它将作物模型、气候情景模型和经济模型相结合(孙芳和杨修,2005),以模拟得到的未来作物产量作为判断标准,确定农业系统对气候变化的脆弱性。当前模型参数的确定方法大多数来自文献,缺乏生理学机制及生态学物质循环的逻辑推断;且各类参数取值差别很大,在科学性和普适性方面也存在很大的欠缺。

二、农田生态系统对气候变化的适应性研究进展

在农田生态系统对气候变化脆弱性研究的基础上,可以通过有效的适应对策来降低气候变化所带来的不利影响,增强农田生态系统的适应能力。农田生态系统的适应问题包含两方面:一是,适应是自发的,即面对气候变化,农民会自动地调整农业生产;二是,适应是政府制定政策和规划来有计划地增强农业的适应能力,抵消负面影响,实现农业的可持续发展。

研究表明,随着气候变暖,我国主要农作物的种植界限总体表现为向高纬度和高海拔区移动的趋势(郝志新等,2001;纪瑞鹏等,2003;邓振镛等,2007;王培娟等,2012),使得农业生产布局和种植结构发生变化。主要表现为气候变暖使得北方许多不适宜种植区转变为适宜种植区,扩大了原有适宜种植区面积(王培娟等,2011);同时对扩大复种面积、提高复种指数也具有积极的作用。因此,在气候变暖的大背景下,

农业生产应积极地寻找和采取有针对性的适应措施,以增强农业对气候变化的适应能力,减轻气候变化的不利影响,促进农业可持续发展。目前,农业适应气候变化的主要对策和措施包括:合理调整农作物种植结构,优化作物品种布局;适当调整农作物播种期,提高复种指数;培育抗逆性强、高产优质的作物新品种;加强管理措施,提高农业抵御自然灾害的能力等。

本章以我国主要粮食作物东北春玉米和华北冬小麦为例,探讨性地研究两种作物适应气候变暖的适应性技术,以期为我国其他作物适应气候变化提供方法借鉴和理论指导。

第二节 气候变暖影响下东北春玉米品种布局调整技术

一、研究区概况

东北地区位于中国的东北部,包括黑龙江、吉林、辽宁和内蒙古东部三市(呼伦贝尔、通辽、赤峰)一盟(兴安),考虑到行政区域的整体性,本节阐述的内容主要包括黑龙江、吉林、辽宁三省(简称东三省)。东三省土地总面积78.73万km^2,占全国陆地国土面积的8.2%。东三省地形以平原、山地为主,两者面积大体相等。分布于西侧的大兴安岭、北侧的小兴安岭和东侧的长白山地围成马蹄形,环抱着肥沃的东北平原,松花江、东辽河、西辽河和鸭绿江等主要河流发源于这里,具有巨大的经济价值和生态价值。

本区属于温带湿润、半湿润大陆性季风气候,是全国热量资源较少的地区之一,$\geqslant 0℃$积温为2500~4000℃·d,无霜期90~180d,夏季气温高,冬季漫长而严寒;年降水量为400~1000mm,自东向西减少,作物生长季降水量一般占年降水量的80%,这对雨养农业的发展十分有利。东三省耕地面积为19.2万km^2,约占全国耕地面积的19.7%,集中分布于松嫩平原、辽河平原和三江平原,其次分布于山前台地及山间盆地谷地,垂直分布上限一般为海拔500m,少数可达800m。东三省土壤肥沃,耕地集中连片,使本区成为我国最好的一熟制作物种植区和商品粮基地。

二、东三省热量资源时空变化特征

(一)资料来源

1. 历史数据

研究采用东三省72个气象站52年(1960~2011年)日平均和日最低气温资料分析热量资源的时空变化特征。该气温资料分为两部分,一部分为近45年(1960~2004年)日平均气温和日最低气温均一化资料(简称资料A,下同)(李庆祥和曹丽娟,2006);另一部分为近7年(2005~2011年)相同气象台站观测的日平均和日最低气温(简称资料B,下同)。这两部分资料均来源于中国气象局国家气象信息中心网站(MDSS):http://mdss.cma.gov.cn。资料A以全国地面基本和基准站观测数据为数据源,进行极值控制，内部一致性检验并采用多种判别方法进行空间一致性检验（翟盘茂和潘晓华，2003）。该数据集已就迁站和观测系统变化等非自然因素造成的非均一性进行了订正，因此，它比原始数据更适合于研究大尺度的气候变化。对于资料 B，MDSS 采用了气候界限值检查、台站极值检查和内部一致性检验 3 种质量控制方法对数据进行严格质量控制，数据质量良好。

2. 未来气候情景数据

随着全球变暖加剧，能够定量描述和预测未来气候系统变化规律的气候系统模式已经成为预测未来气候变化和影响的主要工具。对未来气候变化进行预估分析时，广泛采用 2000 年 IPCC 在《排放情景特别报告》中定义的 SRES（special report on emissions scenarios）排放情景（Moss et al., 2009），但是 SRES 情景没有考虑应对气候变化的各种政策对未来排放的影响。因此，IPCC 决定开发以稳定浓度为特征的新情景：代表性浓度路径（representative concentration pathways, RCPs），该方法可将气候、大气和碳循环预估与排放和社会经济情景有机结合起来，提供气候变化对研究区的影响、适应和脆弱性及减排分析（Moss et al., 2009；陈敏鹏和林而达，2010）。目前，IPCC 已在现有文献中识别了 4 类 RCP：RCP8.5、RCP6、RCP4.5 和 RCP3-PD。RCP8.5 为 CO_2 排放参考范围 90 百分位数的高端路径，其辐射强迫高于 SRES 中高排放（A2）情景和化石燃料密集型（A1F1）情景；RCP6 和 RCP4.5 都为中间稳定路径，其路径形式均没有超过目标水平而达到稳定，且 RCP4.5 的优先性大于 RCP6，其相当浓度约为 $650CO_2$-eq，低于 RCP6 的 $860CO_2$-eq（IPCC，2007）；RCP3-PD 为比 CO_2 排放参考范围低 10 百分位数的低端路径。就未来三大主要温室气体的排放量、浓度和辐射强迫时间变化趋势来看，在 RCP4.5 情景下其走势将在 2040 年达到目标水平，在 2070 年趋于稳定，其时间变化与中国未来经济发展趋势较为一致，适合中国国情，符合政府对未来经济发展、应对气候变化的政策措施（高超等，2014）。因而本书选取 RCP4.5 情景数据。

（二）数据处理方法

1. 初日、终日确定方法

日平均气温 0℃和 10℃是重要的农业界限温度，其初日、终日、持续日数和积温是衡量一个地区热量资源的重要指标，对确定地区的生产力、农业类型及农作物布局、种植制度和品种搭配等具有重要意义（孙鸿烈，2000）。研究采用五日滑动平均方法确定日平均气温稳定通过 0℃和 10℃的初日与终日。另外，无霜冻期是终霜冻日和初霜冻日之间的持续日数，也是衡量一个地区热量资源的重要指标，无霜冻期长则热量资源丰富。通常用地面最低温度大于 0℃日期间的日数来表示。百叶箱气温一般比地面温度高出 2℃左右，因此也有用日最低气温大于 2℃的持续日数近似作为无霜冻期（孙鸿烈，2000；朱其文等，2003）。本章所有界限温度的初日、终日均用积日 DOY（day of year）表示。采用五日滑动平均方法确定日最低气温稳定通过 2℃的日数，从而确定无霜冻期。5 日滑动平均方法见式（2-1）。

$$\text{mean}\left(\sum_{i=0}^{4}T_{n+i}\right)\geqslant c, \quad n\in[1,d-4] \tag{2-1}$$

式中，T 为日平均气温或日最低气温；n 为积日；c 为临界温度值；mean 表示算术平均；d 为年总日数。满足式（2-1），且大于或等于 c 的第一天和最后一天分别初步定为初日和终日。由于天气波动，有些年份可能会出现 5 日滑动平均气温达到临界温度后又回到该值以下，之后再超过的情形。因此，初日和终日的确定还需要满足另外一个条件，即在初日和终日之间 5 日滑动平均气温均大于或等于 c。

2. 变异系数

变异系数（CV），又称离散系数，是反映随机变量在单位均值上的离散程度，其定义为标准偏差（σ）与均值（μ）之比。

$$\text{CV}=\frac{\sigma}{\mu}\times 100\% \tag{2-2}$$

变异系数为无量纲量，可以消除单位和（或）均值不同对多组随机变量变异程度比较的影响。

3. 线性趋势估计方法

本研究采用 Kendall-Theil 方法估计时间序列的线性变化趋势，该方法为非参数变化趋势估计法，与最小二乘法相比，其估计结果基本不受样本的异常值所影响，估计结果的显著性检验与估计残差的分布无关（Helsel and Hirsch，2002）。该方法已在地学研究中得到了广泛应用。对于样本量均为 n 的两个时间序列：X 和 Y，如果以 X 为自变量，则两序列之间的线性关系式定义为

$$\hat{Y}=\hat{b}_0+\hat{b}_1\cdot X \tag{2-3}$$

式中，$\hat{Y}$ 为 Y 的线性估计值；$\hat{b}_0$ 和 $\hat{b}_1$ 分别为截距和线性倾向系数。对 X 和 Y 的样本分别进行两两求差，并计算差值之间的比值，则这些比值的数量为 $n(n-1)/2$。$\hat{b}_1$ 的具体计算方法如下。

$$m_{ij}=\frac{(Y_j-Y_i)}{(X_j-X_i)} \quad i<j, \text{且 } i=1,2,\cdots(n-1), \quad j=2,3,\cdots n \tag{2-4}$$

$$\hat{b}_1=\text{media}(m_{ij}) \tag{2-5}$$

式中，media 为中位数。

$\hat{b}_0$ 的计算方法为

$$\hat{b}_0=\text{media}(Y)-\hat{b}_1\cdot\text{media}(X) \tag{2-6}$$

式中，media（Y）和 media（X）分别为时间序列 X 和 Y 的中位数。

对于 $\hat{b}_1$ 的显著性检验等同于检验假设 H_0：$\tau=0$，τ 为 Kendall's 相关系数，

$$\tau=\frac{S}{n(n-1)/2} \tag{2-7}$$

式中，$S=P-M$，P 为 m_{ij} 大于 0 的个数，M 则为小于 0 的个数。如果 τ 明显不等于 0 则拒绝假设。对于 $n \leqslant 10$，则可以参考 Helsel 和 Hirsch（2002）文献的附表 B8。对于 $n > 10$ 的情况，计算统计量 Z_S，

$$Z_S = \begin{cases} \dfrac{S-1}{\sigma_S} & \text{if } S > 0 \\ 0 & \text{if } S = 0 \\ \dfrac{S+1}{\sigma_S} & \text{if } S < 0 \end{cases} \tag{2-8}$$

其中，σ_S 的计算方法如下。

$$\sigma_S = \sqrt{\dfrac{n(n-1)(2n+5) - \sum\limits_{i=1}^{n} t_i(i)(i-1)(2i+5)}{18}} \tag{2-9}$$

$\sum\limits_{i=1}^{n} t_i(i)(i-1)(2i+5)$ 表示 m_{ij} 为 0 部分的统计量，如果没有则为 0。根据 Z_S 的计算结果，正态分布函数表中查找 $\Phi(Z_S)$ 的值，参考黄嘉佑（2004）文献中的附表 F-2，

$$\Phi(Z_S) = \dfrac{1}{\sqrt{2\pi}} \int_{-\infty}^{Z_S} e^{-\dfrac{Z_S^2}{2}} dt \tag{2-10}$$

则信度 $p \cong 2 \times [1-\Phi(Z_S)]$。显著性信度临界值 α 取 0.05，当 $p > 0.05$ 时不显著，反之则显著。

（三）东三省热量资源时空变化特征

1. 稳定通过 0℃积温变化特征

0℃是土壤解冻或冻结的临界温度，其初日、终日是农田耕作开始和结束日期，日平均气温稳定通过 0℃的时期为适宜农耕期（孙鸿烈，2000）。

图 2-1 给出了过去 5 个年代际日平均气温稳定通过 0℃日数（简称 0℃日数）的时空分布图。由图 2-1 可见，从空间上，0℃日数 ≤ 180d（即适宜农耕期小于半年）的区域在 20 世纪 60 年代和 20 世纪 70 年代最大，主要集中在黑龙江的大兴安岭和黑河地区，自 20 世纪 80 年代开始，0℃日数 ≤ 180d 的区域逐渐缩小，到 20 世纪 90 年代和 21 世纪初，基本稳定在黑龙江大兴安岭北部的漠河和塔河地区，北移了近 3 个纬度；0℃日数在 181~200d 的区域在 20 世纪 60 年代和 20 世纪 70 年代两个年代际主要集中在黑龙江中南部和吉林中东部地区，随着气候变暖，该区域逐渐北移，到 20 世纪 90 年代，仅分布在黑龙江大兴安岭南部、黑河、齐齐哈尔、伊春地区和吉林长白山地区，到了 21 世纪初，吉林省长白山地区仅有零星区域的 0℃日数为 181~200d；0℃日数在 191~200d、201~210d 和 211~225d 的区域在过去 5 个年代际也明显北移，在 20 世纪 60 年代的上述区域已经分别被 21 世纪初的 201~210d、211~225d 和 ≥ 225d 取代，即过去 5 个年代际，东三省大部分区域日平均气温稳定通过 0℃的日数北移了一个热量带；东三省 0℃日数在 7 个月以上（≥ 211d）的区域已经从 20 世纪 60 年代的辽宁大部北移到辽宁全境和

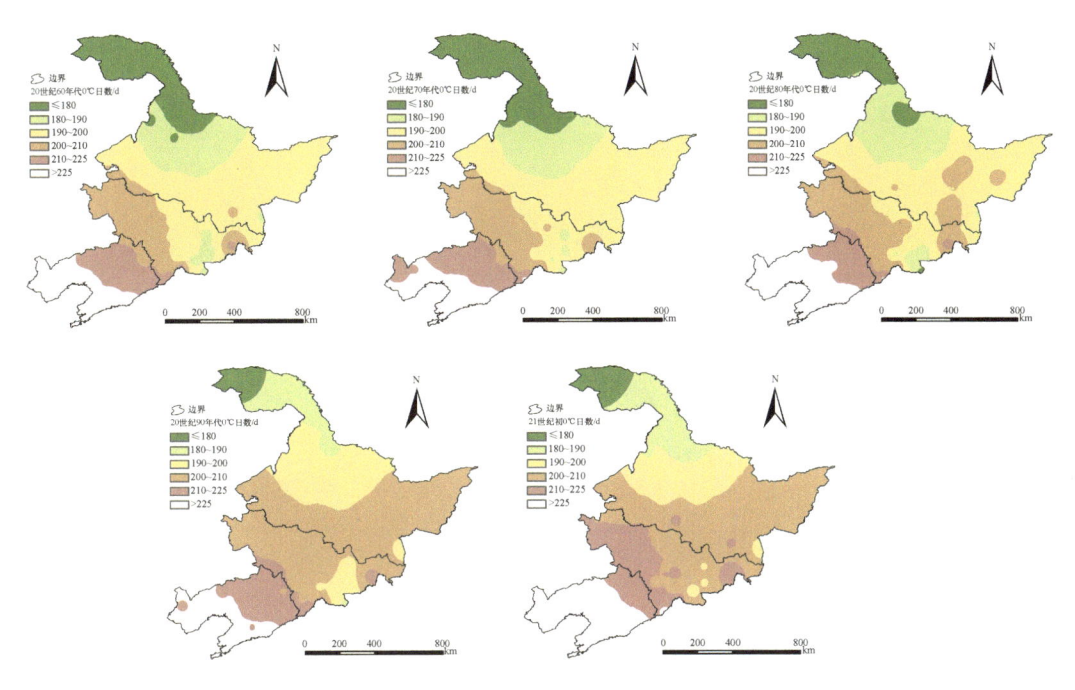

图 2-1 东三省不同年代际稳定通过 0℃日数时空分布图

Fig.2-1 The spatio-temporal characteristics of the number of days in which air temperature ≥ 0℃ stably in different decades in Northeast China

吉林中西部，北移了 3~4 个纬度。

从时间上看，东三省除黑龙江大兴安岭北部和辽宁南部部分地区外，过去 5 个年代际 0℃日数已经延长了 10d 左右。例如，黑龙江中部的齐齐哈尔和伊春地区，20 世纪 60 年代的 0℃日数在 181~190d，到 21 世纪初已经延长到 191~200d；黑龙江三江平原和吉林中西部部分地区的 0℃日数也分别由 20 世纪 60 年代的 191~200d 和 201~210d 延长到 21 世纪初的 201~210d 和 211~225d，适宜农耕期均显著延长。

图 2-2 给出了过去 5 个年代际日平均气温稳定通过 0℃积温（简称 0℃积温）的时空分布图。由图 2-2 可见，空间上，0℃积温 ≤ 2800℃·d 的区域在 20 世纪 60 年代主要分布在黑龙江北部的大小兴安岭地区和吉林长白山一带，随着气候变暖，0℃积温 ≤ 2800℃·d 的区域逐渐缩小，到 21 世纪初仅集中在黑龙江北部的大兴安岭地区；0℃积温在 2800~3100℃·d、3100~3400℃·d 和 3400~3700℃·d 的区域也明显北移，分别从 20 世纪 60 年代的黑龙江中南部、吉林中东部和辽宁北部北移至 21 世纪初期的黑龙江中北部、黑龙江中南部和吉林中东部，即过去 5 个年代际内，东三省日平均气温稳定通过 0℃积温北移了一个热量带；0℃积温 > 3700℃·d 的区域在过去 5 个年代际内也呈扩大趋势，从 20 世纪 60 年代的辽宁中南部扩大至 21 世纪初除辽宁东北部部分地区外的辽宁全境，气候变暖趋势明显。

时间上，东三省除黑龙江大兴安岭北部和辽宁南部部分地区外，过去 5 个年代际 0℃积温均增加了 300℃·d 左右，如小兴安岭、三江平原、松嫩平原等地区，0℃积温分别从 20 世纪 60 年代的 2500~2800℃·d、2800~3100℃·d 和 3100~3400℃·d 增加至

图 2-2 东三省不同年代际稳定通过 0℃积温时空分布图

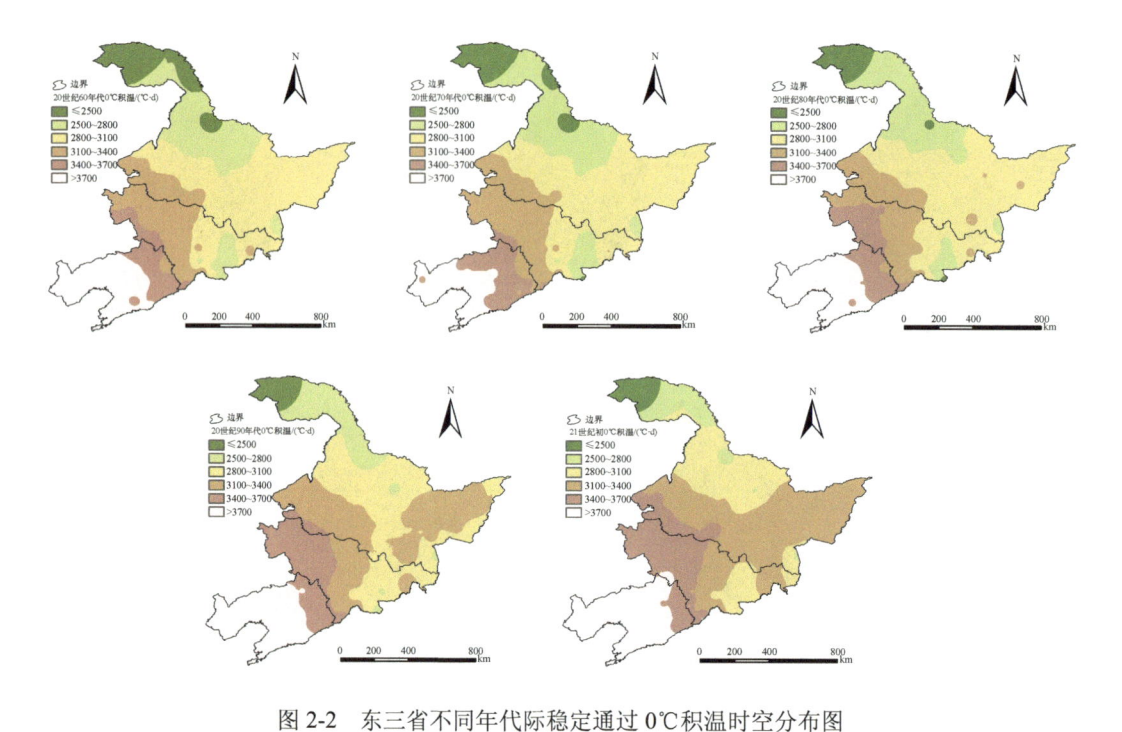

Fig.2-2 The spatio-temporal characteristics of the accumulated temperature ≥ 0℃ stably in different decades in Northeast China

21 世纪初的 2800~3100℃·d、3100~3400℃·d 和 3400~3700℃·d，增温幅度明显。

图 2-3 给出了东三省≥0℃积温、初日、终日和日数的线性倾向系数空间分布图。从≥0℃积温线性倾向系数来看［图 2-3（a）］，1960~2011 年东三省除吉林的集安站外，其他站点均呈显著增加趋势，增加幅度呈明显空间分布特征，三江平原地区稳定≥0℃积温的变化趋势明显大于东部山区。位于三江平原的大部分站点≥0℃积温的线性趋势为 60~95℃·d/10 年，位于东部山区和辽东半岛的站点≥0℃积温变化趋势基本为 25~60℃·d/10 年。从日平均气温稳定≥0℃起始期来看［图 2-3（b）］，所有站点均呈提前趋势（负值表示提前），也存在明显空间差异性，其中辽宁中部和北部，以及吉林南部的大部分站点起始期提前趋势不显著，除此之外其他区域站点均呈显著提前趋势。辽宁南部及吉林中部和北部起始期提前 1~2d/10 年，黑龙江起始期提前最明显，达 2~3d/10 年。从日平均气温稳定≥0℃终止期来看［图 2-3（c）］，吉林西部和黑龙江的大部分站点均呈显著延后趋势，延后幅度 1~2d/10 年，除此之外，其他地区的变化趋势不明显。从日平均气温稳定≥0℃日数来看［图 2-3（d）］，东北地区所有站点均呈增加趋势，但变化趋势也因区域而异，其中吉林大部分站点和黑龙江的所有站点均呈显著增加趋势，增加幅度 2~4d/10 年，而辽宁的变化趋势不显著。因此，对日平均气温稳定≥0℃起始期、终止期和日数而言，其变化特征具有显著区域差异，东北地区北部（黑龙江）和中部（吉林）比南部（辽宁）变化更明显，这些特征与≥0℃积温的空间变异特征并不一致。

图 2-4 给出了 1960~2011 年东三省≥0℃积温的标准偏差和变异系数，以及≥0℃

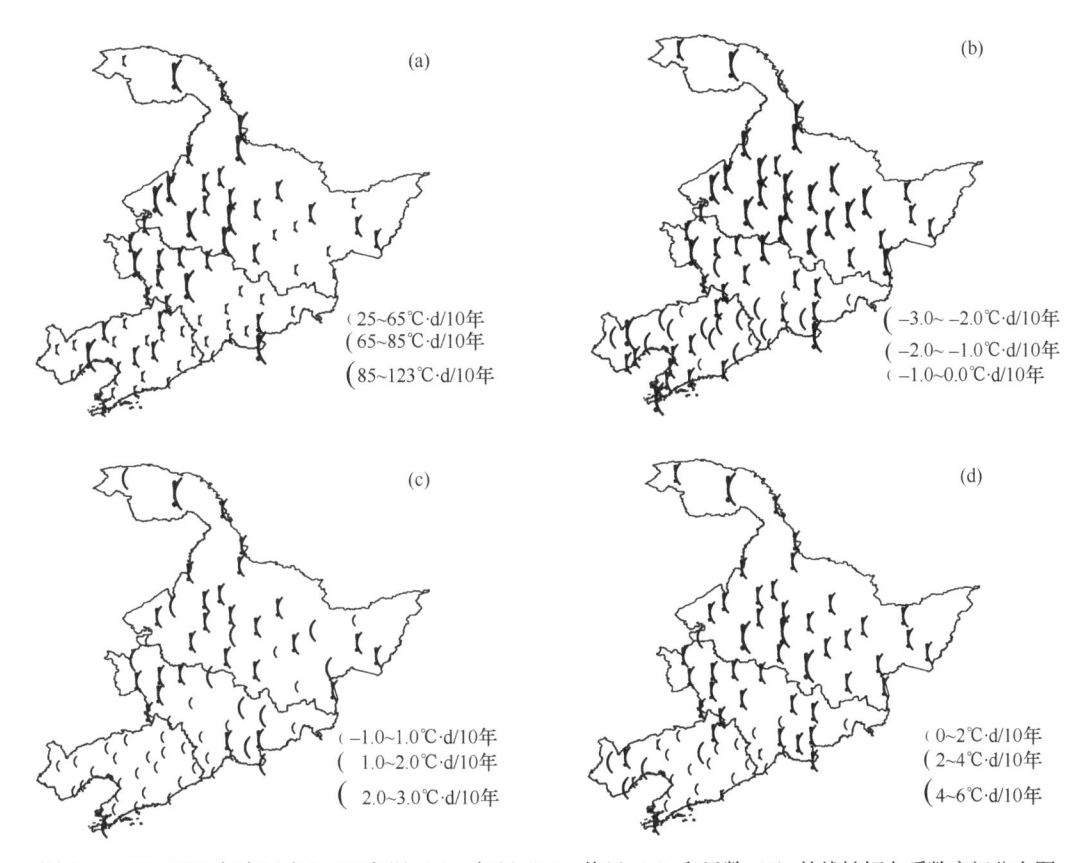

图 2-3　1960~2011 年东三省≥0℃积温（a）、初日（b）、终日（c）和日数（d）的线性倾向系数空间分布图

【表示通过 95% 显著性检验，本节下同

Fig.2-3　The spatial distribution of linear trends in accumulated temperature ≥ 0℃ stably (a), the first date of air temperature ≥ 0℃ stably (b), the end data of air temperature ≥ 0℃ stably (c), and the number of days in which daily air temperature ≥ 0℃ stably (d) during the period from 1960 to 2011 in Northeast China 【 reaches 95% significant test. The rest in this section is same

日数的标准偏差和变异系数空间分布情况。标准偏差和变异系数的变化能反映≥0℃积温和日数的地区稳定性。东北地区≥0℃积温的标准偏差呈东部小、西部大的空间分布特征［图 2-4（a）］，东部地区大部分站点≥0℃积温的标准偏差为 130~160℃·d，西部地区则为 160~190℃·d。从≥0℃积温的变异系数来看［图 2-4（b）］，辽宁全省和吉林东部部分地区变异系数较小，为 3.5%~4.7%，说明这些地区≥0℃积温较稳定；吉林西部和黑龙江南部变异系数相对稍大，为 4.7%~5.9%；黑龙江北部大部分站点的变异系数最大，为 5.9%~7.1%。可见东北地区从北往南≥0℃积温的变化越趋于稳定。≥0℃日数的标准偏差也呈明显空间分布特征，总体上南部地区较小，北部地区较大［图 2-4（c）］。辽宁≥0℃日数的标准偏差为 9.6~10.9d，在吉林和黑龙江两省为 10.9~13.5d。从≥0℃日数的变异系数来看［图 2-4（d）］，基本也呈南部较小、北部较大的空间分布特征。辽宁≥0℃日数的变异系数为 3.8%~4.6%，吉林和黑龙江两省变异系数稍大，为 4.6%~6.2%。因此，东部地区≥0℃积温和日数的变化北部比南部更明显。

为了进一步探讨≥0℃日数的变化特征，从北到南分别选取漠河、哈尔滨、长春

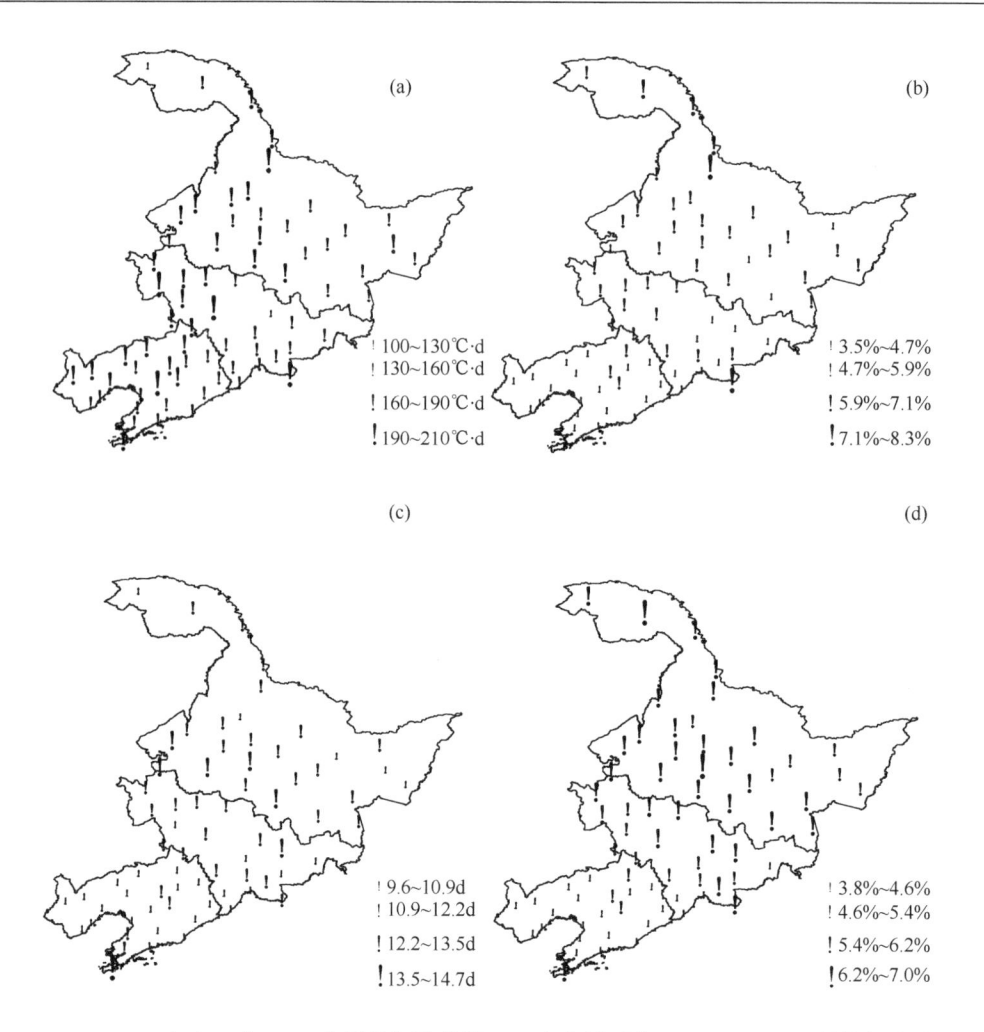

图 2-4　1960~2011 年东三省≥0℃积温的标准偏差（a）和变异系数（b）及≥0℃日数的标准偏差（c）和变异系数（d）的空间分布

Fig.2-4　The spatial distribution of standard deviations（a）and the coefficients of variation（b）in accumulated temperature ≥0℃ stably, the standard deviations（c）and the coefficients of variation（d）in number of days in which daily air temperature ≥0℃ stably during the period from 1960 to 2011 in Northeast China

和沈阳作为代表站点，分析这些站点≥0℃日数的年代际变化特征。从≥0℃日数的标准偏差来看［图 2-5（a）］，漠河、哈尔滨和长春的年代际变化特征基本一致，而沈阳站的变化与其他 3 站的变化正好相反。近 50 多年漠河站≥0℃日数的标准偏差略呈下降趋势，从 20 世纪 60 年代的 10d 左右，下降到 21 世纪初 7.5d 左右，说明该站≥0℃日数的年代际变化趋于平稳。哈尔滨和长春≥0℃日数的标准偏差相当，均为 9~15d，沈阳站为 7~15d。漠河、哈尔滨、长春和沈阳≥0℃日数分别为 160~180d、210~230d、215~230d 和 230~245d［图 2-5（b）］。从变异系数来看［图 2-5（c）］，漠河、哈尔滨和长春的年代际变化特征基本一致，均呈逐年代减小趋势，也说明这些站点≥0℃日数的变化趋于平稳。沈阳站变异系数的年代际变化特征与其他 3 站基本相反，进一步说明东北地区≥0℃日数的变化在南部与北部并不一致。

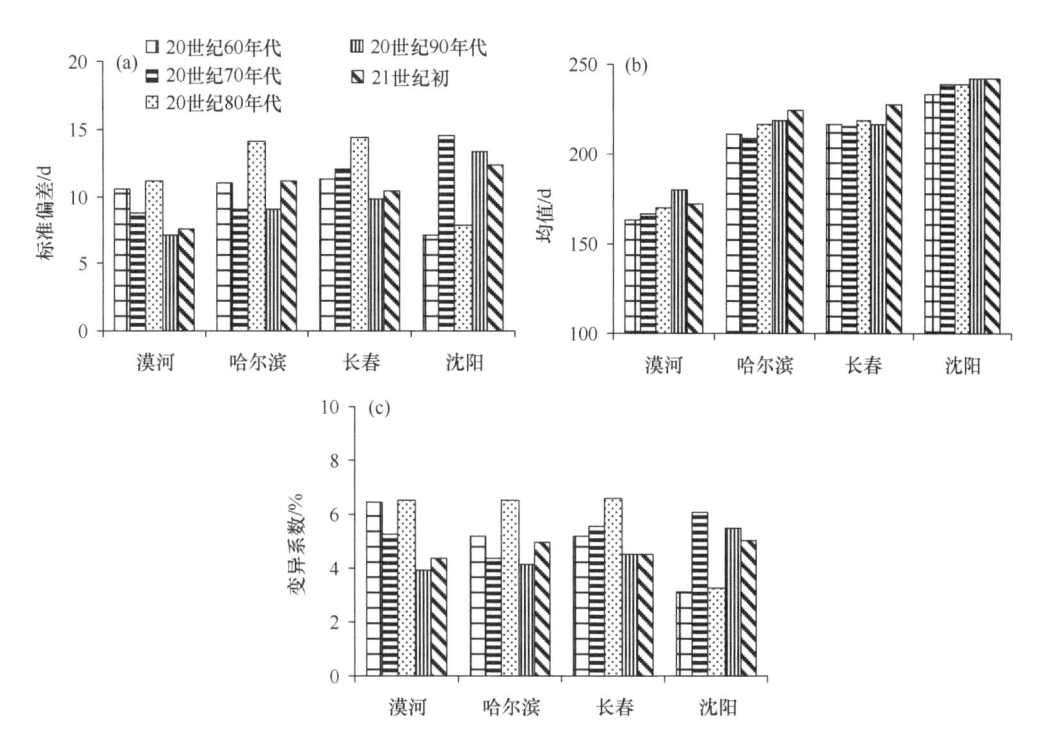

图 2-5 各年代际漠河、哈尔滨、长春和沈阳≥0℃日数的标准偏差（a）、均值（b）和变异系数（c）的变化特征

Fig.2-5 The standard deviations（a），mean（b），and coefficients of variation（c）in number of days in which air temperature ≥0℃ stably in different decades at Mohe，Harbin，Changchun and Shenyang

2. 作物有效生长期变化特征

10℃是喜温作物生长和喜凉作物积极生长的起止温度。其初日是喜温作物（如玉米）开始播种的日期，终日为水稻停止灌浆的日期，稳定≥10℃的日期为喜温作物生长和喜凉作物积极生长期。因此，也把稳定≥10℃的日数作为农作物的有效生长期。图 2-6 给出了过去 5 个年代际日平均气温稳定通过 10℃日数的时空分布图。由图 2-6 可见，10℃日数与 0℃日数（图 2-1）的时空变化规律基本一致，表现出明显的空间上北移、时间上延长的变化趋势。

从空间分布上看，10℃日数≤110d 的区域已经由 20 世纪 60 年代的黑龙江大小兴安岭地区和吉林长白山一带缩小至 21 世纪初的黑龙江大兴安岭北部的漠河和塔河地区，北移范围明显；10℃日数在 110~125d 的区域 20 世纪 60 年代主要分布在黑龙江中南部和吉林东部部分地区，随着气候变暖，10℃日数在 110~125d 的区域逐渐北移东缩，到 20 世纪 90 年代已经北移到黑龙江小兴安岭地区、东缩至三江平原西侧，到 21 世纪初该区域已经缩小至黑龙江除漠河和塔河以外的中北部地区和吉林长白山一带；10℃日数在 125~140d 和 140~155d 的区域在过去 5 个年代际内北移东扩的幅度最大，分别从吉林中西部和辽宁中北部北移东扩至黑龙江中南部和吉林中西部。

从时间变化上看，东三省除黑龙江大兴安岭北部和辽宁南部部分地区外，过去 5

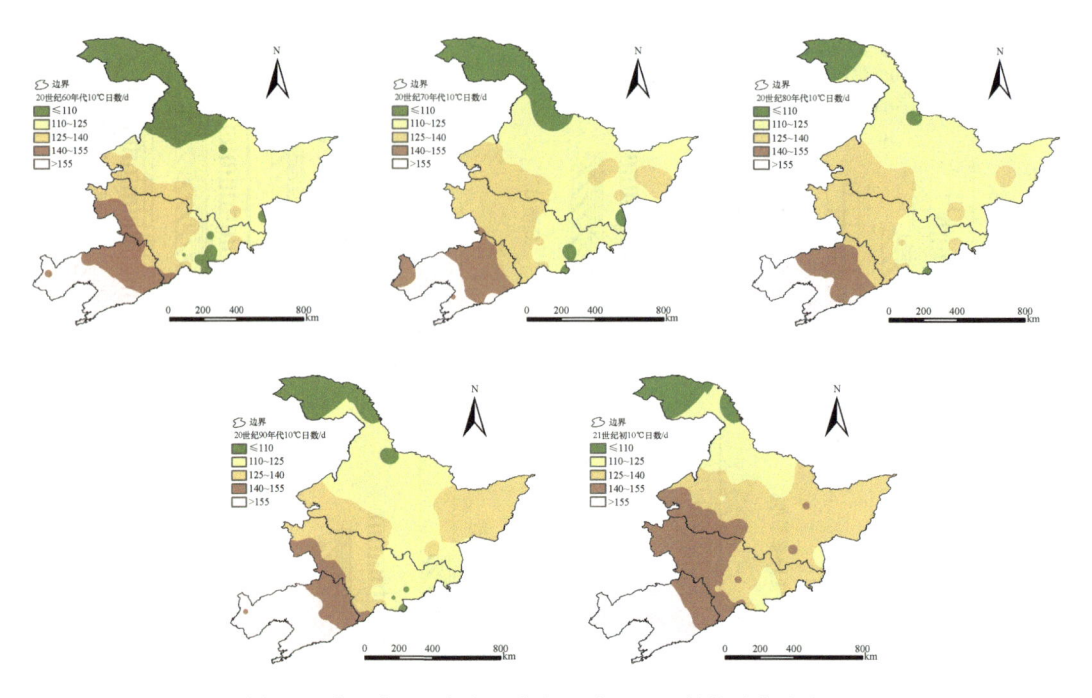

图 2-6 东三省不同年代际稳定通过 10℃日数的时空分布图

Fig.2-6 The spatio-temporal characteristics of number of days in which air temperature ≥ 10℃ stably in different decades in Northeast China

个年代际日平均气温稳定通过 10℃的日数已经延长了 15d 左右。例如，三江平原和松嫩平原，10℃日数在 20 世纪 60 年代分别是 110~125d 和 125~140d，到 21 世纪初已经延长了 15d 左右，分别达 125~140d 和 140~155d，作物有效生长期增加，有利于扩大东三省农作物的种植面积。

图 2-7 给出了过去 5 个年代际日平均气温稳定通过 10℃积温的时空分布图。由图 2-7 可见，10℃积温与 0℃积温（图 2-2）的变化趋势相近，均表现出随着气候变暖，空间上北移、时间上热量资源增多的趋势。

空间上，10℃积温≤2100℃·d 的区域由 20 世纪 60 年代的黑龙江大小兴安岭和吉林延边地区逐渐缩小，20 世纪 80 年代缩小至黑龙江大兴安岭地区和黑河市北部部分地区，以及吉林长白山地区，到 21 世纪初，该区域进一步缩小至黑龙江漠河和塔河地区，空间上北移了 3~4 个纬度；10℃积温在 2100~2400℃·d、2400~2700℃·d 和 2700~3000℃·d 的区域也逐渐北移，到 21 世纪初，上述区域的 10℃积温均较 20 世纪 60 年代增加了 300℃·d，北移了一个热量带；10℃积温在 3000℃·d 以上的区域也逐渐扩大，由 20 世纪 60 年代的辽宁中南部扩大至 20 世纪 90 年代除辽宁东北部的辽宁全境，到了 21 世纪初，已经扩展至吉林东部的部分地区，热量带北移了 3 个纬度。

时间上，与 10℃日数相似，呈现出随着时间的推移，热量资源增加的趋势。具体表现为小兴安岭、三江平原、松嫩平原和辽河平原的 10℃积温分别由 20 世纪 60 年代的≤2100℃·d、2100~2400℃·d、2400~2700℃·d 和 2700~3000℃·d 增加至 21 世纪初的 2100~2400℃·d、2400~2700℃·d、2700~3000℃·d 和≥3000℃·d，即过去 50 年东

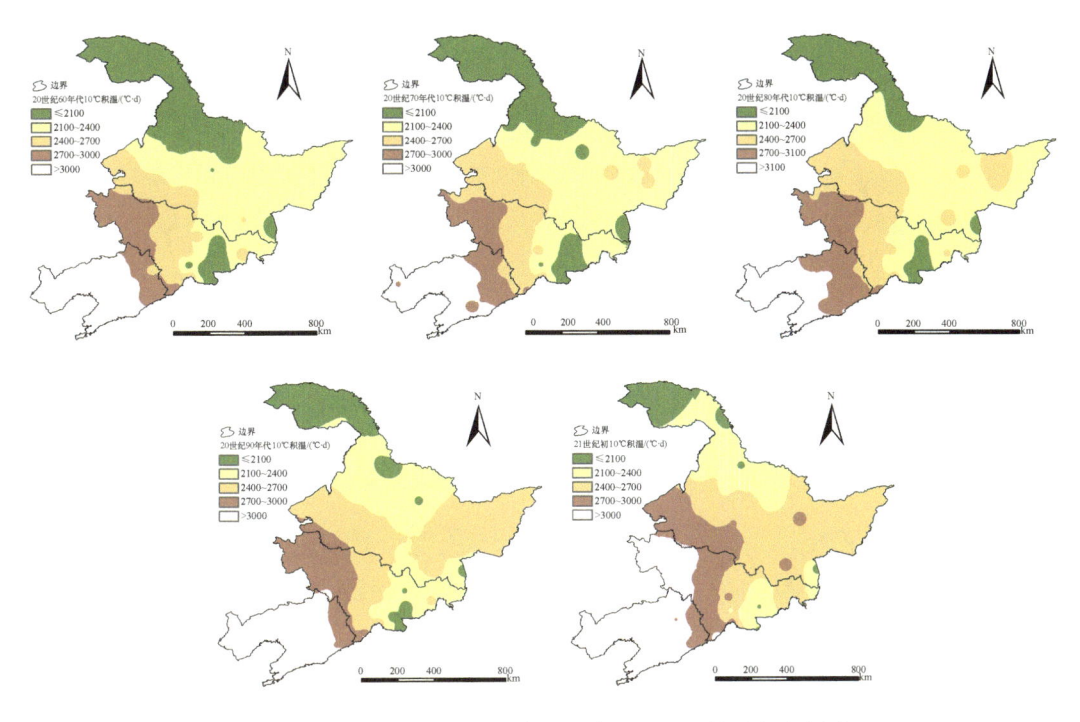

图 2-7 东三省不同年代际稳定通过 10℃积温的时空分布图

Fig.2-7 The spatio-temporal characteristics of the accumulated temperature ≥ 10℃ stably in different decades in Northeast China

三省 10℃积温平均增加 300℃·d。作物生长期内可用热量资源增加，有利于提高东三省农作物的单产水平。

1960~2011 年东三省绝大部分站点≥10℃积温均呈显著增加趋势[图 2-8（a）]。辽宁和吉林东南部线性倾向率为 30~70℃·d/10 年，吉林西北部和黑龙江大部分站点线性倾向率为 70~110℃·d/10 年。从≥10℃初日来看[图 2-8（b）]，东三省基本呈提前趋势（负值表示提前），但存在明显空间差异性，辽宁和吉林两省提前 0~1.5d/10 年，提前趋势不显著，黑龙江显著提前，初日提前变化率为 1.5~3.0d/10 年。从≥10℃终日来看[图 2-8（c）]，东北地区基本呈延后趋势，辽宁和吉林大部分地区基本显著延后，终日延后变化率为 1.0~2.0d/10 年，黑龙江延后趋势不显著。从日平均气温≥10℃的日数来看[图 2-8（d）]，东三省作物有效生长期呈增加趋势，空间差异较明显，辽宁和吉林东南部大部分站点增加趋势不显著，吉林西北部和黑龙江显著增加，线性倾向率为 2~4d/10 年。总体而言，≥10℃积温增加北部比南部更明显，≥10℃起始期提前北部比南部明显，终止期延后南部比北部明显，而作物有效生长期增加北部比南部更明显。

图 2-9 给出了近 50 年东三省≥10℃积温的标准偏差和变异系数，以及≥10℃日数的标准偏差和变异系数的空间分布情况。从≥10℃积温的标准偏差来看[图 2-9（a）]，辽宁南部的标准偏差为 160~191℃·d，辽宁北部和吉林大部分地区标准偏差为 191~253℃·d，黑龙江为 191~220℃·d。总体上辽宁北部、吉林西部标准偏差较大，其他地区较小。从≥10℃积温的变异系数来看[图 2-9（b）]，辽宁南部的变异系数为

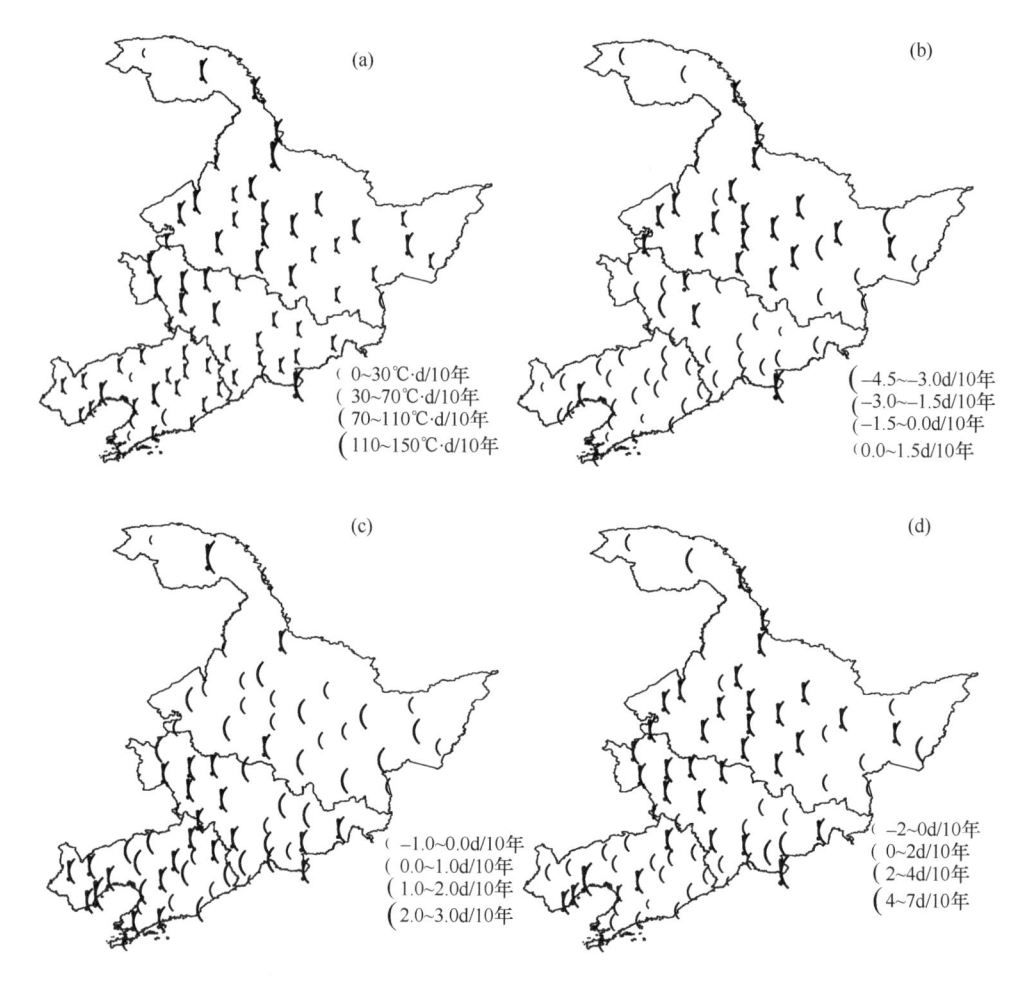

图 2-8 1960~2011 年东三省≥10℃积温（a）、起始期（b）、终止期（c）和日数（d）的
线性倾向系数空间分布

Fig.2-8　The spatial distribution of linear trends in accumulated temperature ≥ 10℃ stably (a), the first date of air temperature ≥ 10℃ stably (b), the end data of air temperature ≥ 10℃ stably (c), and the number of days in which daily air temperature ≥ 10℃ stably (d) during the period from 1960 to 2011 in Northeast China

4.0%~6.0%，吉林西部和黑龙江北部地区为 6.0%~8.0%，而在吉林的长白山区和黑龙江北部变异系数较大，为 8.0%~10.0%，有些站点的变异系数超过了 10%，这些地区是冷害发生较频繁的地区（马树庆等，2008）。从≥10℃日数的标准偏差[图 2-9（c）]来看，东部地区基本呈南部小、北部大的变化特征。辽宁南部的标准偏差基本为 8.0~10.0d，辽宁北部、吉林西部和黑龙江的标准偏差基本为 10.0~12.0d。而在吉林东部长白山区标准偏差较大，为 12.0~16.0d。从≥10℃日数的变异系数来看[图 2-9（d）]，基本上也呈南部小、北部大的空间分布特征。辽宁大部分地区变异系数为 4.0%~7.0%，吉林西部和黑龙江的变异系数基本为 7.0%~10.0%。在吉林的长白山区的变异系数较大，达 10.0%~13.0%，个别站点甚至超过 13.0%。因此，总体上东部地区稳定≥10℃积温和日数南部比北部稳定，而在长白山区变异最大。

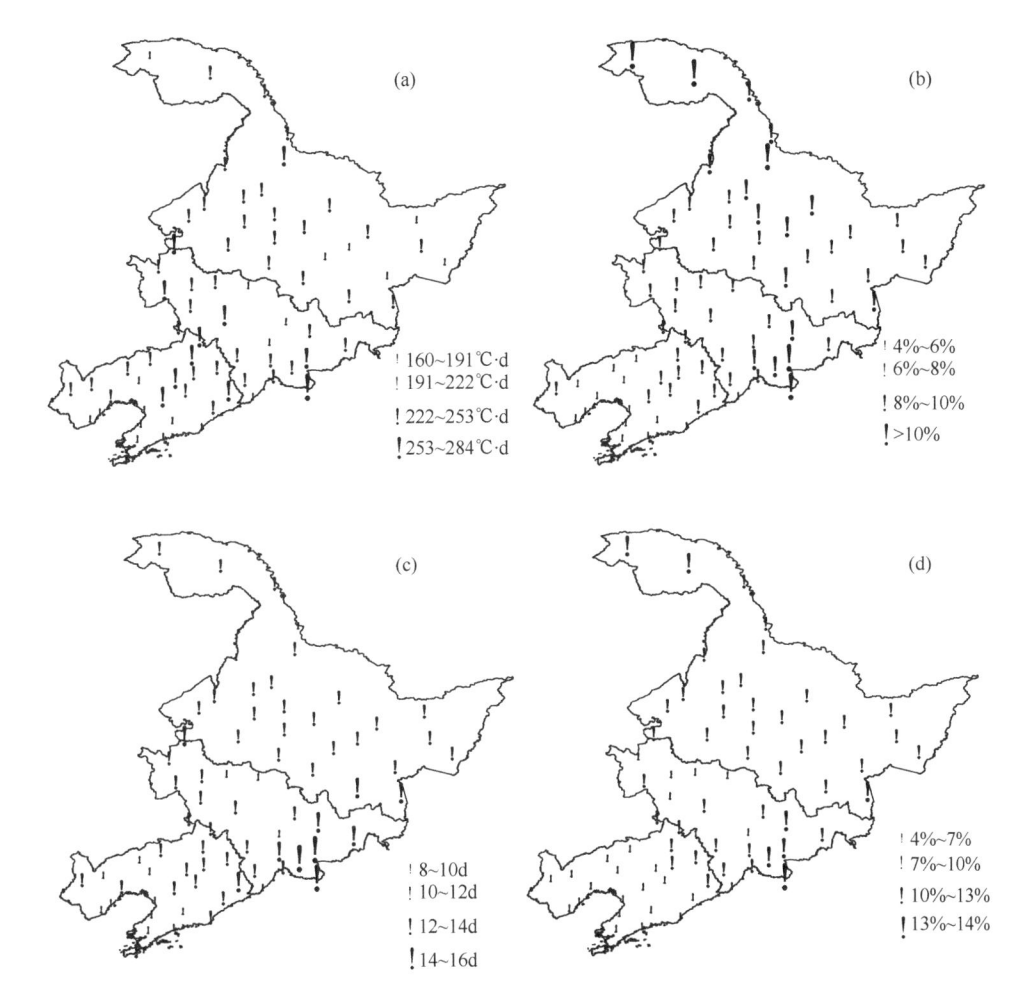

图 2-9 1960~2011 年东三省≥10℃积温的标准偏差（a）和变异系数（b）及≥10℃日数的标准偏差（c）和变异系数（d）的空间分布

Fig.2-9 The spatial distribution of standard deviations (a) and the coefficients of variation (b) in accumulated temperature ≥10℃ stably, the standard deviations (c) and the coefficients of variation (d) in number of days in which daily air temperature ≥10℃ stably during the period from 1960 to 2011 in Northeast China

图 2-10 给出了漠河、哈尔滨、长春和沈阳有效生长期标准偏差、均值和变异系数的年代际变化特征。从标准偏差看来［图 2-10（a）］，近 50 年 4 站的标准偏差均为 5~15d，但其年代际变化因不同站点而异。漠河站的标准偏差在 20 世纪 80 年代之后呈明显上升趋势。哈尔滨站的标准偏差呈明显下降趋势，从 20 世纪 60 年代的 12.7d 下降至 21 世纪初期的 7.2d，说明该站≥10℃日数趋于稳定。长春和沈阳站的标准偏差从 20 世纪 60 年代至 80 年代呈明显上升趋势，之后呈明显下降趋势，也说明这两站有效生长期也趋于稳定。漠河、哈尔滨、长春和沈阳有效生长期均值分别为 90~100d、145~160d、150~160d 和 170~180d［图 2-10（b）］。从变异系数来看［图 2-10（c）］，其年代际变化特征与标准偏差的年代际变化特征基本类似。漠河站在 20 世纪 80 年代后变异系数明显增加，在 21 世纪初达到了 14.4%，说明该站有效生长期在近 10 年年际间

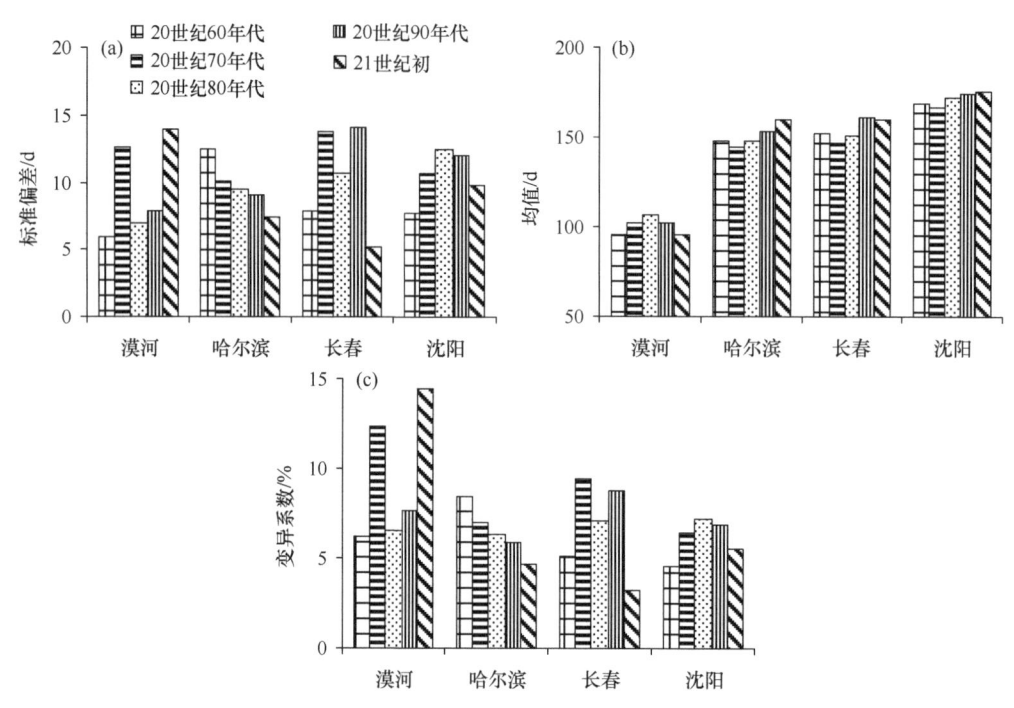

图 2-10 各年代际漠河、哈尔滨、长春和沈阳作物有效生长期标准偏差（a）、均值（b）和变异系数（c）的变化特征

Fig.2-10 The standard deviations (a), mean (b), and coefficients of variation (c) in effective growing days in different decades at Mohe, Harbin, Changchun and Shenyang

的变化较大。近50年哈尔滨站的变异系数呈明显下降趋势，从20世纪80年代开始长春和沈阳站的变异系数均呈明显下降趋势，说明最近30年哈尔滨、长春和沈阳站稳定有效生长期年际间差异逐步减小，作物有效生长期长度趋于稳定。

3. 无霜冻期变化特征

霜冻是限制农作物生长的重要气象灾害。当农作物生长的地表温度降到0℃以下时就开始结冰，使得农作物内部的细胞组织受到破坏，影响作物正常生长甚至导致作物死亡，因此，常把初霜日作为农作物生长的终止期。图2-11给出了东三省1961~2010年逐年代际初霜日的时空变化特征。

由图2-11可见，从空间分布上看，初霜日发生在DOY260之前的区域以20世纪60年代最大，主要集中在大兴安岭、小兴安岭、黑河和延边地区，从20世纪70年代到21世纪前10年，初霜日小于DOY255的区域显著缩小，并大体稳定在大兴安岭北部的漠河和塔河地区，北移了3~4个纬度，初霜日在DOY256~260的区域也明显北移，从小兴安岭的南缘逐渐缩小至黑河、小兴安岭北缘；初霜日发生在9月下旬（DOY261~270）的区域在20世纪60年代主要集中在黑龙江南部和吉林大部分地区，随着气候变暖进程的加剧，初霜日在9月下旬之前出现的范围逐渐缩小，到21世纪初初霜日发生在9月下旬的区域主要集中在黑龙江中部和吉林东部的部分地区；初霜日发生在9月下旬之后的区域随着时间的推移呈现出明显扩大的趋势，从20世纪60年

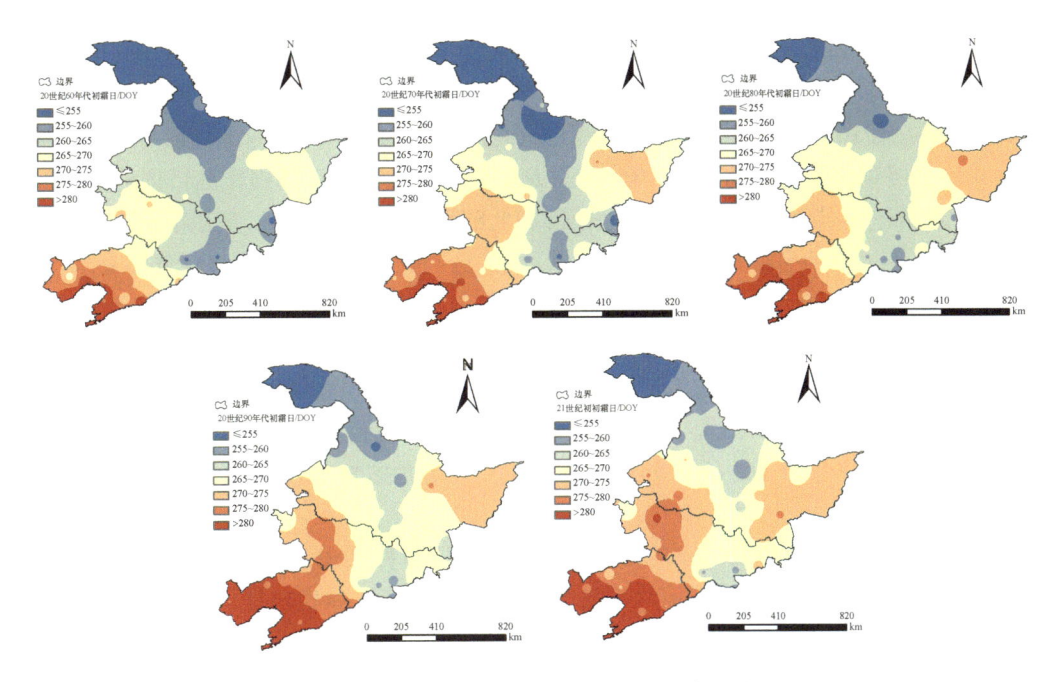

图 2-11　东北三省不同年代际初霜日时空分布图

Fig.2-11　The spatio-temporal characteristics of the first frost date in different decades in Northeast China

代的辽宁南部，扩大到 20 世纪后期的辽宁全境、吉林西部和黑龙江的三江平原，直到 21 世纪前 10 年，初霜日出现在 DOY271 之后的区域包括辽宁全境、松嫩平原和三江平原，面积已经占到了东北全境的近 1/2。

从时间上看，在东北的松嫩平原和三江平原，20 世纪 60 年代的初霜日主要出现在每年的 9 月中旬，到了 20 世纪 70 年代，该区域的初霜日已推迟至 9 月底，到 21 世纪初期，该区域的初霜日已逐渐推迟到 10 月上旬，与 50 年前相比，初霜日推迟了半个多月；在辽宁的东北部地区，初霜日从 20 世纪 60 年代的 9 月下旬推迟至 21 世纪初的 10 月上旬，推迟了近 1 旬。

图 2-12 给出了 1960~2011 年东三省终霜冻日（a）、初霜冻日（b）和无霜冻日数

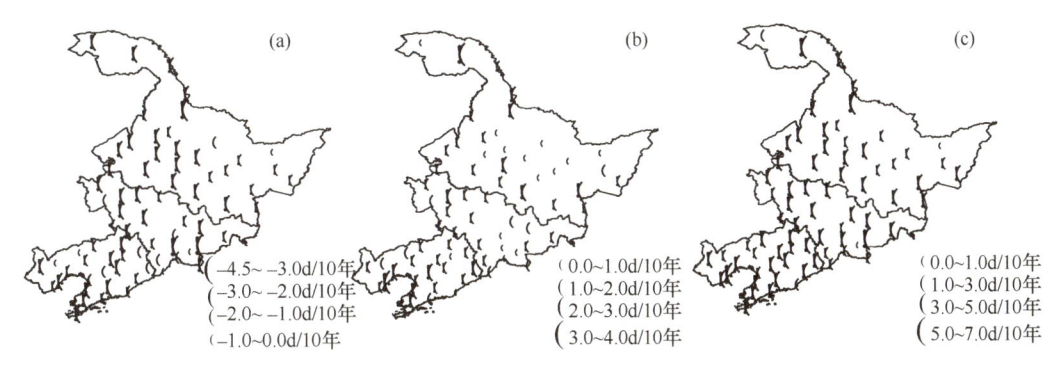

图 2-12　1960~2011 年东三省终霜冻日（a）、初霜冻日（b）和无霜冻日数（c）的线性倾向系数空间分布

Fig.2-12　The spatial distribution of linear trends in the end date of frost（a）, the first date of frost（b）, and the number of frost free days（c）during the period from 1960 to 2011 in Northeast China

(c) 的线性倾向系数空间分布。从终霜冻日来看［图 2-12（a）］，近 50 年东三省大部分站点终霜冻日呈显著提前趋势，变化趋势区域差异显著，其中长白山区提前尤为明显，达 3.0~4.5d/10 年。辽宁中部终霜冻日提前 2~3d/10 年，东部和西部提前 1~2d/10 年；吉林东北部终霜冻期也提前 2~3d/10 年；黑龙江西部和北部比东部终霜冻日提前更明显，其中东部大部分站点提前 1~2d/10 年，而西部和北部则提前 2~3d/10 年。从初霜冻日来看［图 2-12（b）］，东三省所有站点均呈延后趋势，大部分站点呈显著延后趋势，总体上东三省南部延后趋势比北部明显。辽宁大部分站点初霜冻日显著延后 1~3d/10 年；吉林西部比东南部延后更明显，西北部地区延后 1~3d/10 年，东南部地区大部分站点延后不显著；黑龙江中西部地区延后 0~1d/10 年，并不显著，其他地区均显著延后 1~3d/10 年。从无霜冻日数来看［图 2-12（c）］，东三省基本呈显著增加趋势，其中辽宁和吉林大部分地区无霜冻日数的增加率为 3~5d/10 年；黑龙江除中西部地区增加较小外，仅为 1~3d/10 年，其他地区的增加率均达 3~5d/10 年。

图 2-13 给出了 1960~2011 年东三省无霜冻期日数标准偏差和变异系数空间分布。标准偏差和变异系数能反映无霜冻期日数的时间变化特征和稳定性，从而定量衡量热量资源的变异特征。大部分地区的无霜冻期日数的标准偏差为 8~12d，但在长白山区、黑龙江北部无霜冻期日数的标准差为 10~14d，说明这些地区无霜冻期的年际变率较大。从变异系数来看，因地区而异，辽宁南部无霜冻日数的变异系数仅为 4%~6%，相对比较稳定，而辽宁北部变异系数稍大，为 6%~8%。吉林除长白山区外，其他地区无霜冻期日数的变异系数均为 6%~8%。黑龙江除中部和北部地区外，其他地区无霜冻期日数的变异系数均为 4%~8%。变异系数较大的地区分别为长白山区、黑龙江中部和北部地区，这些地区的无霜冻日数的变异系数均达 8%~10%，个别站点超过 10%，而这些地区均为冷害多发生区域（袭祝香等，2003）。

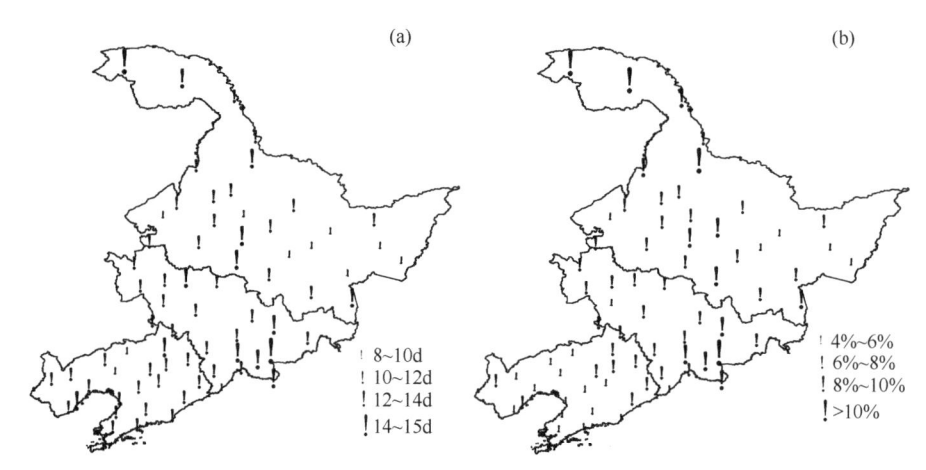

图 2-13 1960~2011 年东三省无霜冻期日数标准偏差（a）和变异系数（b）空间分布
Fig.2-13 The spatial distribution of standard deviations（a）and the coefficients of variation（b）in number of frost free days during the period from 1960 to 2011 in Northeast China

图 2-14 给出了漠河、哈尔滨、长春和沈阳无霜冻期日数的年代际变化特征。从各年代无霜冻期日数的标准偏差变化来看［图 2-14（a）］，漠河站的变化特征与其他

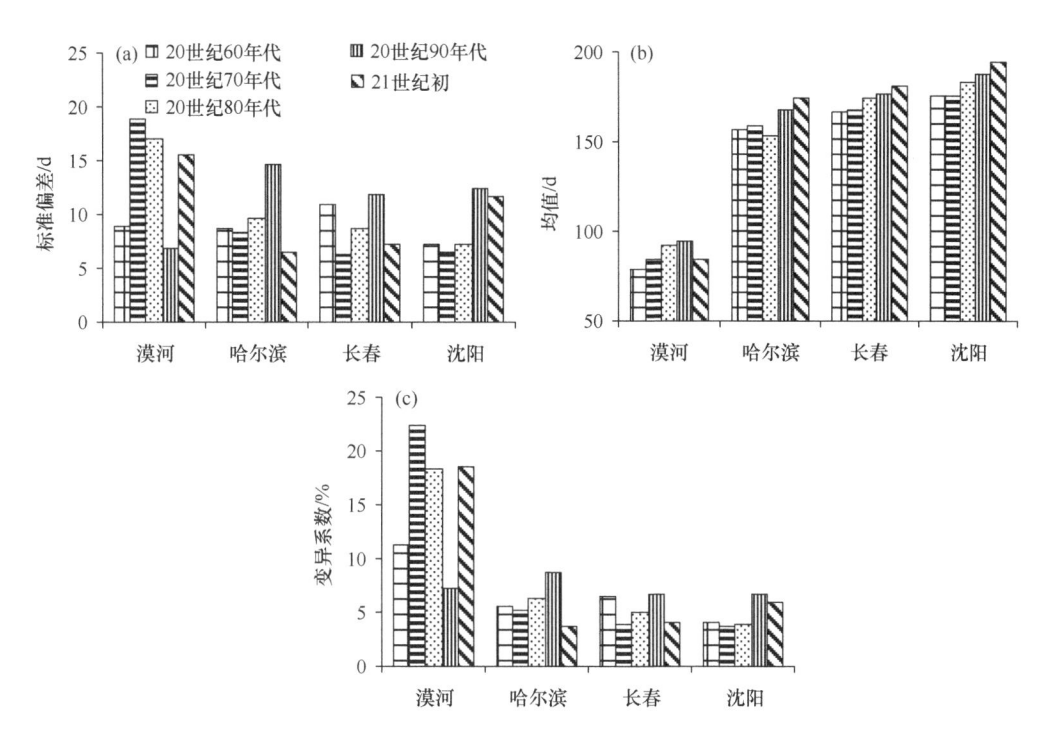

图 2-14 各年代际漠河、哈尔滨、长春和沈阳无霜冻期日数标准偏差（a）、均值（b）和变异系数（c）的变化特征

Fig.2-14 The standard deviations (a), mean (b), and coefficients of variation (c) in frost free days in different decades at Mohe, Harbin, Changchun and Shenyang

3站差异较大，哈尔滨、长春和沈阳的变化特征基本一致。20世纪60年代漠河站无霜冻期日数的标准偏差为8.9d，70年代增加到18.8d，到了80年代和90年代明显下降，到了21世纪初又开始明显上升，达到15.5d。20世纪60年代哈尔滨、长春和沈阳站无霜冻期日数的标准偏差为7~11d，从70年代到90年代呈明显增加趋势，90年代3站无霜冻期日数的标准偏差为11~14d，21世纪初期略有下降。从无霜冻期日数均值变化特征来看［图2-14（b）］，从北到南无霜冻期逐步缩短，漠河、哈尔滨、长春和沈阳的无霜冻期均值分别为70~80d、150~180d、160~180d和170~200d。从20世纪60年代至90年代漠河站的无霜冻期日数均值呈明显增加趋势，但在21世纪初期呈下降趋势。近50年哈尔滨、长春和沈阳站无霜冻期日数均值均呈稳定增加趋势。从无霜冻期日数变异系数的变化来看［图2-14（c）］，除20世纪90年代外，其他年代漠河站的变异系数均明显大于哈尔滨、长春和沈阳站。漠河站的变异系数为7%~22%，20世纪70年代最大，达22.3%，90年代最小，为7.2%。哈尔滨、长春和沈阳的变异系数为4%~8%，且在90年代达到最大值，与漠河站的变化几乎相反，其成因有待进一步研究。因此，对于位于高纬度的漠河站，无霜冻期日数的年代际变化较大，稳定性较差；哈尔滨、长春和沈阳站具有相对较小的年代际变化，稳定性较好，有利于主栽作物（如春玉米等）的晚熟品种北移种植（云雅如等，2005，2007；赵俊芳等，2009）。

三、东三省春玉米关键发育期与气象条件的关系

玉米是喜温作物,生长发育及灌浆成熟需要在温暖的条件下完成。根据前人研究的玉米在不同发育期所需的温度条件(龚绍先,1988;中国农业科学院,1999;马树庆等,2000),本研究选取了辽宁瓦房店站和阜新站(晚熟春玉米)、吉林长岭站和黑龙江哈尔滨站(以中晚熟春玉米为主)、黑龙江海伦站(中熟春玉米)5个农业气象实验站,由于农业气象资料的不连续性,各个站点春玉米发育期观测资料的起始年份不尽相同,瓦房店站为1990~2010年,阜新站为1981~1984年、1990~2010年,长岭站和海伦站为1981~2010年,哈尔滨站为1984~2010年。重点研究各站点10℃初日、14℃初日、16℃终日、10℃终日和初霜日与东北春玉米5个典型站点关键发育期(播种期、出苗期、乳熟期和成熟期)的关系。

(一)春玉米关键发育期与界限温度出现日序的关系

根据春玉米关键发育期需要的温度条件与界限温度的物理意义,分别分析春玉米的播种期与10℃初日、出苗期与14℃初日、乳熟期与16℃终日、成熟期与10℃终日和初霜日之间的关系。5个典型站点春玉米关键发育期与界限温度的关系如图2-15所示。

从图2-15可以看出,不同熟性春玉米的播种期与10℃初日、出苗期与14℃初日之间除个别年份差别较大外,其出现的时间均在±5日之内,品种间差异不显著;但是乳熟期与16℃终日、成熟期与10℃终日和初霜日在不同熟性春玉米品种间差异较大。在种植晚熟春玉米品种的瓦房店和阜新两站,春玉米均分别在16℃、10℃终日之前达到乳熟期和成熟期,乳熟期比16℃终日提前20~50d,成熟期比10℃终日提前10~40d,对两个站点20多年的观测数据进行分析发现,除阜新站2006年初霜日出现在成熟期前8d外,其余年份的初霜日均出现在春玉米成熟期之后;在种植中晚熟春玉米的长岭和哈尔滨两站,乳熟期均比16℃终日提前10~30d,大部分年份春玉米在10℃终日和初霜日之前10d左右成熟;在种植中熟春玉米的海伦站,30年内仅在2009年春玉米的乳熟期比16℃终日推迟3d,其余年份的乳熟期均出现在16℃终日前10d左右,而该站春玉米的成熟期,则与10℃终日和初霜日出现的日期早晚交替,没有表现出明显提前的趋势。

对5个典型站点春玉米关键发育期和界限温度出现日序数据进行平均,结果如表2-1所示。

从表2-1可以看出,5个站点的关键发育期与对应的界限温度相关性较大。从5个站点近30年观测数据的平均值来看,播种期比10℃初日提前的天数,从晚熟品种瓦房店和阜新站的4~6d,缩小至中熟/中晚熟品种海伦、哈尔滨和长岭站的2d之内;出苗期比14℃初日提前的天数也在1~5d。5个站点春玉米均在16℃终日之前发育到乳熟期,其提前的天数根据春玉米品种的熟性,从10d(中熟)到20d(中晚熟),到30d以上(晚熟),这样的温度条件可以保证春玉米籽粒灌浆的正常进行。从各站点成熟期的平均出现积日看,除中熟品种的海伦站春玉米成熟期比10℃终日晚4d、比初霜日晚将近2d外,

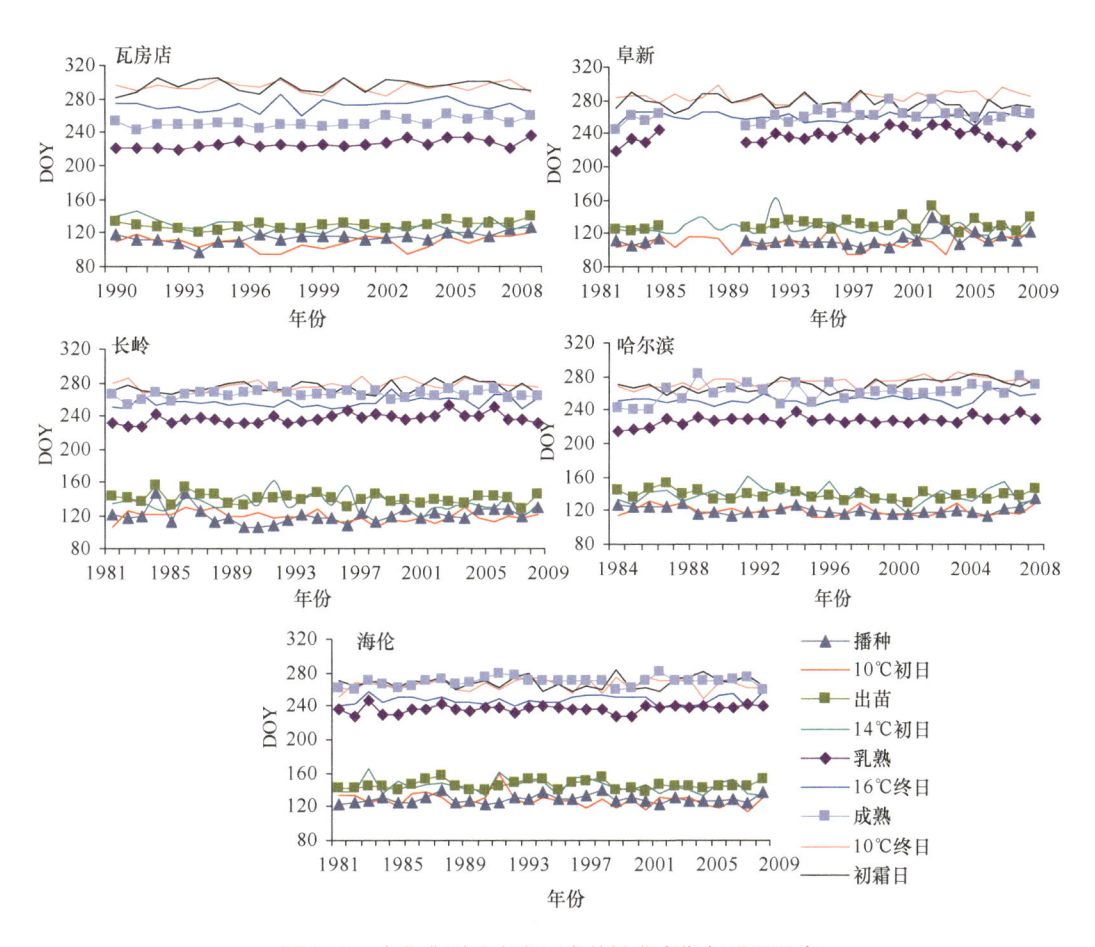

图 2-15 东北典型站点春玉米关键发育期与界限温度

Fig.2-15 Key growth stages of spring maize and critical temperature at typical agro-meteorological stations in Northeast China

其余站点的成熟期均在10℃终日或初霜日出现前10d（中晚熟品种）或20d以上（晚熟品种）达到。

表 2-1 东北典型站点春玉米关键发育期与界限温度平均出现积日（DOY）

Tab.2-1 Average DOY of key growth stages of spring maize and critical temperature at typical agro-meteorological stations in Northeast China

站点	年数/年	播种期	10℃初日	出苗期	14℃初日	乳熟期	16℃终日	成熟期	10℃终日	初霜日
瓦房店	21	115.0	109.0	129.0	128.4	226.6	272.2	252.0	294.3	295.4
阜新	25	113.3	109.8	131.0	126.5	238.1	260.3	262.2	283.9	277.3
长岭	30	120.1	118.4	139.6	134.8	237.1	256.3	265.7	276.2	273.7
哈尔滨	27	121.1	120.1	138.9	138.8	228.2	253.1	261.9	273.7	270.2
海伦	30	129.1	127.8	145.7	144.7	236.8	247.8	269.6	265.7	267.9

（二）春玉米关键发育期比界限温度提前 / 推后频率

对 5 个典型站点各个年份春玉米关键发育期与对应的界限温度积日数据进行对比，

分别计算 10℃初日比播种期提前、14℃初日比出苗期提前、16℃终日比乳熟期推迟、10℃终日比成熟期和初霜日推迟的年数百分比，计算结果如表 2-2 所示。

表 2-2 东北典型站点春玉米关键发育期比界限温度提前/推迟年数比例
Tab.2-2 Percentage of ahead or after between key growth stages of spring maize and critical temperature at typical agro-meteorological stations in Northeast China

站点	品种熟性	10℃初日在播种期之前年数比例/%	14℃初日在出苗期之前年数比例/%	16℃终日在乳熟期之后年数比例/%	10℃终日在成熟期之后年数比例/%	初霜日在成熟期之后年数比例/%
瓦房店	晚熟	71.43	47.62	100.00	100.00	100.00
阜新	晚熟	64.00	72.00	100.00	100.00	96.00
长岭	中晚熟	60.00	73.33	100.00	90.00	90.00
哈尔滨	中晚熟	66.67	62.96	100.00	88.89	77.78
海伦	中熟	73.33	66.67	96.67	40.00	40.00

从表 2-2 可以看出，除瓦房店的出苗期外，其他站点的播种期和出苗期均有 60% 左右的年份发生在对应的界限温度之后，品种间差异不显著；晚熟和中晚熟春玉米的乳熟期全部发生在 16℃终日之前，中熟春玉米发生的概率也达 96.67%；晚熟品种春玉米的成熟期出现在 10℃终日之前的年份达到 100%，出现在初霜日之前的年份达 95% 以上，中晚熟品种则有 75% 以上年份春玉米的成熟期出现在 10℃终日和初霜日之前，而中熟品种，这个比例仅有 40%。

四、东三省春玉米品种熟性时空变化特征及其脆弱性

（一）数据与方法

研究利用东三省 72 个基本气象台站 1961~2010 年逐日平均气温和最低气温数据，在对空间数据进行表达时，利用 ArcGIS 的反距离权重方法（IDW）进行空间插值，得到某一要素的空间分布图。

本研究以初日、终日期的定义为标准［参见本节二（二）部分］，分别计算日平均气温稳定通过 10℃初日、14℃初日、16℃终日和 10℃终日的日期（以下分别简称 10℃初日、14℃初日、16℃终日和 10℃终日）。以东三省下半年日最低气温≤2℃的初日作为初霜日。

积温学说认为，玉米在适宜的温度条件下，要想完成某一个生育期，需要有一定的积温。不同玉米熟性所需的积温也不同，本研究采用龚绍先（1988）和《中国农业气象学》（中国农业科学院，1999）中关于玉米熟性和所需积温的指标将玉米品种划分为早熟、中熟、中晚熟和晚熟 4 种类型，具体指标见表 2-3。

表 2-3 不同玉米熟性和所需积温的关系（单位：℃·d）
Tab.2-3 The relationship between different cultivated pattern and accumulated temperature

品种熟性	不可种植	早熟	中熟	中晚熟	晚熟
≥10℃积温	<2100	2100~2400	2400~2700	2700~3000	≥3000

以各站点全年稳定通过 10℃初日、终日的逐日平均温度之和表示≥10℃积温。

(二) 东三省春玉米种植熟性时空变化特征分析

气候变暖使东三省春玉米生育期内积温增加，为不同熟性春玉米品种的北移提供了必要的热量条件。不同熟性的春玉米品种，其产量和品质相差较大，为了追逐经济利益最大化，在全球变暖的大背景下，改变春玉米品种熟性，提高单位面积春玉米产量，是促进春玉米增产的关键。图 2-16 描述了 20 世纪 60 年代至 21 世纪初 5 个年代际内东三省春玉米种植熟性的时空变化特征。

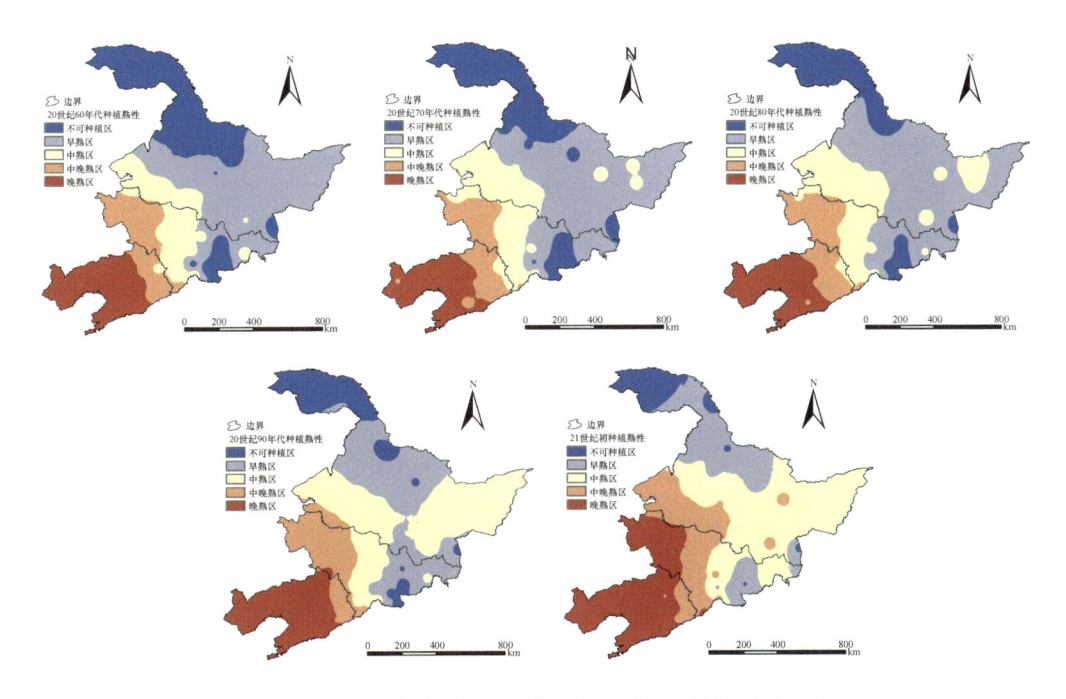

图 2-16 东三省不同年代际春玉米种植熟性的时空分布图

Fig.2-16 The spatio-temporal characteristics of cultivated patterns in different decades in Northeast China

从图 2-16 可以看出，20 世纪 70 年代是这 5 个年代际中偏冷的一个年代，使得春玉米不同熟性的种植界限与相邻的两个年代相比都偏南，其中春玉米的不可种植区范围在 20 世纪 70 年代最大，主要集中在黑龙江北部的大兴安岭和黑河地区，而 20 世纪 60 年代在黑河市周边，春玉米早熟品种在该区域内可以种植，从 20 世纪 80 年代开始，春玉米在东三省的不可种植区基本固定在了黑龙江塔河市以北的地区。从不同熟性春玉米的种植界限来看，早熟品种的种植界限随着气候变暖的加剧逐渐北移，到了 20 世纪 90 年代早熟品种的种植南界基本与 20 世纪 70 年代春玉米不可种植区的南界重合，在 21 世纪初早熟品种的种植南界已与 20 世纪 60 年代春玉米不可种植区的南界相差无几，说明东北地区在气候变暖的背景下，春玉米可种植区在逐渐扩大，对我国粮食增产具有重大意义。在东三省的松嫩平原和三江平原，春玉米种植品种逐渐由中熟演变为中晚熟，到了 21 世纪初，在三江平原和松嫩平原大部，都满足了种植中晚熟春玉米的热量条件。对晚熟品种而言,在东北地区的可种植区域明显扩大,由 20 世纪 60 年代的辽宁大部逐渐扩大为 20 世纪 90 年代的辽宁全省和吉林西部,到了 21 世纪初,辽宁全省、吉林中西部和黑龙江西南部的部分地区,都具备了种植晚熟春玉米的热量条件。从热量资源的角度来讲,气候变化对东北地区粮食增产具有积极作用。

(三)东三省春玉米熟性的脆弱性

为提高单位面积春玉米的产量,应根据气候资源状况,及时调整春玉米品种布局。由于气候变暖,东三省春玉米逐渐被生育期更长、所需热量资源更多的高产品种取代,南部部分地区可满足两年三熟制作物种植。20 世纪 60 年代到未来的 21 世纪 30 年代,东三省中晚熟春玉米、晚熟春玉米和两年三熟制作物的可种植区面积平均以每 10 年 2.28 万 km^2、2.30 万 km^2 和 1.54 万 km^2 的速率扩展,预计到 21 世纪 30 年代,东三省中晚熟春玉米、晚熟春玉米和两年三熟制农作物的可种植面积可达到 29.05 万 km^2、21.90 万 km^2 和 11.05 万 km^2(表 2-4),分别占全区总面积的 18.74%、12.35% 和 6.50%。

表 2-4　1961~2030 年东三省不同年代际不同熟性春玉米可种植区面积(单位:万 km^2)
Tab.2- 4　The plantable areas of spring maize in different cultivated patterns from 1961 to 2030 in Northeast China(Unit:10,000km^2)

年代际	不可种植区	早熟区	中熟区	中晚熟区	晚熟区	两年三熟区
20 世纪 60 年代	19.41	29.24	11.96	8.86	10.39	0.14
20 世纪 70 年代	16.29	30.50	15.71	8.44	9.07	0.00
20 世纪 80 年代	11.88	31.52	17.75	9.35	9.06	0.45
20 世纪 90 年代	9.42	21.53	26.54	10.50	7.59	4.42
21 世纪初	5.10	14.87	28.11	14.06	12.02	5.85
21 世纪 10 年代	6.40	7.16	26.25	13.46	22.69	4.03
21 世纪 20 年代	6.14	4.23	23.62	15.36	22.50	8.15
21 世纪 30 年代	5.97	1.09	10.94	29.05	21.90	11.05

然而,气候变暖总体上使得东三省春玉米严重低温冷害发生频率呈减少趋势,但在各熟性界限敏感区,严重低温冷害发生频率增大,使得春玉米种植区北移东扩的风险增大。过去 5 个年代际内,就平均状况而言,晚熟品种从 20 世纪 60 年代吉林的镇赉县北移到 21 世纪初黑龙江的甘南县,最严重冷害出现频率从 12% 增加到 21%;中熟品种从 20 世纪 60 年代黑龙江的嘉荫县北移到 21 世纪初的呼玛县,最严重冷害出现频率从 18% 增加到 27%(赵俊芳等,2009)。

五、基于时空播种法的东三省春玉米适应气候变暖的品种布局调整技术及示范

(一)材料与适应技术

1. 研究区简介

在中国东三省春玉米主要种植区内,按照温度的纬度分布特征选取 2 个试验站点:

东北北部种植中晚熟春玉米的哈尔滨站（126.77°E，45.75°N）和东北南部种植晚熟春玉米的锦州站（121.12°E，41.13°N），两地的地理位置如图 2-17 所示。

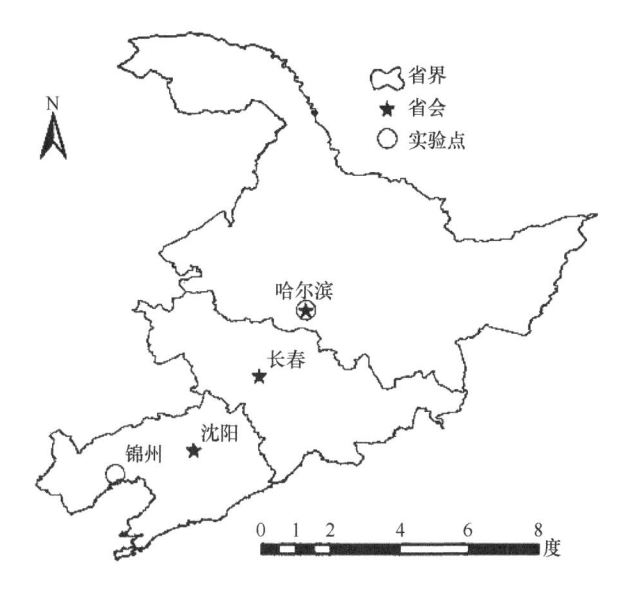

图 2-17　试验区位置示意图

Fig.2-17　The geographical locations of experimental sites

哈尔滨是中国纬度最高、气温最低的省会城市，该市属于温带大陆性季风气候，四季分明，冬季漫长而寒冷，夏季短暂且凉爽，春秋两季气温升降较快，属过渡性季节，时间较短；全年平均气温 3.6℃、平均降水量 569.1mm，其中 60% 的降水集中在 6~9 月，雨热同季的气候特点有利于农作物的生长和发育。锦州市地处辽宁西南部，属温带季风性气候，年温差较大，全年平均气温 8~9℃，年平均降水量为 540~640mm，四季分明，雨热同季，为发展农、林、牧、渔各业提供了良好的气候条件。

两个试验站点的降水条件均基本满足春玉米生长所需的水分要求，因而本研究主要分析热量条件对春玉米生长发育和产量形成的影响。从近 50 年哈尔滨和锦州两个站点春玉米生长季（4~9 月）平均气温来看（图 2-18），两地的温差基本保持在 2.5℃左右，因此，本研究将以两地春玉米发育期内气温的空间变化代替其时间变化，在各个试验区内分别开展当地主栽品种（哈尔滨为'久龙 8 号'；锦州为'农华 101'）的分期播种试验；同时，以哈尔滨地区正常播种期为对照，开展'久龙 8 号'的地理分期播种试验，利用提前和推迟播种期的方法达到模拟不同气候变暖情景的效果，为提出东北春玉米对未来气候变化可能采取的适应措施提供试验依据。

2. 适应技术试验设计

（1）分期播种试验法

本研究分别在哈尔滨和锦州两地开展春玉米分期播种试验，通过分析同一品种在不同播种期的热量余缺，寻找当前及未来气候变暖条件下东北春玉米的最佳播种期。试验均以两地正常播种期为对照（简写为 CK），在正常播种期的基础上推迟播种 10d

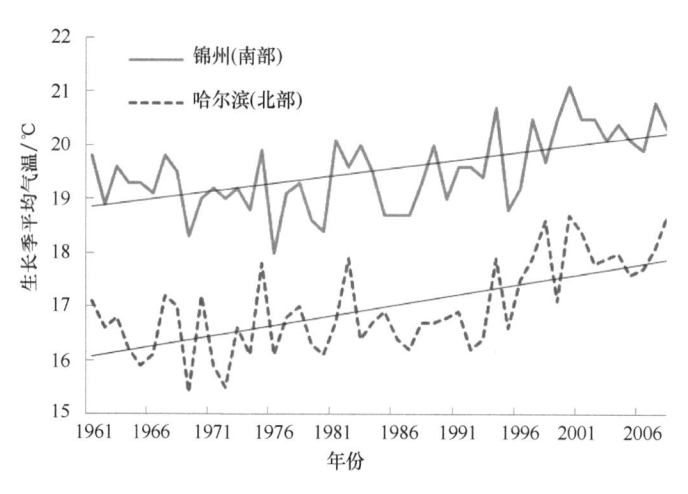

图 2-18 近 50 年锦州和哈尔滨春玉米生长季平均气温

Fig.2-18 The average air temperature for the period of spring maize growing during the past 50 years at Jinzhou and Harbin

为第二播种期（简写为 S1）、推迟 20d 为第三播种期（简写为 S2），具体的试验方案如表 2-5 所示。

表 2-5 哈尔滨和锦州春玉米分期播种试验方案

Tab.2-5 The experimental plan of stage sowing methods for spring maize at Harbin and Jinzhou

试验区	试验品种	正常播种期（CK）	第二播种期（S1）	第三播种期（S2）
哈尔滨	久龙 8 号	5 月 2 日	5 月 12 日	5 月 22 日
锦州	农华 101	4 月 20 日	4 月 30 日	5 月 10 日

（2）地理分期播种试验法

以'久龙 8 号'为试验品种，根据哈尔滨和锦州两地地理位置的差异，利用地理分期播种法研究未来气候变暖背景下'久龙 8 号'的最适宜播种期。由于两个试验区的土壤质地均为壤土，因此试验中假设土壤特性对两个试验区春玉米生长发育的影响很小，可以忽略不计。以哈尔滨正常播种期为对照，分别研究在未来气候变暖条件下播种期提前、播种期基本不变和播种期推迟对'久龙 8 号'生长发育和产量的影响，具体的试验方案如表 2-6 所示。方案 1：在哈尔滨当前气候条件下正常播种（哈尔滨，5 月 2 日），即播种时满足春玉米播种的最低温度要求（CK）。方案 2~4 为利用锦州与哈尔滨的气温差模拟未来气温升高的情景下'久龙 8 号'的播种方案。方案 2（CW1）：'久龙 8 号'播种时间随气温升高而提前（锦州，4 月 20 日），播种时亦满足春玉米播种的最低温度要求。方案 3：保持'久龙 8 号'当前播种期基本不变（锦州 4 月 30 日播种与哈尔滨 5 月 2 日播种基本相当），播种时的温度条件较当前气候情景略高。方案 4：推迟'久龙 8 号'的播种期（锦州，5 月 10 日），播种时温度高于春玉米播种的最低温度要求。

（3）观测要素

参照《农业气象观测规范》（崔读昌，1992），试验测定的项目主要有发育期、生

表 2-6 东北春玉米'久龙 8 号'适应气候变化的地理分期播种试验方案
Tab.2-6 The experimental plan of geographical-stage sowing method for 'Jiulong 8'

气候情景	方案	播种期调整技术	播种日期	试验地点	技术描述
当前气候情景	1	正常播种（CK）	5月2日	哈尔滨	满足春玉米播种的最低温度要求
	2	提前播种（CW1）	4月20日	锦州	满足春玉米播种的最低温度要求
气候变暖情景	3	播种期不变（CW2）	4月30日	锦州	播种期基本不变，播种时的温度条件较当前气候情景略高
	4	播种期推迟（CW3）	5月10日	锦州	播种时温度显著高于春玉米播种的最低温度

长状况、产量及产量结构等，同时记录试验期间各常规气象要素。具体试验要素及观测方法如下。

发育期。对春玉米各个发育期（播种、出苗、三叶、七叶、拔节、抽雄、开花、吐丝、乳熟和成熟）均进行观测，记录各个发育期的发育始期和普遍期。

株高。在春玉米的拔节期和乳熟期，进行春玉米株高的观测，每次观测选取 4 个测点，每个测点取 10 株。

产量及产量结构。在春玉米的成熟期，进行春玉米产量结构要素的测定，每次观测选取 4 个测点，每个测点连续取 10 株，齐地面剪下，记录果穗长、果穗粗、秃尖长、百粒重和理论产量等。

常规气象要素。试验期间，记录两个试验场内的常规气象要素，主要包括日最高气温、日最低气温、日平均温度和日降水量等。

3. 数据分析

对各试验观测的多样本量春玉米生长发育及产量数据分别进行平均，得到各要素的平均值。

（二）适应技术结果与分析

1. 分期播种试验结果分析

（1）发育期

春玉米的播种期以日平均气温稳定通过10℃初日（以下简称10℃初日）为界限温度，哈尔滨和锦州两地 2011 年的10℃初日分别为 4 月 29 日和 4 月 4 日（见图 2-19），2 个试验站 3 个分期播种试验方案的播种期均在10℃初日之后，说明玉米播种时的温度条件可以满足春玉米正常播种。两站的成熟期与10℃终日和初霜日的关系则有较大差别，锦州站 3 个试验方案的成熟期均在10℃终日和初霜日之前完成，说明锦州站春玉米在 3 个试验方案下均已成熟，且有热量盈余；哈尔滨站仅 CK 试验方案的成熟期在10℃终日前一天完成，其他 2 个方案的成熟期均在10℃终日之后，而且，哈尔滨站的初霜日均比 3 个试验方案成熟期提前，提前 10~15d，说明推迟播种期对哈尔滨站春玉米生长不利。

从不同试验方案春玉米发育期与对照情况间隔日数（图 2-20）可以看出，随着春玉米生长发育进程的推进，3 个播期初始设计的两发育期间隔日数差在逐渐缩短，到抽

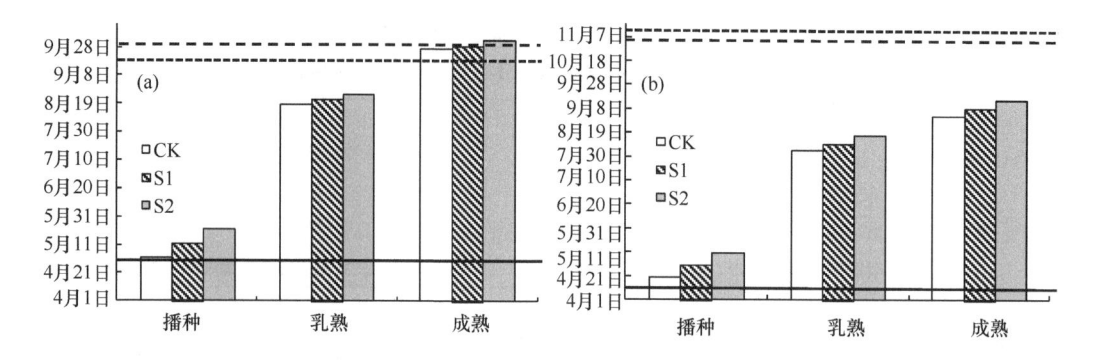

图 2-19　哈尔滨（a）和锦州（b）站不同试验方案春玉米发育期与界限温度
Fig.2-19　The growth stages and critical temperature for experimental plans and CK at Harbin（a）and Jinzhou（b）

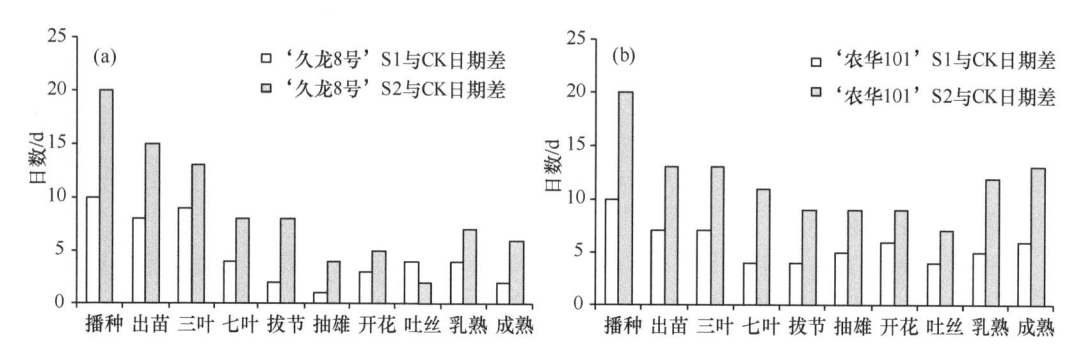

图 2-20　哈尔滨（a）和锦州（b）站不同播种期春玉米发育期与 CK 间隔日数
Fig.2-20　The differences of growth stages for different experimental plans and CK at Harbin（a）and Jinzhou（b）

雄 - 开花 - 吐丝期，S1 和 S2 与 CK 的间隔日数达到最短，哈尔滨地区的间隔日数差在 5d 以内，锦州地区在 10d 以内；吐丝之后，S1 和 S2 与 CK 的发育期间隔日数差略有增大，但增幅均小于 10d 和 20d。说明在现有的气候条件下，如果春玉米生长季后期的热量资源能够满足春玉米正常生长发育的需求，推迟播种期将缩短春玉米的生育进程。

（2）积温

在春玉米正常生长发育过程中，只有当积温累积到一定程度时，才能由一发育进程进入到下一发育进程，这是由农作物自身的特性决定的。从图 2-21 可以看出，哈尔滨地区 S1 和 S2 的播种 - 抽雄和抽雄 - 成熟的积温均略小于 CK，而在锦州地区，S1 和 S2 播种 - 抽雄和抽雄 - 成熟的积温与 CK 相比，无显著差异；从全生育期总积温来看，哈尔滨地区 S1 和 S2 均比 CK 少，而锦州地区各试验方案则相差无几。哈尔滨地区 S1 和 S2 积温少于对照，一方面由于晚播处理春玉米生育期间的日照长度比对照略短（约 0.3h/d），对春玉米后期生长具有加速效应；另一方面由于哈尔滨地区春玉米生长后期的温度条件略差，后 2 个播种期的春玉米没有完全成熟。

对比 2 个试验站各试验方案春玉米生长状况发现，两地拔节期的株高均比 CK 高 3~6cm，说明推迟播种期可促进春玉米植株高度的生长，播种 - 抽雄期的积温差异对春玉米生长状况影响不大。然而在抽雄 - 成熟期，春玉米生长发育所需的积温则与最终的

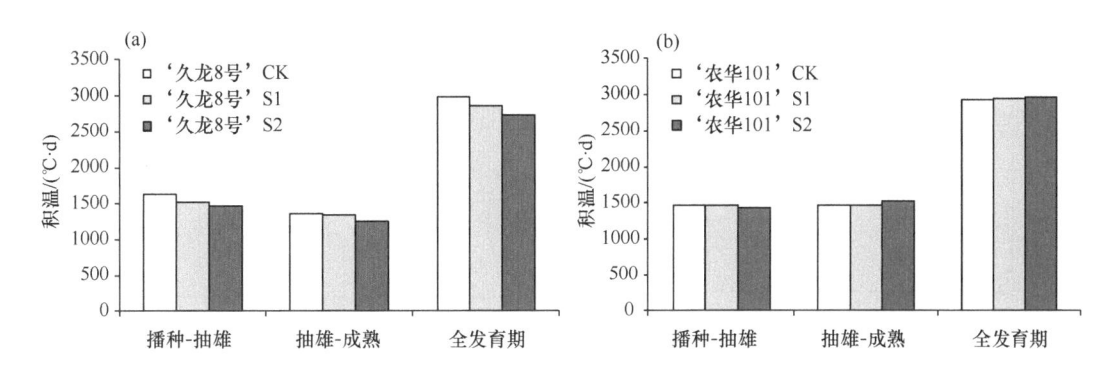

图 2-21 哈尔滨（a）和锦州（b）站不同试验方案春玉米在不同生长阶段所需积温

Fig.2-21 The accumulated temperature of spring maize in different growth stages for different experimental plans at Harbin（a）and Jinzhou（b）

产量息息相关。哈尔滨地区 S1 和 S2 抽雄-成熟期的积温均比 CK 少，则需要判断该地区在春玉米发育后期的热量条件是否能够满足春玉米正常生长的需要。由前面分析可知，哈尔滨地区 2011 年 3 个播种方案下春玉米的成熟日期均晚于初霜日，CK 和 S1 的成熟期与 10℃终日相比分别提前和推迟 1d，而 S2 的成熟期则比 10℃终日推迟 5d，说明哈尔滨地区后期的热量条件并没有完全满足春玉米生长发育的需求，尤其是 S2，其成熟期与 10℃终日和初霜日的相差日数较多，受到积温亏缺和早霜冻的影响，哈尔滨站 3 个试验方案的春玉米并没有完全成熟，这将会影响其最终产量。在锦州地区，由于 3 个试验方案的成熟日期均早于当年的 10℃终日和初霜日，即在春玉米成熟之后锦州地区仍有大量可用的热量资源，使得锦州站 3 个试验方案的春玉米均发育成熟。

（3）产量及产量结构

通过对比不同播期与对照春玉米不同生长阶段所需积温发现，若哈尔滨地区的热量条件不能满足春玉米生长发育后期的要求，将可能影响其最终产量及产量构成要素。分析产量构成要素（图 2-22）发现，在哈尔滨站，百粒重随着播种期的推迟逐渐减小，从 CK 的 34.5g 减小到 S1 的 33.8g，而在单产方面，S1 却最高，较 CK 高出 10g/m²，剖析其原因发现，在同样的种植密度下，3 个不同播期的出苗率并不相同。有研究表明，日平均气温稳定通过 14℃为春玉米的最佳出苗温度，3 个不同播期春玉米的出苗期分别为 5 月 16 日、5 月 24 日和 5 月 31 日，而哈尔滨地区 2011 年日平均气温稳定通过 14℃的初日是 5 月 21 日，就出苗的温度条件而言，S1 的温度条件最有利于春玉米出苗。S1 七叶期测定的春玉米单位面积的有效株数达 4.99 株/m²，比 CK 和 S2 分别高 0.46 株/m² 和 0.25 株/m²，到乳熟期时单位面积的有效株数仍比 CK 和 S2 分别高 0.49 株/m² 和 0.23 株/m²。单位面积有效株数的增加对提高春玉米的最终产量有促进作用，但由于 S1 和 S2 在春玉米生长发育后期热量条件不足，并不能提高春玉米的产量构成要素（如百粒重）。

在锦州地区，由于 3 个不同播种期的热量条件均满足春玉米生长发育的需求，因此春玉米百粒重在 3 个试验条件下均无明显差异，由于 S1 在开花-吐丝期遇到高温低湿的气象条件，S1 的秃尖长略大于 CK 和 S2，差值分别为 0.78cm 和 0.93cm，导致 S1 的单产水平略低于其他 2 个播种期。

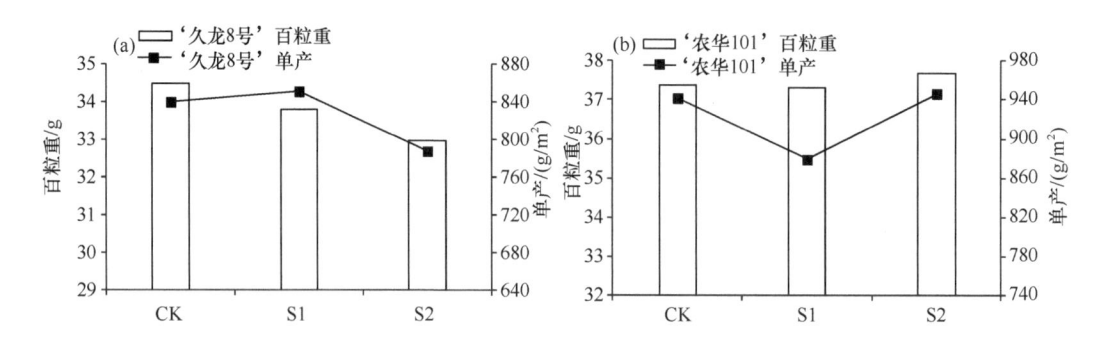

图 2-22 哈尔滨（a）和锦州（b）站不同试验方案春玉米产量及产量构成要素

Fig.2-22 The yield and its key factors of spring maize for different experimental plans at Harbin（a）and Jinzhou（b）

2. 地理播种试验结果分析

利用观测的试验数据，对比分析气候变化情景下'久龙 8 号'不同播种期（CW1~CW3）生长发育状况和产量的响应。

（1）生育期及所用积温

试验观测结果表明，在未来气候变暖情景下，保持春玉米种植品种不变，无论提前还是推迟种植春玉米，其成熟期与对照情形相比均呈现提前的趋势，因而缩短了春玉米整个生育期的长度，缩短的生育期日数为 12~20d（图 2-23）。这说明随着气温升高，春玉米累积一定的积温达到成熟所需的时间在缩短，为将现有春玉米品种更替为生育期更长、所需积温更多的品种提供了依据，同时也可为农作物种植熟制的变化提供参考。

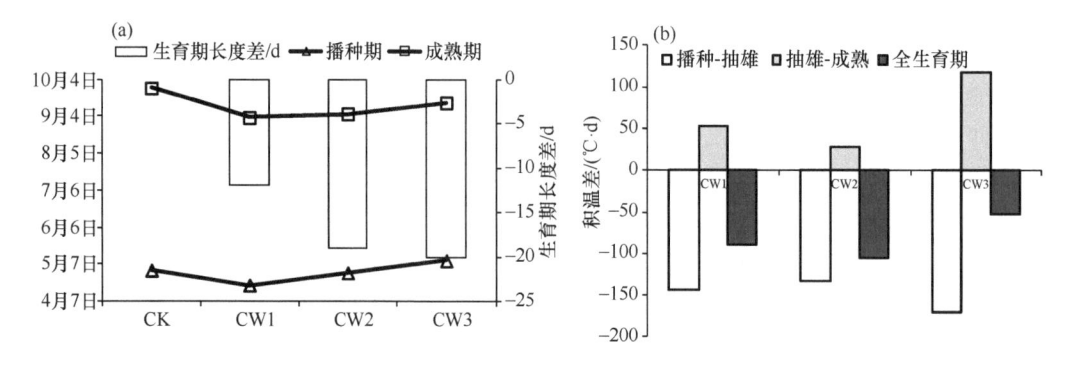

图 2-23 气候变暖情景下'久龙 8 号'不同试验方案生育期（a）及积温（b）与 CK 对比

Fig.2-23 The comparison of the growth stages（a）and accumulated temperature（b）for 'Jiulong 8' between different climate warming situations and CK

从'久龙 8 号'不同发育阶段所需积温的情况看（图 2-23），当未来气候变暖时，'久龙 8 号'无论在播种 - 抽雄期还是在全生育期，与对照情景相比所需积温都有所减少，但是在产量形成最关键的抽雄 - 成熟期，'久龙 8 号'所需积温则高于对照情景，这将直接影响春玉米的产量及其构成要素。

（2）株高

试验观测结果显示，'久龙 8 号'在 CW1~CW3 情景下，拔节期的株高均低于对照情景，乳熟期的株高与对照情景相近（图2-24），这是由于在CW1~CW3情景下，玉米苗期的水分状况较对照情景略差，尤其是CW1和CW3两种情景，玉米播种前10d至出苗期的降水量仅为对照情景的一半；从播种到拔节期，3种气候情景的降水量均比对照情景低，其差值在50mm左右。拔节期植株高度略低，可促进玉米根系发育，有利于春玉米形成壮苗，降低抗倒伏风险，对后期可能遇到的大风、暴雨等恶劣天气具有一定的抵御作用，因而拔节期株高将对春玉米最终产量的形成产生一定程度的影响。

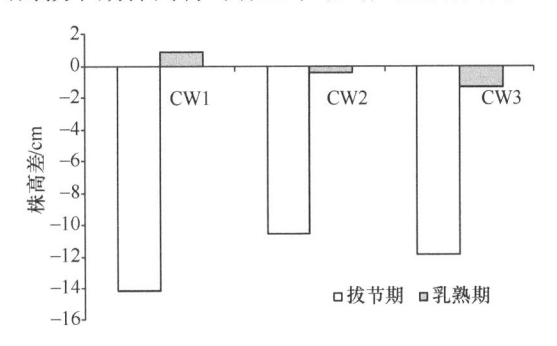

图 2-24 气候变暖情景下'久龙8号'不同试验方案株高与CK对比

Fig.2-24 The comparison of plant height for 'Jiulong 8' between different climate warming situations and CK

（3）产量及产量结构

由试验观测结果可以看出，'久龙8号'在CW1~CW3情景下百粒重均高于对照（图2-25），与拔节期株高呈现相反的规律。拔节期株高较低，对春玉米生育后期籽粒灌浆、生殖生长反而有利，这在最终的单产上也有明显反映。与对照相比，'久龙8号'的百粒重和单产在CW1~CW3气候情景下均有所增加，增幅分别为2.9g、0.3g、2.7g和100.74g/m^2、82.74g/m^2、187.76g/m^2，增产幅度为9.85%~22.36%。在气候变暖情景下，若哈尔滨及其周边地区春玉米生长季平均气温增加2.5℃左右，则'久龙8号'可根据增温情况适当提前或推迟播种。

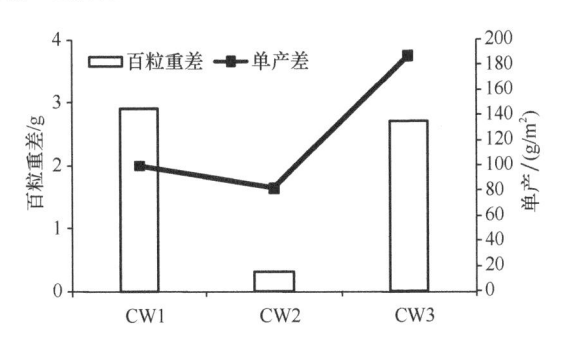

图 2-25 气候变暖情景下'久龙8号'不同试验方案单产及产量构成要素与CK对比

Fig.2-25 The comparisons of yield and its key factors for 'Jiulong 8' between different climate warming situations and CK

（三）适应技术效果评价

遥感 - 光合 - 农作物产量估算模型（remote sensing-photosynthesis-yield estimation for crops，RS-P-YEC）是在 BEPS（boreal ecosystem productivity simulator）模型（Liu et al.，1997；Chen et al.，1999）的基础上发展起来的遥感机理过程模型（王培娟等，2009；Wang et al.，2011），模型最初用来模拟植被的净第一性生产力，经过多次修正和引入农作物收获指数后，该模型已经可以模拟冬小麦（Wang et al.，2011）和春玉米（檀艳静，2014）的产量，并在我国华北和东北地区进行了检验和验证。

利用 RS-P-YEC 模型，结合气象数据、卫星遥感数据及基本地理信息数据，模拟得到我国东三省 2011 年春玉米产量 [图 2-26（a）]，模拟结果表明，东三省玉米产量最高的区域位于松嫩平原，主要是因为该区域土壤肥沃，玉米种植面积广，水分条件相对适宜，因此在当前气候条件下，该地区的玉米产量为 6000~9000kg/hm^2；产量次高区是位于辽宁的辽河平原，主要集中在 6000~7500kg/hm^2；黑龙江的三江平原因其水源分布较广，农作物以水稻为主，玉米产量相对于其他两个平原略低，为 4500~7500kg/hm^2；位于东三省西部的玉米产区，如黑龙江西部的嫩江市、讷河市和龙江市，吉林西南部的通榆县，以及位于辽宁西北部的彰武县，降水偏少，土壤相对贫瘠，使得该区域的玉米产量大都在 4500kg/hm^2 以下。

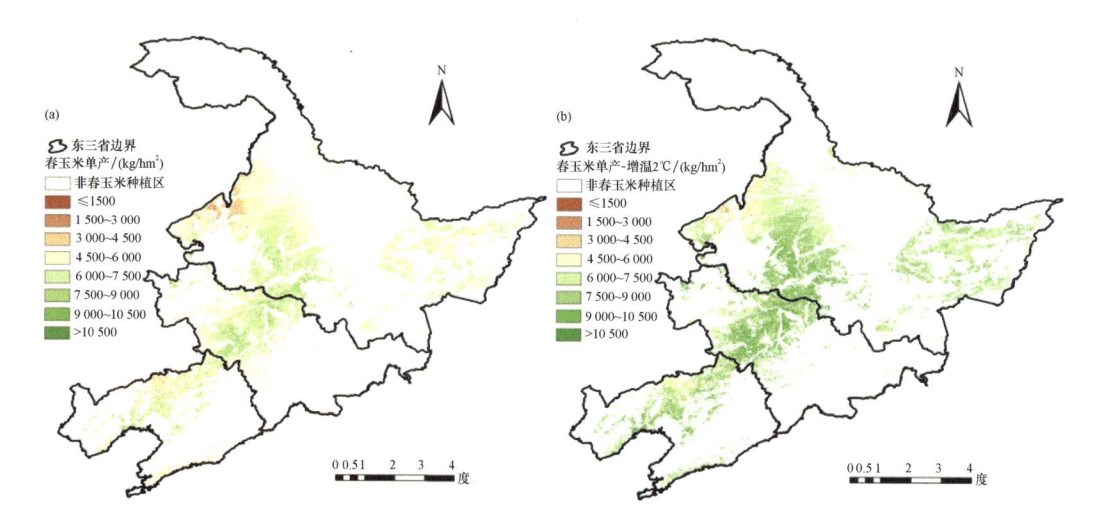

图 2-26　当前气候（2011 年，a）及增温 2℃（b）情景下东三省春玉米产量分布图
Fig.2-26　The spatial distribution of spring maize yield based on RS-P-YEC model under current scenario（2011，a）and climate warming scenario by 2 centigrades（b）

以 2011 年气象数据为基础，假设不改变东三省春玉米的种植制度，利用 RS-P-YEC 模型模拟东三省在当前气候条件下增温 2℃后的春玉米产量 [图 2-26（b）]。模拟结果表明，若保持当前种植制度不变，增温后春玉米产量的空间分布规律与当前气候情景相似，但产量较现有情景略高。即增温 2℃后，东三省春玉米的高产区仍集中在松嫩平原、辽河平原和三江平原，东三省西部的嫩江市、讷河市、龙江市、通榆县和彰武县仍是玉米的低产区。

利用当前气候和增温 2℃情景下模拟春玉米产量，计算得到增温后春玉米产量的变化率（图 2-27），结果表明，未来气候变暖后，在保持当前春玉米种植制度的前提下，

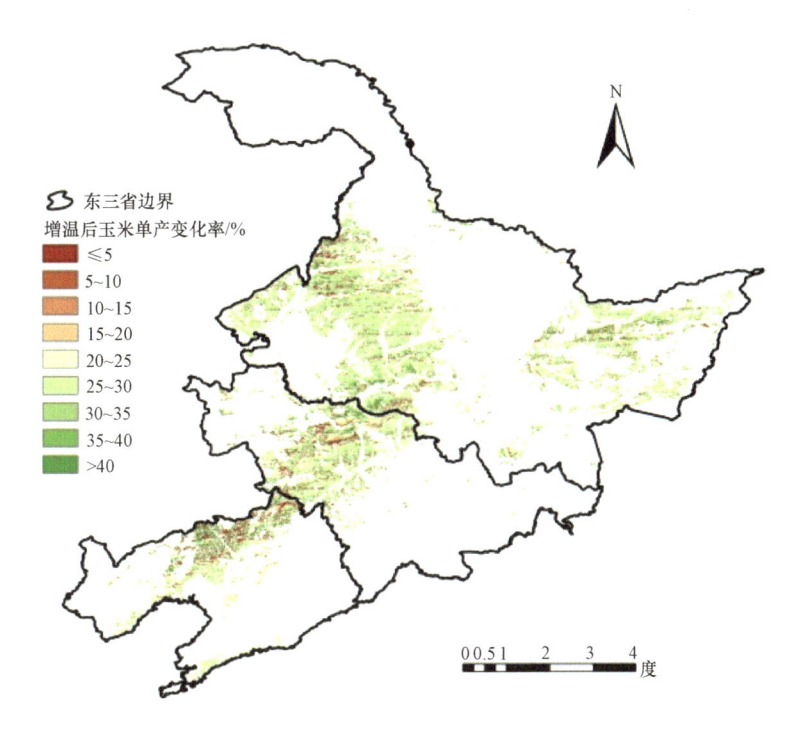

图 2-27 增温 2℃后东三省春玉米产量变化率
Fig.2-27　The rate of spring maize yield under climate warming by 2 centigrades

东三省春玉米以增产为主，增产幅度为 5%~40%。春玉米的高增产区主要位于黑龙江的松嫩平原和三江平原，增产 25%~40%；其次是黑龙江西北部的春玉米低产区，嫩江、讷河一带，增产幅度为 20%~35%；这主要是因为黑龙江在当前气候条件下，温度条件略低于吉林和辽宁两省，增温后提高了春玉米的光合作用能力，使得干物质积累增多，有利于春玉米产量的形成。吉林中部春玉米主产区增产幅度次之，为 15%~30%，辽宁西北部最低，大都在 25% 以下。

（四）东三省春玉米对气候变化的适应措施

随着气候变暖，东三省热量资源增加，东北东部的长白山区、西北部的大兴安岭和黑河地区由原来的春玉米不可种植区逐渐过渡为早熟春玉米区，截至 21 世纪初，东三省春玉米可种植区面积较 20 世纪 60 年代增加了 14.3 万 km²，春玉米可种植区面积扩大。同时，东三省春玉米逐渐被生育期更长、所需热量资源更多的高产品种取代，南部部分地区可满足两年三熟制作物种植。20 世纪 60 年代到未来的 21 世纪 30 年代，东北三省中晚熟春玉米、晚熟春玉米和两年三熟制作物的可种植区面积平均以每 10 年 2.28 万 km²、2.30 万 km² 和 1.54 万 km² 的速率扩展，预计到 21 世纪 30 年代，东北三省中晚熟春玉米、晚熟春玉米和两年三熟制农作物的可种植面积达 29.05 万 km²、21.90 万 km² 和 11.05 万 km²，分别占全区总面积的 18.74%、12.35% 和 6.50%。

气候变暖对农业生产带来有利条件的同时，也对农业生产产生了一定程度的影响和制约作用，因此在农业生产中，应该采取相应的适应措施，趋利避害，以充分利用气候变化对农业生产的积极作用，具体适应措施可归纳如下。

1. 合理利用热量资源，规避春玉米播种期的气象灾害风险

随着气候变暖，春玉米种植区热量资源由南向北呈增加趋势，春玉米生长季延长，在不改变耕作制度和更换晚熟春玉米品种的前提下，春玉米播种期具有更大的可选择范围，从而为春玉米安全播种与稳产提供了时间保障。利用未来典型浓度路径情景 RCP4.5 数据估算东三省春玉米区的可播种时间范围（图 2-28），即到 21 世纪 20 年代，黑龙江中西部和吉林西北部春玉米播种期可在现有播种期的基础上至少提前或推迟 12d，在黑龙江哈尔滨周边地区甚至可达 20d；到 21 世纪 30 年代，黑龙江中西部春玉米的播种期均可提前或推迟 16d 以上，吉林全境和黑龙江东南部的部分地区播种期可提前或推迟 12~16d。因此在东三省春玉米区，若播种期的土壤墒情达不到春玉米播种时的最低要求或者在播种期内出现低温冷害，则可在现有播种期的基础上，推迟播种，以期达到春玉米播种所需的最佳水热组合。

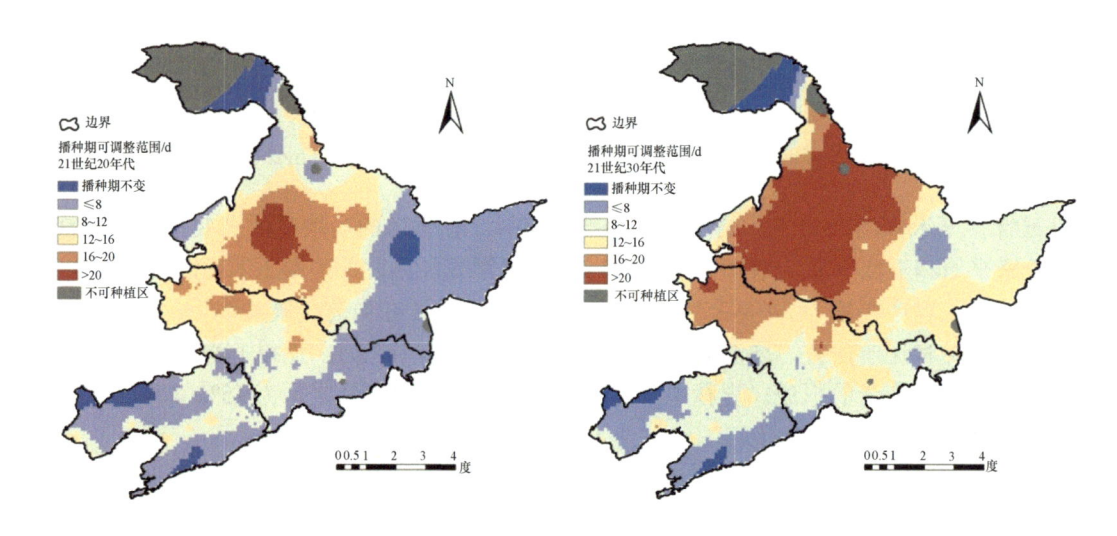

图 2-28 未来情景 RCP4.5 下东三省春玉米区可播种期范围（21 世纪 20 年代和 21 世纪 30 年代）

Fig.2-28 The range of sowing dates for spring maize under RCP4.5 scenarios in Northeast China（2020s and 2030s）

2. 科学布局，提高作物复种指数和单产水平

根据东三省的热量资源状况，科学合理地调整东北春玉米品种布局，不同熟性春玉米种植区逐步被更晚熟的高产春玉米品种代替。21 世纪初春玉米种植熟性已经比 20 世纪 60 年代北移东扩了一个热量带（图 2-16），预计到 21 世纪 30 年代，春玉米种植熟性仍会比 21 世纪初北移东扩一个热量带，即现有的早熟春玉米区可更换为中熟春玉米，中熟春玉米区可种植中晚熟春玉米，而中晚熟春玉米则可被晚熟春玉米取代；部分晚熟春玉米区（辽宁西南部）逐渐被两年三熟制取代（图 2-29），从而提高东三省的

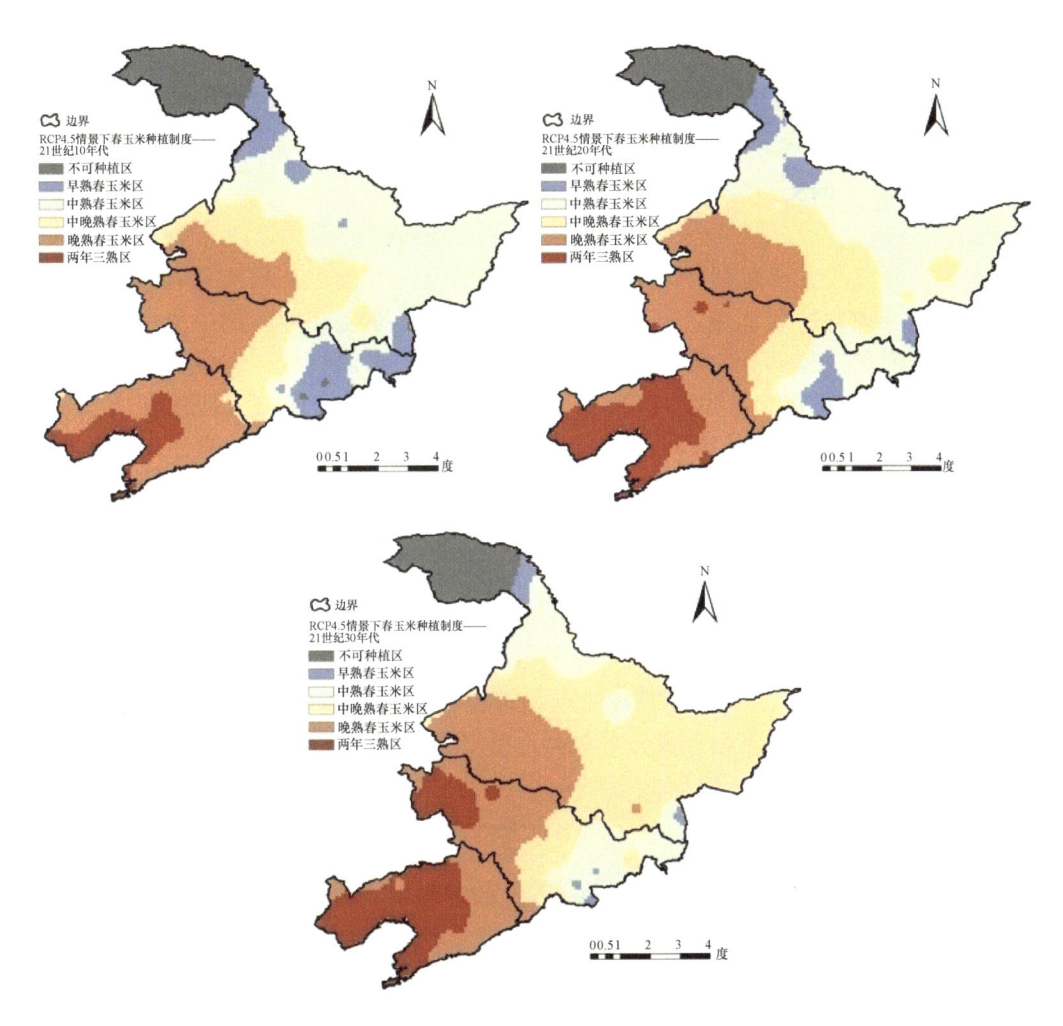

图 2-29　未来气候情景 RCP4.5 下东三省春玉米品种布局图（21 世纪 10 年代~21 世纪 30 年代）

Fig.2-29　The planting patterns of spring maize under RCP4.5 scenarios in Northeast China
（2010s–2030s）

粮食生产能力。

3. 选育耐旱抗低温品种，提高春玉米抗灾减灾水平

在东三省西部春玉米干旱多发区和各熟性春玉米低温冷害易发区，有计划地培育和选用耐旱、抗低温等抗逆品种，以提高春玉米的抗灾能力。

4. 加强农田基本建设，推广农业化学抗旱技术

在春玉米春旱多发区加强农田基本建设，改善农业生态环境，建设高产稳产农田；利用保水剂作种子包衣和幼苗根部涂层，播种后对土壤喷洒土壤结构改良剂、用抗旱剂抑制地面蒸发等，以减少春玉米苗期对水分的需求量，降低东三省春玉米播种期的春旱风险。

第三节　气候变暖影响下华北冬小麦最佳播种期的选择技术

一、研究区概况

本节的研究区主要包括华北冬小麦主产区的河北、山东、河南三省和北京、天津二市，本区地理位置优越，既是连接东北、西北、东南和中南的中央枢纽，又是环渤海经济圈的主体部分。华北区属暖温带半湿润、湿润气候，四季分明，光热资源充足，≥10℃积温为4000~4800℃·d，由北向南、由高地向低地逐渐增加；年降水量400~900mm，由东南向西北减少，降水季节分配不均匀，夏季降水占全年降水量的55%~75%，春季降水仅占10%~20%，春旱夏涝发生频繁。华北区是以旱作为主的农业区，粮食作物以冬小麦、夏玉米轮作为主，是我国重要的粮食生产基地。

从近50年日平均气温来看（图2-30），华北地区升温显著，年平均气温、冬小麦生长季（10月至次年5月）平均气温和冬小麦返青前平均气温分别以0.252℃/10年、0.349℃/10年和0.447℃/10年的速度上升，且均通过0.01水平的显著性检验，说明过去的50年内，华北地区增温幅度冬季最高，冬小麦生长季内次之，二者均高于全年增温幅度。

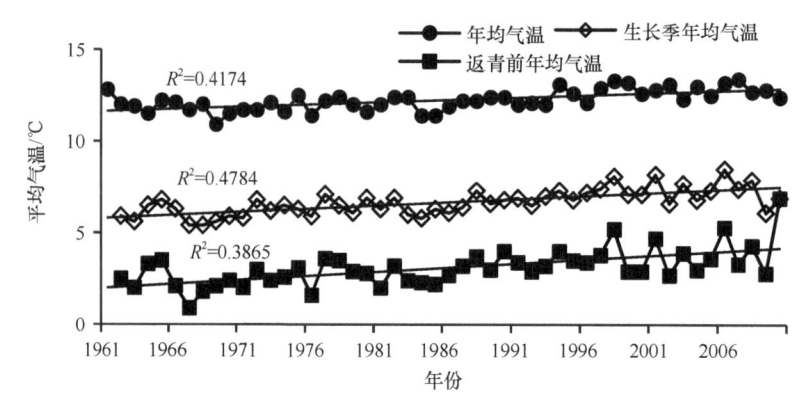

图2-30　华北地区1961~2010年不同统计时段年平均气温

Fig.2-30　The average air temperature for different statistical periods from 1961 to 2010 in North China Plain

二、我国冬小麦种植界限的时空变化特征

（一）资料来源

研究收集了全国560个台站的基本气象资料，由于受到资料年限完整性的限制，选取了其中的553个台站作为本研究的资料基础，用到的要素为日最低温度和积雪深度，资料来源于中国气象局信息中心，时间序列及频次是1961~2010年的逐日气象资料。

（二）数据处理

1. 日最低温度

选择全国作为研究区域，由于区内海拔相差很大，温度的垂直变化剧烈。为了更好地分析全国范围内冬小麦的种植界限，在对温度进行插值分析前，根据温度垂直递减规律（海拔每升高 1000m，温度降低 6℃），将所有气象站点的最低温度数据处理到海平面水平［公式（2-11）］，再利用 IDW（inverse distance weighted technique）插值方法对全国范围 1961~2010 年的最低温度数据进行空间插值，得到全国范围 1961~2010 年海平面高度的最低温度空间分布图。然后根据研究区的海拔对温度数据进行还原［公式（2-12）］，得到全国范围内最低温度的空间分布图。

$$T_{k,0} = T_k - DEM_k \times 0.006 \tag{2-11}$$
$$T_{ij,T} = T_{ij,0} + DEM_{ij} \times 0.006 \tag{2-12}$$

式中，T_k、$T_{k,0}$、$T_{ij,0}$ 和 $T_{ij,T}$ 分别是各气象站点的最低温度、各气象站点海平面水平的最低温度、空间插值后各网格点海平面水平的最低温度和空间插值后还原为真实海拔的网格点最低温度；DEM_k 和 DEM_{ij} 分别是各气象站点的海拔和全国各网格点的海拔。

本节所用到的最低温度均为还原到当地海拔的最低温度数据，用 $T_{\min}$ 表示。

2. 积雪深度

对逐日的积雪深度数据利用 IDW 插值方法进行空间插值，得到 1961~2010 年新疆地区逐日积雪深度的空间分布图。

（三）研究方法

1. 冬小麦可能种植区判定条件

我国内地和北疆地区冬小麦安全越冬的限制条件不同。在内地无积雪区，冬小麦能否安全越冬主要取决于最低温度，当最低气温降至 –24℃ 以下时，就可能出现低温冻害；而在北疆等有积雪的地区，积雪对冬小麦封冻期的低温冻害有很强的防御作用，冬小麦安全越冬的条件不仅取决于最低温度，还要考虑到积雪深度对低温的防御程度。因此，在分析我国冬小麦可能种植区时，需要分内地和北疆两种情况来考虑。将内地和北疆的冬小麦可能种植区进行合并，即可得到我国的冬小麦可能种植区。

（1）内陆地区

根据崔读昌（1992）提出的我国冬小麦种植北界的条件，以 1 月平均最低气温 $\geq$ –15℃，且极端最低气温 $\geq$ –24℃ 作为我国冬小麦可以种植的区域。利用公式（2-13）即可以判断出全国各网格点 1961~2010 年各年能否种植冬小麦，能种植的赋为 1，不能种植的赋为 0。

$$P_{ij,year} = \begin{cases} 1, & \overline{T_{\min,ij,year}} \geq -15℃, 且 T_{\min,ij,year} \geq -24℃ \\ 0, & \overline{T_{\min,ij,year}} < -15℃, 或 T_{\min,ij,year} < -24℃ \end{cases} \tag{2-13}$$

式中，$P_{ij,\,year}$ 表示第 i 行、第 j 列、第 $year$ 年的可种植概率，i 和 j 分别表示行列号，$year$ 表示年份（$year$=1961，1962，…，2010）；$\overline{T_{\min,\,ij,\,year}}$ 表示第 $year$ 年、第 i 行、第 j 列网格点 1 月平均最低气温；$T_{\min,\,ij,\,year}$ 表示第 $year$ 年、第 i 行、第 j 列网格点极端最低气温。

（2）北疆地区

由于北疆地区冬季积雪较多，对冬小麦越冬具有一定的积极作用。根据前人的研究成果和生产实践经验，只要有 5cm 稳定积雪，就能抵御 –30℃的低温天气（姚艳丽，1996），因此，将北疆地区可以种植冬小麦的界限定义为满足以下 2 个条件之一即可：①1 月平均最低气温 ≥ –15℃，且极端最低气温 ≥ –24℃；②最冷月（1、2 月）日最低气温在 –30~–24℃时，积雪深度 ≥ 5cm。

2. 冬小麦可能种植区年代际概率

对我国冬小麦可能种植区各年份的结果进行统计［公式（2-14）］，求取各网格点逐年代际的冬小麦可种植概率。

$$P_{ij,\,year10} = \frac{\sum_{year=S_{year}}^{N+S_{year}} P_{ij,\,year}}{N} \times 100\% \qquad (2\text{-}14)$$

式中，$P_{in,\,year10}$ 表示第 i 行、第 j 列、某个年代际的冬小麦可种植概率；S_{year} 表示开始的年份（S_{year}=1961，1971，…，2001）；N 表示年数（N=10）。

3. 不同年代际冬小麦可能种植区

利用前面得到的我国冬小麦可能种植区年代际概率分布图，参照 80% 的历史气候保证率，将年代际概率 ≥ 80% 的空间定为我国冬小麦可能种植区，其余区域定为不可能种植区［公式（2-15）］，从而得到我国不同年代际的冬小麦可能种植区。

$$F_{ij,\,year10} = \begin{cases} 1, & P_{ij,\,year10} \geqslant 80\% \\ 0, & P_{ij,\,year10} < 80\% \end{cases} \qquad (2\text{-}15)$$

式中，$F_{in,\,year10}$ 表示第 i 行、第 j 列在某个年代际是否可以种植冬小麦（可种植为 1，不可种植为 0）。

（四）冬小麦不同年代际可能种植区分布图

我国冬小麦不同年代际（20 世纪 60 年代至 21 世纪初）可能种植区分布图如图 2-31 所示。从图 2-31 可以看出，我国冬小麦的可能种植区呈逐年代际增加的趋势。

20 世纪 60 年代，我国冬小麦的可能种植区集中在北京 - 河北中北部 - 山西中部 - 陕西中北部 - 宁夏中西部 - 甘肃中南部 - 四川大部 - 西藏南部一线以南，以及新疆中南部和北疆的部分地区。而后冬小麦的种植北界不断向北、向西推移，20 世纪 70 年代冬小麦的可种植范围增加了辽宁南部、内蒙古西部、甘肃东部和北疆的部分地区；到了 20 世纪 80 年代，冬小麦在辽宁南部的可能种植区有所南退，新疆 - 内蒙古 - 甘肃交界处的可能种植区也略有缩小，新疆北部的可能种植区稳定增加；20 世纪 90 年代，冬小

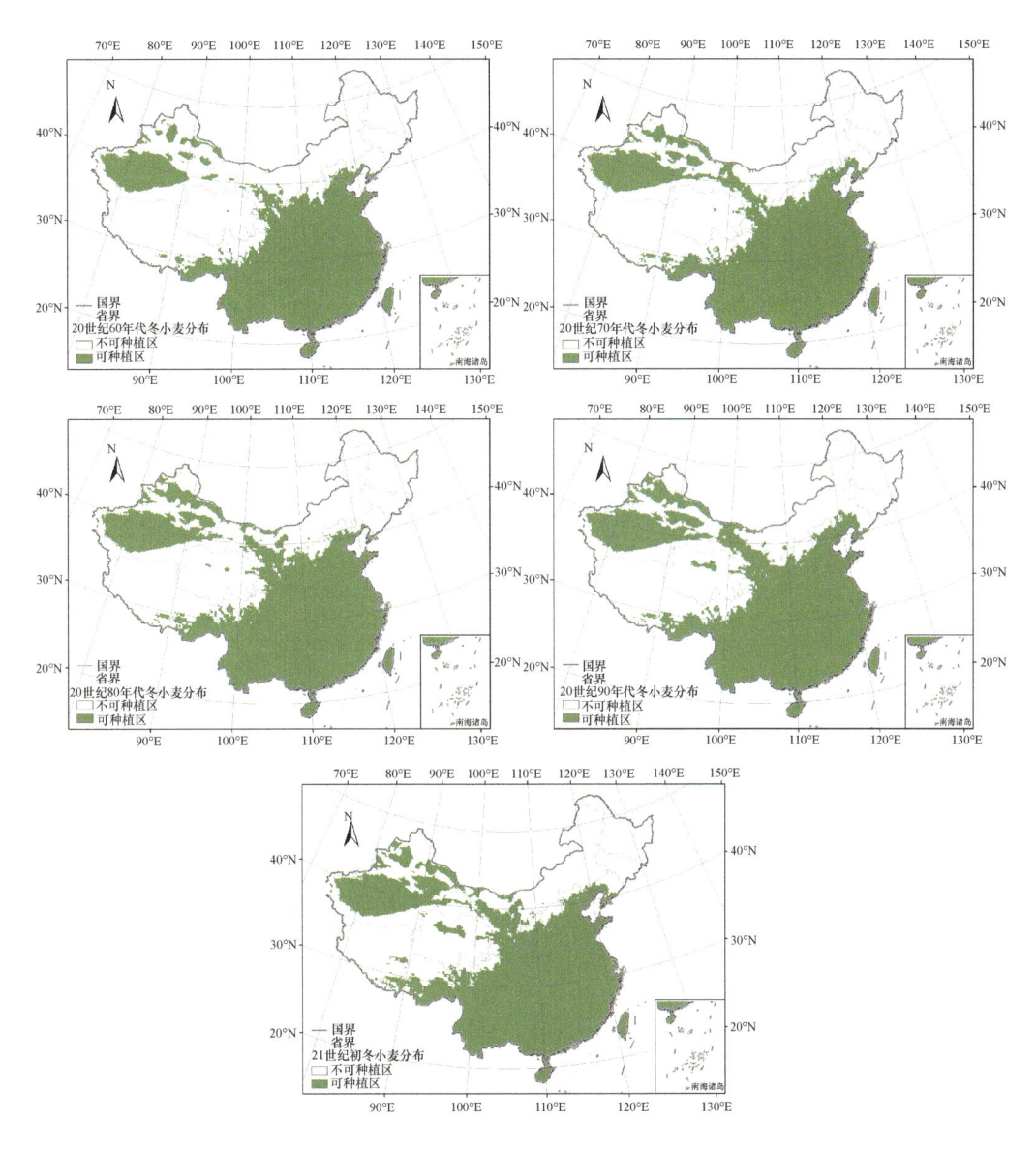

图 2-31　不同年代际我国冬小麦可能种植区分布图（20 世纪 60 年代~21 世纪初）

Fig.2-31　The plantable area of winter wheat for different decades in China（1960s–2000s）

麦在辽宁的可能种植区较 20 世纪 80 年代有了大幅的北移西扩，内蒙古西部、新疆北部也呈明显增加趋势，青海柴达木盆地附近也满足了冬小麦越冬的热量条件；到 21 世纪初期，冬小麦的可能种植区在辽宁西部、新疆北部、西藏南部和青海中北部都呈现增加的趋势。

（五）不同年代际冬小麦可能种植区概率分布

我国不同年代际（20 世纪 60 年代至 21 世纪初）冬小麦可能种植区概率分布如图 2-32 所示。

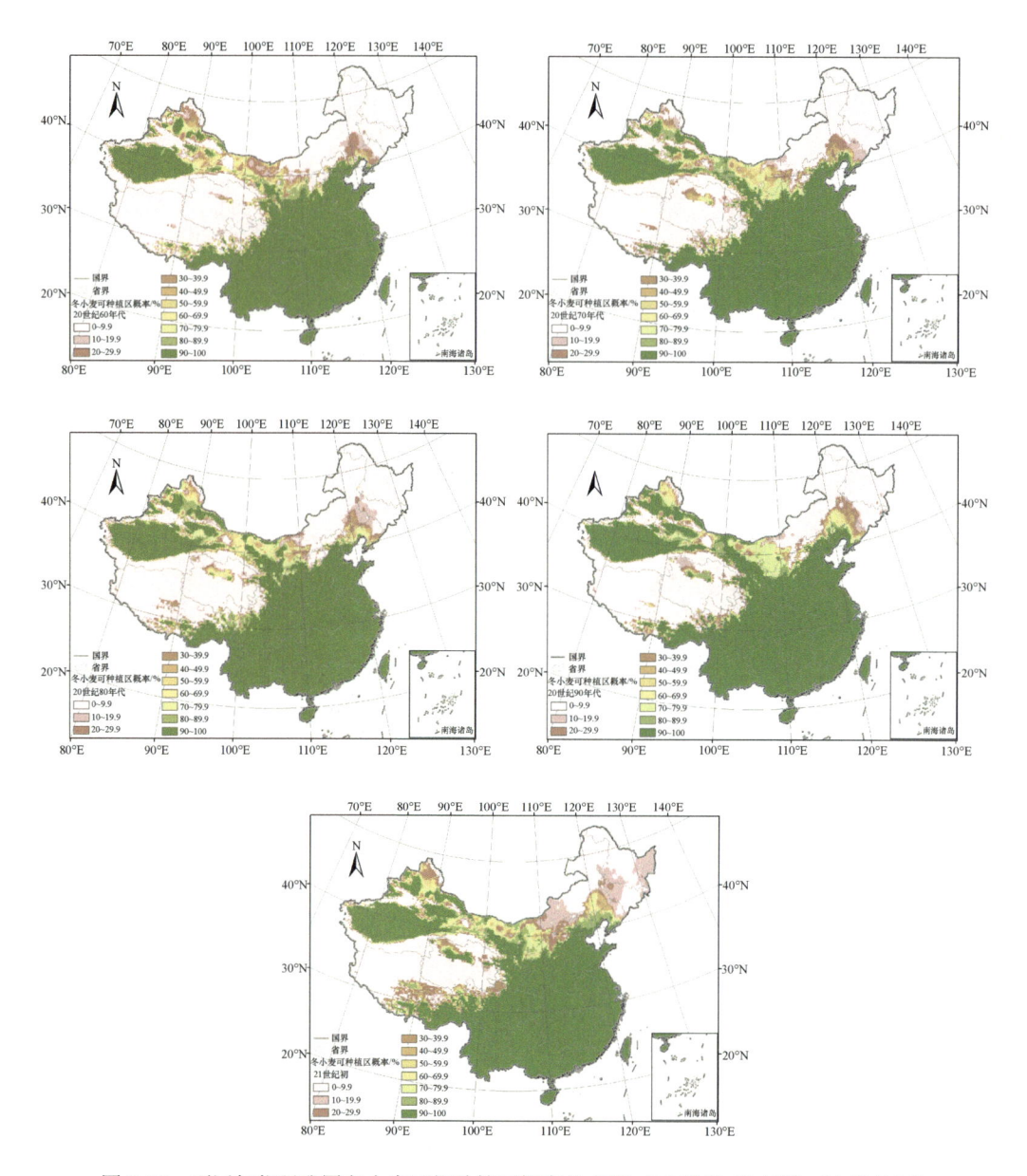

图 2-32 不同年代际我国冬小麦可能种植区概率分布图（20 世纪 60 年代 ~21 世纪初）
Fig.2-32 The plantable probability of winter wheat for different decades in China（1960s–2000s）

从图 2-32 可以看出，我国冬小麦可能种植区的概率呈明显增加的趋势。在研究的 5 个年代际内，冬小麦的可种植范围大都集中在京、津、冀、晋、陕、甘、宁、川的中部或南部、新疆的中南部，以及北疆部分地区，这些地区都能保证 10 年内至少有 8 年冬小麦可以安全越冬。除 80% 保证率随着年代际的变化向西、向北推移外，其他区域的冬小麦可种植概率也呈增加趋势，如在内蒙古西部、青海中北部、西藏南部及辽宁的部分地区。其中，内蒙古西部的冬小麦可种植概率在 20 世纪 60 年代为 20% 左右，到了 70 年代达到 50% 左右、80 年代为 70% 左右，90 年代高达 80% 以上，由不可能种植区演变为可能种植区,同时,在内蒙古的中部,冬小麦的可种植概率也逐渐增加,由最初的 0 增加到 21 世纪初期的 20% 左右。此种现象在东北地区表现得尤为突出,在 20 世纪 60 年代,东北地区中仅辽宁南部的部分地区有 20%~80% 的保证率,而后逐渐向北向西扩展,到 21 世纪初期,不但辽宁的南部演变为可能种植区,内蒙古的东南部、辽宁的北部也有 50%~70% 的可种植概率;与此同时,吉林西部和黑龙江东部也出现了 10%~30% 的可种植概率。

三、华北冬小麦关键发育期与气象条件的关系

冬小麦是一种跨年度生长的作物,越冬前能否形成合理的群体结构及能否安全越冬将直接影响到冬小麦最终的产量。适期播种、越冬前及越冬期的热量条件是促进冬小麦形成冬前壮苗、安全越冬的重要因素。根据前人研究的冬小麦在不同发育期所需的温度条件,本节研究了冬小麦播种期、停止生长期及返青期与气象要素的关系。

(一)数据与方法

研究收集了华北 52 个基本气象台站 1961~2010 年的逐日平均气温数据、39 个农业气象站 1992~2009 年(因冬小麦具有跨年生长的特性,这里 1992 年农业气象数据是指冬小麦 1992~1993 年生长年度的数据,下同)冬小麦关键发育期数据,资料来源于中国气象局气象信息中心,分析了冬小麦返青前热量资源的时空变化特征。

1. 界限温度的初日、终日期

我国幅员辽阔,各地区冬小麦适宜播种期差异很大,且由南向北逐渐推迟。实践表明,冬小麦适宜播种期的确定与气温关系极为密切,一般冬性品种适宜播种期为日平均气温 16~18℃,弱冬性品种为 14~16℃,春性品种为 12~14℃。我国华北平原大部分地区适宜种植冬性、弱冬性冬小麦品种。因此,本研究根据初日、终日期的定义[参见第二节二(二)部分],分别计算日平均气温稳定通过 15℃终日、14℃终日、13℃终日、0℃终日、0℃初日和 2℃初日的日期(以下分别简称 15℃终日、14℃终日、13℃终日、0℃终日、0℃初日和 2℃初日),进而研究上述界限温度与冬小麦关键发育期的关系。

2. 越冬期长度和负积温

以各站点日平均气温稳定通过 0℃终日和 0℃初日之间的日数表示越冬期长度,0℃终日和 0℃初日之间的逐日平均气温之和表示负积温(此处指越冬期负积温绝对值,下同)。

3. 关键发育期及界限温度的空间表达

根据各站点的空间位置,利用反距离权重法(IDW)对站点冬小麦关键发育期和界限温度数据进行空间插值,实现研究要素从点到面的尺度转换。

（二）播种期与气象要素的关系

冬小麦适期播种，能充分利用越冬前的水热条件，促使麦苗在越冬前有足够健壮的分蘖和发育良好的根系，有利于冬小麦安全越冬。本研究利用 14 个重合的气象和农业气象站点 1992~2009 年逐日平均气温数据，分别计算了 14 个站点 18 年 15℃终日、14℃终日和 13℃终日。由于研究区横纵跨度超过 10°，不同的经纬度区域热量条件差异较大，因此将各站点 18 年的冬小麦播种期数据与各界限温度数据分别平均，得到 14 个站点播种期和各气象要素的平均值，结果表明 14 个站点 18 年平均播种期与各界限温度显著相关［图 2-33（a）］，这是由于华北低纬度地区及西部内陆地区的温度较高，该区域冬小麦播种期较华北北部和东部地区略晚。

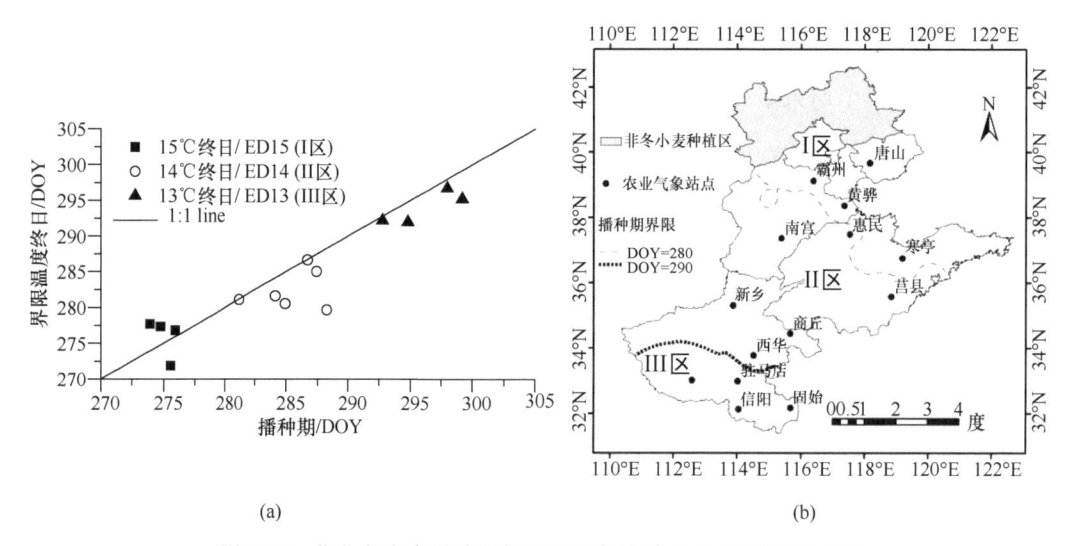

图 2-33　华北冬小麦播种期与界限温度关系（a）及其分区（b）

Fig.2-33　The relationship between sowing dates of winter wheat and critical meteorological factors（a）and its climatic division（b）

根据研究区冬小麦播种期和热量资源状况，将华北平原冬小麦按照播种期的先后划分为 3 个区［图 2-33（b）］：Ⅰ区冬小麦播种期以 15℃终日为限，包括河北和山东两省中北部的大部分地区，即保定 - 沧州 - 滨州 - 淄博 - 潍坊 - 青岛一线以东、以北的广大地区；Ⅱ区以 14℃终日为限，含华北平原大部分地区，主要包括河北南部、山东中西部及河南中北部；Ⅲ区以 13℃终日为限，涵盖了河南南部的大部分地区，包括信阳、南阳和驻马店三市，以及平顶山和洛阳南部的部分地区；该分区体现了华北平原冬小麦播种期的经/纬度地带性。同时，各站点的播种期均略低于各分区的界限温度，说明各站点冬小麦适宜在各分区达到界限温度之后的 2~3 天播种，因此，根据这个方法可以确定我国华北冬小麦的适宜播种期。

（三）停止生长期和返青期与气象要素的关系

当冬前日平均气温稳定降到 0℃时，植株地上部分基本停止生长，冬小麦进入越冬期；当日平均气温稳定回升到2℃时，冬小麦开始恢复生长，进入返青期。本研究分别计算了研究区14个站点18年冬小麦平均停止生长期、返青期、0℃终日和2℃初日，结果如图2-34所示。对冬小麦发育期和对应的气象要素进行统计分析，结果显示农气站点观测的冬小麦停止生长期与0℃终日、返青期与2℃初日均显著相关（$P<0.01$），R^2分别为0.907 [图2-34（a）] 和0.775 [图2-34（b）]。说明冬小麦各发育阶段的生长状态均是在特定的温度条件下完成的，因此可通过气象站点的温度资料得到各站点界限温度积日，进而指导冬小麦生产。

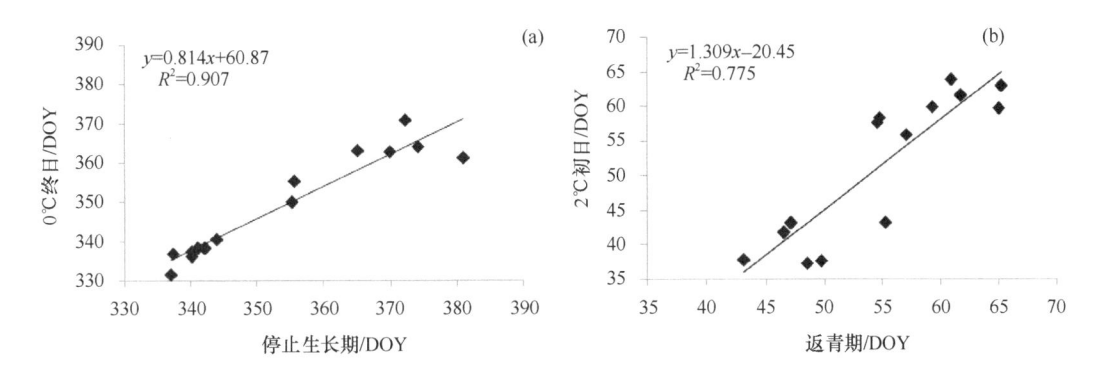

图2-34 华北平原冬小麦停止生长期（a）和返青期（b）与界限温度的关系

Fig.2-34 The relationships between winter dormancy date and the end date of air temperature ≥0℃ stably （a）, between green-up date and the first date of air temperature ≥2℃ stably（b）in North China Plain

（四）华北冬小麦返青前热量资源时空分布特征

对华北52个气象台站1961~2010年的气象数据进行处理，得到华北1961~2010年逐年0℃终日、2℃初日、越冬期长度和越冬期负积温，并以10年为一个统计单位，计算各关键气象要素的平均值，利用IDW方法实现华北平原冬小麦关键气象要素的空间插值，并分析其时空变化规律。

1. 0℃终日

华北0℃终日在时间上呈现出逐渐推迟、在空间上表现为南晚北早的趋势（图2-35）。整体而言，华北0℃终日在20世纪最后4个年代际中除20世纪80年代外，其余3个年代际的变化不大，表现为0℃终日出现在DOY345（12月11日）之前的区域涵盖了京津二市、河北全境和山东中西部的大部分地区，0℃终日出现在DOY345~365的区域为山东半岛及河南大部分区域，仅在河南南部的零星区域，0℃终日出现在次年年初。但是在20世纪80年代，0℃终日的空间分布与20世纪其他3个年代际略有不同，表现为0℃终日在山东半岛的出现日期由20世纪80年代的DOY340~345推迟至其他3个年代际的DOY345~350，在河南中部由DOY345~350推迟至DOY350~360，说明20世纪80年代是20世纪近40年中华北平原较冷的10年，0℃终日的出现时间较其他时段有所提前。到了21世纪初，0℃终日在山东境内出现日期较其他4个年代际变化较大，表现为鲁西南区域的出现日期从其他4个年代际的DOY340~345推迟至

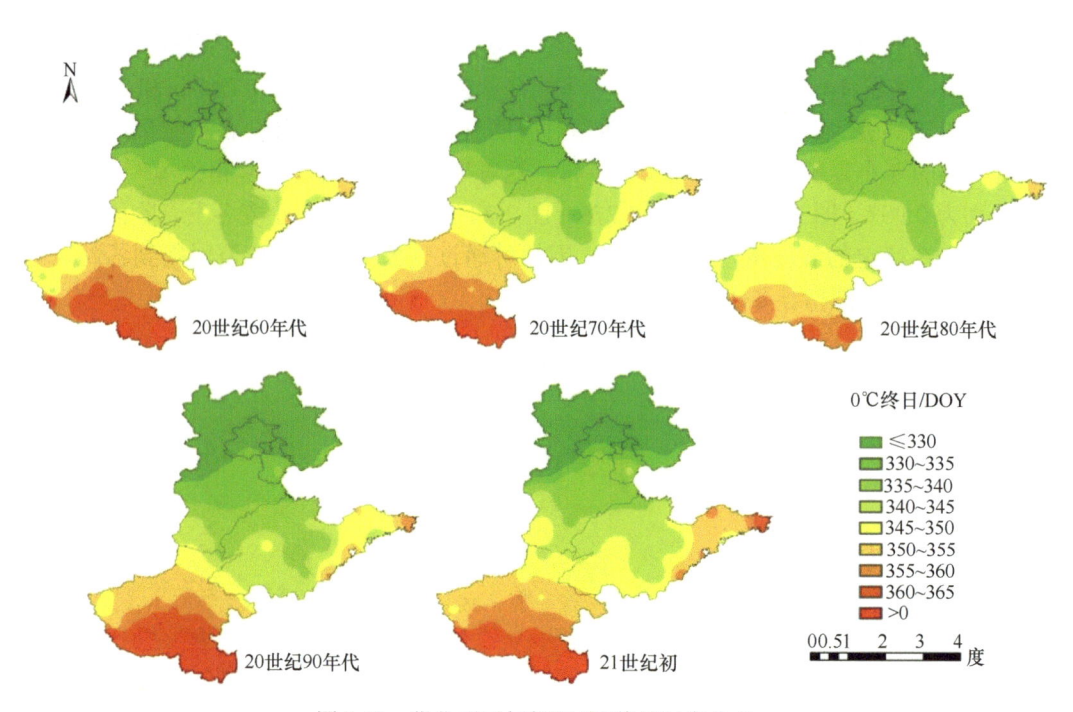

图 2-35　华北不同年代际 0℃终日时空分布

Fig.2-35　The spatio-temporal distribution characteristics of the end date of air temperature ≥ 0℃ stably for different decades in North China Plain

DOY345~350，在山东半岛地区则从 20 世纪 80 年代的 DOY340~345、20 世纪其他 3 个年代际的 DOY345~350 推迟为 DOY350~355，说明 21 世纪最初的 10 年是研究的 5 个年代际中热量条件最高的时段。

2. 2℃初日

由于华北地区南北气候的差异，2℃初日出现日期相差 30 多天，呈现出空间上南早北晚、时间上逐渐提前的趋势（图 2-36）。2℃初日出现在 DOY070（3 月 11 日）之后的区域由 20 世纪 60 年代的河北中北部及山东半岛北部的区域逐渐缩小至北京及河北北部的部分区域。2℃初日出现在 DOY062~070 的区域亦由 20 世纪 60 年代的河北南部、山东中西部及河南北部逐渐缩小，20 世纪 70 年代缩小至河北中南部和山东中部的部分区域，20 世纪 80 年代该区域已缩小至保定 - 衡水 - 德州 - 济南 - 莱芜 - 临沂一线以东、以北的部分地区，至 20 世纪 90 年代该区域仅集中在河北北部、北京和天津二市及山东半岛北部的部分地区，到了 21 世纪初，2℃初日出现在 DOY062~070 的区域略有扩大，较 20 世纪 90 年代增加了山东北部和河北东南部的部分地区。2℃初日出现在 DOY054 之前的区域除 20 世纪 80 年代外均呈现逐渐扩大的趋势，20 世纪 60 年代，2℃初日出现在 DOY054（2 月 23 日）之前的区域仅零星分布于河南最南端的部分区域，到了 20 世纪 70 年代则扩大至除河南北部安阳和鹤壁地区之外的全省大部分地区，至 20 世纪 90 年代和 21 世纪初，该区域基本稳定在河北南部、山东西南部和河南全境；而在 20 世纪 80 年代河南大部分地区 2℃初日的

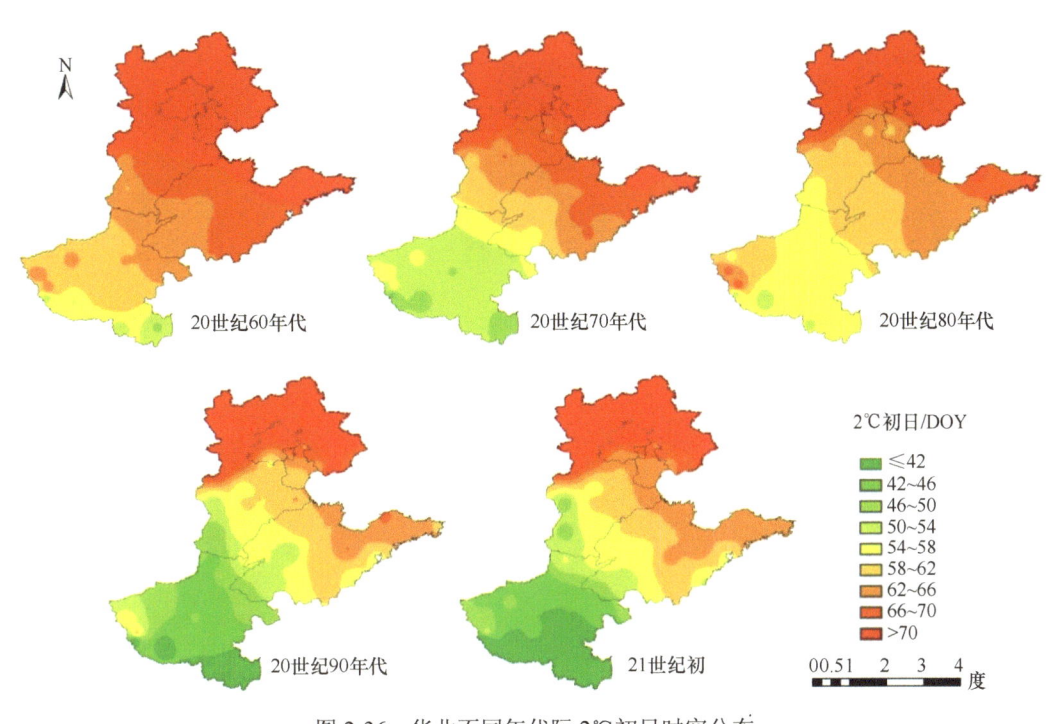

图 2-36 华北不同年代际 2℃初日时空分布

Fig.2-36 The spatio-temporal distribution characteristics of the first date of air temperature ≥ 2℃ stably for different decades in North China Plain

出现日期均较 20 世纪 70 年代和 20 世纪 90 年代推迟 4~8d。再次印证了 20 世纪 80 年代是最近 5 个年代际中相对较冷的 10 年。

3. 越冬期长度

华北地区冬小麦越冬期长度呈现出在空间上随着纬度的升高逐渐延长，在时间上逐渐缩短的趋势（图 2-37）。20 世纪 60 年代，冬小麦越冬期长度在 90d 以上的区域集中在河北大部及山东中部的部分地区，到了 20 世纪 70 年代，该区域缩小至河北中北部及山东北部的部分地区，20 世纪 80 年代该区域继续缩小，主要集中在河北保定以北及河北沧州、山东滨州和东营的部分地区；到了 20 世纪最后 10 年和 21 世纪初的 10 年，越冬期长度小于 90d 的区域仅集中在河北保定、北京和天津以北的部分地区。越冬期长度小于 75d 的区域在 20 世纪 60 年代仅出现在河南大部分地区，而到了 21 世纪初，该区域扩大至河南全境、河北石家庄 - 邢台 - 邯郸 - 山东聊城 - 济南 - 泰安 - 枣庄一线以西的部分地区。越冬期长度小于 50d 的区域扩大明显，从 20 世纪 60 年代的河南南部零星区域扩大为 20 世纪 90 年代和 21 世纪初河南一半的领土面积。整体而言，华北平原近 50 年内越冬期长度缩短明显。

4. 越冬期负积温

华北地区冬小麦越冬期负积温随着纬度的升高逐渐增加，且随着时间的推迟，越冬期负积温有逐渐减少的趋势（图 2-38）。越冬期负积温大于 300℃·d 的区域在 20 世

图 2-37　华北不同年代际越冬期长度时空分布

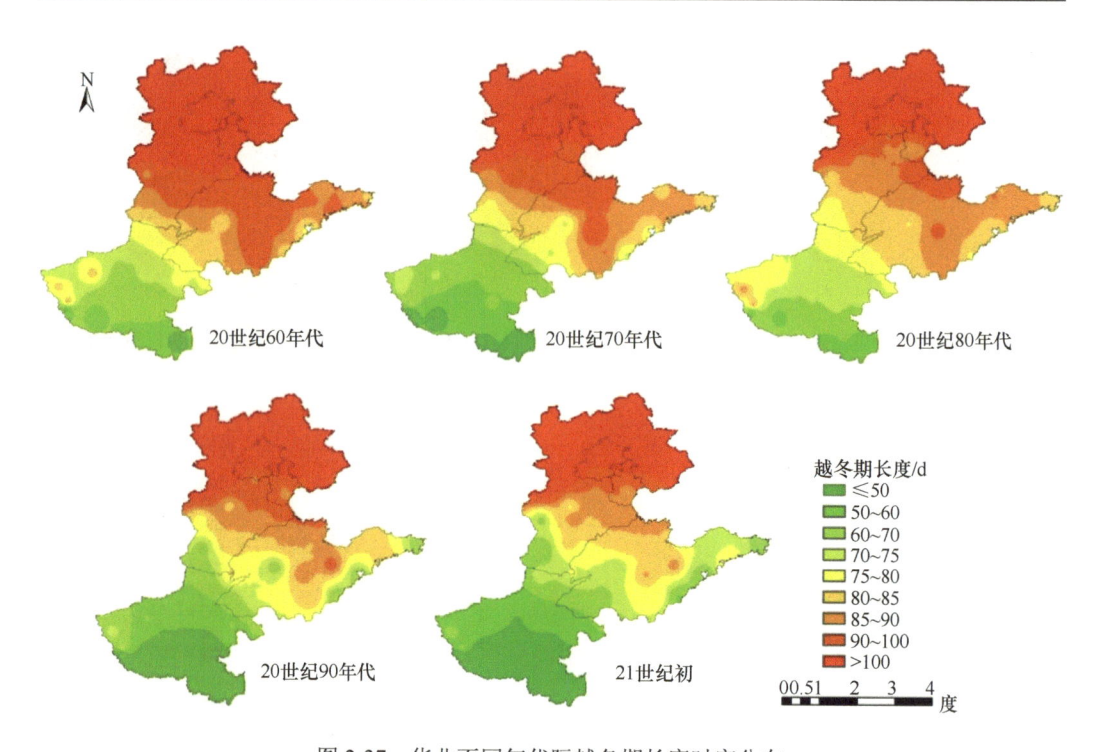

Fig.2-37　The spatio-temporal distribution characteristics of the days of winter dormancy for different decades in North China Plain

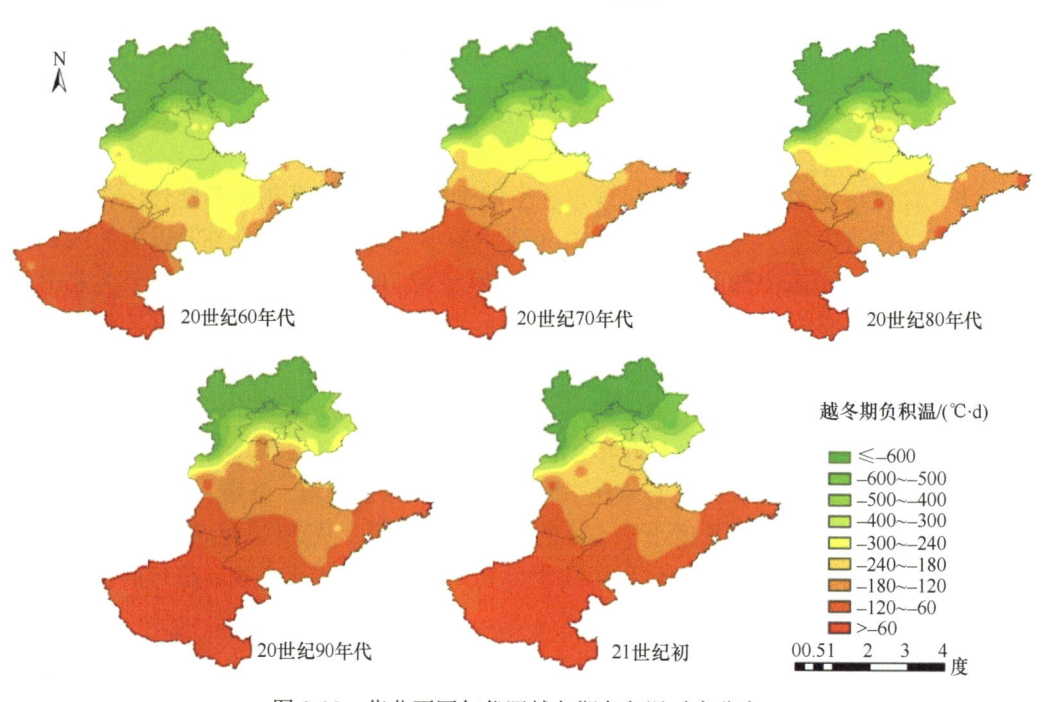

图 2-38　华北不同年代际越冬期负积温时空分布

Fig.2-38　The spatio-temporal distribution characteristics of the negative accumulated temperature during winter dormancy periods for different decades in North China Plain

纪 60 年代为河北中北部和山东北部的部分地区，到 20 世纪 70 年代和 20 世纪 80 年代缩小至河北保定以北的部分地区，至 20 世纪 90 年代和 21 世纪初，该区域稳定在北京-廊坊-唐山一线以北的部分地区。越冬期负积温小于 180℃·d 的区域由 20 世纪 60 年代的河南全境和鲁西南地区扩大至 20 世纪 70 年代和 20 世纪 80 年代的河北邯郸-山东聊城-济南-莱芜-枣庄一线以西以南，以及山东半岛南部的部分地区，到最近两个 10 年，该区域略有扩大，主要增加了山东南部的部分地区。越冬期负积温扩大最明显的区域是负积温小于 60℃·d 的地区，从 20 世纪 60 年代河南南部零星地区逐渐扩大至 20 世纪 70 年代和 20 世纪 80 年代河南一半的领土面积，至最近的 20 年，该区域已扩大到河南除鹤壁之外的所有区域，河南近 5 个年代际越冬期负积温显著减少。这表明华北平原冬小麦越冬期的热量条件随着时间的推移在逐渐增加。

四、气候变暖对华北冬小麦发育期的影响

（一）研究区域与方法

在华北冬小麦主产区内按照温度的纬度分布特征选取了 3 个冬小麦站点：保定（38.51°N，115.31°E）、济南（36.36°N，117.03°E）和郑州（34.43°N，113.39°E）（图 2-39），3 个冬小麦站点均有灌溉条件，因而可以认为冬小麦生长不受水分条件的制约（降水的影响可以忽略），热量条件是造成站点间冬小麦发育期早晚差异的主要原因。从近 10 年 3 个站点的年平均气温变化（图 2-40）来看，保定站与济南站的温差基本稳定在 1.0℃左右，而保定站与郑州站的温差约为 1.5℃。以气温的空间变化代替其时间变

图 2-39 站点地理位置

Fig.2-39 Geographical locations of sites

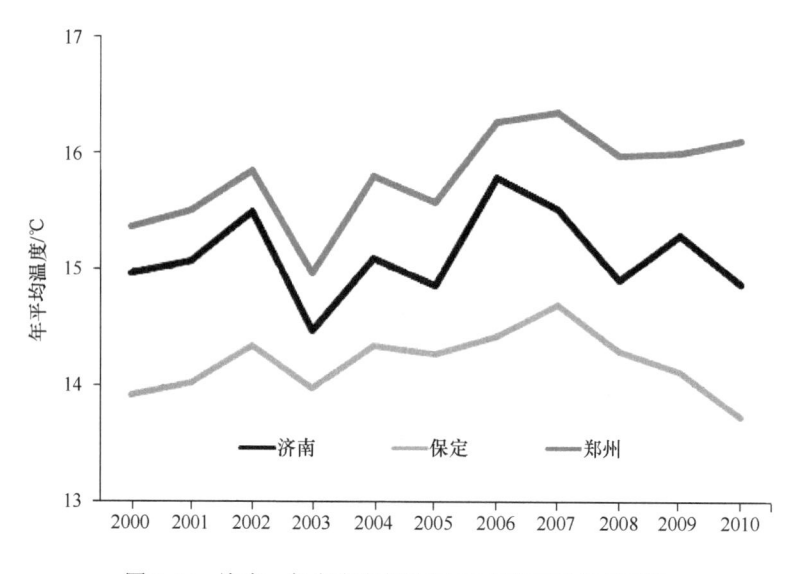

图 2-40　济南、保定和郑州站近 10 年年平均温度变化

Fig.2-40　The variation of average temperature during the last 10 years at Jinan, Baoding and Zhengzhou

化，即 3 个站点因纬度由高到低产生的温差可被看作某一站点随气候变暖而产生的增温，研究将保定站气温作为基准称为 A 情景，保定站随气候变暖增温 1.0℃称为 A1 情景（济南站气温），保定站增温 1.5℃称为 A2 情景（郑州站气温）。据此，即可实现以华北冬小麦近 20 年实际观测资料为依据，探讨气候变暖对冬小麦种植北界及未来不同增温情景对冬小麦发育期的影响，避免采用模式模拟未来气候变暖背景下冬小麦的生长发育状况，因而更具可靠性。研究所用气象资料来自保定、济南和郑州 3 个气象站 1992~2010 年的逐日数据；发育期资料为上述 3 个农业气象观测站 1992~2010 年冬小麦的实际观测资料，观测的发育期包括播种、出苗、分蘖、越冬、返青、拔节、抽穗、乳熟和成熟，基本涵盖了冬小麦整个生育期的主要发育阶段。本研究选取了处于秋冬和初春季节冬小麦的主要发育期进行分析，这些发育期所处时段对气候变暖较为敏感，相对而言气温升高对其影响也较大。

（二）气候变暖对华北冬小麦发育期的影响

1. 播种期

冬小麦的播种时间与平均温度有较好的相关性（$P < 0.05$），且这种相关性在纬度偏北的保定站更为显著，热量条件对纬度偏北站点的限制作用大于纬度偏南的站点，与实际情况相符。近 20 年保定、济南和郑州站冬小麦播种时间推迟的年份分别占 79%、78% 和 69%，3 个站点冬小麦播种期均呈明显的推迟趋势。一般而言，冬小麦播期较常年提前 7~10d，冬前热量充沛冬小麦将由壮苗转变为旺长苗；若秋季热量增加，而冬小麦播期不变，在越冬之前冬小麦易形成旺长麦苗，对其安全越冬极为不利。华北地区入冬前后剧烈强降温和冬末春初的强烈冻融，易造成冬前旺长麦苗遭受严重冻害，影响来年生长。因而，随着气候变暖，尽管冬小麦播种还受到前茬作物成熟腾茬

和人为因素等的影响,但趋利避害,冬小麦播种时间推迟是必然趋势。适当晚播是适应当前气候变暖,尤其是冬季热量资源增加的有效措施之一。

2. 越冬期

华北冬小麦区日平均气温稳定降至0℃以下时,冬小麦停止生长进入越冬期。冬前是冬小麦出叶、生根、增蘖的重要时期。冬小麦单位面积穗数主要取决于冬前发苗程度,冬前温度偏高,有利于促进早发,提高冬前总苗数和单株分蘖数(裴洪芹等,2007)。气温升高,也会导致越冬期缩短,不利于冬小麦的春化,还会因高温增加水分的无效消耗及病虫的危害程度,而使冬小麦生长后期的水分胁迫及管理难度加大(袁雅萍和蒲金涌,2010)。从近20年冬小麦越冬时间变化来看(图2-41),冬小麦开始越冬时间早晚与平均温度关系并不显著,但随着冬季气温升高冬小麦越冬时间有推迟的趋势,这种推迟趋势随着纬度的增高而更加显著。另外,越冬期气温的升高对冬小麦春化作用有着重要的影响,从而对种植的品种(冬性强弱)也产生重要影响。

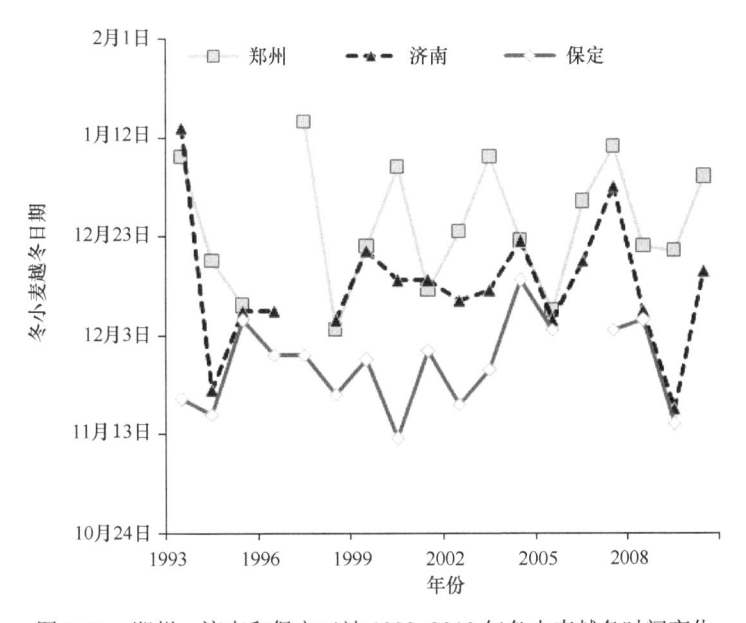

图2-41 郑州、济南和保定三站1993~2010年冬小麦越冬时间变化

Fig.2-41 The variation of overwintering time of winter wheat during the period from 1993 to 2010 at Zhengzhou, Jinan and Baoding

3. 返青期

日平均气温稳定回升至2~3℃时,麦苗开始返青;4~6℃为返青适宜温度。由上可知,冬小麦播种、越冬开始时间大多呈推后趋势,从返青开始,冬小麦各发育期提前趋势较为明显。总体来看,随着气候变暖,冬小麦全生育期呈缩短趋势,21世纪的5年间生育期较20世纪80年代、90年代缩短5d左右。从近20年冬小麦返青时间来看,保定、济南站冬小麦返青时间提前的年份均占71%,返青期呈明显的提前趋势,郑州站冬小麦返青时间提早的年份约占56%,也呈提前趋势。与其他两个站点相比,近20年保定

冬小麦不论是播种、越冬开始还是返青时间变幅均较小，呈稳步推迟或提前的变化趋势，可能与其纬度较为偏北有一定关系。

4. 发育期间隔日数

张谋草等（2005）指出随着气候变暖，每 10 年播种至越冬开始期间隔日数缩短了 2.4d、越冬开始至返青间隔日数缩短了 6.8d。在本研究中，3 个站点近 20 年越冬开始至返青的间隔日数变化并不显著，但呈缩短趋势（图 2-42），纬度越偏南，越冬开始至返青的间隔时间越短，反之亦然。研究表明，受气候变暖影响冬小麦播种期推迟，返青及返青后各发育期（乳熟期除外）普遍提前；越冬期缩短和全生育期显著缩短（毛玉琴，2009）。从 3 个站点冬小麦播种、越冬、返青等发育期变化来，研究得出的结果与上述结论基本一致。

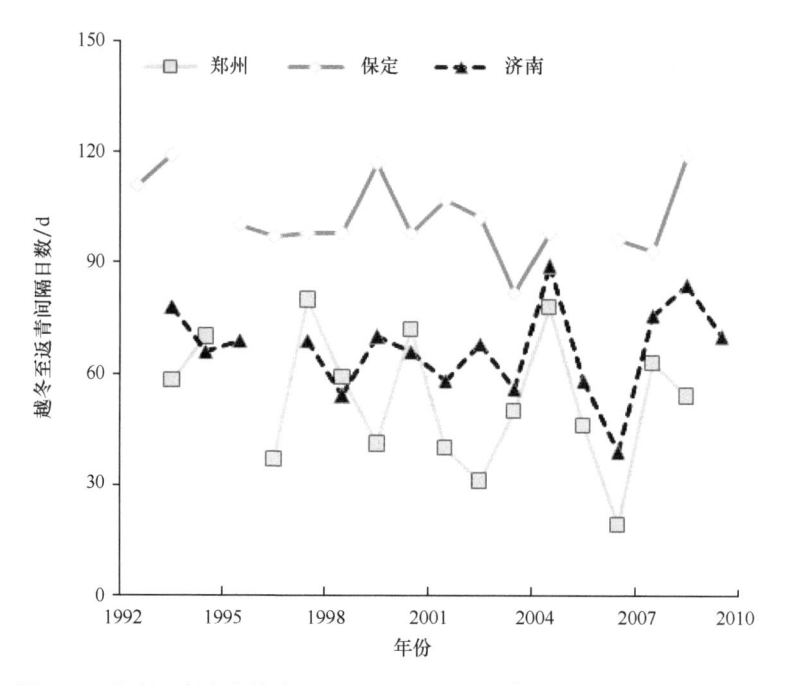

图 2-42　郑州、保定和济南三站 1992~2010 冬小麦越冬开始至返青间隔日数变化

Fig.2-42　The variation of interval days from overwintering to green-up for winter wheat during the period from 1992 to 2010 at Zhengzhou，Baoding and Jinan

（三）不同增温幅度对冬小麦发育期的影响

1. 冬小麦播种时间的变化

从 3 个不同温度情景（表 2-7）来看，A 情景播期最早，A2 最晚，随着气温的升高，冬小麦播种时间是逐渐推迟的，与前文得出的结论一致。当气温升高 1℃时（A→A1），播种时间约推迟 4d，当气温升高 1.5℃时（A→A2)，播种时间约推迟 10d；随着气温升高，冬小麦播种时间并不是等时间长度地推迟，而是播期推迟时间随之逐渐增长。随着气候变暖，特别是秋季气温升高，可利用热量资源增加，冬小麦播期推迟后在入冬之前

热量条件仍能满足形成壮苗的温度要求，但这种推迟趋势将会导致冬小麦冬前生长期极大缩短，对后期产量形成产生不利影响。

表 2-7　不同增温情景下冬小麦播种/越冬/返青/越冬开始至返青间隔时间

Tab.2-7　Dates of sowing, overwintering, and green-up, and interval days from overwintering to green-up under different climate warming scenarios

气候情景	A	A1	A2
播种	10月5日	10月9日	10月15日
越冬	11月26日	12月12日	12月25日
返青	3月8日	2月16日	2月14日
越冬开始至返青间隔时间	102d	67d	53d

2. 越冬时间的变化

从3个不同温度情景来看，A情景越冬开始最早，A2最晚，当气候变暖之后，冬小麦的越冬开始时间将推迟，且随着气温升高推迟天数增加。当气温增加1℃时（A→A1），冬小麦越冬开始时间由11月底推迟到12月中旬；当气温升高1.5℃时（A→A2），越冬开始时间将由11月底推迟到12月底，个别暖冬年份还将推迟至第二年1月初。越冬期推迟对冬前冬小麦增加分蘖，壮苗越冬较为有利，也使得冬前生长期有所延长。

3. 返青时间的变化

从3个不同温度情景来看，A情景返青时间最晚，A2最早。随着气温升高，冬小麦返青时间呈现提前的趋势。当气温增加1℃时（A→A1），冬小麦返青时间由3月初提前到2月中旬；当气温升高1.5℃时（A→A2），返青时间提前到2月上中旬。与其他两个发育期相比较，冬小麦返青时间与平均气温有很好的负相关关系，这也可以解释气候变暖，特别是初春季回温迅速使得冬小麦的返青时间提前，整个越冬期大大缩短。但春季增温幅度没有秋冬季节显著，返青时间的变化幅度也相对较小。

4. 生育期间隔时间的变化

由上述结果可知，温度升高，冬小麦发育期冬前推后，越冬后提前，全生育期天数缩短，在其他类似的研究中也得到相似的变化规律。钱锦霞和溪玉香（2008）指出山西冬小麦播种期总体上呈推后趋势，尤其在20世纪80年代后期，随着气温的升高更为明显，播种日期大约推迟7d；越冬期中部地区有所推后，南部地区相对比较稳定；返青日期提前，尤其中部地区较明显，提前约10d。在本研究中随着气温持续升高，越冬开始至返青期间隔时间有明显的缩短趋势，且缩短的幅度随着气温的升高逐渐减小：当气温升高1.0℃时（A→A1），冬小麦的越冬开始至返青期间隔时间缩短40d左右；当气温升高1.5℃时（A→A2），间隔时间缩短50d左右；若气温继续上升，越冬开始至返青期间隔时间可能仍会持续地缩短，但缩短的幅度将可能逐渐减小。

（四）气候变暖情景下华北冬小麦最佳播种期设计

在当前气候变暖的大背景下，华北冬小麦冬前热量资源增加明显，为避免华北冬小麦在越冬前形成旺长苗，促进其安全越冬，需要设计冬小麦的最佳播种期。

研究表明，气候变暖后，华北冬小麦应在尽可能形成壮苗的前提下适当晚播，即在华北的3个分区内 [图2-33（b）]，分别在日平均气温稳定通过15℃、14℃和13℃终日播种。利用代表性浓度路径RCP4.5气候情景模拟的2011~2030年温度数据，估算华北冬小麦主产区日平均气温稳定通过13℃、14℃和15℃终日，给出未来华北冬小麦的最佳播种期，结果如图2-32所示。由图2-43可见，未来30年内，我国华北北部，即北京、河北北部部分地区及山东半岛的冬小麦适宜播种期变化幅度不大，均在10月1日之后，即国庆节期间播种；适宜播种期变幅最大的区域主要在山东中南部和河南东部，21世纪10年代山东中南部冬小麦的适宜播种期在10月上旬之后，到了21世纪20年代和21世纪30年代，冬小麦的适宜播种期较21世纪10年代推迟5d左右，即该区域冬小麦的适宜播种期在10月15日之后；在河南东北部和东南部区域，冬小麦适宜播种期在21世纪10年代分别为10月上旬和10月中旬，到21世纪20年代和21世纪30年代，冬小麦的适宜播种期也较21世纪10年代推后了5d左右，分别推迟至10月中旬和10月下旬。表明随着气候变暖，冬小麦的适宜播种期呈缓慢推迟的趋势，但推迟的程度不大。

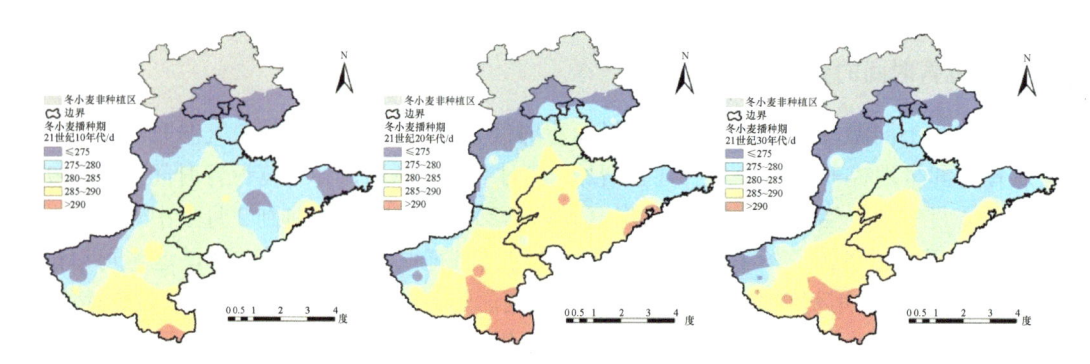

图2-43　未来气候情景RCP4.5下华北冬小麦适宜播种期范围（21世纪10~30年代）

Fig.2-43　The range of sowing dates of winter wheat under RCP4.5 scenarios in North China Plain （2010s–2030s）

参 考 文 献

陈敏鹏, 林而达. 2010. 代表性浓度路径情景下的全球温室气体减排和对中国的挑战. 气候变化研究进展, 6(6): 436-442.

崔读昌. 1992. 气候变暖对我国农业生产的影响与对策. 中国农业气象, 13(2): 16-20.

邓振镛, 张强, 刘德祥, 等. 2007. 气候变暖对甘肃种植业结构和农作物生长的影响. 中国沙漠, 27(4): 627-632.

高超, 张正涛, 陈实, 等. 2014. RCP4.5情景下淮河流域气候变化的高分辨率模拟. 地理研究, 33(3): 467-

477.

龚绍先. 1988. 粮食作物与气象. 北京: 中国农业大学出版社: 251-252.

国家气象局. 1993. 农业气象观测规范(上卷). 北京: 气象出版社: 7-35.

郝志新, 郑景云, 陶向新. 2001. 气候增暖背景下的冬小麦种植北界研究——以辽宁省为例. 地理科学进展, 20(3): 254-261.

黄嘉佑. 2004. 气象统计分析与预报方法. 北京: 气象出版社: 298.

纪瑞鹏, 班显秀, 张淑杰. 2003. 辽宁冬小麦北移热量资源分析及区划. 农业现代化研究, 24(4): 264-266.

钱锦霞, 溪玉香. 2008. 山西省冬小麦主要发育期特征及对气候变暖的响应. 中国农学通报, 24(11): 438-443.

李克南, 杨晓光, 刘志娟, 等. 2010. 全球气候变暖对中国种植制度可能影响分析III. 中国北方地区气候资源变化特征及其对种植制度界限的可能影响. 中国农业科学, 43(10): 2088-2097.

李庆祥, 曹丽娟. 2006. 中国近50年均一化历史气温数据集. http://mdss.cma.gov.cn.[2015-5-12].

李祎君, 王春乙. 2010. 气候变化对我国农作物种植结构的影响. 气候变化研究进展, 6(2): 123-129.

李勇, 杨晓光, 王文峰, 等. 2010. 全球气候变暖对中国种植制度可能影响V. 气候变暖对中国热带作物种植北界和寒害风险的影响分析. 中国农业科学, 43(12): 2477-2484.

刘文泉. 2002. 农业生产对气候变化的脆弱性研究方法初探. 南京气象学院学报, 25(2): 214-220.

刘文泉, 雷向杰. 2002. 农业生产的气候脆弱性指标及权重的确定. 陕西气象, 3: 32-35.

刘志娟, 杨晓光, 王文峰, 等. 2009. 气候变化背景下我国东北三省农业气候资源变化特征. 应用生态学报, 20(9): 2199-2206.

刘志娟, 杨晓光, 王文峰, 等. 2010. 全球气候变化对中国种植制度可能影响分析IV. 未来气候变暖对东北三省春玉米种植北界的可能影响. 中国农业科学, 43(11): 2280-2291.

马树庆, 安刚, 王琪, 等. 2000. 东北玉米带热量资源的变化规律研究. 资源科学, 22(5): 41-45.

马树庆, 王琪, 王春乙, 等. 2008. 东北地区玉米低温冷害气候和经济损失风险区分. 地理研究, 27(5): 1169-1177.

毛玉琴. 2009. 甘肃东部气候变化及冬小麦生长发育响应特征. 干旱地区农业研究, 27(7): 258-262.

裴洪芹, 杜立树, 张可欣, 等. 2007. 气候变化对临沂冬小麦生产的影响及对策. 安徽农业科学, (10): 2974-2976.

孙芳, 杨修. 2005. 农业气候变化脆弱性评估研究进展. 中国农业气象, 26(3): 170-173.

孙芳. 2005. 我国主要农作物对气候变化的敏感性和脆弱性研究. 北京: 中国农业科学院硕士学位论文.

孙鸿烈. 2000. 中国资源科学百科全书. 北京: 中国大百科全书出版社: 951.

檀艳静. 2014. 基于遥感作物模型的东北玉米产量和低温冷害模拟研究. 北京: 中国气象科学研究院硕士学位论文.

唐为安, 马世铭, 吴必文, 等. 2010. 全球气候变化背景下农业脆弱性评估方法研究进展. 安徽农业科学, 38(25): 13847-13849.

王馥棠, 刘文泉. 2003. 黄土高原农业生产气候脆弱性的初步研究. 气候与环境研究, 8(1): 91-100.

王培娟, 梁宏, 李祎君, 等. 2011. 气候变暖对东北三省春玉米发育期及种植布局的影响. 资源科学, 33(10): 1976-1983.

王培娟, 谢东辉, 张佳华, 等. 2009. BEPS模型在华北平原冬小麦估产中的应用. 农业工程学报, 25(10): 148-153.

王培娟, 张佳华, 谢东辉, 等. 2012. 1961-2010年我国冬小麦可能种植区变化特征分析. 自然资源学报, 27(2): 215-224.

吴丽丽, 罗怀良. 2010. 国内农业生产对气候变化的脆弱性与适应性对策研究进展. 亚热带水土保持, 22(1): 2-4.

袭祝香, 马树庆, 王琪. 2003. 东北区低温冷害风险评估及区划. 自然灾害学报, 12(2): 98-102.

杨晓光, 刘志娟, 陈阜. 2011. 全球气候变暖对中国种植制度可能影响VI. 未来气候变化对中国种植制度北界的可能影响. 中国农业科学, 44(8): 1562-1570.

姚艳丽. 1996. 冬小麦播种及越冬期间气象服务. 新疆气象, 19(6): 48-50.

袁雅萍, 蒲金涌. 2010. 气候变暖对天水冬小麦生长发育的影响. 安徽农业科学, 38(31): 17593-17595.

云雅如, 方修琦, 王丽岩, 等. 2007. 我国作物种植界限对气候变暖的适应性响应. 作物杂志, 3: 20-23.

云雅如, 方修琦, 王媛, 等. 2005. 黑龙江省过去20年粮食作物种植格局变化及其气候背景. 自然资源学报, 20(5): 697-705.

翟盘茂, 潘晓华. 2003. 中国北方近50年温度和降水极端事件变化. 地理学报, 58(增刊): 1-10.

张谋草, 赵满来, 红妮, 等. 2005. 气候变化对陇东垣区冬小麦生长发育及产量的影响. 干旱地区农业研究, 23(5): 232-235.

赵锦, 杨晓光, 刘志娟, 等. 2010. 全球气候变暖对中国种植制度可能影响II. 南方地区气候要素变化特征及对种植制度界限可能影响. 中国农业科学, 43(9): 1860-1867.

赵俊芳, 杨晓光, 刘志娟. 2009. 气候变暖对东北三省春玉米严重低温冷害及种植布局的影响. 生态学报, 29(12): 6544-6551.

郑有飞, 李海涛, 吴荣军, 等. 2009. 我国农业的气候脆弱性研究及其评价. 农业环境科学学报, 28(12): 2445-2452.

中国农林作物气候区划协作组. 1987. 中国农林作物气候区划. 北京: 气象出版社: 56-66.

中国农业科学院. 1999. 中国农业气象学. 北京: 中国农业出版社: 564-582.

朱其文, 张丽, 孙霞. 2003. 吉林省初霜中长期预报方法研究. 吉林气象, 增刊: 22-25.

Chen J M, Liu J, Cihlar J, et al. 1999. Daily canopy photosynthesis model through temporal and spatial scaling for remote sensing application. Ecological Modelling, 124: 99-119.

Helsel D R, Hirsch R M. 2002. Statistical methods in water resources. http: //water.usgs.gov/pubs/twri/twri4a3/.524.[2015-3-16].

IPCC. 1996. The Regional Impacts of Climate Change: An Assessment of Vulnerability. Cambridge, UK: Cambridge University Press.

IPCC. 2001. Climate Change 2001, Impacts, Adaptation, and Vulnerability. Third assessment report of working group II. Cambridge, UK: Cambridge University Press.

IPCC. 2007. Climate Change 2007: Synthesis report. Cambridge, UK: Cambridge University Press.

Li Q X, Liu X N, Zhang H Z, et al. 2004. Detecting and adjusting on temporal inhomogeneity in Chinese mean surface air temperature dataset. Advances in Atmospheric Sciences, 22(3): 260-268.

Liu J, Chen J M, Cihlar J, et al. 1997. A process-based boreal ecosystem productivity simulator using remote sensing inputs. Remote Sensing of Environment, 62: 158-175.

Moss R, Edmonds J, Hibbard K, et al. 2009. The next generation of scenarios for climate change research and assessment. Nature, 463: 747-756.

Wang P J, Sun R, Zhang J H, et al. 2011. Yield estimation of winter wheat in the North China Plain using the remote-sensing-photosynthesis-yield estimation for crops(RS-P-YEC)model. International Journal of Remote Sensing, 32(21): 6335-6348.

第三章 沙地生态系统的适应性技术与示范

第一节 气候变化影响下沙地生态系统的脆弱性

一、沙地生态系统及其分布

沙地泛指草原地带内出现的沙质土地。沙地植被是不同于周边地带性草原植被的一类具有隐域特征的植被,如广泛分布的灌丛和沙地疏林等,以及分布在沙丘间低地的生产力和利用价值较高的草地。早在 20 世纪 60 年代,沙地在我国已经是很常见的地理学名词,通常用在对毛乌素、浑善达克、科尔沁和呼伦贝尔四大沙地的称呼上,在 1979 年中国地图出版社出版的《中华人民共和国地图集》里前 3 个地区就已经明确应用"沙地"一词标注。我国学者通常把"沙地"译作"sandy land"和"sandland",并与"荒漠"(desert)相区别。

中国的四大沙地虽然南北跨越 10 个纬度,东西跨越 16 个经度,但从植被区划上来看全都分布在温带草原区域(侯学煜等,2001),这是沙地分布上的特点。

(一)毛乌素沙地

毛乌素沙地位于鄂尔多斯高原的中部与南部,处于北纬 37°30′~39°20′,东经 107°20′~111°30′,总面积约 3.9 万 km^2(表 3-1),海拔多为 1100~1300m。行政范围包括内蒙古鄂尔多斯市的伊金霍洛旗、乌审旗、鄂托克前旗、鄂托克旗东南部分,陕西的榆林市、神木县、横山县、靖边县和定边县,以及宁夏东南的盐池县。

表 3-1 中国四大沙地的地理位置和面积
Tab.3-1 Location and areas of the four largest sandlands, China

沙地名称	地理位置	面积 / 万 km^2 20 世纪 50 年代末(朱震达,1980)	面积 / 万 km^2 20 世纪 90 年代中期(钟德才,1998)
毛乌素沙地	内蒙古鄂尔多斯高原中南部和陕西北部	3.210	3.894
浑善达克沙地	内蒙古高原东部的锡林郭勒盟南部和赤峰市西北部	2.140	2.922
科尔沁沙地	东北平原西部的西辽河下游	4.230	5.044
呼伦贝尔沙地	内蒙古东北部的呼伦贝尔高平原	0.720	0.641

毛乌素沙地的优势植物为沙生类群。沙生植物随着沙丘地的流动程度和沙地地形部位与生境而发生变化。沙米(*Agriophyllum squarrosum*)、虫实(*Corispermum* spp.)、沙鞭（*Psammochloa villosa*）等植物往往以先锋群聚的形式出现在流动沙丘、半流动沙丘上；在半固定、固定沙丘上往往以白沙蒿（*Artemisia sphaerocephala*）、油蒿（*Artemisia ordosica*）、羊柴（*Hedysarum laeve*）等灌木植物占优势。这些植物能适应毛乌素沙地干旱与风沙的生态环境条件，对维持毛乌素沙地的生态环境稳定具有突出的作用。

（二）浑善达克沙地

浑善达克沙地俗称"小腾格里沙漠"，位于内蒙古高原中东部，处于东经112°22′~117°57′，北纬41°56′~44°24′，总面积约2.9万 km²（表3-1），平均海拔1000m。行政范围包括赤峰市的克什克腾旗，锡林郭勒盟的锡林浩特市、阿巴嘎旗、苏尼特左旗、苏尼特右旗、多伦县、正蓝旗、正镶白旗、镶黄旗、太仆寺旗和二连浩特市。

浑善达克沙地是我国北方荒漠化较为严重的地区之一，固定半固定沙丘与丘间低地（或湖盆）有规律地交错结合，是当地主要的地表结构特征。每年的早春和晚秋，在当地盛行风的作用之下，移动沙丘迅速扩展并在低湿滩地内形成大小不等的集沙斑块。由于不合理的人类活动，如过度放牧和滥垦土地，浑善达克沙地沙化日趋严重，植被稀疏，乔木主要有白榆（*Ulmus pumila*），灌木主要有柠条锦鸡儿（*Caragana microphylla*）、羊柴、叉分蓼（*Polygonum divaricatum*），草本植物主要有星毛委陵菜（*Potentilla acaulis*）、糙隐子草（*Cleistogenes squarrosa*）、寸草苔（*Carex duriuscula*）、冰草（*Agropyron cristatum*）和无芒雀麦（*Bromus inermis*）。

（三）科尔沁沙地

科尔沁沙地位于我国东北部，地处东北平原向内蒙古高原的过渡带，处于北纬42°41′~45°15′，东经118°35′~123°30′，面积约5.04万 km²（表3-1），海拔180~650m。行政范围包括内蒙古通辽市的大部、赤峰市的一部分及吉林的西部，主要旗（县）有科尔沁右翼中旗、扎鲁特旗、阿鲁科尔沁旗和巴林右旗的南部、翁牛特旗东半部、敖汉旗北部、奈曼旗中部、库伦旗北部、科尔沁左翼后旗大部、科尔沁左翼中旗北部及开鲁县北部。

科尔沁沙地地处半干旱与半湿润气候带的交接处，分布着我国北方独特的沙地疏林草原植被。原生草地植被主要由中旱生植物种构成，有大果榆（*Ulmus macrocarpa*）、白榆、元宝槭（*Acer truncatum*）、山里红（*Crataegus pinnatifida*）、山杏（*Prunus sibirica*）、胡枝子（*Lespedeza bicolor*）、鼠李（*Rhamnus davurica*）、麻黄（*Ephedra sinica*）、冷蒿（*A. frigida*）、羊草（*Leymus chinensis*）等。原生植被的植物群落组成丰富，结构稳定，层片发育明显，覆盖度大，产草量较高。近百年来，由于原生植被受到了严重破坏，取代原生植被的是处于不同发育阶段的隐域性沙地植被，由旱生和沙生植物种构成，主要植物种有小叶锦鸡儿（*Caragana microphylla*）、差巴嘎蒿（*A. halodendron*）、黄蒿（*A. scoparia*）、黄柳（*Salix gordejevii*）、杠柳（*Periploca sepium*）、冷蒿、扁蓿豆（*Melissitus ruthenicus*）、糙隐子草、狗尾草（*Setaria viridis*）、达乌里胡枝子（*Lespedeza davurica*）、白草（*Pennisetum centrasiaticum*）和沙米。

（四）呼伦贝尔沙地

呼伦贝尔沙地位于呼伦贝尔高平原中部，处于北纬 47°20′~49°59′，东经 117°10′~121°12′，现有沙化土地约 0.6 万 km^2（表 3-1），海拔 200~650m。呼伦贝尔沙地基本由 3 条沙带组成。①北部沙带，沿海拉尔两岸分布，东起海拉尔西山，西至楂岗牧场，沙带东西长约 190km，宽 3~35km；②中部沙带，从鄂温克旗的莫和尔图至锡尼河东苏木到孟根苏木沿伊敏河两岸分布；③南部沙带，东南起伊敏河头道桥西北至甘珠尔庙附近的沼泽边缘。除上述 3 条沙带外，伊敏河两岸、呼伦湖东岸及南岸等地也有一些零散沙丘分布。

呼伦贝尔沙地的植被按区域特征可分为 3 个类型。①沙地东部大兴安岭西麓的森林草原植被。樟子松（*Pinus sylvestris* var. *mongolica*）广泛分布，并混生有白桦（*Betula platyphylla*）、山杨（*Populus davidiana*）等，草原群落的建群种为线叶菊（*Filifolium sibiricum*）、贝加尔针茅（*Stipa baicalensis*）、羊草等，沟谷及河漫滩分布有中生杂草和苔草类组成的沼泽化草甸及沼泽植被。②沙地中部的典型草原植被。建群种为大针茅（*Stipa grandis*）、羊草、糙隐子草和杂草群落及小叶锦鸡儿灌丛化的大针茅草原等，另有差巴嘎蒿、冷蒿半灌木群落和黄柳灌丛及榆树疏林等，在河漫滩及低湿地仍有中生杂草和苔草类组成的沼泽化草甸及沼泽植被。③沙地西部的典型草原植被。旱生性较强的克氏针茅（*Stipa krylovii*）、糙隐子草等占据优势，以丛生小禾草、旱生小灌木、半灌木和葱类等为伴生种，小叶锦鸡儿的数量明显增加。

二、沙地生态系统的特殊性

沙基质是沙地生态系统的主要生态因素。一方面，沙的大量存在与覆盖，使得沙地生态系统中温差较大、土壤的持水保肥性能差、基质不稳定，风沙作用对生态过程有重大影响，在经营失控的情况下可能引起严重的土地沙化；另一方面，在干旱气候条件下，沙覆盖阻止和减少了蒸发，有利于水分在深层的贮积，形成"地下水库"，防止土地盐碱化的发生与发展，同时沙覆盖丰富了生境多样性，从而导致生物与生态系统的多样性。与相对单调的草原植物群落相比，沙地生态系统与生物成分的丰富度大为增加，植物群落类型多样。

沙对水分的再分配、凝聚、贮积与防止蒸发，使得沙地的水分条件比沙质荒漠要好。沙地往往有河流或者湖泊存在。例如，在科尔沁沙地有西拉木伦河、老哈河、教来河；呼伦贝尔沙地有伊敏河和呼伦湖；毛乌素沙地仅鄂尔多斯市内就有大小河流近 100 条、湖泊近 820 余个（张新时，1994）；呼伦贝尔沙地、浑善达克沙地的主要湖泊达 110 个之多。沙地的降水也比荒漠要充足，在科尔沁沙地降水可达 300~450mm，毛乌素沙地东南部最高可达 490mm。这些降水集中分布在植物生长季节，可利用性高。

较好的水分条件使沙地孕育出不同于荒漠的植被。沙地的植被盖度较高，呼伦贝尔沙地都为固定沙丘，植被盖度 30%~50%；科尔沁沙地植被盖度为 20%~40%；毛乌素沙地植被在良好地段盖度可达 40%~50%。沙地植被组成通常以地带性的草本层植物为主，灌木和半灌木广泛分布。例如，在毛乌素沙地油蒿和羊柴分布普遍；浑善达克沙地褐沙蒿和小叶锦鸡儿分布普遍（中国科学院内蒙古宁夏综合考察队，1985）。在地势较低、地下水位较高的低地还常常有柳灌丛形成，毛乌素沙地的沙柳（*Salix psammophila*）、乌柳（*Salix cheilophila*）和沙棘（*Hippophae rhamnoides*）构成了当地所谓的"柳湾林"（徐树林和那平山，1989）；浑善达克沙地的沙丘与滩地的过渡地带也有小红柳（*Salix microstachya* var. *bordensis*）灌丛的分布，形成沙地的独特景观（李刚，2006）。沙地除草本层植物和灌木外还有乔木生长，形成特有的沙地稀树疏林景观。呼伦贝尔沙地广泛分布着樟子松林，并随湿度下降过渡为榆树疏林；科尔沁沙地和浑善达克沙地有榆树疏林的广泛分布，在固定沙丘上数量较多。

生境的高度异质性是沙地的另一特点。沙地的地形特征是沙丘和丘间低地的相间分布，在科尔沁当地称沙丘为"坨"，称丘间低地为"甸"，坨和甸相间排列或者不规则地零散分布，这种情形在浑善达克沙地也很明显。在毛乌素沙地存在湖盆、下湿滩地和河谷阶地。这些地方常常是当地重要的牧场、打草场或者开垦为农田，具有重要的经济利用价值。多种多样的基质类型、生态条件，形成了复杂多样的景观格局。根据毛乌素沙地景观生态过程和因子，毛乌素沙化草地景观分为硬梁地、沙地、软梁地和滩地4大类，软梁地、硬梁地、覆沙梁地、湿滩地等10种景观生态类型（陈仲新和张新时，1996）。

（一）沙地生态系统的组成与结构

生态系统包括4种主要组成成分：非生物环境、生产者、消费者和分解者。中国沙地生态系统（四大沙地）属于典型的温带大陆性气候，年降水量100~450mm，主要集中在夏秋季，自东向西逐渐减少。冬春季风沙大，大风日多。全年日照充足，蒸发量大，空气干燥。土壤贫瘠，生产力低下。沙地生态系统中水因子是所有生态过程的直接驱动力。

沙地生态系统的生产者以旱生植物占绝对优势。总体来看，沙地植物群落以草本植物或半灌木为主，分布有少数乔木或灌木。毛乌素沙地植物群落主要由草本植物虫实、狗尾草、赖草、沙鞭、沙米等；灌木、半灌木油蒿、白沙蒿、沙柳、羊柴、柠条、沙地柏等；乔木杨树、樟子松、旱柳等组成（肖春旺等，2002）。科尔沁沙地植物群落以多年生草本为主，包括旱生草本白草、糙隐子草、沙生冰草等隐芽植物或地面芽植物；一年生草本次之，主要包括旱生草本虫实、狗尾草、猪毛菜等；半灌木种类不多，主要有差巴嘎蒿、冷蒿、沙木蓼、小叶锦鸡儿、小红柳、杠柳等；此外，也分布有少数乔木和灌木种类，如榆树、山杏、山楂、白桦、蒙古卫矛、蒙古栎等（高科等，2000）。浑善达克沙地植物群落主要包括草本植物狗尾草、沙米、蒙古虫实、沙地雀麦、草地风毛菊、沙鞭、冰草、克氏针茅等；半灌木褐沙蒿、冷蒿、山竹岩黄芪等；乔木主要为榆树（宋创业等，2008）。呼伦贝尔沙地植物群落主要包括草本植物贝加尔针茅、糙隐子草、冰草、羽茅、线叶菊、星毛委陵菜、硬质早熟禾等，半灌木、灌木主要有差巴嘎蒿、黄柳、胡枝子等；乔木主要为樟子松（乌仁其其格，2004）。

沙地生态系统由于旱生植物稀疏、矮小，食物来源缺乏，动物种类较少。沙地生态系统常见的消费者有食草动物：哺乳类如牛、马、羊等，啮齿类如小毛足鼠、三趾跳鼠、子午沙鼠和黑线仓鼠等,鸟类如麻雀等,昆虫类如蚁科成虫、鳃金龟科成虫、象甲科幼虫、瓢虫科成虫等(刘新民,2008);食肉动物如沙蜥、秃鹫、鹰、狼、沙狐、獾子等。

沙地生态系统的分解者包括土壤微生物:细菌如氨化细菌、硝化细菌、反硝化细菌、固氮细菌、纤维素分解菌等;真菌能够分解纤维素、木质素、果胶及蛋白质;放线菌可更强烈地分解氨基酸等蛋白质物质。分解者还包括腐蚀性动物如盗虻科幼虫、虻科幼虫、舞虻科幼虫、麻蝇科幼虫、蜉金龟科幼虫等。

(二)沙地生态系统的生物多样性

我国四大沙地均位于生态过渡带或农牧交错带,具有丰富的景观类型和植物多样性。例如,浑善达克沙地为沙丘高平原区,多固定半固定沙丘,沙丘大部分为垄状、链状,少部分为新月状,呈北西-南东展布,沙丘高10~30m,由浅黄色粉细沙组成,景观分为固定沙地阔叶林景观、沙地夏绿灌丛景观、沙地禾草景观、沙地半灌木半蒿地类景观及流动沙丘或裸沙景观。共有维管植物85科392属1083种,其中高等植物有沙地榆、山丁子、小红柳、野玫瑰、百合、干枝梅、地榆、红门兰、报春花、披针叶黄华、蓝刺头、羊草、冰草等600多种(王晓莉,2008)。毛乌素沙地景观类型有:软梁地、覆沙梁地、硬梁地、湿滩地、盐碱化滩地、白刺滩地、覆沙滩地、半流动沙地、流动沙地和固定沙地等10种。由于其特殊的生态背景,其生物多样性非常丰富。单就灌木物种而言,它是我国北方沙区灌木物种最为丰富的"灌木王国",有灌木92种,其中半灌木22种,分属于25个科和50个属;其生活型组成也十分丰富,有退化叶常绿灌木沙地柏、中麻黄等;旱生叶常绿灌木沙东青;中生灌木黄刺玫、三裂绣线菊等;具刺灌木如豆科的小叶锦鸡儿、中间锦鸡儿等;肉质叶灌木霸王和白刺等;盐生灌木柽柳;旱生半灌木油蒿、驼绒藜等;肉质半灌木珍珠猪毛菜、细枝盐爪爪等(李新荣,1997)。科尔沁沙地地貌类型以固定沙丘、半固定沙丘、半流动沙丘、流动沙丘和甸子地相间分布为特征。整个植被景观为草本、灌木和乔木镶嵌体。呼伦贝尔沙地固定和半固定沙丘多数为蜂窝状和梁窝状沙丘及灌丛沙地、缓起伏沙地,沙丘间普遍有广阔的低平地,是优质的农业垦殖区。

(三)沙地生态系统功能与稳定性

陆地生态系统作为生物地球化学循环的重要环节之一,具有调节大气CO_2浓度的功能。沙地生态系统与森林和草地生态系统一样,在碳循环过程中发挥着巨大的作用。对浑善达克沙地的研究表明,沙地疏林草地的平均生物量与生产力分别比典型草原地带的平均值高90%和59%,大量的植被碳储藏于地下(李刚等,2011)。

生态系统所具有的保持或恢复自身结构和功能相对稳定的能力,称为生态系统的稳定性。生态系统中的生物和非生物都在不断地发展变化着。当生态系统发展到一定阶段时,它的结构和功能就能在一定的水平上保持相对稳定而不发生大的变化。沙地生态系统结构相对简单,稳定性较差,在全球变化及人为干扰过程中,受到的威胁较大。由于牲畜猛增、超载过牧、滥垦滥挖及气候变迁等综合因素的影响,沙地生态系统不堪重负,发生了不同程度的退化。

（四）沙地生态系统的服务功能

生态系统的服务功能主要分为提供产品、调节、文化和支持4个大的功能组。提供产品功能是指生态系统生产或提供产品；调节功能是指调节人类生态环境的生态系统服务功能；文化功能是指人们通过精神感受、知识获得、主观映像、消遣娱乐和美学体验从生态系统中获得的非物质利益；支持功能是指为保证其他所有生态系统服务功能而提供所必需的基础功能。有研究表明，沙地生态系统的服务功能主要体现在土壤形成与保护、水源涵养、气候调节、生物多样性保护等间接生态服务功能，所产生的价值占总价值的88.9%，而食物生产和原材料等直接产出价值仅占总价值的7.3%，娱乐文化价值占总价值的3.8%（张华等，2007）。

三、沙地生态系统研究概况

我国对沙地的研究开始得比较早。新中国成立以后，中国科学院组织了治沙队对我国沙地生态系统进行全面系统的调查研究，使得人们对该区的地质地貌、水文气象、植被土壤及农林牧业现状等方面有一个基本的了解。之后，全面开展对沙地的研究，包括环境演变与地理学研究，荒漠化现状、监测与防治，景观分类，沙地植物的水分生理生态研究，沙地植被演替，克隆植物生态学研究，草地建设的优化模式及沙地生态系统保护与恢复的综合治理模式等方面。

把沙地作为区别于沙漠和荒漠类型进行研究，主要开始于20世纪90年代。通过对维普新资讯进行查询，以"沙地"为关键词进行检索，共检索到4124条，最早为1980年；以"沙地生态系统"为关键词，共检索到17条记录。同时，分别以"毛乌素沙地"、"科尔沁沙地"、"浑善达克沙地"和"呼伦贝尔沙地"为关键词进行检索，其中关于"毛乌素沙地"的检索结果有545条，最早为1983年；关于"科尔沁沙地"的检索结果有612条，最早为1989年；关于"浑善达克沙地"的检索结果有327条，最早为1990年；关于"呼伦贝尔沙地"的检索结果有48条，最早为1990年。

鉴于沙地生态系统在科学研究及国民经济发展方面的重要性，我国研究机构纷纷在四大沙地建立生态定位研究站。例如：①鄂尔多斯沙地草地生态研究站建于1990年，隶属于中国科学院植物研究所，其主要目的是对鄂尔多斯高原的环境进行长期监测，从各个层次上对草地沙化产生、存在及演化的机制进行深入研究，为地区经济持续发展、荒漠化防治与环境治理提供理论基础和试验示范。鄂尔多斯生态站于2003年加入中国生态系统研究网络（CERN），于2005年正式加入国家生态系统研究网络（CNERN）。②内蒙古奈曼农田生态系统国家野外科学观测研究站建于1985年，隶属于中国科学院寒区旱区环境与工程研究所。该站地处科尔沁沙地腹地，对科尔沁沙地生态环境演变、土地资源的开发利用和生态系统保护进行了定位监测与研究，为当地生态环境保护、土地资源有效开发利用提供了理论依据和技术支持。该站1988年加入中国生态系统研究网络（CERN），2005年加入国家野外科学观测研究网络（CNERN）。③内蒙古锡林郭勒草原生态系统国家野外科学观测研究站始建于1979年，研究内容之一为退化沙化草地恢复与重建研究，从天然草地的合理利用、退化沙化草地的恢复与重建、人工草地的建植等方面开展试验示范工作。1992年被确定为中国生态系统研究网络（CERN）的重点站，2005年正式成为国家野外台站（CNERN）。④呼伦贝尔草甸草原野外观测试验站始建于1997年。经过若干年努力，已建成集野外观测、科学试验、生产咨询、技术传播、人才培养于一体的现代化草原生态系统野外站，是开展草地生态学研究和草业综合研究的理想场所，2005年正式成为国家野外台站（CNERN）。⑤浑善达克沙地生态研究站建于2002年。主要针对浑善达克沙地沙化生态系统的恢复与重建机制、浑善达克沙地植被恢复与重建技术，以及浑善达克沙地生态环境综合治理与农牧业可持续发展优化模式开展研究。⑥多伦恢复生态学试验示范研究站建于2000年，隶属于中国科学院植物研究所。以农牧交错带退化生态系统恢复生态学基础研究与试验示范推广为主要方向，通过长期生态学定位观测与控制实验，阐明农牧交错带典型退化生态系统受损机制、恢复重建途径和优化生态生产范式。⑦大青沟沙地生态实验站建于1988年，隶属于中国科学院沈阳应用生态研究所。立足于东北农牧交错区的科尔沁沙地东部，多年来开展了大量的科尔沁沙地生态系统综合研究，为揭示不同生态系统结构与功能、促进区域可持续发展作出了积极贡献。⑧乌兰敖都荒漠化研究试验站建于1975年，隶属于中国科学院沈阳应用生态研究所。致力于科尔沁沙地植被恢复与重建、沙区生态经济模式开发研究与示范，率先在我国科尔沁沙地西部沙漠化危害严重地区建成面积为10万亩[①]的国家级大型沙地综合整治试验示范区（基地），为我国科尔沁沙地大规模综合整治树立起示范样板。

经过多年的考察和研究积累，这些生态站不仅取得了丰硕的研究成果，而且成为了现有成果良好的检验场所，从而使科学技术的运用易于取得成果。

（一）沙地植被的循环演替

人类干扰及近年来北方的暖干化趋势导致我北方干旱半干旱区形成不同程度的荒漠化。其中，最为典型的是我国自西向东的四大沙地——毛乌素沙地、浑善达克沙地、呼伦贝尔沙地和科尔沁沙地。由于土壤风蚀、沙埋等扰动因子的作用，沙地生态系统植被的组成和结构发生剧烈的变化，生态系统功能也随之改变。郭柯在2000年通过观察毛乌素沙地生态系统植物群落的演替模式，提出沙地生态系统的循环演替理论。沙地植物群落演替主要是：流动沙丘部分植物的定植→半流动沙地白沙蒿群落→半固定沙地油蒿＋白沙蒿阶段→固定沙地油蒿＋禾草群落阶段→固定沙地油蒿＋本氏针茅＋苔藓群落阶段（油蒿群落衰败阶段）→气候顶级的本氏针茅草原。但由于沙地基质不稳定、区域气候的特殊性（干旱、多风沙）及浅根系物种的适应能力差，气候顶级的本氏针茅群落很难长期稳定地存在。随着固沙能力很强的油蒿灌丛的消失，地表风速加大，同时地表土壤生物结皮被破坏，不可避免地发生沙质土壤的再次活化，进而发生不可逆转的荒漠化，气候顶级的植被类型演替到流动沙丘阶段，形成了周而复始、自发的循环演替。通过适当的人为干扰可以中断沙地生态系统的循环演替，如在植被发展成固定沙丘油蒿群落阶段时通过适度放牧进行调控，阻止其向气候顶级群落演替，

---

① 1亩≈666.7m²。

从而实现区域经济效益和社会效益的良性发展。

（二）不同演替阶段的植物功能型和功能性状

植物功能型表征了植物对环境的适应性。不同演替阶段的群落微环境的差异性决定了植物功能型的差异性。在沙地生态系统的演替早期阶段往往是一年生的先锋物种，如沙米先定居，而到演替后期多年生禾草成为优势物种，植物功能型从一年生到多年生转变。与基于物种研究的模式相比，植物功能型的研究在解释沙地系统结构和功能的变化上具有较大的优越性。

乔建江（2009）对我国四大沙地不同演替阶段植物功能型组成和多样性的研究表明，在流动沙丘阶段，植物功能型多样性最低，其中一年生 C4 非克隆繁殖的植物功能型占据绝对优势；当草原沙地进入半固定沙丘演替阶段时，其他功能型植物也逐渐出现，此时的植物功能型多样性也大于流动沙丘阶段，多年生 C3 克隆灌木逐渐成为该阶段的优势种；当草原沙地进入固定沙丘演替阶段时，研究中所有的植物功能型在毛乌素、浑善达克、科尔沁和呼伦贝尔沙地都出现了，此时的植物功能型多样性也是最高的。在固定沙丘演替阶段，多年生 C3 克隆灌木的物种百分比和重要值都有所下降；而多年生草本，尤其是多年生克隆禾草的物种百分比和重要值都显著提高，显示出对该演替阶段较强的生态适应性。研究还发现，多年生 C3 克隆灌木在各演替阶段的物种百分比和重要值都较大，在草原沙地自然恢复早期阶段起关键作用。而通过对毛乌素沙地不同演替阶段植物功能型多样性和群落初级生产力的研究表明，在毛乌素草原沙地演替中，植物功能型多样性和群落初级生产力都随着沙丘的固定而增加，且在各个演替阶段（流动、半固定和固定沙丘）植物功能型多样性与群落初级生产力之间都具有显著的正相关关系；多年生 C3 克隆灌木的生物量在 3 个演替阶段都较大，且表现非常稳定。这表明，在毛乌素草原沙地早期演替中，多年生 C3 克隆灌木能更好地适应沙地环境，对早期阶段生态系统的稳定性起关键作用（Qiao et al.，2012）。

初玉（2005）对浑善达克沙地 5 种不同生境的土壤因子、植物功能型分布及群落特征的分析结果表明，在流动沙丘上有一年生 C4 非克隆繁殖的植物功能型侵入，在半固定沙丘上有多年生 C3 植物功能型定居并成为优势种，到固定沙丘阶段，该研究中所有浑善达克沙地植物功能型都出现，其植物功能型多样性最高；滩地中的土壤有机质和养分含量最高，多年生 C3 植物占据绝对优势；靠近淖尔边缘，盐分含量和水分增加，多年生 C3 非禾草成为优势种。在浑善达克沙地，一年生 C4 非克隆非禾草在沙丘生境中全都存在，流动沙丘、半固定沙丘和固定沙丘之间的土壤条件没有显著差异，但植被特征存在差异。因此，只要排除人为影响和牲畜干扰，辅助以一定的人工措施（如飞播），浑善达克沙地退化草地就会向着良性的恢复方向发展。另外，对浑善达克沙地丘间低地 4 年的研究结果表明，丘间低地的功能多样性与演替的年份有关，随着演替的进行，C3 克隆禾草对功能多样性的贡献最大（Chu et al.，2006）。

近年来植物功能性状（指对环境产生响应或对生态系统功能产生影响的有机体特征）作为一种比较生态学的研究工具，常常被生态学家广泛使用，形成了基于植物功能性状的研究范式（McGill et al.，2006）。对我国沙地生态系统开展植物功能性状的研究逐渐增多（李玉霖等，2005，2008；刘金环等，2006；刘国方，2010）。例如，李玉霖等（2005）研究发现，随着沙丘固定程度增加，科尔沁沙地植物种的比叶面积呈增加趋势而叶干物质含量呈下降趋势；袁秀英等（2006）对乌兰布和沙漠优良固沙先锋树种花棒的克隆生长构型的研究表明，固定沙丘的花棒分株种群比半固定沙丘具有较大的密度、较小的平均株距及相似的分株高度。但是，有关沙地生态系统不同演替阶段植物功能性状变化的研究仍较少，利用植物功能性状深入系统地开展沙地不同演替阶段植物适应性的研究非常必要。

（三）全球气候变化背景下沙地生态系统演替方向

全球气候变化是目前生态学研究的焦点。全球气候变化主要包括温度升高、CO_2浓度升高、降水增加和氮沉降等4个要素。在我国干旱区，水分和氮沉降变化尤为关键。乔建江（2009）对毛乌素沙地不同演替阶段优势种对土壤基质、降水和添加氮素适应性的研究表明，土壤基质、增加降水和添加氮素都对植物的生长有显著促进效应；与沙土基质相比，沙壤混合基质和壤土基质都显著促进了植物的生长，增加降水和氮素添加均促进各物种的生长。不同演替阶段优势种对土壤基质、增加降水和添加氮素的响应存在差异。沙壤混合，特别是壤土基质更加有利于演替后期阶段优势种（本氏针茅和克氏针茅）及中期阶段优势种（根茎冰草）的生长；增加降水量更利于演替早期阶段优势灌木（白沙蒿和油蒿）的生长；添加氮素主要有利于多年生禾草的生长，且不同演替阶段优势种之间的差异不显著。此外，增加降水对植物生长的影响依赖于土壤基质，在沙土基质上增加降水量对植物生长的促进作用显著大于其他两种基质；在壤土上增加降水量对植物生长的促进作用最小。由此推断，在毛乌素草原沙地演替中，不同演替阶段优势种对土壤基质的适应性的差异可能是该地区植被演替的重要驱动力；而全球气候变化（增加降水量和氮沉降）可能会修饰上述演替过程。

四、沙地生态系统的退化机制

由于过度放牧、开垦、樵采等人类不合理的利用，我国沙地生态系统荒漠化程度加剧，严重影响了沙地自然生态系统为人类提供生态系统产品和服务，制约着区域的经济效益、生态效益和社会效益的协调发展。沙地生态系统的退化可表现在植被、生物多样性、土壤和生态系统生产力等各个方面。

（一）退化沙地生态系统的植被

植被是连接土壤、水体和大气的物质、能量交换的关键环节，在能量交换、水分循环、地球化学循环过程中起着至关重要的作用。沙地生态系统的植被相对较为脆弱，主要是以半灌木油蒿、褐沙蒿或差巴嘎蒿为优势种的隐域性植被，植被结构一旦受损，必然引发植被物候、覆盖度和生产力等功能的改变。同时植被盖度降低，土壤风蚀加剧，严重的土壤风蚀还可能引发区域的扬尘和沙尘天气。目前认为，造成沙地生态系统植被退化的主要原因是气候的暖干化、煤矿开采等人类活动引起的地下水位下降，以及人类对沙地生态系统植被的不合理开发利用,包括过度放牧及樵采,其中过度放牧是造成沙地生态系统退化的直接原因。

退化沙地生态系统可以通过围封或者草方格和沙障等生态修复技术进行修复。研究表明,围封处理后,流动沙丘在向半固定沙丘、固定沙丘演替的过程中,群落盖度明显提高,物种丰富度和多样性也显著提高(刘美珍等,2004)。围封一定年限后,仍需要适度放牧进行适度干扰,以避免沙地生态系统的循环演替。草方格和沙障技术是恢复流动沙丘的成熟技术,通过沙柳、油蒿等植物材料铆钉沙土,达到消减风速、固定沙表,通过改善小局域环境为其他物种的定居和生长创造条件,从而达到维持沙质土壤稳定性的目的。

(二)退化沙地生态系统的生物多样性

生物多样性具有重要的价值。对于人类来说,生物多样性具有直接使用价值、间接使用价值和潜在使用价值。生态系统退化会对生物多样性的价值产生严重影响。荒漠化是沙地生态系统退化的核心问题,正确评估荒漠化对该地区生物多样性的影响,对制定生物多样性的恢复和保护对策具有重要意义(李新荣,1997)。退化沙地生态系统干旱、高温的恶劣环境,使得退化沙地生态系统物种贫乏。事实上,荒漠化过程是一个物种多样性衰减的过程,荒漠化导致大多数原生性物种消失(蒋德明等,2008)。退化沙地生态系统物种多样性和均匀度均降低,因而降低了植被对极端干旱气候干扰的抵抗力(张继义和赵哈林,2010)。从植物生活型来看,地面芽植物受沙漠化影响最大;从生活史来看,一年生植物在恢复演替早期阶段对沙丘稳定起重要作用,而中后期则以多年生植物为主;灌木生长型在演替后期处于优势地位,并对阻止固定沙丘的活化起重要的缓冲作用。

乔建江(2009)研究表明,在内蒙古四大沙地,流动沙丘的物种多样性和功能多样性均显著低于固定沙丘。在演替早期,一年生、二年生和旱生植物功能群在各个阶段始终保持着较高的优势地位,对群落生态功能的发挥和维持起着重要作用;随着演替的进行,多年生植物的种类、数量不断增加,表明多年生植物在群落功能维持中占据重要地位(乌云娜等,2008)。随着从流动沙地到半固定、固定沙地,群落的物种丰富度、Shannon-Wiener指数提高(张继义等,2004)。

通过沙地修复技术,在实现退化沙地生态系统修复的同时,也是沙地生态系统生物多样性快速恢复的过程。

(三)退化沙地生态系统的土壤

荒漠化过程由于富含营养的细小颗粒被风蚀,土壤粗粒化,导致土壤有机碳、速效氮和速效磷养分及微生物活性丧失。从固定、半固定沙丘到流动沙丘,土壤含水量低,养分贫瘠,环境脆弱,易产生风蚀、沙化(许冬梅等,2008)。许冬梅和王堃(2007)研究了毛乌素沙地不同生境的土壤酶活性,结果表明总体变化趋势为缓坡丘陵梁地>盐化丘间低地>固定、半固定沙地>流动、半流动沙丘。王少昆等(2008)对科尔沁沙地不同类型沙丘土壤微生物活性强弱也得出类似的结论。

退化沙质草地恢复过程土壤颗粒组成变化是土壤-植被系统互馈作用、良性发展的指示器。植被恢复对土壤养分产生明显的截存和保护作用，表层土壤截存的降水量增加，有利于浅根系草本植被发育，而深层土壤水分补给减少，沙地旱化使土壤基质的黏结力和结持性能增强，稳定性增强，抗风蚀能力提高，进一步推动土壤-植被系统的良性发展，加速恢复进程。特别是灌木的存在，使更多的有机物质和养分积聚在灌丛下，形成灌丛沃岛。刘方明等（2006）研究科尔沁沙地小叶锦鸡儿对土壤有机碳的结果表明，随着种植年限的提高，土壤有机碳含量显著提高，土壤肥力得到改善。

（四）退化沙地生态系统的生产力

净初级生产力是生态系统最基本的服务功能，同时也是衡量生态系统功能最重要的指标。科尔沁沙地流动沙丘、半流动沙丘的地上生物量分别为 $48.2g/m^2$、$60.4g/m^2$，远低于半固定沙丘和固定沙丘的生物量 $152.8g/m^2$、$167.6g/m^2$（郭轶瑞等，2007）。随着沙漠化程度的发展，从湿润的草甸到干旱的流动沙丘，植物群落的盖度依次降低，地上生物量依次减少。退化的沙地生态系统由于土壤养分贫瘠、生境干旱，物种丰富度很低，导致很低的植被生产力。荒漠化改变了原有植被的群落组成和结构，生物量减少，植被盖度降低，并最终导致生态系统生产力降低。

孙建华等（2009）对毛乌素沙地不同演替阶段土壤水分分析表明，流动沙丘（8.47%）＞半固定沙丘（8.40%）＞固定沙丘（8.39%），说明流动沙丘水分状况要比半固定沙丘和固定沙丘好。退化沙地生态系统之所以生产力较低是因为养分亏缺，因此，可以通过种植乡土灌木如柠条锦鸡儿、羊柴等，或通过草方格及沙障技术固定枯落物，增强其矿化能力，提高土壤有机碳、速效氮和速效磷的含量，为其他物种定居和生长提供必备水分、养分资源，增强退化沙地生态系统的物种多样性，从而提高提供植被的生产力，提高沙地生态系统的碳固持能力。

第二节 鄂尔多斯沙化草地生态适应的优化生态生产范式

一、沙地生态系统的保护与恢复的原理

沙地生态系统的保护与恢复是一项系统工程，需要充分了解沙地生态系统的现状，包括植被、土壤、地形、时空异质性、人类干预、气候状况等各方面的信息，同时还需要通过相关的杂志、书籍、论文、标本、图件、气象资料、航空图片、土地利用规划等了解沙地生态系统的一些历史信息。同时需要实现生态系统功能（包括社会、生态和经济三大功能）的必要技术手段，需要以生态学基本原理为指导，运用生态经济学的理论和方法，才能实现社会、经济和生态效益三大功能的协调统一。

在沙地生态系统保护与恢复过程中，需要遵循以下原则。

1）适度发展原则。对沙地生态系统的自然环境和资源状况及其分异进行综合分析，了解区域的土地生产能力和承载能力，保护与恢复必须在土地所能承载的范围之内。

2）异质性原则。沙地生态系统的高异质性，是保护与恢复过程中必须要正视的一

个问题。考虑不同区域承载力和生态、生产需求，对沙地资源的时空优化配置的动态进行分析，才能更好地权衡沙地生态系统的生态和生产功能。

3）生态、经济及社会效益统一的原则。沙地生态系统的保护与恢复，立足于满足人民生存与持久发展的需要。要达到这一目的，追求生态、经济和社会效益的高度和谐统一是必由之路。

二、沙地生态系统的保护与恢复的模式

在长期实验研究中，针对沙地生态系统，我国科学家提出了很多针对四大沙地的保护与恢复的生态生产范式。生态生产范式是应用生态经济学原理与系统科学方法，以生态恢复与重建为目标，以多用途资源利用和景观生态设计为核心，以生物－自然和社会－经济综合分析为基础，结合现代科学成果和传统农牧业技术的精华而建立起来的结构优化、功能持续、经济可行的农林牧复合经营模式的范例（叶学华和梁士楚，2004）。例如，在毛乌素沙地，张新时（1994）提出的毛乌素沙地"三圈"综合治理模式，胡兵辉等（2009）提出的以构建防护型生态结构、节水型种植结构、稳定型畜牧结构和效益型农业产业结构为中心内容的沙地脆弱性农业生态系统优化模式体系，高国雄等（2007）在毛乌素榆林沙地建立了10种风沙滩地农林复合经营模式，温学飞等（2007）根据盐池县毛乌素沙地特点，开发出了5种毛乌素沙地草地畜牧业经营模式；在科尔沁沙地，针对其特色，科研人员总结凝炼出来的科尔沁沙地的生态经济型综合防护林体系、沙地农林牧复合生态系统（家庭牧场）模式、沙地庭院生态经济模式、"小生物圈"整治模式、"多元系统"整治模式、"生态网"整治模式、水生植被改造与利用模式，以及沙地节水种稻生态模式等；浑善达克沙地的防沙治沙综合治理模式、浑善达克沙地封沙育林育草、飞播造林植被恢复建设模式、沙化草场综合治理与开发模式，以及重沙区综合治理模式等；2002年开始在呼伦贝尔沙地实施的长达18年的"沙地治理樟子松行动"工程。

三、"三圈"范式概念的提出

鄂尔多斯高原这种在以地质地貌为骨架和基质所构成的特殊干旱地形上所形成的景观，通过对水分、能量、基质和盐分的再分配，制约着其上不同类型生态系统的异质性，包括生物种类组成、生产力、生物地球化学循环、生物地球物理作用过程和生物地球社会关系的差异，以及在景观系列上各个生态系统间的相互关系和能量、物质的交换与流通。

水分是该区域植物个体发育、植被分布的主要限制因子，关于鄂尔多斯植被与水分的关系、土壤水与植物盖度的关系、土壤水与植物演替的关系、植物对水分胁迫的适应等都备受关注（廖汝棠等，1993；郑元润，1998b；郭柯等，2000；肖春旺等，2002；程序，2002；杨晓晖等，2006；王海涛等，2007；李朝生等，2007）。高琼等（1996）从土壤水分平衡出发，以毛乌素沙地为例，利用动态仿真模型对北方沙地草地土壤水分与立地条件、植被覆盖率之间的关系进行了研究，结果表明，因植被的存在而形成

的地表结皮对降水入渗到土壤中的阻滞作用很小;陡坡,强降水时,才形成较大径流。土壤水分的平衡随植被覆盖率变化的情况取决于立地条件的差异。根据景观成分的相对面积和土壤的田间持水量,可以用模型来估算景观各成分的等效年降水量和总的潜流损失(高琼和张新时,1997)。Yu等(2008)根据土壤类型、土地利用方式和坡度,构建了水分再分配的模型。房世波等(2009a)对植被盖度分布与环境因素的关系分析发现,从整个鄂尔多斯研究区域来看,植被分布主要受降水影响,呈从东南到西北逐渐减少的趋势;局部来看,植被盖度分布受地貌类型、地质断层和地层基质透水性共同影响。

在综合分析鄂尔多斯高原生态系统的结构、功能和动态,生态异质性,生态水文和景观与区域格局的基础上,提出荒漠化土地可持续治理的优化生态生产范式(即"三圈"生态生产范式)。"优化"是指农林草(牧)系统的科学合理、高效优质、持续稳定、协调有序;"生态"是指生态系统的结构、食物链关系、生物地球化学循环与生物地球物理过程;"生产"是指生产力与产业的形成;"范式"是指生态管理系统、区域性景观格局与功能带组合配置的范例,这种范式因地因时而异(张新时,2000)。

"三圈"生态生产范式是基于干旱区生态系统与景观的空间格局及其生态和环境因素分配与流动趋势的机制而进行优化生态管理与生态设计的生态生产范式(慈龙骏等,2007)。鄂尔多斯高原"三圈"范式遵循以下几条原则(张新时,1994)。

(1)以"水"为核心,生物气候条件为基础的生态规划原则

在毛乌素沙地,无论进行造林、植灌还是种草首先必须考虑水分收支平衡的原则,即从降水、径流输入(含灌溉)与输出及植物的蒸腾强度三方面进行估算,其收入的水分应超出支出(径流输出+蒸腾)的20%,以此来决定造林、植灌的密度或种草的覆盖度。

(2)以灌木为主,丰富生物多样性的生态原则

优化生态生产范式不仅仅要求有高的生态经济效益,还要求具有较高的稳定性和抗逆性(叶学华和梁士楚,2004)。发挥灌木的优势地位,建立人工植被时应保持物种和景观的多样性,因地制宜。

(3)防护林体系结构、配置的原则

在遵循上述两个原则的基础上,防护林体系按照网带状种植原则建立。成带的树木、灌木或草地可以有效地减低风速或径流,从而具有最高的防护效率;带状植物可以利用带间空地的土壤水分作为对大气降水不足的补充,同时在带内的植物仍享有群体的小环境,以及在带两侧占很大比例的"边缘效应"的优越性。

(4)半固定沙地及综合治理原则

根据毛乌素沙地的地理环境,从景观格局与生产发展来看,形成并维持被植被半固定的沙丘可能是较适当的景观模式。建立并维持植物覆盖度30%~40%的半固定沙丘对维护生态平衡、防风固沙、保持自然景观格局与经营草地畜牧业都是必然和必需的,可以保证长期较稳定的持续发展。

"三圈"范式是一个景观-区域性复合农林牧系统,在第一圈防护带的保护下,以软梁与中低沙丘为第二圈的复合农林牧(草)系统形成若干个以滩地绿洲为核心的防

护圈层，它们有秩序地分布在"三圈"的背景上，其比例大致为 3：6：1（图 3-1）。各类土地合理的分配比例应根据规划的均衡载畜量、合理放牧强度、适当的畜群数量，以及农作物与林地、果园等的适当搭配进行确定，但必须以不超过环境（水分、生物生产力）负荷量并留有余地为原则。

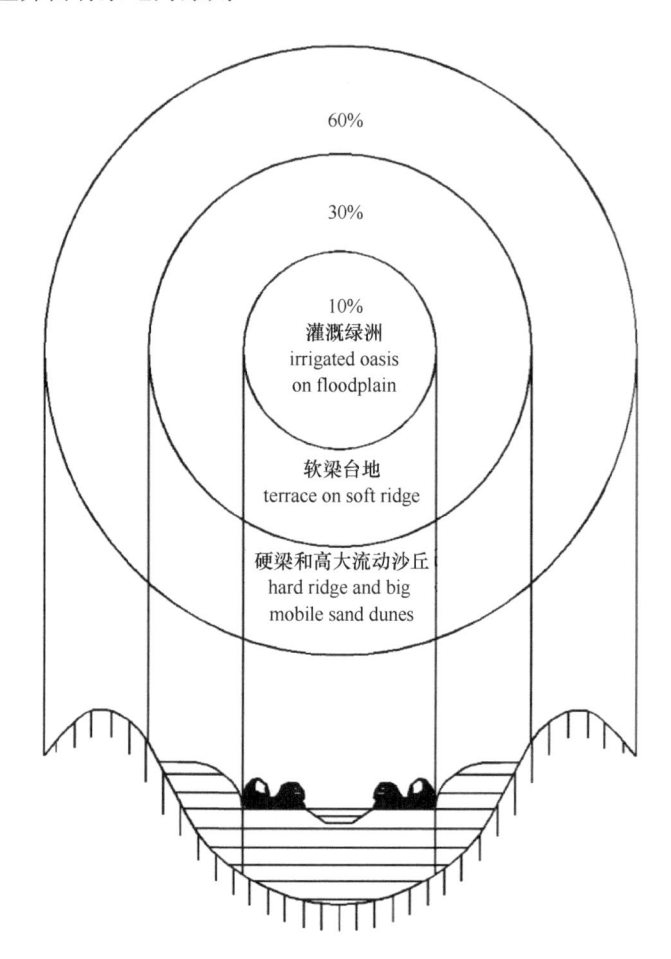

图 3-1　鄂尔多斯高原沙地的景观格局与"三圈"范式（慈龙骏等，2007）
Fig.3-1　Landscape patterns and "3-circles" paradigm in Ordos Sandland

第一圈硬梁地与高大的流动沙丘群，恢复和保育天然灌（草）地，形成保护带和水源地。该圈位于沙地的外缘，占总面积的 60% 左右；硬梁坡地上的针茅草原由于过度放牧而退化，生产力降低，应人工辅助建立灌木带（柠条、沙棘等）；在较湿润的东部，则可种植油松带，在草层恢复后可有节制地分区轻度轮牧；高的流动沙丘可播种白沙蒿等先锋植物，逐步演替为半固定沙丘；在水分条件较好处则可采用"前挡后拉"的措施，以逐渐削平沙丘，改变地形，有利于种植。

第二圈非灌溉或半人工"灌草林果"圈，位于滩地绿洲周围的软梁台地与低矮沙丘带，约占全区总面积的 30%；目前缺乏灌溉设施，不宜高强度农业开发，而应以保护、防风治沙、水土保持为主，适度人工种草、舍饲养畜与径流园林业等为发展方向。

第三圈高产农牧业绿洲核心圈，滩地绿洲所占面积不过10%，但它是本地区农牧业精华所在的核心区；该区内薄层覆沙（厚度在30~40cm以下），地下水位适中（50cm以下），是发展农林草复合系统的最适宜类型，多已被开垦为历史悠久的农业绿洲。其具体形式包括以下几种：绿洲农业；大力发展人工草地；建立果园；规划乔灌草结合的防护林网与园林绿化；大力开展舍饲养畜业与灌木围栏的山羊饲养场，建立饲料青贮与各种饲料加工业；适当发展养鱼与养禽业。

四、鄂尔多斯高原"三圈"范式概念下的研究

（一）毛乌素沙地草地种植管理咨询系统的开发

梁宁和高琼（1996）利用计算机技术结合当地生态系统管理专家的经验知识和对土壤水分动态的理论研究成果，开发了一个用于毛乌素沙地草地种植管理咨询的专家系统——ASSG。该系统由一个逻辑推理中心，土地利用、作物、树木、果树、牧草和半天然植被等知识库，以及知识获取部分和用户界面构成（图3-2）。系统使用者可以输入立地条件来触发推理中心中的推理机，进行一个三步的相互作用的推理过程，综合有关的知识，最终得出一个建议性的种植方案。这套方案针对土地利用和所种植的作物种类及品种给出最优管理策略和最适植被覆盖率。在每一层次的推理中，本系统提供给用户多重选择，根据用户的意愿进行下一步的推理。这一推理的交互作用机制为用户获得适宜的咨询结果提供了最大的便利性。

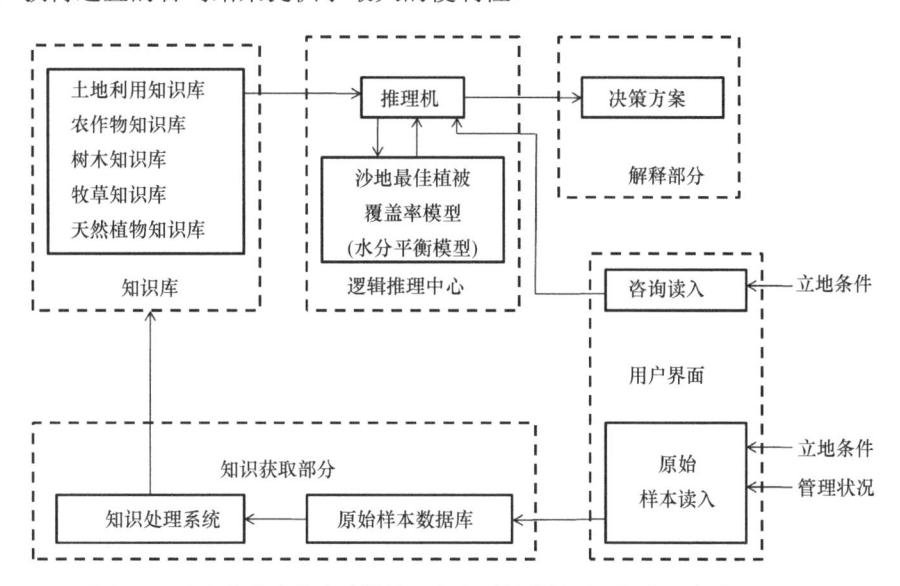

图 3-2 毛乌素沙地草地种植管理专家系统结构图（梁宁和高琼，1996）
Fig.3-2 The structure diagram of the expert system of Mu Us Sandland grassland

（二）毛乌素沙地高效生态经济复合系统诊断与优化设计

郑元润和张新时（1998）在分析毛乌素沙地自然、社会经济、人文等条件与现

状的基础上，诊断高效生态经济复合系统运行的限制因素及有利条件。运用线性规划的理论与方法进行系统的优化设计。研究结果表明，当降水量分别在80%保证率的280mm、中等降水量350mm和较强降水量400mm时，径流园林区中种植作物覆盖度分别为65%、82.5%和95%；高效农牧区的种植覆盖度分别为75%、92%、100%；但在毛乌素沙地降水量达到400mm的保证率很低，350mm的降水量保证率也较低，为保证高效生态经济复合系统的持续发展，降水量以280mm计算为宜，即径流园林区的种植覆盖度可选到65%，高效农牧区的种植覆盖度可选到75%，最大不超过80%（表3-2）。

表 3-2　毛乌素沙地高效生态经济复合系统最优系统参数（郑元润和张新时，1998）
Tab.3-2　Optimal parameters of high efficient ecological economy system in Mu Us Sandland

	$x1$	$x2$	$x3$	$x4$	$x5$	$x6$
80%保证率280mm降水	35.5	30	15	19.6	30	10
350mm中等强度降水	40	42.5	15	25	36.5	15
400mm较高量降水	40	55	15	25	45	15

注：$x1$，径流园林区中林果用地的比例（%）；$x2$，径流园林区中经济作物或牧草用地比例（%）；$x3$，高效农牧区中防护林用地的比例（%）；$x4$，高效农牧区中果树用地的比例（%）；$x5$，高效农牧区中农田用地的比例（%）；$x6$，高效农牧区中牧草及中草药用地的比例（%）

Note: $x1$, the proportion of artificial forests and orchards land (%); $x2$, the proportion of economic crop and pasture land (%); $x3$, the proportion of shelter forest land (%); $x4$, the proportion of orchards land (%); $x5$, the proportion of farm land (%); $x6$, the proportion of pasture and medicine herb land in runoff garden (%)

（三）"三圈"范式的生态功能研究

"三圈"建设主要通过国家生态建设"六大工程"实现，三北地区各类森林面积增加，可以控制风沙危害，增加植被覆盖率，减少地面辐射，增加全球碳汇，减缓全球气候变暖。董鸣（2006）、慈龙骏等（2007）对"三圈"范式的生态功能研究发现，通过措施改变地表面的粗糙度，增加地面对气流的阻力，改变近地面表层的气流结构，增加对气流动能量的消耗，可以发挥灌（草）带地表防蚀阻沙的作用。防护林体系在有灌溉条件下，田(园)、林（灌）、路、水系统相结合，形成科学的空间格局，维护和巩固绿洲的生态系统，对绿洲层层设防，防止风沙对绿洲的入侵和土壤次生盐渍化的威胁，防风治沙综合效益显著。

（四）鄂尔多斯高原"三圈"范式的示范和应用

随着研究的不断深入，郑元润和张新时（1998）在分析毛乌素沙地高效生态经济复合系统最优种植结构的基础上，针对其具体情况，总结出毛乌素沙地高效生态经济复合系统的"三圈"范式，即在较高大沙丘上发展以防护为主、兼顾应用的灌木园。引种鄂尔多斯高原代表性的灌木资源，建设灌木防护区。其作用一是构成高效生态经济复合系统最基本的防护体系，二是作为鄂尔多斯高原灌木多样性迁地保护、科学研究基地与灌木基因库。在低缓沙丘区建设径流园林区。其作用一是构成高效生态经济复合系统的第二层防护体系，二是提供高经济价值的产品，防护与经济效益并重。在环境条件较好的滩地建立外围防护林带，果树带，高效农、牧业及中草药体系，达到资源立体利用，培肥地力的目标。

径流园林试验区设在低缓沙丘区，水分及土壤条件较差。该区的设计将生态效益与经济效益相结合，选择葡萄（*Vitis vinifera*）、大扁杏（*Prunus* sp.）、沙棘（*Hippophae rhamnoides*）几个具有耐干旱、耐瘠薄生境条件特性，同时具有较高经济价值的供试材料。高效农牧区的配置在试验与当地自然条件、生产实际相结合的条件下，为提高光能及水分利用效率，宜发展立体生态农业，其内容包括果、农、经、牧、药5个层次，需采用不同的配置方式及合理耕作管理手段，如轮作、间作、套种。

通过建立"三圈"范式概念下的荒漠化防治综合技术示范，目前共建成沙生灌木封育防护区6000亩，沙地高效径流经济园林技术示范3000亩，沙地高效持续农牧业技术示范1000亩。该范式在当地的生产实践中得到推广和认可，被鄂尔多斯市在决策退耕还林（灌）还草、生态环境建设和经济发展时所采纳，产生了较大的经济效益和社会效益。同时，"三圈"范式在理论上也得到广泛好评。张新时先生2004年被国家林业局授予"林业科技贡献奖"，2006年其"沙漠化发生规律及其综合防治模式研究"获得国家科学技术进步奖二等奖。在此基础上，张新时和史培军（2003）初步对同属鄂尔多斯高原的准格尔旗，提出黄河峡谷砒砂岩类型的生态生产范式，包括：河川地高效节水粮食与饲料生产基地，覆沙台地和沙黄土丘陵人工林、灌、草饲料饲草生产基地，砒砂岩丘陵封育恢复水土保持生态建设基地。

第三节　鄂尔多斯高原植物群落对沙埋和降水的适应与响应

一、研究背景

沙埋在干旱风沙区是最主要的干扰因子之一。对植物而言，这样的风沙干扰往往会引起植物群落的一些外貌特征，如结构、盖度、生物量或者生境特质的改变（He et al.，2003）。沙埋还可以改变植物生长地的生物和非生物环境条件（Maun，1998），能够对植物的生长产生巨大的影响，包括植物本身地上/地下部分结构（任安芝等，2001）和繁殖策略（董鸣等，1999）等。一方面，不同程度地沙埋对于植物的影响不同（Zhang et al.，2002）。轻度沙埋可以促进植物的生长，而随着沙埋程度的不断增加，植物的积极响应会降低，超过一定阈值后，沙埋会严重影响植株的生长，甚至威胁其存活（Maun，1998）。另一方面，不同植物能够忍受的沙埋程度也是不一样的。因此，沙埋是植物分布的重要选择压力之一（Maun，1985）。它通过控制沙地植物群落的物种建成（Ranwell，1958）来干扰植物群落的结构变化（赵兴梁，1991），最终驱动植物群落的演化（赵文智，1998）。

对于干旱、半干旱地区的植物来讲，土壤中水分的变化是限制植物生长与存活的又一重要因子。之前的研究表明，过多的水分会使沙层、土壤湿度增加粘连成块状，并能够降低沙层、土壤中的氧气含量，使得幼苗、植株生长受阻（Tobe et al.，2005）；而过少的水分在覆沙层就会直接被蒸发，无法进入土壤，致使沙层、土壤含水量极低，导致幼苗、植株受到干旱胁迫而致死；沙层、土壤中适度的水分利于幼苗、植株的生长（Zheng et al.，2005；Smith et al.，2000）。近年来，全球气候的变化越来越受到各个国家的重视，联合国政府间气候变化专门委员会（IPCC）在第四次的报告评价中认为，一些主要温室气体不断地增加，致使全球气温会逐渐趋于升高（IPCC，2007），在这样的情况下，受温度的影响各个地区的降水格局也会发生相应的变化。在气候模型的预测中显示，降水格局的变化不仅表现为降水量在总体上的增加，而且降水的分布性差异增大，单次降水随着总量的增加，降水间隔变长（IPCC，2007；Easterling et al.，2000；Gordon et al.，1992）。干旱、半干旱区降水格局的变化，如何影响植株对水分的利用与分配策略，从而影响整个草原群落的生长结构与演替方向等，都需要进一步地研究。鄂尔多斯高原属于干旱风沙活动区域，降水和沙埋是该地区草原群落的两大影响因素，可能会影响单个植株幼苗的高度净增量、叶片数量、地上生物量、地下生物量等，随之影响种群的整体优势及群落的结构、生态系统功能的变化与发展趋势。

物种多样性是植物群落在结构组成上所表现出的重要指标，能够指示出群落的稳定程度和生境差异（祝存冠等，2007；郝文芳等，2005），物种多样性的变化是对植物群落在组成和结构上的综合响应（祝存冠等，2007）。沙埋和降水是鄂尔多斯高原最主要的干扰因素。研究表明，通过沙埋来埋压植物营养器官，通过增加降水来改变植物对水分的利用策略，这样的干扰对草地群落物种组成及其结构有一定影响（江小蕾等，2003），能够引起植物群落结构和生态系统功能的变化（Lavorel et al.，2007）。

本氏针茅（*Stipa bungeana*）为多年生密丛禾草，常与亚洲百里香（*Thymus serpyllum* var. *asiaticus*）、达乌里胡枝子（*Lespedeza davurica*）、糙隐子草（*Cleistogenes squarrosa*）等组成本氏针茅群落（中国科学院中国植物志编辑委员会，1987），为鄂尔多斯高原气候顶级群落。由于鄂尔多斯高原剧烈的风沙活动，本氏针茅群落遭遇沙埋的现象时有发生。目前有关本氏针茅群落的组成结构、特征及其对气候的适应等方面的研究已见报道（周秋平等，2009；王静等，2005；程晓莉等，2001；黄富祥等，2001），而有关沙埋干扰对本氏针茅群落特性方面的研究尚少见报道。

本实验以鄂尔多斯高原地区天然草地为研究对象，通过野外控制试验探讨沙埋和降水对植物群落演替及生态系统功能的影响。在模拟降水和沙埋的情况下，探讨沙埋和增加降水对本氏针茅群落物种数、物种多样性及其季节动态、生物量的影响，以期为退化草原的恢复、群落演替的动态预测和草原生态系统的持续利用提供理论支撑，为草地资源的合理利用与生态环境保护及退化草地生态系统的恢复与重建提供理论依据。

二、实验材料与方法

（一）研究区域

鄂尔多斯高原（Ordos Plateau）是一个相对独立而又特殊的地理区域，其北面、西面、东面均被黄河环绕，南面与黄土高原相接。位于北纬37°38′~40°52′，东经106°27′~111°28′，海拔一般在1100~1500m，面积约为13万km^2。该区具有频繁的风沙活动，在其北面临近黄河的部分是库布齐沙漠，东南部洼地是毛乌素沙地。行政范围包括内蒙古鄂尔多斯市全部和乌海市，以及陕西榆林地区的北部（神木、榆林、横山、靖边、定边5个县的一部分和佳县西北一小部分）。

该区地处中纬度大陆内部，属温带大陆性干旱半干旱高原气候，四季分明，年均温6.0~8.5℃，1月平均气温-12~-9.5℃，7月平均气温22~24℃。年均降水量由东南部的440mm逐渐递减至西北部的160mm，降水主要集中在7~9月，且多暴雨，降水年变率大。本区全年大部分时间为西北季风控制，气候干燥寒冷，只有在盛夏季节，湿润的东南季风才给本区带来降水天气。该区的冬季风强盛且维持时间长，夏季风较弱且维持时间短，漫长的冬季盛行偏西北向风，短暂的夏季盛行偏东南向风，春秋季盛行风向一般近于冬季。冬春季节的大风往往造成扬沙和沙尘暴天气。

实验于内蒙古鄂尔多斯草地生态系统国家野外科学观测研究站（以下简称鄂尔多斯生态站）的石灰庙基地开展，该基地地处北纬39°02′，东经109°51′。属温带大陆性半干旱气候，冬季寒冷，春季多风沙。年平均温度为6.2℃，年降水量300~400mm，年均日照3011h，年均风速3~3.5m/s，无霜期约150d。

试验样地设置在梁地上，该梁地是以本氏针茅+糙隐子草为主的草原群落，伴有达乌里胡枝子、亚洲百里香、沙葱（*Allium mongolicum*）、赖草（*Leymus secalinus*）等。2011年9月初在未处理的54个样方中共调查到24个种，分属12科23属，其中有3种为小半灌木（达乌里胡枝子、亚洲百里香、牛心朴子），1种为半灌木状草本（铁杆蒿），1种为一年生或二年生草本（独行菜），5种为一年生草本（砂蓝刺头、香青兰、蒺藜、地锦、虫实），14种为多年生草本（本氏针茅、白草、赖草、糙隐子草、早熟禾、砂珍棘豆、披针叶黄华、草木樨状黄芪、丝叶山苦荬、阿尔泰狗娃花、细叶远志、沙葱、毛萼麦瓶草、乳浆大戟）（表3-3），其中克隆植物有12种，非克隆植物有12种。

表3-3 实验区本底的植物种类，所属科及植物类型

Tab.3-3 Plant species, plant family and plant types in experimental area

物种名	学名	科属	植物类型
本氏针茅	*Stipa bungeana*	禾本科针茅属	多年生草本
白草	*Pennisetum centrasiaticum*	禾本科狼尾草属	多年生草本
赖草	*Leymus secalinus*	禾本科赖草属	多年生草本
糙隐子草	*Cleistogenes squarrosa*	禾本科隐子草属	多年生草本
早熟禾	*Poa annua*	禾本科早熟禾属	多年生草本
达乌里胡枝子	*Lespedeza davurica*	豆科胡枝子属	小半灌木
砂珍棘豆	*Oxytropis gracilima*	豆科棘豆属	多年生草本
披针叶黄华	*Thermopsis lanceolate*	豆科野决明属	多年生草本
草木樨状黄芪	*Astragalus melilotoides*	豆科黄芪属	多年生草本
铁杆蒿	*Artemisia sacrirum*	菊科蒿属	半灌木状草本
砂蓝刺头	*Echinops gmelinii*	菊科蓝刺头属	一年生草本
丝叶山苦荬	*Ixeris chinensis* var. *graminifolia*	菊科苦荬菜属	多年生草本
阿尔泰狗娃花	*Heteropappus altaicus*	菊科狗娃花属	多年生草本
亚洲百里香	*Thymus serpyllum* var. *asiaticus*	唇形科百里香属	小半灌木

续表

物种名	学名	科属	植物类型
香青兰	*Dracocephalum moldavica*	唇形科青兰属	一年生草本
牛心朴子	*Cynanchum komarovii*	萝藦科鹅绒藤属	多年生草本
细叶远志	*Polygala tenuifolia*	远志科远志属	多年生草本
独行菜	*Lepidium apetalum*	十字花科独行菜属	一年生或二年生草本
蒺藜	*Tribulus terrestris*	蒺藜科蒺藜属	一年生草本
沙葱	*Allium mongolicum*	百合科葱属	多年生草本
乳浆大戟	*Euphorbia esula*	大戟科大戟属	多年生草本
地锦	*Euphorbia humifusa*	大戟科大戟属	一年生草本
毛萼麦瓶草	*Silene repens*	石竹科麦瓶草属	多年生草本
虫实	*Corispermum* spp.	藜科虫实属	一年生草本

（二）研究方法

1. 样地设置

2010 年 9 月在实验区内本氏针茅群落样地中，随机设置了 54 个 1m×1m 的固定样方，分别进行不同深度的沙埋和增加降水处理。依据植株的高度，设置了沙埋 2cm 处理（沙埋深度占植株平均高度的 10%~20%）、沙埋 5cm 处理（沙埋深度占植株平均高度的 50%~60%）和对照处理（不进行沙埋）；自然降水处理（多年平均降水量为 350mm）、降水增加 1/7（400mm 降水处理）、降水增加 2/7（450mm 降水处理）。每个处理设 6 个重复。沙埋处理时要把沙子按覆沙深度均匀地撒到样方框内，截雨槽长宽高规格大小为 30cm×48cm×15cm，截雨槽开漏雨孔的一边要低于另一边，以使降水通过滴灌装置全部流入样方内，沙子样方四周用 15cm 高的塑料板进行封挡，同时对整个样地进行围封，以避免放牧及人为干扰（图 3-3）。

图 3-3　样地实验布置

Fig.3-3　Experimental sample arrangement

2. 样方调查

2010 年，9 月 1 日，在布置好样方后，对样地 54 个样方先进行本底数据的调查，后进行覆沙、架截雨槽处理。

2011年,分别于5月1日(植物生长初期)、7月9日(生长旺盛期)、9月8日(生长末期)对每个样方进行调查,分别调查各个样方的物种数、植被总盖度、分种平均高度、分种盖度和分种株丛数。

2012年,分别于5月1日(植物生长初期)、7月9日(生长旺盛期)、9月8日(生长末期)对每个样方进行调查,分别调查各个样方的物种数、植被总盖度、分种平均高度、分种盖度和分种株丛数。调查后,对各个样方的地上生物量进行分种收割并收集样方内的枯落物量。为获取地下分层根系生物量,使用直径为7cm的土钻进行分层钻取,分为0~5cm、5~10cm、10~15cm、15~20cm 4层。将地上生物量、地下生物量及枯落物放在烘箱(75℃烘48h)烘干后称重。

3. 物种多样性指数的选取

1)群落特征及重要值：

$$重要值 = (相对盖度 + 相对密度 + 相对高度)/3$$

$$相对盖度 = 某一植物种的盖度 / 各植物种分盖度之和 \times 100\%$$

$$相对高度 = 某一植物种的高度 / 各植物种高度之和 \times 100\%$$

$$相对密度 = 某一植物种的密度 / 各植物种密度之和 \times 100\%$$

2)物种丰富度指数：Margalef 指数(Margalef, 1968) $R = S$

3)多样性指数：Shannon-Wiener 指数(Magurran, 1988) $H' = -\Sigma P_i \ln(P_i)$

4)优势度指数：Simpson 指数(Simpson, 1949) $D = 1 - \Sigma (P_i)^2$

5)均匀度指数：Pielou 指数(Pielou, 1975) $Jsw = H'/\ln S$

式中：P_i 为种 i 的重要值；S 为种 i 所在样方的物种总数。

本文采用重要值作为多样性指数的计算依据(Alatalo, 1981)。

(三)数据分析

本研究数据用 SPSS17.0 统计软件进行分析处理。通过三因素方差分析(three-way ANOVA)分析了不同季节(年份)、不同沙埋和不同降水处理对多样性指数的影响；通过双因素方差分析(two-way ANOVA)分析了同一季节(年份)、不同沙埋和不同降水处理对多样性指数、生物量的影响；通过单因素方差分析(one-way ANOVA)分别分析了单一处理之间的多样性指数、生物量之间的差异。在进行方差分析时,先对数据进行方差齐性检验,需要的情况下再对数据进行数据转换以达到方差齐性。

三、结果分析

(一)本氏针茅群落物种组成对沙埋和增加降水的响应

1. 沙埋和增加降水处理群落植物种类的变化

在实验处理第二年(2012年)与本底未处理(2010年)的物种数中,可以看到对照样方随着年份条件的持续变化,物种数也会持续变化,一些物种数保持稳定,一些物种会增加,而另一些物种会消失。增加降水和沙埋处理,也会使一些一年生物种消失,沙埋和增加降水随着年份的持续均增加了物种数,其中与对照相比,沙埋2cm增加物种数最多,降水增加2/7次之,沙埋5cm与对照增加物种数一致,降水增加1/7的增加物种数少于对照。样地中多年生、灌木状草本的物种(针茅、糙隐子草、白草、赖草、早熟禾、沙葱、乳浆大戟、铁杆蒿、砂珍棘豆)很稳定,消失的物种(地锦、独行菜)均为一年生或者二年生的(表3-4),在增加的物种数中,一年生的比较多,这有可能是激发了种子库中植物的萌发。

表3-4 年际之间沙埋和降水处理本氏针茅群落样地的物种组成
Tab.3-4 The species composition in *Stipa bungeana* community with different precipitation enhancement and sand burial treatments during different years

处理	时间	出现物种
对照 (S0W0)	2010年	本氏针茅、赖草、糙隐子草、铁杆蒿、达乌里胡枝子、早熟禾、砂珍棘豆、阿尔泰狗娃花、丝叶山苦荬、亚洲百里香、乳浆大戟、草木樨状黄芪、细叶远志、白草、沙葱
	2012年	本氏针茅、赖草、糙隐子草、铁杆蒿、达乌里胡枝子、早熟禾、砂珍棘豆、阿尔泰狗娃花、丝叶山苦荬、亚洲百里香、乳浆大戟、草木樨状黄芪、细叶远志、白草、沙葱、刺藜、虫实、鹤虱、狗尾草、香青兰、砂蓝刺头
沙埋2cm (S2W0)	2010年	本氏针茅、赖草、糙隐子草、铁杆蒿、达乌里胡枝子、阿尔泰狗娃花、乳浆大戟、草木樨状黄芪、香青兰、白草、沙葱、牛心朴子、地锦
	2012年	本氏针茅、赖草、糙隐子草、铁杆蒿、达乌里胡枝子、阿尔泰狗娃花、白草、沙葱、牛心朴子、乳浆大戟、草木樨状黄芪、香青兰、丝叶山苦荬、早熟禾、砂蓝刺头、细叶远志、刺藜、虫实、鹤虱、狗尾草、地蔷薇、雾冰藜
沙埋5cm (S5W0)	2010年	本氏针茅、赖草、糙隐子草、铁杆蒿、达乌里胡枝子、阿尔泰狗娃花、丝叶山苦荬、砂珍棘豆、白草、沙葱、乳浆大戟、草木樨状黄芪、香青兰
	2012年	本氏针茅、赖草、糙隐子草、铁杆蒿、达乌里胡枝子、阿尔泰狗娃花、丝叶山苦荬、砂珍棘豆、白草、沙葱、乳浆大戟、草木樨状黄芪、香青兰、细叶远志、刺藜、虫实、砂蓝刺头、狗尾草、早熟禾
降水增加 1/7 (S0W1)	2010年	本氏针茅、赖草、糙隐子草、铁杆蒿、达乌里胡枝子、阿尔泰狗娃花、丝叶山苦荬、砂珍棘豆、白草、沙葱、乳浆大戟、香青兰、虫实、牛心朴子、早熟禾、草木樨状黄芪、独行菜
	2012年	本氏针茅、赖草、糙隐子草、铁杆蒿、达乌里胡枝子、阿尔泰狗娃花、丝叶山苦荬、砂珍棘豆、白草、沙葱、乳浆大戟、香青兰、虫实、牛心朴子、早熟禾、苍耳、女娄菜、鹤虱、细叶远志、刺藜、狗尾草
降水增加 2/7 (S0W2)	2010年	本氏针茅、赖草、糙隐子草、铁杆蒿、达乌里胡枝子、阿尔泰狗娃花、丝叶山苦荬、砂珍棘豆、白草、沙葱、乳浆大戟、虫实、草木樨状黄芪、香青兰、披针叶黄华
	2012年	本氏针茅、赖草、糙隐子草、铁杆蒿、达乌里胡枝子、阿尔泰狗娃花、丝叶山苦荬、砂珍棘豆、白草、沙葱、乳浆大戟、虫实、草木樨状黄芪、香青兰、披针叶黄华、细叶远志、细叶鸢尾、地锦、刺藜、狗尾草、鹤虱、早熟禾

注:S0W0,沙埋0cm+自然降水;S2W0,沙埋2cm+自然降水;S5W0,沙埋5cm+自然降水;S0W1,沙埋0cm+降水增加1/7;S0W2,沙埋0cm+降水增加2/7

Notes: S0W0 means 0cm sand burial and nature precipitation; S2W0 means 2cm sand burial and nature precipitation; S5W0 means 5cm sand burial and nature precipitation; S0W1 means no sand burial and precipitation enhancement 1/7; S0W2 means no sand burial and precipitation enhancement 2/7

2. 沙埋和增加降水处理群落物种数的季节动态变化

实验处理第一年(2011年),随着季节的变化,同一沙埋条件下,各个降水处理的本氏针茅群落的物种数增加。沙埋 0cm，其中自然降水条件下，5 月共调查到植物种 4 科 9 属 10 种，7 月共调查到 5 科 12 属 12 种，9 月为 8 科 16 属 16 种；降水增加 1/7 处理下，5 月共调查到植物种 5 科 9 属 9 种，7 月共调查到 5 科 11 属 11 种，9 月为 7 科 11 属 11 种；降水增加 2/7 处理下，5 月共调查到植物种 4 科 9 属 9 种，7 月共调查到 5 科 14 属 14 种，9 月为 6 科 14 属 14 种（图 3-4）。

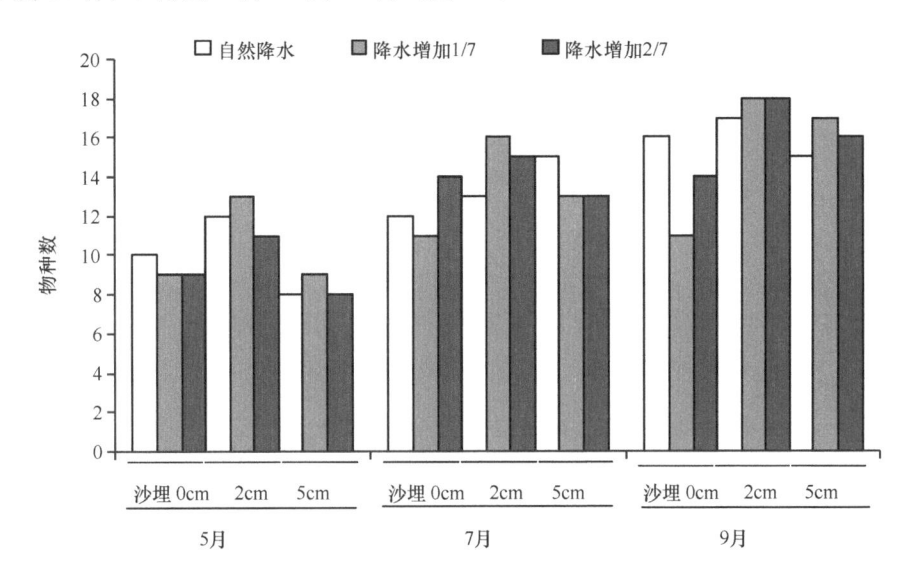

图 3-4　2011 年不同季节下沙埋、降水处理本氏针茅样地的物种数

Fig.3-4　Species number in *Stipa bungeana* community with different sand burial and precipitation enhancement between different seasons in 2011

2cm 沙埋处理，其中自然降水条件下，5 月共调查到 5 科 9 属 12 种，7 月为 6 科 13 属 13 种，9 月为 8 科 17 属 17 种；降水增加 1/7 处理下，5 月共调查到植物种 6 科 11 属 13 种，7 月共调查到 7 科 15 属 16 种，9 月为 9 科 18 属 18 种；降水增加 2/7 处理下，5 月共调查到植物种 5 科 11 属 11 种，7 月共调查到 6 科 14 属 15 种，9 月为 9 科 18 属 18 种（图 3-4）。

5cm 沙埋处理，自然降水条件下，5 月为 5 科 8 属 8 种，7 月为 8 科 14 属 15 种，9 月为 8 科 15 属 15 种；降水增加 1/7 处理下，5 月共调查到植物种 7 科 9 属 9 种，7 月共调查到 7 科 13 属 13 种，9 月为 8 科 17 属 17 种；降水增加 2/7 处理下，5 月共调查到植物种 5 科 8 属 8 种，7 月共调查到 6 科 13 属 13 种，9 月为 8 科 16 属 16 种（图 3-4）。

随着季节变化，同一降水条件下，各个沙埋处理的本氏针茅群落的物种数表现为增加（图 3-4）。

季节不变，同一沙埋条件下，各个降水处理的本氏针茅群落的物种数变化不同。5 月，沙埋 0cm，自然降水处理下物种数最高为 10 种；沙埋 2cm、5cm，降水增加 1/7 最高，分别为 13 种和 9 种。7 月，沙埋 0cm，降水增加 2/7 处理下物种数最高为 14 种；沙埋 2cm，降水增加 1/7 处理下物种数最高为 16 种；沙埋 5cm，自然降水处理下物种数最高，为 15 种。9月，沙埋 0cm，自然降水处理下物种数最高，为 16 种；沙埋 2cm，降水增加 1/7、降水增加 2/7 处理下物种数最高，均为 18 种；沙埋 5cm，降水增加 1/7 处理下物种数最高，为 17 种（图 3-4）。

季节不变，同一降水条件下，各个沙埋处理的本氏针茅群落的物种数变化不同。5月，自然降水、降水增加 1/7、降水增加 2/7 处理下，沙埋 2cm 物种数均为最高，分别为 12 种、13 种、11 种。7月，自然降水处理下，沙埋 5cm 物种数最高，为 15 种，降水增加 1/7、降水增加 2/7 均为沙埋 2cm 最高，分别为 16 种和 15 种。9月，自然降水、降水增加 1/7、降水增加 2/7 处理下，沙埋 2cm 均最高，分别为 17 种、18 种和 18 种（图 3-4）。

实验处理第二年（2012 年），随着季节的变化，同一沙埋条件下，各个降水处理的本氏针茅群落的物种数增加。沙埋 0cm，其中自然降水条件下，5月共调查到群落中植物种有 5 科 11 属 11 种，7月共调查到 9 科 19 属 19 种，9月为 9 科 21 属 24 种；降水增加 1/7 处理下，5月共调查到植物种 5 科 9 属 9 种，7月共调查到 9 科 16 属 16 种，9月为 11 科 22 属 24 种；降水增加 2/7 处理下，5月共调查到植物种 4 科 11 属 11 种，7月共调查到 11 科 21 属 21 种，9月为 9 科 21 属 27 种（图 3-5）。

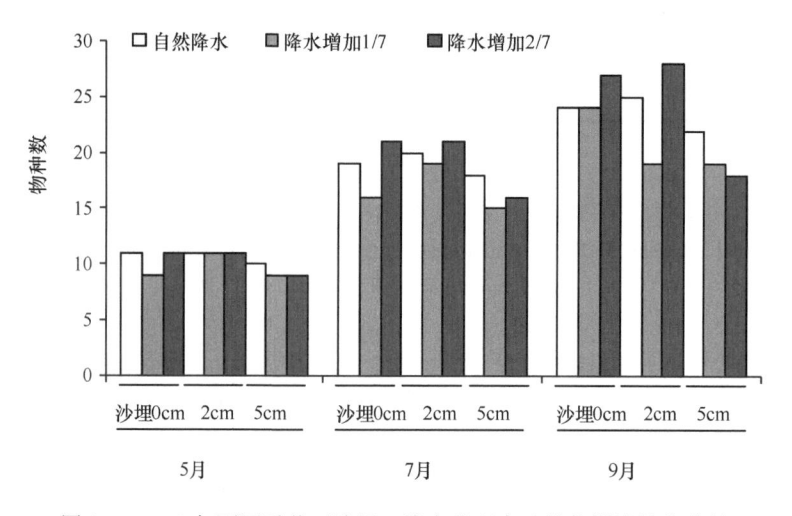

图 3-5 2012 年不同季节下沙埋、降水处理本氏针茅样地的物种数

Fig.3-5 Species number in *Stipa bungeana* community with different sand burial and precipitation enhancement between different seasons in 2012

2cm 沙埋处理，其中自然降水条件下，5月共调查到 5 科 11 属 11 种，7月为 10 科 20 属 20 种，9月为 10 科 22 属 25 种；降水增加 1/7 处理下，5月共调查到植物种 5 科 11 属 11 种，7月共调查到 9 科 19 属 19 种，9月为 9 科 19 属 19 种；降水增加 2/7 处理下，5月共调查到植物种 5 科 11 属 11 种，7月共调查到 11 科 21 属 21 种，9月为 11 科 23 属 28 种（图 3-5）。

5cm 沙埋处理，自然降水条件下，5月为 5 科 10 属 10 种，7月为 9 科 18 属 18 种，9月为 8 科 19 属 22 种；降水增加 1/7 处理下，5月共调查到植物种 5 科 9 属 9 种，7月共调查到 8 科 15 属 15 种，9月为 9 科 19 属 19 种；降水增加 2/7 处理下，5月共调查到植物种 4 科 9 属 9 种，7月共调查到 7 科 16 属 16 种，9月为 8 科 18 属 18 种（图

3-5)。

随着季节变化，同一降水条件下，各个沙埋处理的本氏针茅群落的物种数表现为增加（图3-5）。

季节不变，同一沙埋条件下，各个降水处理的本氏针茅群落的物种数变化不同。5月，沙埋0cm，自然降水、降水增加2/7处理下物种数最高为11种；沙埋2cm，自然降水、降水增加1/7、降水增加2/7物种数均相同，为11种；沙埋5cm，自然降水处理下物种数最高为10种。7月，沙埋0cm、沙埋2cm，降水增加2/7处理下物种数最高，均为21种；沙埋5cm，自然降水处理下物种数最高，为18种。9月，沙埋0cm、沙埋2cm，降水增加2/7处理下物种数最高，分别为27种、28种；沙埋5cm，自然降水处理下物种数最高，为22种（图3-5）。

季节不变，同一降水条件下，各个沙埋处理的本氏针茅群落的物种数变化不同。5月，自然降水、降水增加2/7处理下，沙埋2cm与沙埋0cm中物种数最高，均为11种；降水增加1/7处理下，沙埋2cm物种数最高，为11种。7月，自然降水、降水增加1/7处理下，沙埋2cm物种数最高，分别为20种、19种；降水增加2/7处理下，沙埋0cm与沙埋2cm物种数最高，均为21种。9月，自然降水、降水增加2/7处理下，沙埋2cm均最高，分别为25种和28种；降水增加1/7为沙埋0cm最高，物种数为24种（图3-5）。

3. 沙埋和增加降水处理样地物种数的年际变化

沙埋和增加降水处理对本氏针茅群落的物种数产生较大影响。9月（植物的生长末季），同一沙埋条件下，各个降水处理的本氏针茅群落的物种数变化不同。沙埋0cm，自然降水、降水增加1/7、降水增加2/7处理下，与2010年的物种数（均为17种）本底值相比，2011年均为降低（分别为16种、11种、14种），2012年均为增加（分别为24种、24种、27种）（图3-6）。

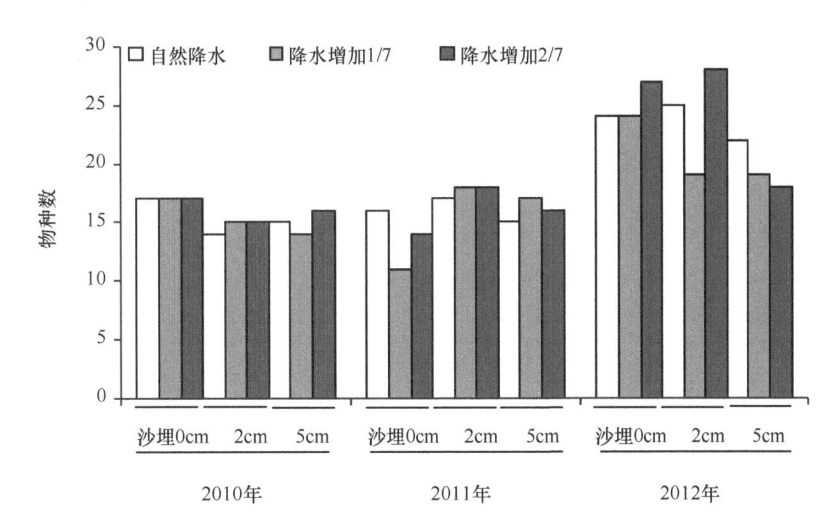

图3-6 年际之间不同季节下沙埋、降水处理本氏针茅样地的物种数

Fig.3-6 Species number in *Stipa bungeana* community with different sand burial and precipitation enhancement during different years

沙埋 2cm，自然降水、降水增加 1/7、降水增加 2/7 处理下，与 2010 年的物种数（分别为 14 种、15 种、15 种）本底值相比，2011 年均为增加（分别为 17 种、18 种、18 种），2012 年均为增加（分别为 25 种、19 种、28 种）（图 3-6）。

沙埋 5cm，自然降水、降水增加 2/7 处理下，与 2010 年的物种数（分别为 15 种、16 种）本底值相比，2011 年物种数不变，2012 年均为增加（分别为 22 种、18 种）；降水增加 1/7 处理下，与 2010 年的物种数（为 14 种）相比，2011 年、2012 年均为增加，物种数分别为 17 种、19 种（图 3-6）。

同一降水条件下，各个沙埋处理的本氏针茅群落的物种数变化不同。自然降水处理下，沙埋 0cm，2010 年本底物种数为 17 种，2011 年降低为 16 种，2012 年增加为 24 种；沙埋 2cm，2010 年本底物种数为 14 种，2011、2012 年均为增加，分别为 18 种、25 种；沙埋 5cm，2010 年本底物种数为 15 种，2011 年不变，2012 年增加为 22 种（图 3-6）。

降水增加 1/7 处理下，沙埋 0cm，2010 年本底物种数为 17 种，2011 年降低为 11 种，2012 年增加为 24 种；沙埋 2cm、沙埋 5cm，2010 年本底物种数分别为 15 种、14 种，2011 年均为增加，分别为 18 种、17 种，2012 年均为增加，均为 19 种（图 3-6）。

降水增加 2/7 处理下，沙埋 0cm，2010 年本底物种数为 17 种，2011 年降低为 14 种，2012 年增加为 27 种；沙埋 2cm，2010 年本底物种数为 15 种，2011 年、2012 年均为增加，分别为 18 种、28 种；沙埋 5cm，2010 年本底物种数为 16 种，2011 年不变，2012 年增加为 18 种（图 3-6）。

（二）沙埋和增加降水处理群落物种多样性及其季节动态的影响

1. 沙埋和增加降水处理群落多样性的季节动态变化

三因素结果显示，2011 年沙埋处理对物种 Margalef 丰富度指数、Shannon-Wiener 多样性指数、Simpson 优势度指数和 Pielou 均匀度指数均影响显著（$P < 0.001$）（表 3-5）。季节处理对物种 Margalef 丰富度指数、Shannon-Wiener 多样性指数、Simpson 优势度指数影响显著（$P < 0.001$）（表 3-5）。降水增加处理对 Simpson 优势度指数影响显著（$P < 0.05$）（表 3-5）。两两交互作用、三者交互作用对 4 个指数影响不显著（$P > 0.05$）（表 3-5）。

表 3-5 2011 年季节、沙埋、降水量对物种丰富度、多样性、优势度和均匀度指数影响的三因素方差分析

Tab.3-5 Three-way ANOVA results of effects of season, sand burial and precipitation enhancement on plant species richness index, diversity index, dominance index and evenness index in 2011

指数	变差来源	自由度	均方	F 值	P 值
Margalef 指数	季节	2	228.914	99.581	< 0.001
	沙埋	2	27.636	12.022	< 0.001
	降水量	2	0.784	0.341	0.712
	季节 × 沙埋	4	3.534	1.537	0.195
	季节 × 降水量	4	1.210	0.526	0.717
	沙埋 × 降水量	4	2.599	1.131	0.345
	季节 × 沙埋 × 降水量	8	1.136	0.494	0.859

续表

指数	变差来源	自由度	均方	F值	P值
Shannon-Wiener 指数	季节	2	3.542	52.415	<0.001
	沙埋	2	1.073	15.877	<0.001
	降水量	2	0.187	2.763	0.067
	季节×沙埋	4	0.017	0.257	0.905
	季节×降水量	4	0.072	1.066	0.376
	沙埋×降水量	4	0.098	1.448	0.222
	季节×沙埋×降水量	8	0.020	0.297	0.966
Simpson 指数	季节	2	0.405	33.696	<0.001
	沙埋	2	0.204	16.954	<0.001
	降水量	2	0.042	3.463	<0.05
	季节×沙埋	4	0.005	0.412	0.799
	季节×降水量	4	0.015	1.226	0.303
	沙埋×降水量	4	0.011	0.876	0.480
	季节×沙埋×降水量	8	0.005	0.410	0.913
Pielou 指数	季节	2	0.026	2.182	0.117
	沙埋	2	0.227	19.378	<0.001
	降水量	2	0.028	2.347	0.100
	季节×沙埋	4	0.015	1.276	0.283
	季节×降水量	4	0.013	1.143	0.339
	沙埋×降水量	4	0.018	1.551	0.191
	季节×沙埋×降水量	8	0.008	0.701	0.690

实验处理第一年（2011年），Shannon-Wiener 多样性指数中，5月，沙埋处理下，各个降水之间无显著变化；降水处理下，各个沙埋之间差异不显著。7月和9月，在降水增加1/7处理下，沙埋2cm显著高于沙埋5cm，其余降水处理下沙埋之间无显著差异；沙埋处理下，各个降水之间无显著变化（图3-7）。

随季节变化，在不覆沙+自然降水、沙埋5cm+自然降水处理下，9月显著高于5月，而5月和9月与7月之间差异不显著；不覆沙+降水增加1/7、不覆沙+降水增加2/7、沙埋2cm+自然降水、沙埋2cm+降水增加1/7处理下，在7月和9月显著高于5月，而7月和9月之间差异不显著；在沙埋2cm+降水增加2/7、沙埋5cm+降水增加1/7、沙埋5cm+降水增加2/7处理下，5月、7月和9月差异不显著（图3-7）。

Simpson 多样性指数中，5月，沙埋2cm处理下，降水增加2/7显著高于降水增加1/7；增加降水处理下，各个沙埋之间差异不显著。7月，在降水增加1/7处理下，沙埋2cm和不覆沙显著高于沙埋5cm；沙埋0cm处理下，降水增加2/7显著高于自然降水量；沙埋2cm处理下，降水增加1/7显著高于自然降水量。9月，在降水增加1/7处理下，沙埋2cm显著高于沙埋5cm；沙埋2cm处理下，降水增加1/7显著高于降水增加2/7（图3-8）。

随季节变化，不覆沙+自然降水、不覆沙+降水增加1/7、不覆沙+降水增加2/7、

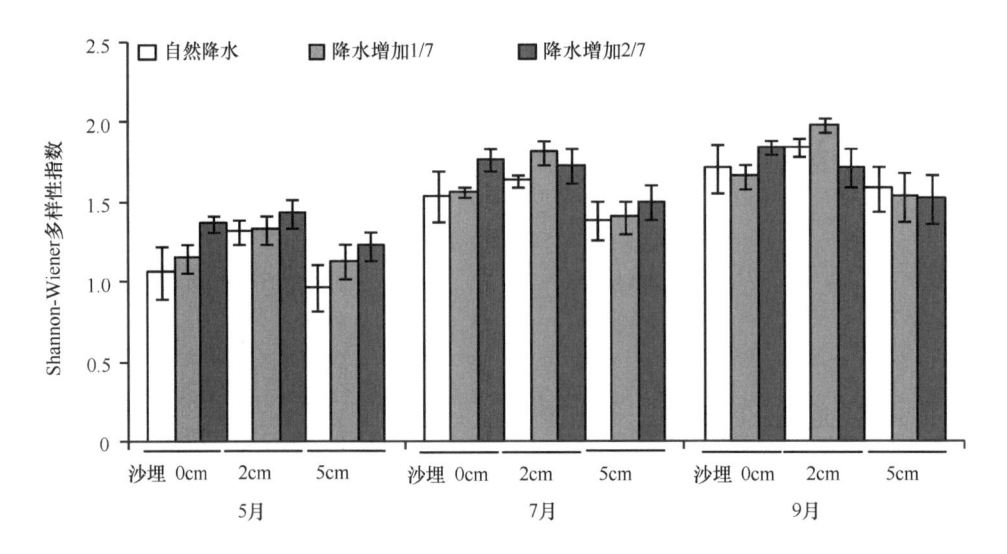

图 3-7 2011 年不同沙埋、降水处理下本氏针茅群落物种多样性随季节的变化

Fig.3-7 Seasonal dynamics of plant species diversity index in *Stipa bungeana* community with different sand burial and precipitation enhancement treatments in 2011

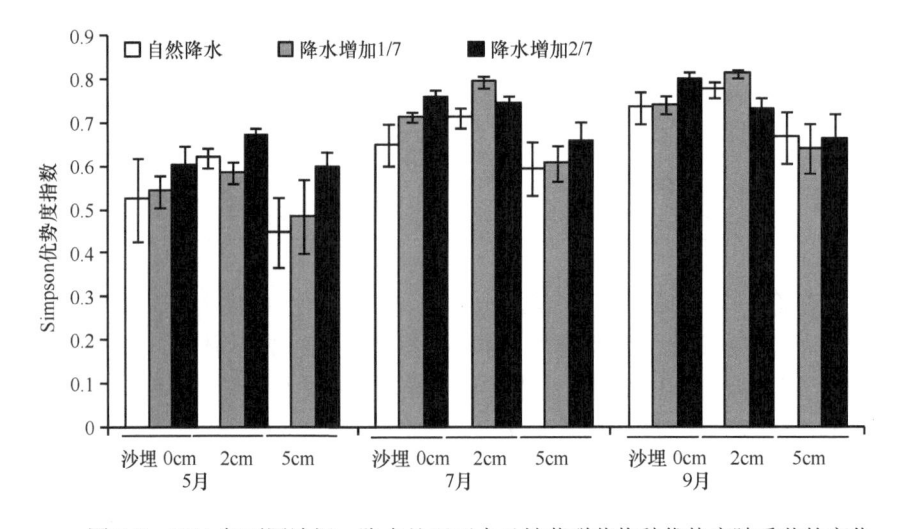

图 3-8 2011 年不同沙埋、降水处理下本氏针茅群落物种优势度随季节的变化

Fig.3-8 Seasonal dynamics of plant species dominance index in *Stipa bungeana* community with different sand burial and precipitation enhancement treatments in 2011

沙埋 2cm+ 自然降水、沙埋 2cm+ 降水增加 1/7 处理下，在 7 月和 9 月显著高于 5 月，而 7 月和 9 月之间差异不显著；在沙埋 2cm+ 降水增加 2/7、沙埋 5cm+ 自然降水、沙埋 5cm+ 降水增加 1/7、沙埋 5cm+ 降水增加 2/7 处理下，5 月、7 月和 9 月差异不显著（图 3-8）。

Margalef 丰富度指数中，5 月、7 月和 9 月，沙埋处理下，各个降水之间无显著变化；降水处理下，各个沙埋之间差异不显著（图 3-9）。

随季节变化，在不覆沙 + 自然降水、不覆沙 + 降水增加 1/7、沙埋 2cm+ 降水增加 1/7 处理下，9 月显著高于 5 月，而 5 月和 9 月与 7 月之间差异不显著；不覆沙 + 降

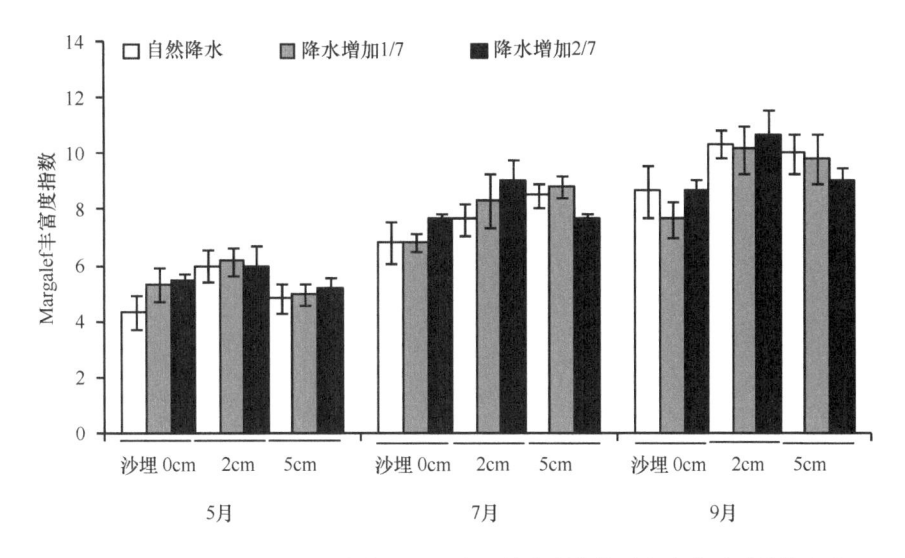

图 3-9　2011 年不同沙埋、降水处理下本氏针茅群落物种丰富度随季节的变化

Fig.3-9　Seasonal dynamics of plant species richness index in *Stipa bungeana* community with different sand burial and precipitation enhancement treatments in 2011

水增加 2/7、沙埋 2cm+ 降水增加 2/7、沙埋 5cm+ 自然降水、沙埋 5cm+ 降水增加 1/7、沙埋 5cm+ 降水增加 2/7 处理下，在 7 月和 9 月显著高于 5 月，而 7 月和 9 月之间差异不显著；在沙埋 2cm+ 自然降水处理下，在 9 月显著高于 5 月和 7 月，而 7 月和 9 月之间差异不显著（图 3-9）。

Pielou 均匀度指数中，5 月，沙埋处理下，各个降水之间无显著变化；降水处理下，各个沙埋之间差异不显著。7 月，在降水增加 1/7 处理下，沙埋 2cm 和不覆沙显著高于沙埋 5cm；沙埋处理下，各个降水之间无显著变化。9 月，在降水增加 1/7 处理下，沙埋 2cm 和不覆沙显著高于沙埋 5cm；沙埋 2cm 处理下，降水增加 1/7 显著高于降水增加 2/7（图 3-10）。

随季节变化，不覆沙 + 自然降水、不覆沙 + 降水增加 1/7、不覆沙 + 降水增加 2/7、沙埋 2cm+ 自然降水、沙埋 2cm+ 降水增加 2/7、沙埋 5cm+ 自然降水、沙埋 5cm+ 降水增加 1/7、沙埋 5cm+ 降水增加 2/7 处理下，5 月、7 月和 9 月差异不显著；在沙埋 2cm+ 降水增加 1/7 处理下，7 月显著高于 5 月，而 5 月和 7 月与 9 月之间差异不显著（图 3-10）。

三因素结果显示，2012 年季节和沙埋深度对物种 Margalef 丰富度指数、Shannon-Wiener 多样性指数和 Simpson 优势度指数影响显著（表 3-6）；季节 × 沙埋、沙埋 × 降水量对物种 Margalef 丰富度指数、Shannon-Wiener 多样性指数影响显著（表 3-6）；季节对 Pielou 均匀度指数影响显著；三者交互作用对 4 个指数影响不显著（$P > 0.05$）（表 3-6）。

实验处理第二年（2012 年），Shannon-Wiener 多样性指数中，5 月和 7 月，沙埋处理下，各个降水之间无显著变化；降水处理下，各个沙埋之间差异不显著。9 月，在降水增加 2/7 处理下，对照显著高于沙埋 5cm，其余降水处理下沙埋之间无显著差异；沙埋处理下，各个降水之间无显著变化（图 3-11）。

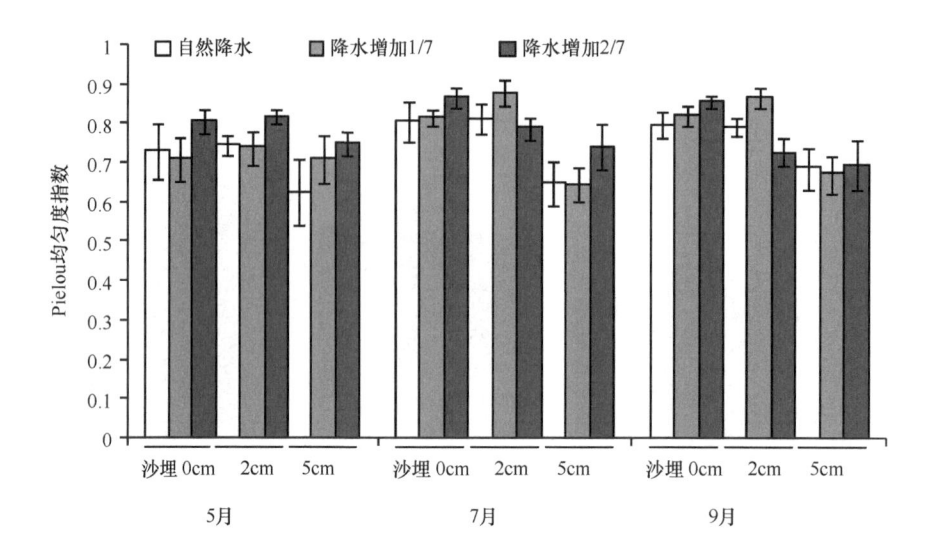

图 3-10　2011 年不同沙埋、降水处理下本氏针茅群落物种均匀度随季节的变化
Fig.3-10　Seasonal dynamics of plant species evenness index in *Stipa bungeana* community with different sand burial and precipitation enhancement treatments in 2011

表 3-6　2012 年季节、沙埋、降水量对物种丰富度、多样性、优势度和均匀度指数影响的三因素方差分析
Tab.3-6　Three-way ANOVA results of effects of season, sand burial and precipitation enhancement on plant species richness index, diversity index, dominance index and evenness index in 2012

指数	变差来源	自由度	均方	F 值	P 值
Margalef 指数	季节	2	1163.340	278.294	<0.001
	沙埋	2	50.691	12.126	<0.001
	降水量	2	1.062	0.254	0.776
	季节×沙埋	4	22.275	5.329	<0.001
	季节×降水量	4	0.395	0.095	0.984
	沙埋×降水量	4	11.664	2.790	<0.05
	季节×沙埋×降水量	8	1.275	0.305	0.963
	误差	135	4.180		
Shannon-Wiener 指数	季节	2	13.311	162.187	<0.001
	沙埋	2	0.699	8.523	<0.001
	降水量	2	0.016	0.193	0.825
	季节×沙埋	4	0.267	3.255	<0.05
	季节×降水量	4	0.030	0.366	0.833
	沙埋×降水量	4	0.209	2.542	<0.05
	季节×沙埋×降水量	8	0.033	0.398	0.920
	误差	135	0.082		
Simpson 指数	季节	2	0.764	55.786	<0.001
	沙埋	2	0.075	5.496	<0.01
	降水量	2	1.467×10^{-5}	0.001	0.999
	季节×沙埋	4	0.020	1.456	0.219

续表

指数	变差来源	自由度	均方	F 值	P 值
Simpson 指数	季节 × 降水量	4	0.005	0.335	0.854
	沙埋 × 降水量	4	0.021	1.554	0.190
	季节 × 沙埋 × 降水量	8	0.005	0.401	0.918
	误差	135	0.014		
Pielou 指数	季节	2	0.080	4.845	< 0.01
	沙埋	2	0.043	2.565	0.081
	降水量	2	0.004	0.232	0.793
	季节 × 沙埋	4	0.006	0.343	0.849
	季节 × 降水量	4	0.009	0.523	0.719
	沙埋 × 降水量	4	0.022	1.329	0.262
	季节 × 沙埋 × 降水量	8	0.008	0.479	0.870
	误差	135	0.017		

随季节变化，在不覆沙 + 自然降水、不覆沙 + 降水增加 1/7、沙埋 2cm+ 自然降水、沙埋 2cm+ 降水增加 1/7、沙埋 2cm+ 降水增加 2/7、沙埋 5cm+ 自然降水、沙埋 5cm+ 降水增加 1/7、沙埋 5cm+ 降水增加 2/7 处理下，7 月和 9 月显著高于 5 月，而 7 月和 9 月之间差异不显著；不覆沙 + 降水增加 2/7 处理下，5 月、7 月和 9 月之间差异显著，多样性指数依次表现为增加（图 3-11）。

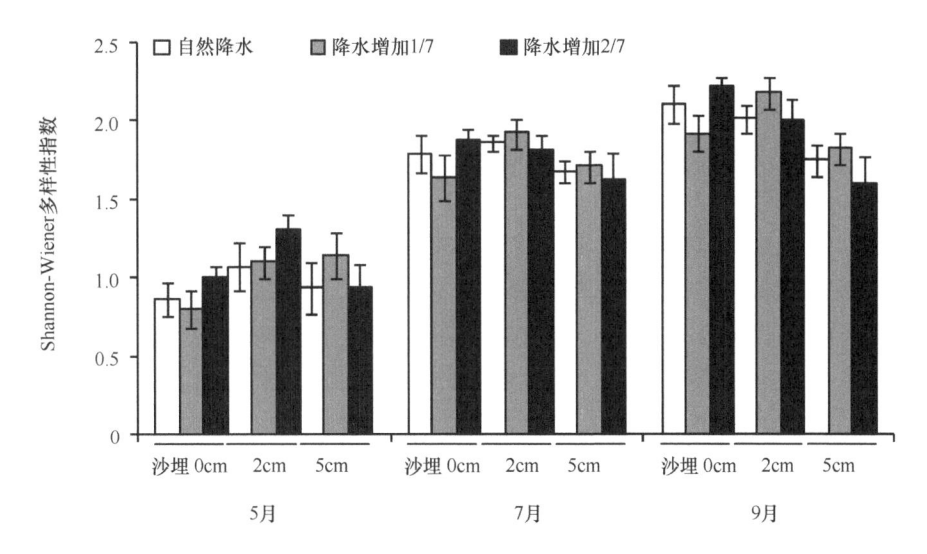

图 3-11 2012 年不同沙埋、降水处理下本氏针茅群落物种多样性随季节的变化

Fig.3-11 Seasonal dynamics of plant species diversity index in *Stipa bungeana* community with different sand burial and precipitation enhancement treatments in 2012

Simpson 多样性指数中，5 月、7 月和 9 月，沙埋处理下，各个降水之间无显著变化；降水处理下，各个沙埋之间差异不显著（图 3-12）。

随季节变化，不覆沙 + 自然降水、不覆沙 + 降水增加 1/7、不覆沙 + 降水增加 2/7、

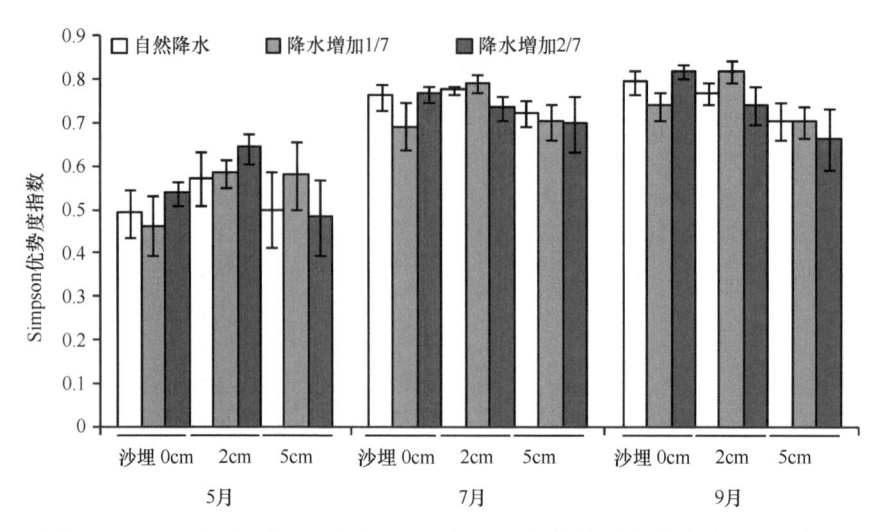

图 3-12　2012 年不同沙埋、降水处理下本氏针茅群落物种优势度随季节的变化
Fig.3-12　Seasonal dynamics of plant species dominance index in *Stipa bungeana* community with different sand burial and precipitation enhancement treatments in 2012

沙埋 2cm+ 自然降水、沙埋 2cm+ 降水增加 1/7 处理下，7 月和 9 月显著高于 5 月，而 7 月和 9 月之间差异不显著；在沙埋 2cm+ 降水增加 2/7、沙埋 5cm+ 降水增加 1/7、沙埋 5cm+ 降水增加 2/7 处理下，5 月、7 月和 9 月差异不显著；在沙埋 5cm+ 自然降水处理下，7 月显著高于 5 月，而 5 月和 7 月与 9 月之间差异不显著（图 3-12）。

Margalef 丰富度指数中，5 月，沙埋处理下，各个降水之间无显著变化；降水增加 1/7 处理下，沙埋 2cm 和 5cm 显著高于不覆沙。7 月，在降水增加 2/7 处理下，沙埋 2cm 显著高于沙埋 5cm；沙埋处理下，各个降水之间无显著变化。9 月，在降水增加 2/7 处理下，不覆沙和沙埋 2cm 显著高于沙埋 5cm；沙埋处理下，各个降水之间无显著变化（图 3-13）。

随季节变化，在不覆沙 + 自然降水、不覆沙 + 降水增加 1/7、不覆沙 + 降水增加 2/7、沙埋 2cm+ 降水增加 2/7、沙埋 5cm+ 自然降水、沙埋 5cm+ 降水增加 1/7 处理下，5 月、7 月和 9 月之间差异显著，丰富度指数平均值依次表现为增加；沙埋 2cm+ 自然降水、沙埋 2cm+ 降水增加 1/7、沙埋 5cm+ 降水增加 2/7 处理下，7 月和 9 月显著高于 5 月，而 7 月和 9 月之间差异不显著（图 3-13）。

Pielou 均匀度指数中，5 月、7 月和 9 月，沙埋处理下，各个降水之间无显著变化；降水处理下，各个沙埋之间差异不显著（图 3-14）。

随季节变化，不覆沙 + 降水增加 1/7、不覆沙 + 降水增加 2/7、沙埋 2cm+ 自然降水、沙埋 2cm+ 降水增加 1/7、沙埋 2cm+ 降水增加 2/7、沙埋 5cm+ 自然降水、沙埋 5cm+ 降水增加 1/7、沙埋 5cm+ 降水增加 2/7 处理下，5 月、7 月和 9 月差异不显著；在不覆沙 + 自然降水处理下，9 月显著高于 5 月，但 5 月和 9 月与 7 月之间差异不显著（图 3-14）。

2. 沙埋和增加降水处理群落物种多样性的年际变化

三因素结果显示，年份、沙埋处理对物种 Margalef 丰富度指数、Shannon-Wiener

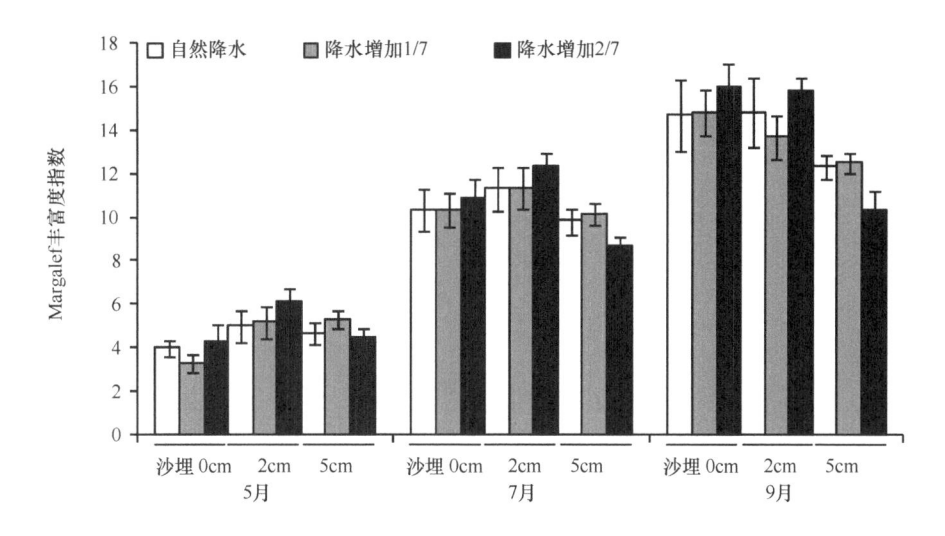

图 3-13　2012 年不同沙埋、降水处理下本氏针茅群落物种丰富度随季节的变化

Fig.3-13　Seasonal dynamics of plant species richness index in *Stipa bungeana* community with different sand burial and precipitation enhancement treatments in 2012

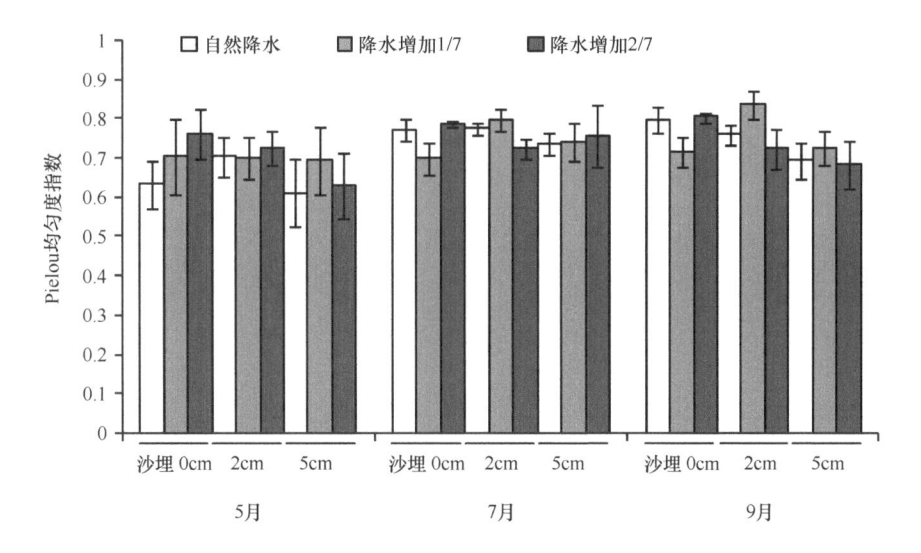

图 3-14　2012 年不同沙埋、降水处理下本氏针茅群落物种均匀度随季节的变化

Fig.3-14　Seasonal dynamics of plant species evenness index in *Stipa bungeana* community with different sand burial and precipitation enhancement treatments in 2012

多样性指数、Simpson 优势度指数和 Pielou 均匀度指数均影响显著，年份 × 沙埋对 4 个多样性指数的影响均达到显著差异。沙埋 × 降水量对 Shannon-Wiener 多样性指数、Simpson 优势度指数和 Pielou 均匀度指数的影响达到显著差异（表 3-7）。

Shannon-Wiener 多样性指数中，随年际变化，沙埋和降水处理表现为不同变化。沙埋 0cm 处理下，降水增加 2/7 在 2012 年显著高于 2011 年和 2010 年，2011 年和 2010 年无显著差异；沙埋 2cm 处理下，各水处理之间 2012 年多样性高于 2011 年和本底 2010 年，但年际之间无显著差异；沙埋 5cm 处理，各降水处理之间，2011 年和

表 3-7　年际之间季节、沙埋、降水量对物种丰富度、多样性、优势度和均匀度指数影响的三因素方差分析

Tab.3-7　Three-way ANOVA results of effects of year, sand burial and precipitation enhancement on plant species richness index, diversity index, dominance index and evenness index

指数	变差来源	自由度	均方	F 值	P 值
Margalef 指数	年份	2	357.043	86.304	<0.001
	沙埋	2	19.006	4.594	<0.05
	降水量	2	4.451	1.076	0.344
	年份×沙埋	4	33.395	8.072	<0.001
	年份×降水量	4	1.812	0.438	0.781
	沙埋×降水量	4	7.886	1.906	0.113
	年份×沙埋×降水量	8	2.261	0.546	0.820
	误差	135	4.137		
	总和	162			
Shannon-Wiener 指数	年份	2	0.815	12.781	<0.001
	沙埋	2	0.639	10.019	<0.001
	降水量	2	0.013	0.205	0.815
	年份×沙埋	4	0.272	4.272	<0.01
	年份×降水量	4	0.007	0.106	0.980
	沙埋×降水量	4	0.184	2.893	<0.05
	年份×沙埋×降水量	8	0.036	0.572	0.800
	误差	135	0.064		
	总和	162			
Simpson 指数	年份	2	0.032	4.629	<0.05
	沙埋	2	0.072	10.514	<0.001
	降水量	2	0.001	0.123	0.885
	年份×沙埋	4	0.026	3.850	<0.01
	年份×降水量	4	0.001	0.118	0.976
	沙埋×降水量	4	0.017	2.498	<0.05
	年份×沙埋×降水量	8	0.005	0.687	0.702
	误差	135	0.007		
	总和	162			
Pielou 指数	年份	2	0.078	9.414	<0.001
	沙埋	2	0.061	7.416	<0.01
	降水量	2	0.014	1.751	0.178
	年份×沙埋	4	0.041	4.944	<0.01
	年份×降水量	4	0.001	0.145	0.965
	沙埋×降水量	4	0.021	2.590	<0.05
	年份×沙埋×降水量	8	0.008	0.945	0.482
	误差	135	0.008		
	总和	162			

2012年多样性均低于2010年本底值，但年际之间无显著性差异（图3-15）。

Simpson优势度指数中，随年际变化，沙埋和降水处理表现为不同变化。沙埋0cm、2cm处理下，各降水处理在年际之间无显著性差异；沙埋5cm处理，各降水处理之间，2011年和2012年优势度均低于2010年本底值，但年际之间无显著性差异（图3-16）。

Margalef丰富度指数中，随年际变化，无沙埋和降水处理，2012年物种丰富度与2011年和本底2010年相比，表现为增加。沙埋0cm处理下，降水增加2/7在2012年

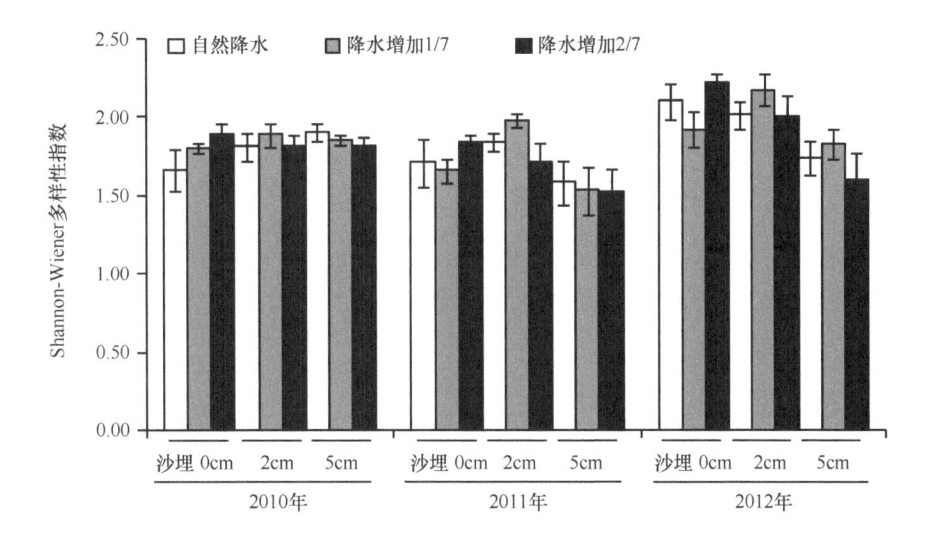

图3-15 年际之间不同沙埋、降水处理下本氏针茅群落物种多样性的变化

Fig.3-15 Annual dynamics of plant species diversity index in *Stipa bungeana* community with different sand burial and precipitation enhancement treatments

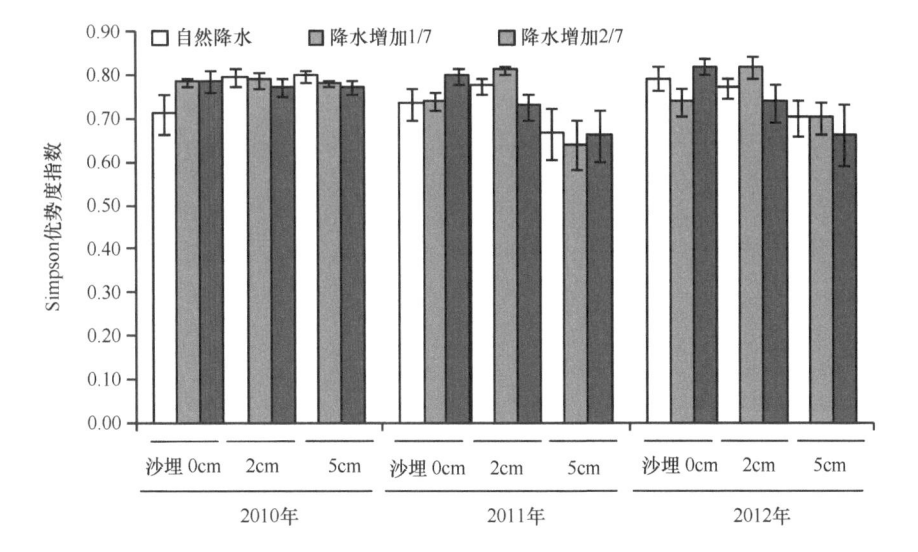

图3-16 年际之间不同沙埋、降水处理下本氏针茅群落物种优势度的变化

Fig.3-16 Annual dynamics of plant species dominance index in *Stipa bungeana* community with different sand burial and precipitation enhancement treatments

显著高于 2011 年和 2010 年，2011 年和 2010 年无显著差异；沙埋 2cm 处理下，降水增加 2/7 在 2012 年高于 2011 年和本底 2010 年，年际之间无显著差异；沙埋 5cm 处理，降水增加 2/7 在 2011 年和 2012 年均近似于 2010 年本底值，年际之间无显著性差异（图 3-17）。

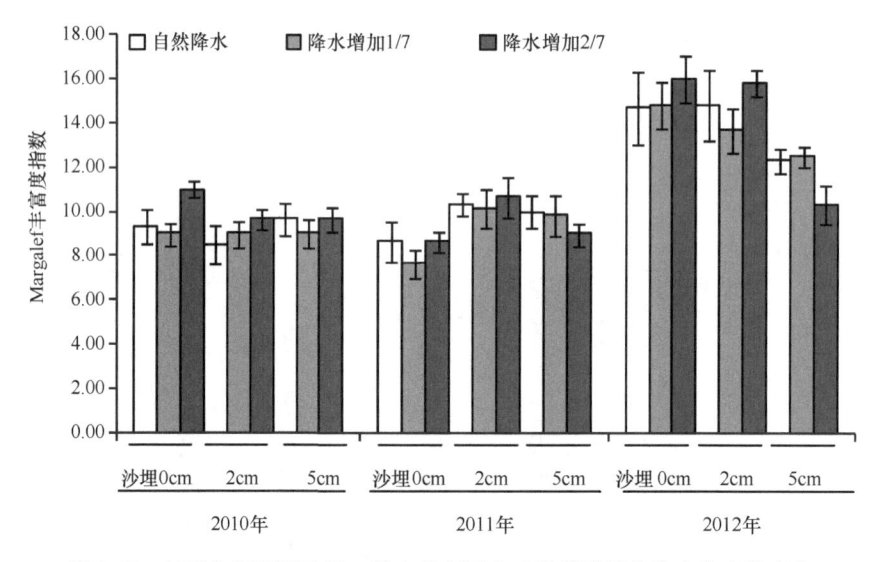

图 3-17　年际之间不同沙埋、降水处理下本氏针茅群落物种丰富度的变化

Fig.3-17　Annual dynamics of plant species richness index in *Stipa bungeana* community with different sand burial and precipitation enhancement treatments

Pielou 均匀度指数中，随年际变化，沙埋和降水处理表现为不同变化。沙埋 0cm、2cm 处理下，各降水处理在年际之间无显著性差异；沙埋 5cm 处理，各降水处理之间，2011 年和 2012 年均匀度均低于 2010 年本底值，但年际之间无显著性差异（图 3-18）。

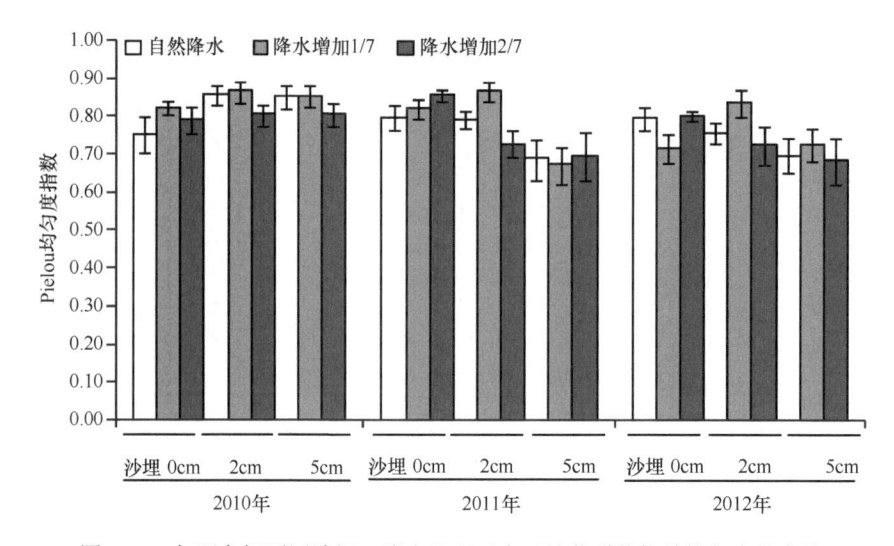

图 3-18　年际之间不同沙埋、降水处理下本氏针茅群落物种均匀度的变化

Fig.3-18　Annual dynamics of plant species evenness index in *Stipa bungeana* community with different sand burial and precipitation enhancement treatments

（三）沙埋和增加降水处理对群落生物量的影响

1. 沙埋和增加降水处理对群落地上生物量的影响

二因素结果（表 3-8）显示沙埋处理对生物量影响显著。在沙埋 0cm 处理下，自然降水、降水增加 1/7、降水增加 2/7 处理生物量差异不显著；在沙埋 2cm 处理下，自然降水、降水增加 1/7、降水增加 2/7 处理生物量差异不显著；在沙埋 5cm 处理下，自然降水、降水增加 1/7、降水增加 2/7 处理生物量差异不显著（图 3-19）。

表 3-8 沙埋和降水量对群落地上生物量影响的二因素方差分析
Tab.3-8 Two-way ANOVA results of effects of sand burial and precipitation enhancement on plant community aboveground biomass

变差来源	自由度	F 值	P 值
沙埋	2	21.550	＜ 0.001
降水量	2	0.192	0.826
沙埋 × 降水量	4	0.420	0.793

在自然降水处理下，沙埋 0cm 显著高于沙埋 5cm，而沙埋 0cm 与沙埋 2cm、沙埋 2cm 与沙埋 5cm 之间差异不显著；在降水增加 1/7 处理下，沙埋 0cm 显著高于沙埋 2cm 和 5cm，而沙埋 2cm 和 5cm 之间差异不显著；在降水增加 2/7 处理下，沙埋 0cm 显著高于沙埋 2cm 和 5cm，而沙埋 2cm 和 5cm 之间差异不显著（图 3-19）。

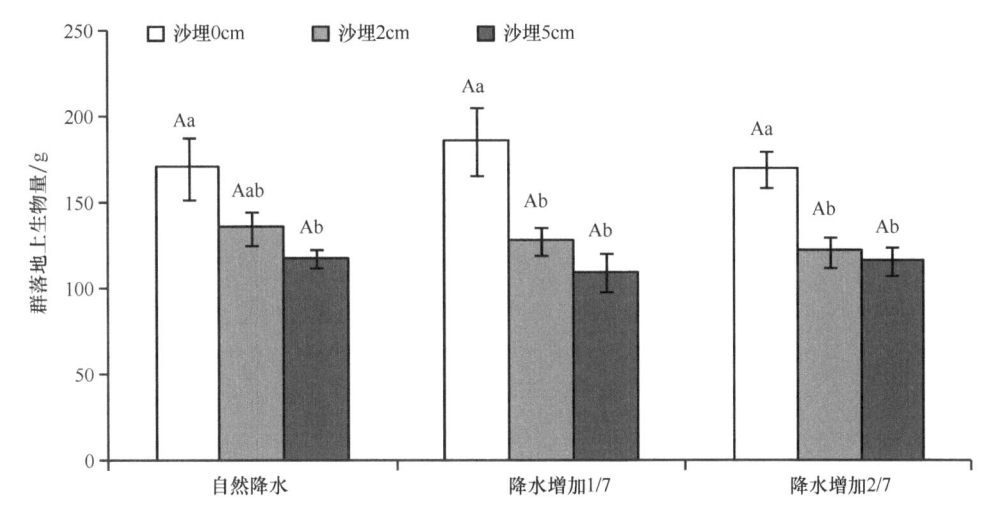

图 3-19 不同沙埋和降水处理下本氏针茅群落地上生物量的变化

不同大写字母表示同一沙埋处理不同水分之间的差异达到显著水平（$P＜0.05$），不同小写字母表示同一降水下不同沙埋处理之间的差异达到显著水平（$P＜0.05$）

Fig.3-19 Aboveground biomass of *Stipa bungeana* community with different sand burial and precipitation enhancement treatments

The values between different sand burial treatments followed by different lowercase letters, and the values between different precipitation enhancement treatments followed by different uppercase are significantly different（$P＜0.05$）

2. 沙埋和增加降水处理对群落地下生物量的影响

二因素结果（表3-9）显示沙埋处理对群落地下生物量影响显著。在沙埋0cm处理下，自然降水、降水增加1/7、降水增加2/7处理生物量差异不显著；在沙埋2cm处理下，自然降水、降水增加1/7、降水增加2/7处理生物量差异不显著；在沙埋5cm处理下，自然降水、降水增加1/7、降水增加2/7处理生物量差异不显著（图3-20）。

在自然降水、降水增加1/7和降水增加2/7处理下，沙埋0cm、沙埋2cm和沙埋5cm之间差异不显著（图3-20）。

表3-9 沙埋和降水量对群落地下生物量影响的二因素方差分析
Tab. 3-9 Two-way ANOVA results of effects of sand burial and precipitation enhancement on plant community belowground biomass

变差来源	自由度	F值	P值
沙埋	2	3.379	< 0.05
降水量	2	0.291	0.749
沙埋 × 降水量	4	0.449	0.772

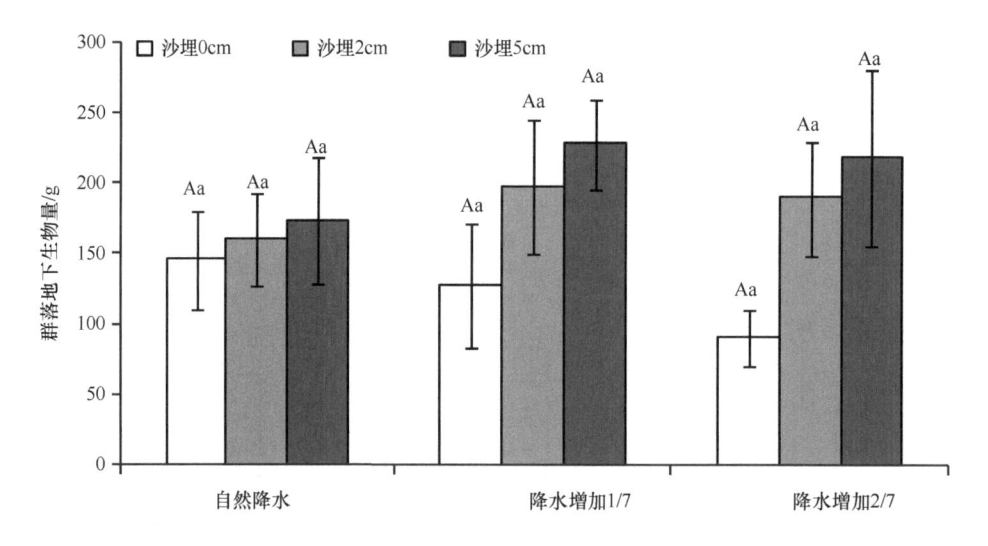

图3-20 不同沙埋和降水处理下本氏针茅群落地下生物量的变化
不同大写字母表示同一沙埋处理不同水分之间的差异达到显著水平（$P < 0.05$），不同小写字母表示同一降水下不同沙埋处理之间的差异达到显著水平（$P < 0.05$）
Fig.3-20 Belowground biomass of *Stipa bungeana* community with different sand burial and precipitation enhancement treatments
The values between different sand burial treatments followed by different lowercase letters, and the values between different precipitation enhancement treatments followed by different uppercase are significantly different（$P < 0.05$）

3. 沙埋和增加处理降水对群落凋落物的影响

二因素结果（表3-10）显示沙埋处理对枯落物影响显著。在沙埋0cm处理下，自然降水、降水增加1/7、降水增加2/7处理枯落物生物量差异不显著；在沙埋2cm处理下，自然降水、降水增加 1/7、降水增加 2/7 处理枯落物生物量差异不显著；在沙埋 5cm 处理下，自然降水显著高于降水增加 1/7（$P < 0.05$），而降水增加 2/7 处理与自然降水、降水增加 1/7 差异不显著（图 3-21）。

在自然降水处理下，沙埋 2cm 显著高于沙埋 0cm，而沙埋 0cm 与沙埋 5cm、沙埋 2cm 与沙埋 5cm 之间差异不显著；在降水增加 1/7 处理下，沙埋 0cm、沙埋 2cm 和沙埋 5cm 之间差异不显著；在降水增加 2/7 处理下，沙埋 0cm、沙埋 2cm 和沙埋 5cm 之间差异不显著（图 3-21）。

表 3-10　沙埋和降水量对群落枯落物影响的二因素方差分析
Tab.3-10　Two-way ANOVA results of effects of sand burial and precipitation enhancement on plant community litter biomass

变差来源	自由度	F 值	P 值
沙埋	2	4.145	< 0.05
降水量	2	0.019	0.981
沙埋 × 降水量	4	1.866	0.133

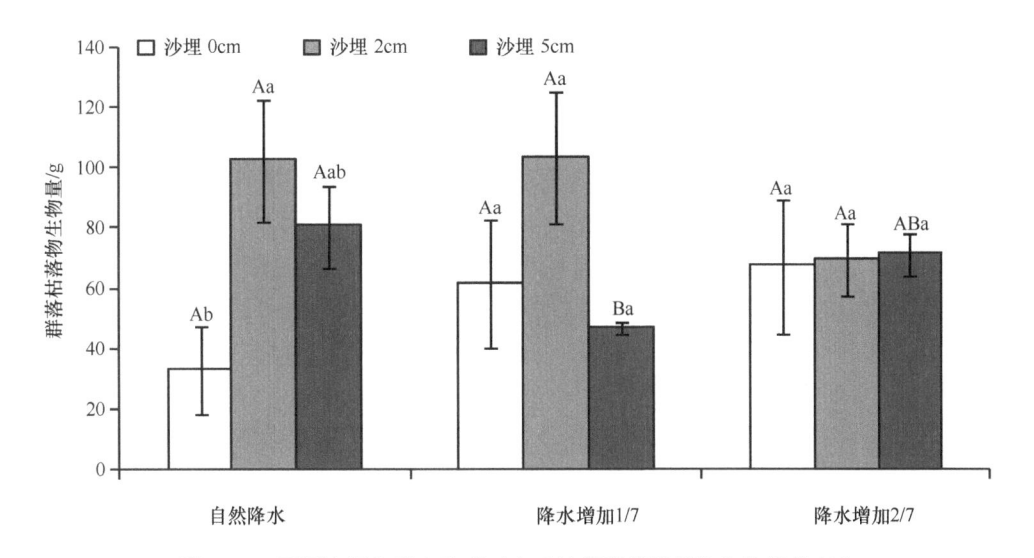

图 3-21　不同沙埋和降水处理下本氏针茅群落枯落物生物量的变化
不同大写字母表示同一沙埋处理不同水分之间的差异达到显著水平（$P < 0.05$），不同小写字母表示同一降水下不同沙埋处理之间的差异达到显著水平（$P < 0.05$）

Fig.3-21　Litter biomass of *Stipa bungeana* community with different sand burial and precipitation enhancement treatments
The values between different sand burial treatments followed by different lowercase letters, and the values between different precipitation enhancement treatments followed by different uppercase are significantly different（$P < 0.05$）

四、讨论

（一）沙埋和增加降水处理对植物群落的季节和多样性影响

在覆沙环境中，植物会承受不同程度的沙埋，对于植物而言其影响程度是不同的

(Zhang et al., 2002)，沙埋通过改变植物的周边环境条件来影响个体生长。在本实验中，利用植物群落的多样性指数来描述植物群落的变化情况，植物群落的物种多样性特性包括物种丰富度、物种多样性、物种优势度和物种均匀度。这4个指标各具有不同的生态学意义。2011年和2012年季节变化对Margalef丰富度指数、Shannon-Wiener多样性指数、Simpson优势度指数、Pielou均匀度指数影响显著，这体现了群落的季节动态影响，这主要与各季节的水热条件和非生物因素有关。在鄂尔多斯高原，5月气温低、降水量小、干旱，7月、9月温度升高、降水增多，为一些晚春植物、短命植物萌发提供了有利的水热条件。有相关研究认为季节是草本植物物种多样性发生变化的主要原因之一（李步航等，2008），本氏针茅群落在不同的季节中存在着稳定的差异。Margalef丰富度指数在2011年沙埋和增加降水处理下差异不显著，而2012年随季节变化，表现出一定的动态变化，5月沙埋5cm处理最高，7月沙埋2cm处理最高，9月则为不覆沙处理最高，并且降水处理下，沙埋具有显著性差异。Simpson优势度指数在2011年的沙埋处理和增加降水处理中均有显著性差异，随着2012年降水量的增多，这种差异趋于不显著，2011年在降水处理下，7月和9月沙埋2cm处理显著高于沙埋5cm处理；沙埋处理下，降水依季节推移，并不是降水增加2/7表现最突出。Shannon-Wiener多样性指数2011年和2012年降水处理下沙埋2cm显著高于沙埋5cm；而Pielou均匀度指数在两年内的变化不大，只有在2011年降水增加1/7处理下，7月和9月表现为沙埋5cm显著降低了物种的均匀性，2012年已经消除这种干扰的影响。这表明沙埋和降水在一定程度上增加了植物种的物种数，但降水并不是增加得越多越好，植物在一定的区域内已经形成了特定的环境适应，或者是由于沙埋增加了一些耐沙埋、耐干旱的物种。这与前人的研究结果一致，浅层沙埋更容易刺激种子萌发（张颖娟和王玉山，2010；何玉惠等，2008；马红媛等，2007；朱雅娟等，2005）。在本实验中，沙埋2cm只压埋了植株的一小部分地上营养器官，而沙埋5cm埋压了植株50%~60%的光合器官，对于植株低矮的建群种针茅和隐子草会削弱其生长，而一些耐沙埋能力强、植株高大、具有根茎型的克隆植物有很大的生存空间（如耐沙埋能力强的一年生草本虫实，植株高大、具根茎型的赖草）。有研究表明，轻度沙埋（沙埋深度为羊柴植株高度的10%~20%）可以促进羊柴的高增长，而高强度沙埋则会影响羊柴的分株存活及生长（刘凤红等，2006）；适度沙埋可以促进灌木物种泡泡刺的生长，如果沙埋深度持续增加超过100cm时，又会有所抑制（李秋艳等，2004）。重度沙埋（沙埋5cm）可降低植物分布的Pielou均匀度指数。这主要是因为本氏针茅群落中，主要物种为多年生植物，轻度沙埋只是影响其生长情况，并未对多年生植物的存活产生显著影响，而重度沙埋在一定程度上影响了多年生植物的存活状况，所以轻度沙埋条件下，植物物种在各季节的生长中总体仍保持着分布的均匀性，而重度沙埋降低了物种均匀度，2012年由于降水的丰富，群落已经自动消除了干扰，恢复了群落的均匀性。

（二）沙埋和增加降水处理对植物群落生物量的影响

生物量是一定的植物群落在特定的环境条件下积累的有机物质，在季节和年度之间有着一定的动态变化。本实验结果显示，地上生物量、地下生物量、枯落物量并不受降水的影响，沙埋却降低了植物群落的地上生物量。研究表明，轻度沙埋会促进植物的高增长和生物量的积累，但沙埋超过植物体的临界承受能力时又会变为抑制（刘凤红等，2006；李秋艳等，2004）。当草地群落受到沙埋干扰时，只是增加了单个植物的地上生物量和样方内植物的物种个数，并没有对群落整体生物量起到促进作用，也就是说沙埋只对单个植物具有促进作用，而对植物群落具有相反的作用，这与前人的研究结论一致，干扰会降低植物群落的地上生物量（Gilbert and Ripley，2008；施济普等，2002）。沙埋对地下生物量的影响没有达到显著差异，但都表现为沙埋高于对照，这可能是沙埋促进了一些浅根系、克隆型植物在沙层生根或者形成横纵向地下茎，或者是群落对干扰的一种生物量积累策略，增加地下生物量有利于进一步抵御外界环境的胁迫。枯落物量表现为沙埋高于对照，枯落物是上一年留下来的未被分解的生物量，在覆沙层，由于改变了土壤的分解机制，分解微生物降低，最终总体生物量高于不覆沙生物量，相关研究表明，改变土壤的机制会影响凋落物分解速度（Panda et al.，2010；Panda，2010；Enriquez et al.，1993），这与本实验得出的结论相一致。

五、结论

1）沙埋和增加降水处理增加了群落的物种数，与对照相比，沙埋 2cm 和降水增加 2/7 物种数增加最多，增加的物种多数为一年生草本。

2）不同程度的沙埋和增加降水处理对本氏针茅植物群落的物种数有影响，这种影响因季节而产生动态变化。随着季节的变化，同一沙埋条件下，各个降水处理的本氏针茅群落的物种数增加；同一降水条件下，各个沙埋处理的本氏针茅群落的物种数表现为增加。

3）Shannon-Wiener 指数，轻度沙埋促进了植物群落的多样性，重度沙埋则降低了植物群落的多样性，降水增加会降低促进趋势。Simpson 优势度指数，降水量增加，增加了群落的优势度指数；轻度沙埋促进了植物群落的优势度，重度沙埋则降低了植物群落的优势度。Margalef 丰富度指数中，沙埋在植物生长初期促进了物种的丰富度，但随着降水量的增加，在植物生长旺盛期和后期，沙埋的促进作用受降水的影响明显，表现为降低物种丰富度。Pielou 均匀度指数，轻度沙埋增加了群落的均匀度。

4）2011 年、2012 年的 Margalef 丰富度指数、Shannon-Wiener 多样性指数和 Simpson 优势度指数随季节推移均表现为递增的趋势。均匀度则在两年内变化都不大。

5）Margalef 丰富度指数、Shannon-Wiener 多样性指数在年际之间表现为：2012 年显著高于 2011 年和 2010 年本底值，Simpson 优势度指数和 Pielou 均匀度指数并没有出现太大的变化，本氏针茅草原在总体上表现为稳定趋势。

6）沙埋处理对群落地上生物量、地下生物量、枯落物影响显著，降水影响不显著。沙埋降低了群落的地上生物量，增加了地下生物量和枯落物量。

第四节 全球变化背景下降水变化对毛乌素重要植物的影响

一、研究背景

在干旱区，降水量及其频率、强度和模式的变化会影响种子的萌发（Gutterman, 1993，2000，2002；Ter Heerdt et al.，1999）、幼苗的定居和生长（Padgett et al.，2000；González-Astorga and Núñez-Farfñn，2000；Bisigato and Bertiller，2004）、植物的生理和形态（肖春旺和周广胜，2001；Xu et al.，2007），以及植物群落的组成、生产力和动态（Gillespie et al.，2004；Schwinning et al.，2005a，2005b；Bates et al.，2006）。而且，降水变化对群落的物种组成和生物量的影响在短期内，如一个生长季，也会出现（Köchy and Wilson，2004）。不同植物或者生态型对降水变化的反应不同（Perkins and Owens, 2003；Schwinning et al.，2003；Ogle and Reynolds，2004）。由于幼苗对环境因素的变化非常敏感，幼苗早期生长会受到水分可利用性的影响（Padgett et al.，2000）。例如，降水量会影响美国的冰草（*Agropyron cristatum*）和格兰马草（*Bouteloua gracilis*）在不同土壤深度的出苗（Ambrose and Wilson，2003）。加拿大的 70 种多年生草本植物的出苗也受到浇水量和浇水频率的影响（Lundholm and Larson，2004）。浇水频率会影响阿根廷雀稗（*Paspalum dilatatum*）的出苗和幼苗生长（Cornaglia et al.，2005）。

水分是毛乌素沙地中的一个重要限制因子（张新时，1994）。该地区的降水量的时间和空间分布都是不规律和不可预测的。这里的年平均降水量为 358.5mm，其波动非常剧烈。全年 60% 的降水集中在 7~9 月，而且多暴雨，因此雨水的有效性比较低。冬季和春季的降水很少，通常低于 20~30mm（张新时，1994）。前人的研究表明，毛乌素沙地中植物幼苗的生长会受到降水的影响。例如，中间锦鸡儿（*Caragana intermedia*）幼苗在相当于草甸草原生长季降水量（5~9 月，472.5mm）的水分供应条件下，每隔 2 天浇水一次时，其各项生理指标达到最大值（肖春旺和周广胜，2001）。水分增加可以增加油蒿（*Artemisia ordosica*）幼苗的株高、叶面积和生物量，减少其根冠比（肖春旺等，2001）。水分的增加还可以增强沙柳（*Salix psammophila*）幼苗的光合作用，增加其株高、叶面积、生物量和根冠比（肖春旺等，2001）。随着浇水量的增加，羊柴（*Hedysarum mongolicum*）、油蒿和沙柳的蒸发量及蒸腾量增加，其生境中的土壤含水量也增加（Xiao and Zhou，2001）。根据作者的观察，毛乌素沙地的草本植物多在春季和初夏（4~5 月）萌发。由于此时的降水比较少，降水量及其频率可能会影响植物的种子萌发与出苗。

在毛乌素沙地中，冬季和春季土壤表层的干沙层很厚，因为此时的降水很少，特别是在发生干旱时的流动沙丘（郭柯等，2000）。不同沙层的储水量和土壤湿度的季节变化受到不同水分供应的显著影响（Xiao and Zhou，2001）。然而，该地区关于沙埋和降水对植物生长，特别是种子萌发和出苗影响的研究还比较少。前人研究了沙埋和水分供应对该地区 6 种植物出苗的影响，包括沙米（*Agriophyllum squarrosum*）、白沙蒿（*Artemisia sphaerocephala*）、油蒿（*Artemisia ordosica*）、柠条锦鸡儿（*Caragana korshinskii*）、紫花苜蓿（*Medicago sativa*）和山竹岩黄芪（*Hedysarum fruticosum*）。结果表明，在 6 月和 7 月的平均月降水量下（分别为 75mm 和 100mm），各种植物的出苗率最高；但是它们的出苗率达到最大值的沙埋深度不同（Zheng et al.，2005）。以上研究仅局限于降水量的研究，而对降水量及降水频率与毛乌素沙地沙丘植物种子萌发和出苗关系的研究很少。因此，本研究将以毛乌素沙地的两种优势多年生禾草——生长在流动沙丘上的沙鞭［*Psammochloa villosa*（Trin.）Bor.］和生长在固定沙丘上的赖草（*Leymus secalinus*）为对象，研究降水量和降水频率的变化对不同沙层中其种子萌发和出苗的影响，以此来探索半干旱区植物在生长早期如何适应不同环境因素的变化，为退化沙地的恢复提供理论依据。

二、实验材料与方法

沙鞭和赖草的种子（颖果）分别于 2002 年 10 月和 2003 年 8 月采自中国科学院鄂尔多斯沙地草地生态研究站。种子装在布袋中，在 –18℃下储藏（International Seed Testing Association，1985）。实验开始之前，分别对沙鞭和赖草的种子进行 4 周和 8 周的低温层积处理（3~5℃）以打破休眠。实验于 2007 年 2~4 月在中国科学院植物研究所的温室内进行。实验期间，温室内的最低和最高温度分别为（15.60±0.26）℃和（27.53±0.25）℃，相对湿度为 15%~40%。

（一）毛乌素沙地的降水情况

根据鄂尔多斯生态站 1995~2004 年的气象资料分析毛乌素沙地主要萌发季节(4~7 月)的降水情况,包括每次的降水量、月降水量及月降水次数。统计时,若连续几天均有降水,则将它们合并为一次降水。计算每次降水量和月降水次数时,小于 1mm 的降水未统计。

结果表明，在毛乌素沙地，4~7 月每次降水的平均降水量分别为（6.02±1.39）mm、（9.91±1.28）mm、（12.21±3.08）mm 和（27.75±6.11）mm。每个月的平均降水量分别为（17.82±5.42）mm、（28.62±7.56）mm、（40.72±8.87）mm 和（110.13±20.63）mm；每个月的平均降水次数分别为（2.3±0.54）次、（3.1±0.48）次、（3.7±0.65）次和（4.5±0.31）次（表 3-11）。

表 3-11 毛乌素沙地的降水情况分析（根据鄂尔多斯生态站 1995~2004 年气象资料计算）
Tab.3-11 Precipitation analysis in Mu Us Sandland（Calculated from meteorological data from 1995 to 2004 in Ordos Sandland Ecological Stations）

分析项目	4 月	5 月	6 月	7 月
一次最小降水量 /mm	0	2.9	5	5.2
一次最大降水量 /mm	12	14.9	32.6	60.1
一次平均降水量 /mm	6.02 ± 1.39	9.91 ± 1.28	12.21 ± 3.08	27.75 ± 6.11
月最小降水量 /mm	0.3	1.7	5.3	27.2
月最大降水量 /mm	49.3	58.5	106.7	240.4
月平均降水量 /mm	17.82 ± 5.42	28.62 ± 7.56	40.72 ± 8.87	110.13 ± 20.63
月最少降水次数 / 次	0	1	1	3
月最多降水次数 / 次	5	5	7	6
月平均降水次数 / 次	2.3 ± 0.54	3.1 ± 0.48	3.7 ± 0.65	4.5 ± 0.31

（二）一次模拟降水量对萌发和出苗的影响

根据毛乌素沙地一次降水量的分析结果，实验对每个物种各设置 8 个降水量，分别为 2.5mm、5mm、7.5mm、10mm、15mm、20mm、30mm 和 40mm。每个处理 4 个重复，每个重复是将 25 粒种子播种在直径 12cm、高 10cm 的花盆中，播种深度为 2cm，培养基为沙子。按照花盆的直径，将降水量分别换算为 28.25ml、56.5ml、84.75ml、113ml、169.5ml、226ml、339ml 和 452 ml 的水分，播种后将不同的水分一次添加到花盆中，以后不再浇水。每天观察并且记录出苗情况，实验进行 15d 之后，当花盆中的沙子都干燥时结束。然后用筛子过滤每个花盆中的沙子，找出萌发但是未出苗的种子，计算萌发率和出苗率。

（三）沙埋深度、降水量和降水频率对出苗和萌发的影响

根据毛乌素沙地 4~7 月的月平均降水量，在 0cm、1cm、2cm 和 4cm 的沙埋深度下，分别对两个物种设置 3 个梯度的月降水量（25mm、50mm 和 100mm）；然后根据该地区的平均月降水次数（2 次、3 次和 6 次），每种降水量又分别按照 3 种降水频率（每 5 天一次、每 10 天一次和每 15 天一次，分别用 W5d、W10d 和 W15d 表示）进行浇水。每个物种共有 36 个处理（4 个沙埋深度×3 个月降水量×3 个降水频率）。每个处理 4 个重复，每个重复是将 25 粒种子按照不同的深度种在直径 12cm、高 10cm 的花盆中，培养基为沙子。根据设置的降水频率，将不同降水量分别按照 6 次、3 次和 2 次进行划分，再按照花盆直径换算成不同的水量进行浇水。每天观察并且记录出苗情况，实验进行 30 天之后结束。然后用筛子过滤每个花盆中的沙子，找出萌发但是未出苗的种子，计算出苗率和萌发率。

（四）数据统计和分析

出苗率和种子萌发率以百分率 ± 标准误差来表示（%±SE）。通过单因素和三因素方差分析（one-way or three-way ANOVA）检验各处理间的差异显著性；如果差异显著，再利用 Tukey's 检验确定平均值之间的差异性（Sokal and Rohlf, 1995）。

三、结果分析

（一）一次模拟降水量对出苗和萌发的影响

一次模拟降水之后，沙鞭从第 7 天起开始出苗，此后出苗率逐渐增加，到第 11 天后出苗率不再增加 [图 3-22（a）]。沙鞭的出苗和萌发所需的最小降水量不同。沙鞭在 7.5mm 降水之后开始出苗，其出苗率只有 15%；降水量达到 10mm 以上时，其出苗率才能达到 60% 左右 [图 3-22（a），图 3-23（a）]。然而，一次 5mm 降水后有就超过 50% 的种子萌发；降水量大于 7.5mm 之后，其萌发率均为 80% 左右 [图 3-23（a）]。降水量为 5~20mm 时，沙鞭的萌发率均高于出苗率 [图 3-23（a）]。单因素方差分析的结果表明，一次降水量对沙鞭的出苗率和萌发率都产生了显著影响（$P < 0.001$）。

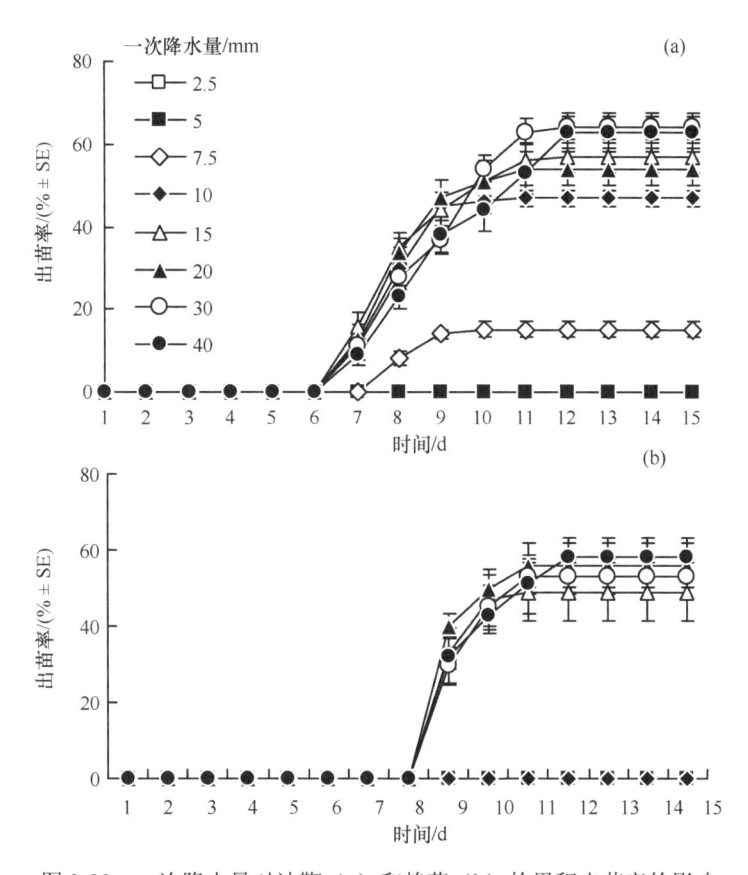

图 3-22　一次降水量对沙鞭（a）和赖草（b）的累积出苗率的影响

Fig.3-22　Effects of once precipitation on the cumulative emergence percentage of （a） *Psammochloa villosa* and （b） *Leymus secalinus*

一次模拟降水之后，赖草从第 9 天起开始出苗，此后出苗率逐渐增加，到第 12 天后出苗率不再增加［图 3-22（b）］。赖草的出苗和萌发所需的最小降水量不同。只有当降水量达到 15mm 以上时，赖草才有出苗，而且其出苗率都达到 50% 左右［图 3-23（b）］。然而，一次 2.5mm 降水后，少量赖草种子就开始萌发（< 20%）；5mm 降水下的萌发率增加到 50% 以上；7.5~40mm 降水下的萌发率均达到 80% 左右［图 3-23（b）］。降水量为 2.5~40mm 时，赖草的萌发率均高于出苗率［图 3-23（b）］。单因素方差分析的结果表明，一次降水量对赖草的出苗率和萌发率都产生了显著影响（$P < 0.001$）。

（二）沙埋深度、降水量和降水频率对出苗和萌发的影响

沙鞭在沙子表面（0cm）没有出苗。在 1cm、2cm 和 4cm 沙埋下，沙鞭的出苗率最高分别可以达到 70%、80% 和 60% 左右；而且，其出苗率随降水量和降水频率的变化而变化（图 3-24）。在 1cm 沙埋时，50mm 降水量与每 5 天浇水一次（W5d）的出苗率最高，达到 70% 左右，显著高于其他处理。在 2cm 沙埋时，3 个降水量下，每 5 天浇水一次（W5d）的出苗率显著高于每 15 天浇水一次（W15d），出苗率最高达到 80% 左右。在 4cm 沙埋时，各个降水量和降水频率下的出苗率的差异均不显著。三因

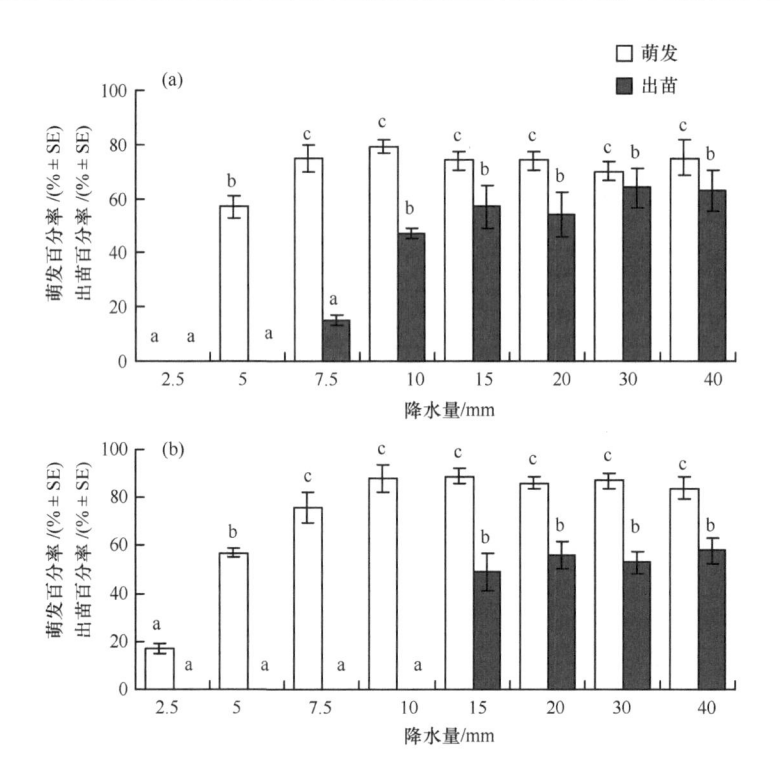

图 3-23 一次降水量对沙鞭（a）和赖草（b）的出苗率和萌发率的影响

根据 Tukey's 检验，各组之内不同小写字母标记值之间差异显著（$P < 0.05$）

Fig.3-23 Effects of once precipitation on the percentage of seed germination and seedling emergence of（a）*Psammochloa villosa* and（b）*Leymus secalinus*

The values in each group followed by different lowercase letters are significantly different according to Tukey's test（$P < 0.05$）

素方差分析的结果表明，沙埋深度（$P < 0.001$）、降水量（$P = 0.01$）和降水频率（$P < 0.001$）均对沙鞭的出苗率产生了显著影响；沙埋深度与降水量的相互作用（$P=0.003$）、沙埋深度与降水频率的相互作用（$P < 0.001$）也对沙鞭的出苗率产生了显著影响；然而，降水量和降水频率的相互作用（$P > 0.05$），以及 3 个因素的相互作用（$P > 0.05$）对沙鞭出苗率的影响不显著（表 3-12）。

表 3-12 沙埋深度（SB）、降水量（P）、降水频率（PF）及其相互作用对沙鞭出苗率和种子萌发率影响的三因素方差分析

Tab.3-12 Three-way ANOVA results of effects of sand burial（SB），precipitation（P），precipitation frequency（PF）and their interactions on seedling emergence and seed germination of *Psammochloa villosa*

变差来源	出苗率 F值	出苗率 P值	萌发率 F值	萌发率 P值
沙埋（SB）	246.720	< 0.001**	323.825	< 0.001**
降水量（P）	4.825	0.010*	4.569	0.012*
降水频率（PF）	10.489	< 0.001**	7.003	0.001**
沙埋 × 降水量（SB*P）	3.517	0.003*	4.142	0.001**
沙埋 × 降水频率（SB*PF）	4.517	< 0.001**	4.727	< 0.001**
降水量 × 降水频率（P*PF）	0.549	0.700	0.565	0.688
沙埋 × 降水量 × 降水频率（SB*P*PF）	0.612	0.828	0.697	0.751

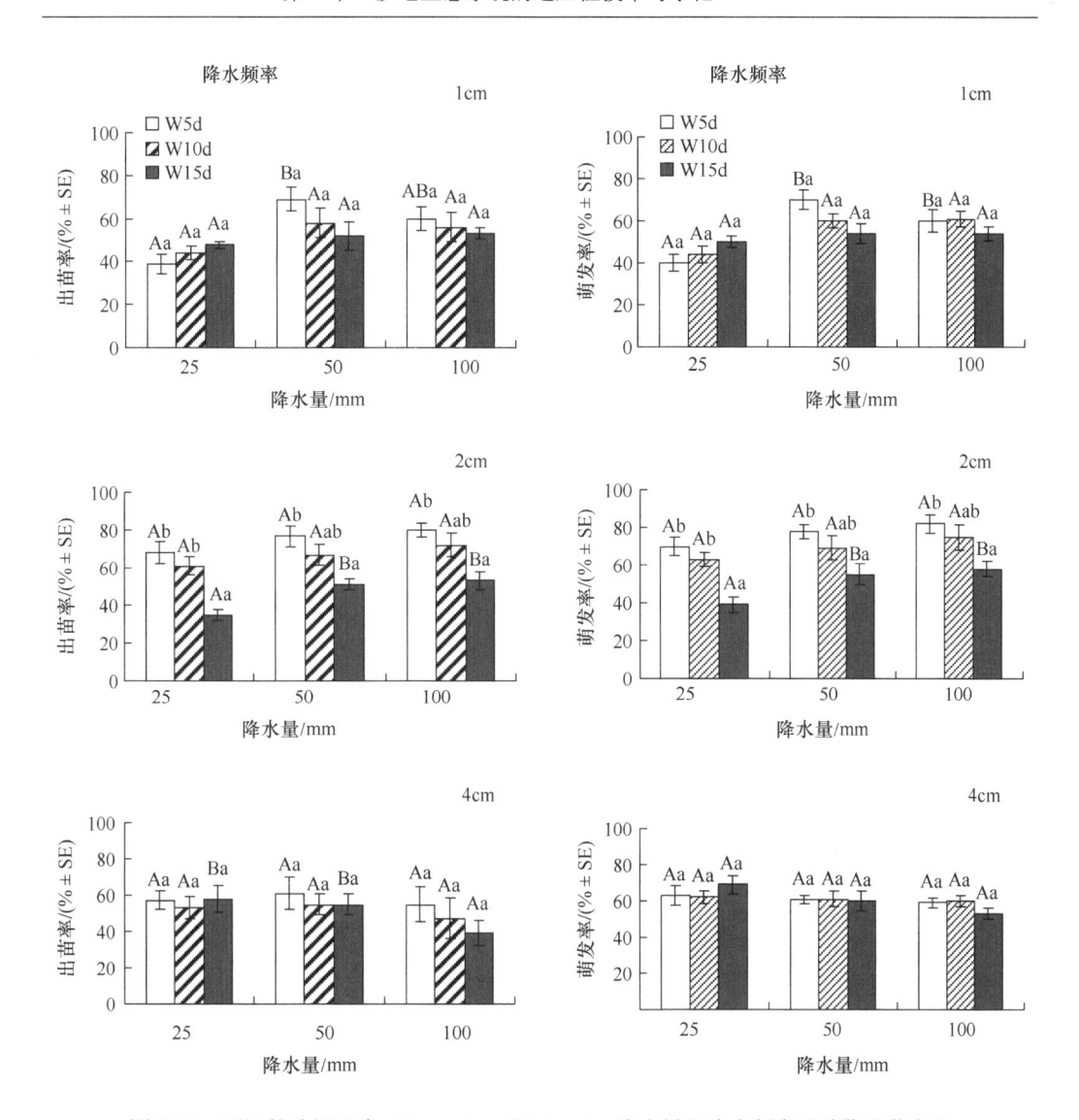

图 3-24 不同的沙埋深度（1cm、2cm 和 4cm）、降水量和降水频率对沙鞭出苗率和
种子萌发率的影响。沙子表面（0cm）的出苗率和萌发率均为 0

根据 Tukey's 检验，各组之间不同大写字母标记值之间差异和各组之内不同小写字母标记值之间差异显著（$P < 0.05$）

Fig.3-24 Effects of precipitation and its frequency on the percentage of seedling emergence and seed germination of *Psammochloa villosa* at different sand burial depth（1，2 and 4cm）. There was no seeding emergence or seed germination on sand surface（0cm）

The values between each group followed by different uppercase letters and the values in each group followed by different lowercase letters are significantly different，according to Tukey's test（$P < 0.05$）

沙鞭在沙子表面（0cm）没有萌发。在 1cm、2cm 和 4cm 沙埋下，沙鞭的萌发率最高分别可以达到 70%、80% 和 70% 左右；而且，其萌发率随降水量和降水频率的变化而变化（图 3-24）。在 1cm 沙埋时，50mm 降水量下每 5 天浇水一次（W5d）的萌发率最高，达 70% 左右，显著高于其他处理。在 2cm 沙埋时，3 个降水量下的每 5 天浇水一次（W5d）的萌发率显著高于每 15 天浇水一次（W15d），出苗率最高达 80% 左右。

在4cm沙埋时，各个降水量和降水频率下的萌发率的差异均不显著。三因素方差分析的结果表明，沙埋深度（$P<0.001$）、降水量（$P<0.05$）和降水频率（$P=0.001$）均对沙鞭的萌发率产生了显著影响；沙埋深度与降水量的相互作用（$P=0.001$）、沙埋深度与降水频率的相互作用（$P<0.001$）也对沙鞭的萌发率产生了显著影响；然而，降水量和降水频率的相互作用（$P>0.05$），以及3个因素的相互作用（$P>0.05$）对沙鞭萌发率的影响不显著（表3-12）。

赖草在各个沙埋深度下都有出苗。赖草在沙子表面（0cm）的出苗率很低，最高只有15%左右；1cm和2cm的出苗率最高，可以达90%左右；4cm的出苗率又降低，最高只有40%左右（图3-25）。在不同的沙埋深度下，出苗率随着降水量和降水频率的变化而变化（图3-25）。在0cm，25mm降水量下没有出苗；50mm降水量下，只有每10天和15天浇水一次时有15%左右的出苗率；在100mm降水量下，3种降水频率下的出苗率超过15%以上。在1~4cm，50mm和100mm降水量下的出苗率均显著高于25mm降水量下的出苗率；而且，在不同的降水量下，出苗率都随着降水频率的减少而降低。二因素方差分析的结果表明，沙埋深度、降水量和降水频率都对赖草的出苗率产生了显著影响（$P<0.001$）；沙埋深度和降水量的相互作用（$P<0.001$）、沙埋深度和降水频率的相互作用（$P<0.001$），以及降水量和降水频率的相互作用（$P<0.05$）也对赖草的出苗率产生了显著影响；然而，这3个因素的相互作用对其出苗率的影响不显著（$P>0.05$）（表3-13）。

赖草在各个沙埋深度下都有萌发。赖草在沙子表面（0cm）的萌发率很低，最高只有30%左右；1~4cm的萌发率比较高，可以达到90%左右（图3-25）。在不同的沙埋深度下，萌发率随着降水量和降水频率的变化而变化（图3-25）。在0cm，25mm降水量下只有每15天浇水一次时有萌发，萌发率仅为10%；50mm降水量下只有降水频率达到10天一次时才有萌发（15%）；100mm降水量下，3种降水频率下的萌发率都有30%以上。在1cm，25mm和50mm降水量下，不同降水频率的萌发率差异不显著；100mm降水量下，每5天浇水一次的萌发率显著高于每15天浇水一次；而且，在每5天浇水一次时，100mm降水量的萌发率显著高于25mm。在2cm，3个降水量下，不同降水频率的萌发率的差异不显著；每10天浇水一次时，50mm和100mm的萌发率显著高于25mm。在4cm，不同降水量或者降水频率下的萌发率差异均不显著。二因素方差分析的结果表明，沙埋深度和降水量对赖草的萌发率产生了显著影响（$P<0.001$），但是降水频率对萌发率的影响不显著（$P>0.05$）；沙埋深度和降水量的相互作用（$P<0.001$）、沙埋深度和降水频率的相互作用（$P<0.01$），以及降水量和降水频率的相互作用（$P<0.001$）对其萌发率产生了显著影响；而且，这3个因素的相互作用对其萌发率也产生了显著影响（$P<0.001$）（表3-13）。

四、讨论

在植物的生活史中，种子阶段对极端环境因素的忍耐力最强，而幼苗阶段对环境变化最敏感；种子萌发机制调节植物从种子到幼苗的转变过程（Gutterman，1993，

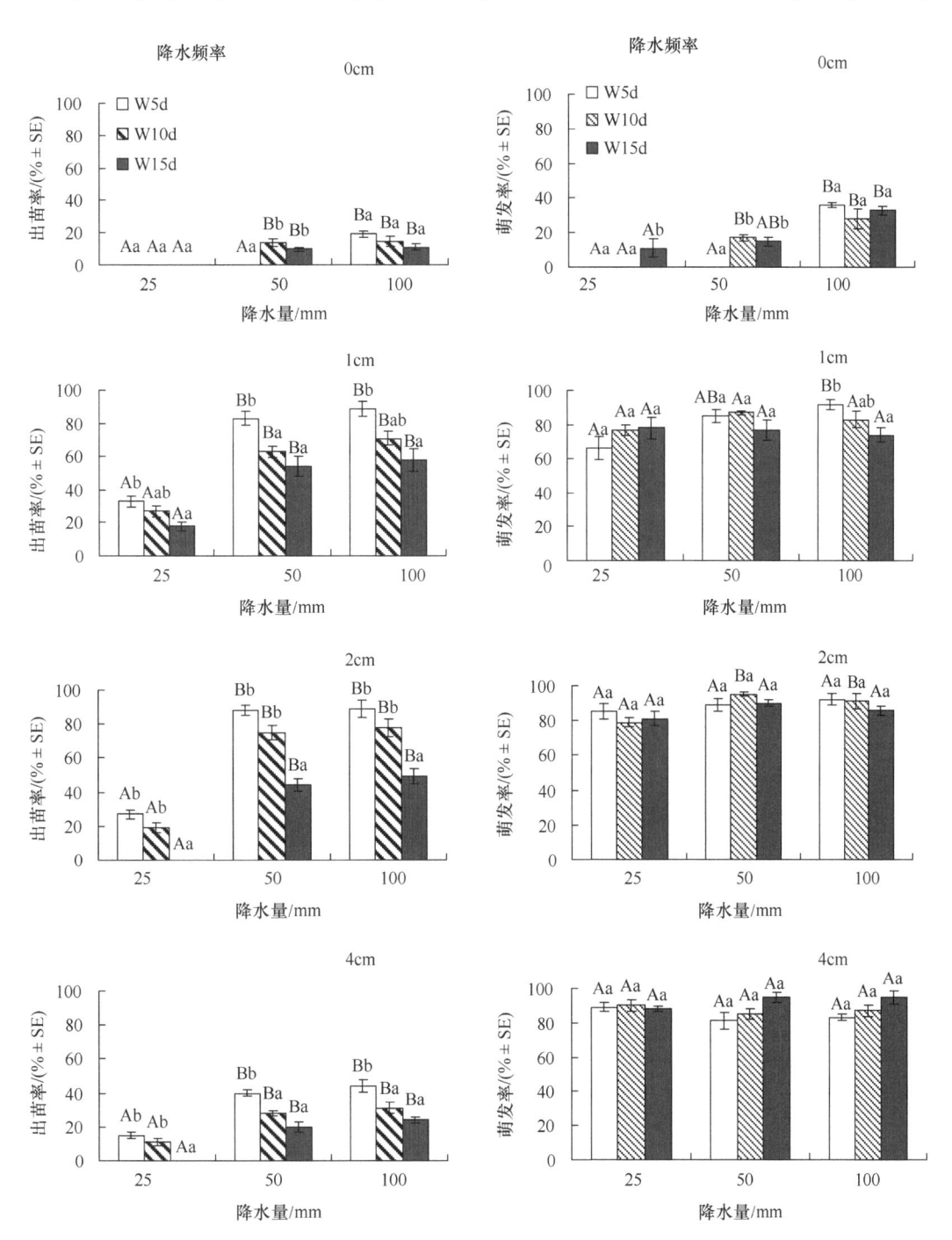

图 3-25 不同的沙埋深度（0cm、1cm、2cm 和 4cm）、降水量和降水频率对赖草出苗率和种子萌发率的影响

根据 Tukey's 检验，各组之间不同大写字母标记值之间差异和各组之内不同小写字母标记值之间差异显著（$P < 0.05$）

Fig.3-25 Effects of precipitation and its frequency on the percentage of seedling emergence and seed germination of *Leymus secalinus* at different sand burial depth (0, 1, 2 and 4cm)

The values between each group followed by different uppercase letters and the values in each group followed by different lowercase letters are significantly different, according to Tukey's test ($P < 0.05$)

表 3-13　沙埋深度（SB）、降水量（P）和降水频率（PF）对赖草出苗率和
种子萌发率影响的三因素方差分析

Tab.3-13　Three-way ANOVA results of effects of sand burial（SB），precipitation（P），precipitation frequency（PF）and their interactions on seedling emergence and seed germination of *Leymus secalinus*

变差来源	出苗率 F 值	出苗率 P 值	萌发率 F 值	萌发率 P 值
沙埋（SB）	441.055	<0.001**	838.695	<0.001**
降水量（P）	419.255	<0.001**	28.943	<0.001**
降水频率（PF）	112.834	<0.001**	1.721	0.184
沙埋 × 降水量（SB*P）	36.952	<0.001**	8.813	<0.001**
沙埋 × 降水频率（SB*PF）	19.216	<0.001**	3.056	0.008*
降水量 × 降水频率（P*PF）	2.753	0.032*	5.267	0.001**
沙埋 * 降水量 × 降水频率（SB*P*PF）	1.567	0.112	3.593	<0.001**

2002）。沙埋会影响种子萌发、出苗和幼苗生长（Maun，1998），以及植被地带性（Maun and Perumal，1999）。在干旱区，多年生植物的种群更新依赖于土壤种子库，特别是在长期干旱之后（Kinloch and Friedel，2005）。然而，沙漠中的降水量很低，而且降水在时间和空间上的分布都是不可预测的（Gutterman，1993，2002）。因此，降水是影响沙漠生态系统中种子萌发和出苗的一个限制因素（Tobe et al.，2005）。种子萌发和出苗取决于降水量和降水的分布（Gutterman，1993；Gillespiea et al.，2004）。例如，*Aspidosperma quebracho-blanco* 的出苗和定居受到季节性降水变化的影响（Barchuk et al.，2005）。此外，土壤湿度也随着沙层深度而变化，沙埋会改变沙丘的土壤湿度（Maun，1998；Tobe et al.，2005）。因而，沙漠中植物种子的萌发和出苗可能受到沙埋和降水相互作用的影响。

（一）一次降水量影响植物的萌发和出苗

由于每年的降水次数有限，一次降水也可能对幼苗生长产生显著影响（Gillespie et al.，2004）。本章的实验结果表明，在 2cm 的沙埋深度，沙鞭和赖草分别需要至少 7.5mm 和 15mm 的降水才出苗；在一定范围内（分别为 5~10mm 和 10~15mm），它们的出苗率随着降水量的增加而增加；然而，当降水量超过一定值之后（分别为 10mm 和 15mm），它们的出苗率不再增加。与它们的出苗相比，这两个物种的种子萌发需要的降水量比较小，赖草在 2.5mm 的降水之后就有少数种子萌发，5mm 降水后的萌发率超过 50%；沙鞭在 5mm 的降水之后萌发率超过 50%。在 2.5~7.5mm 降水量内，沙鞭和赖草的萌发率随着降水量的增加而增加，但是降水超过 7.5mm 之后，它们的萌发率不再增加。前人的研究表明，沙米（*Agriophyllum squarrosum*）的出苗率（Wang et al.，1998）和 *Baccharis pilularis* 的萌发率（Zavaleta，2006）随着降水量的增加而增加。在比较高的一次降水量下，3 种一年生植物，沙米、雾冰藜（*Bassia dasyphylla*）和三芒草（*Aristida adscensionis*）的出苗率比较高（Tobe et al.，2005）。

浇水可以增加冰草（*Agropyron cristatum*）和格兰马草（*Bouteloua gracilis*）的出苗率（Ambrose and Wilson, 2003）。土壤水势高可以促进 *Krascheninnikovia lanata* 出苗（Wang et al., 2006）。因此，沙漠中的少量降水可能只能满足种子萌发；只有当降水量足够大时，植物才能完成出苗。少量的降水后，由于表层的土壤会很快干燥，幼苗没有足够的水分来完成定居，这会造成土壤种子库里的种子数量减少，不利于物种的生存。

（二）沙埋深度、降水量和降水频率影响出苗和萌发

在不同的沙埋深度下，降水量和降水频率对沙鞭出苗和萌发的影响不同。沙鞭的种子在沙子表面没有萌发和出苗。在 25~100mm 的月降水量下，沙鞭的出苗率和萌发率在沙埋深度为 2cm，每 5 天浇水一次时最高，达到 80% 左右。沙埋深度为 1cm 时，在月降水量为 50mm 和每 5 天浇水一次时的萌发率和出苗率最高。沙埋深度为 2cm 时，降水量不影响沙鞭的出苗和萌发，其出苗率和萌发率在每 5 天浇水一次时最高。沙埋深度为 4cm 时，不同处理的降水量和降水频率均不影响沙鞭的出苗和萌发。

在不同的沙埋深度下，降水量和降水频率对赖草出苗和萌发的影响不同。赖草种子在沙子表面的萌发率和出苗率都比较低。在沙埋深度 1cm 和 2cm 下，月降水量为 50mm 和 100mm，每 5 天浇水一次时，赖草的出苗率达到最大值。在不同的沙埋深度下，赖草在 50mm 和 100mm 月降水量下的出苗率均高于在 25mm 月降水量下的出苗率。沙埋深度为 1~4cm 时，在不同月降水量和不同降水频率下，赖草的萌发率显著高于其出苗率。

这两个物种出苗的最佳条件，包括沙埋深度，降水量和降水频率不同。沙鞭出苗的月降水量范围比较广，在 25~100mm 月降水量下都可以达到很高的出苗率；但是出苗的沙埋深度范围比较小，沙埋 2cm 时出苗率最高。赖草在月降水量超过 50mm 时，沙埋 1~2cm 的出苗率比较高。两个物种出苗的最佳降水频率均为每 5 天浇水一次。然而，沙鞭能够在降水量低时有较高的出苗率，赖草则只有在降水量比较高时才能达到较高的出苗率。降水湿润沙子随着沙层深度而变化，浅层的沙子在小雨后就可以湿润，但是水分蒸发很快，湿度保持的时间短；而深层的沙子只有在大雨后才能湿润，水分蒸发慢，湿度保持的时间长（Tobe et al., 2005）。因此，降水量和降水频率可以通过改变不同沙层的土壤湿度来调节植物的出苗。前人的研究也得到了类似的结果。例如，3 种一年生植物，沙米（*Agriophyllum squarrosum*）、雾冰藜（*Bassia dasyphylla*）和三芒草（*Aristida adscensionis*）的种子在沙层中的垂直分布影响它们在降水之后的萌发出苗（Tobe et al., 2005）。雀稗（*Paspalum dilatatum*）的出苗率随着降水频率的降低而下降（Cornaglia et al., 2005）。梭梭（*Haloxylon ammodendron*）的出苗也取决于沙埋、降水量和降水频率（Tobe et al., 2000）。另外，降水量和降水频率的相互作用对赖草的出苗也产生显著影响，但是没有对沙鞭的出苗产生显著影响。在一定的降水量下，与单次降水量较高但是降水频率低的降水条件相比，沙鞭和赖草的这种出苗规律体现了它们更适应降水量小但是降水频率高的

降水条件。

这两个物种的种子萌发适应的降水量范围都比较广（月降水量为25~100mm），降水频率都比较高（每5天浇水一次）。沙鞭的萌发率在沙埋深度为2cm时最高，而赖草的萌发率在沙埋深度为1~4cm时都比较高。赖草种子在深层沙埋时仍然有大部分种子萌发，但是只有比较少的种子可以出苗，因此沙埋是赖草出苗的一个限制因素。在深层沙埋时，沙鞭的萌发率比较低，未萌发的种子可以形成土壤种子库，当以后条件适宜时再萌发，这有利于该物种的长期生存。

总之，少量降水就可以诱发浅层沙埋下的沙鞭和赖草种子萌发，但是它们的出苗需要更大的一次降水量。降水频率高时两种植物的出苗率高。沙鞭的出苗只需要相对比较小的月降水量，但是月降水量足够大时才能保证赖草的出苗。这两个物种都可以在降水量少而且分布不规律的半干旱区生存。但是，沙鞭和赖草的种子在沙埋之后的萌发和出苗对降水的时空格局的响应不同。

参 考 文 献

白殿奎, 刘晶, 宋卫士, 等. 2010. 呼伦贝尔市沙地气候变化特征. 安徽农业科学, 38: 18886-18887, 18900.

常骏, 王忠武, 李怡, 等. 2010. 降水及温度对内蒙古克氏针茅草原生态系统稳定性的影响. 干旱区资源与环境, 24: 161-164.

陈廷贵, 张金屯. 1999. 十五个物种多样性指数的比较研究. 河南科学, 17: 55-71.

陈仲新, 张新时. 1996. 毛乌素沙化草地景观生态分类与排序的研究. 植物生态学报, 20: 423-437.

程晓莉, 安树青, 陈兴龙, 等. 2001. 鄂尔多斯草地荒漠化过程与植被生物量变迁的关系. 林业科学, 37: 13-20.

程序. 2002. 中国北方农牧交错带生态系统的独特性及其治理开发的生态学原则. 应用生态学报, 13: 1503-1506.

初玉. 2005. 浑善达克沙地植物功能型多样性. 北京: 中国科学院研究生院博士学位论文.

慈龙骏, 杨晓晖, 张新时. 2007. 防治荒漠化的"三圈"生态－生产范式机理及其功能. 生态学报, 27: 1450-1460.

董鸣. 2006. 防治荒漠化"三圈"生态范式理论及其功能. 大众科技报, 2006-9-26.

董鸣, 阿拉腾宝, 邢雪荣, 等. 1999. 根茎禾草沙鞭的克隆基株及分株种群特征. 植物生态学报, 23: 302-310.

房世波, 谭凯炎, 刘建栋, 等. 2009a. 鄂尔多斯植被盖度分布与环境因素的关系. 植物生态学报, 33: 25-33.

房世波, 许端阳, 张新时. 2009b. 毛乌素沙地沙漠化过程及其气候因子驱动分析. 中国沙漠, 29: 796-801.

高国雄, 高宝山, 杨文杰, 等. 2007. 毛乌素榆林沙地农林复合经营模式与效益研究. 水土保持通报, 27: 117-121.

高科, 王美云, 高凌岩, 等. 2000. 科尔沁沙地植物群落研究. 生态学杂志, 19: 35-39.

高琼, 董学军, 梁宁. 1996. 基于土壤水分平衡的沙地草地最优植被覆盖率的研究. 生态学报, 16: 127-133.

高琼, 张新时. 1997. 沙地草地景观的降水再分配模型. 植物学报, 39: 169-175.

郭柯, 董学军, 刘志茂. 2000. 毛乌素沙地沙丘土壤含水量特点——兼论老固定沙地上油蒿衰退原因. 植物生态学报, 24: 275-279.

郭柯. 2000. 毛乌素沙地油蒿群落的循环演替. 植物生态学报, 24: 243-247.

郭轶瑞, 赵哈林, 赵学勇, 等. 2007. 科尔沁沙质草地物种多样性与生产力的关系. 干旱区研究, 24: 198-203.

郝文芳, 梁宗锁, 陈存根, 等. 2005. 黄土丘陵区弃耕地群落演替过程中的物种多样性研究. 草业科学, 22: 1-81.

何京丽, 珊丹, 梁占岐, 等. 2009. 气候变化对内蒙古草甸草原植物群落特征的影响. 水土保持研究, 16: 131-134.

何玉惠, 赵哈林, 赵学勇, 等. 2008. 沙埋对小叶锦鸡儿幼苗生长和生物量分配的影响. 干旱区地理, 31: 701-706.

贺学林, 加建斌, 鲁周民. 2008. 毛乌素沙地饲料用植物资源研究. 西北林学院学报, 23: 108-111.

侯学煜, 等. 2001. 1:1000000中国植被图集. 北京: 科学出版社.

胡兵辉, 袁泉, 海江波, 等. 2009. 毛乌素沙地农业生态系统优化模式研究. 干旱地区农业研究, 27: 212-218.

黄富祥, 高琼, 傅德山, 等. 2001. 内蒙古鄂尔多斯高原典型草原百里香-本氏针茅草地地上生物量对气候响应动态回归分析. 生态学报, 21: 1339-1346.

江小蕾, 张卫国, 杨振宇, 等. 2003. 不同干扰类型对高寒草甸群落结构和物种多样性的影响. 西北植物学报, 23: 1479-1485.

蒋德明, 曹成有, 押田敏雄, 等. 2008. 科尔沁沙地沙漠化过程中植被与土壤退化特征的研究. 干旱区资源与环境, 22: 156-161.

李博. 2000. 生态学. 北京: 高等教育出版社.

李步航, 张健, 姚晓琳, 等. 2008. 长白山阔叶红松林草本植物多样性季节动态及空间分布格局. 应用生态学报, 19: 467-473.

李朝生, 杨晓晖, 于春堂, 等. 2007. 鄂尔多斯高原北部沙区生长季土壤水分特征分析. 农业环境科学学报, 26: 375-380.

李刚. 2006. 浑善达克沙地稀树疏林草地生态系统研究: 生物量、生产力与生态恢复途径. 北京: 中国科学院研究生院博士学位论文.

李刚, 李永庚, 刘美珍, 等. 2011. 浑善达克沙地稀树疏林草地植被生物量及净初级生产力. 科技导报, 29: 30-37.

李秋艳, 赵文智, 李启森, 等. 2004. 荒漠绿洲边缘区泡泡刺种群对风沙干扰的响应. 生态学报, 24: 2484-2491.

李胜功, 常学礼, 赵学勇. 1992. 沙蓬——流动沙丘先锋植物研究. 干旱区资源与环境, 6: 63-68.

李新荣. 1997. 毛乌素沙地荒漠化与生物多样性的保护. 中国沙漠, 17: 58-62.

李玉霖, 崔建垣, 苏永中. 2005. 不同沙丘生境主要植物比叶面积和叶干物质含量的比较. 生态学报, 25: 304-311.

李玉霖, 孟庆涛, 赵学勇, 等. 2008. 科尔沁沙地植物成熟叶片性状与叶凋落物分解的关系. 生态学报, 28: 2486-2494.

梁宁, 高琼. 1996. 毛乌素沙地草地种植管理咨询系统的开发. 植物生态学报, 20: 438-448.

廖汝棠, 宋炳煜, 孙维. 1993. 毛乌素沙地沙生植物的水分关系及生态适应性. 干旱区资源与环境, 7: 83-91.

刘方明, 郝伟, 姜勇. 2006. 科尔沁沙地小叶锦鸡儿对土壤有机碳积累的影响. 辽宁工程技术大学学报(自然科学版), 25: 294-296.

刘凤红, 叶学华, 于飞海, 等. 2006. 毛乌素沙地游击型克隆半灌木羊柴对局部沙埋的反应. 植物生态学报, 30: 278-285.

刘国方. 2010. 中国北方沙漠化带植物功能性状的变异. 北京: 中国科学院研究生院博士学位论文.

刘国军, 张希明, 李建贵, 等. 2010. 供水量及沙埋厚度对两种梭梭出苗的影响. 中国沙漠, 30: 1085-1091.

刘虎俊, 王继和, 李毅, 等. 2011. 我国工程治沙技术研究及其应用. 防护林科技, 1: 55-59.

刘金环, 曾德慧, Lee D K. 2006. 科尔沁沙地东南部地区主要植物叶片性状及其相互关系. 生态学杂志, 25: 921-925.

刘美珍, 蒋高明, 李永庚, 等. 2003. 浑善达克退化沙地草地生态恢复试验研究. 生态学报, 23: 2719-2727.

刘美珍, 蒋高明, 于顺利, 等. 2004. 浑善达克退化沙地恢复演替18年中植物群落动态变化. 生态学报, 24: 1734-1740.

刘树林, 王涛. 2005. 浑善达克沙地地区的气候变化特征. 中国沙漠, 25: 557-562.

刘新民. 2008. 科尔沁沙地不同生境条件下大型土壤动物群落多样性特征研究. 内蒙古师范大学学报, 37: 98-103.

刘玉平, 慈龙骏. 1998. 毛乌素沙地草场荒漠化评价的指标体系. 中国沙漠, 18: 366-371.

刘志. 2012. 气候变化对浑善达克沙地生态环境的影响. 内蒙古草业, 24: 31-32.

刘志民. 1992. 木岩黄芪的繁殖特点及其与沙生适应性的关系. 植物生态学与地植物学学报, 16: 136-142.

马红媛, 梁正伟, 闫超, 等. 2007. 四种沙埋深度对羊草种子出苗和幼苗生长的影响. 生态学杂志, 26: 2003-2007.

马克平, 黄建辉, 于顺利, 等. 1995. 北京东灵山地区植物群落多样性的研究. 生态学报, 15: 268-277.

毛志宏, 朱教君. 2006. 干扰对植物群落物种组成及多样性的影响. 生态学报, 26: 2696-2701.

彭军, 杨智奇, 董菁雯. 2011. 内蒙古太阳能资源的分布特征与光伏发电开发的可行性分析. 太阳能, 3: 42-47.

钱迎倩, 马克平. 1994. 生物多样性研究的原理与方法. 北京: 中国科学技术出版社.

乔建江. 2009. 草原沙地演替中植物功能型谱和优势种适应性分析. 北京: 中国科学院研究生院博士学位论文.

渠翠平, 关德新, 王安志, 等. 2009. 近56年来科尔沁沙地气候变化特征. 生态学杂志, 28: 2326-2332.

任安芝, 高玉葆, 王金龙. 2001. 不同沙地生境下黄柳(*Salix gordejevii*)的根系分布和冠层结构特征. 生态学报, 21: 399-404.

施济普, 张光明, 白坤甲, 等. 2002. 人为干扰对小果野芭蕉群落生物量及多样性的影响. 武汉植物学研究, 20: 119-123.

宋创业, 郭柯, 刘高焕. 2008. 浑善达克沙地植物群落物种多样性与土壤因子的关系. 生态学杂志, 27: 8-13.

孙建华, 刘建军, 康博文, 等. 2009. 陕北毛乌素沙地土壤水分时空变异规律研究. 干旱地区农业研究, 27: 244-247.

王长庭, 王启基, 沈振西, 等. 2003. 模拟降水对高寒矮嵩草草甸群落影响的初步研究. 草业学报, 12: 25-29.

王海涛, 何兴东, 高玉葆, 等. 2007. 油蒿演替群落密度对土壤湿度和有机质空间异质性的响应. 植物生态学报, 31: 1145-1153.

王淮亮, 高永, 姜海荣, 等. 2012. 防沙治沙技术与模式回顾. 内蒙古林业科技, 38: 46-52.

王静, 程积民, 万惠娥. 2005. 黄土高原本氏针茅光合特性及生产力的研究. 中国生态农业学报, 13: 71-73.

王少昆, 赵学勇, 左小安, 等. 2008. 科尔沁沙地植物萌动期不同类型沙丘土壤微生物区系特征. 中国沙漠, 28: 696-700.

王素巍, 刘果厚. 2007. 浑善达克沙地药用种子植物区系分析. 干旱区资源与环境, 21: 133-136.

王晓莉. 2008. 浑善达克沙地植物资源及其沙生植物区系分析. 兰州: 甘肃农业大学硕士学位论文.
王永繁, 余世孝, 刘蔚秋. 2002. 物种多样性指数及其分形分析. 植物生态学报, 26: 391-395.
温学飞, 马明, 王峰, 等. 2007. 毛乌素沙地草地畜牧业经营模式的开发与示范. 干旱区资源与环境, 21: 19-22.
乌力吉, 张福国. 1994. 呼伦贝尔盟野生药用植物资源的分布与利用. 资源开发与市场, 10: 270-272.
乌仁其其格. 2004. 呼伦贝尔沙地植物及保护. 呼伦贝尔学院学报, 12: 49-51.
乌云娜, 裴浩, 冉春秋, 等. 2008. 科尔沁沙地植被恢复演替过程中群落结构及土壤理化性状的变化. 安徽农业科学, 36: 6471-6475.
肖春旺, 周广胜, 马风云. 2002. 施水量变化对毛乌素沙地优势植物形态与生长的影响. 植物生态学报, 26: 69-76.
肖春旺, 周广胜, 赵景柱. 2001. 不同水分条件对毛乌素沙地油蒿幼苗生长和形态的影响. 生态学报, 21: 2136-2140.
肖春旺, 周广胜. 2001. 毛乌素沙地中间锦鸡儿幼苗生长, 气体交换和叶绿素荧光对模拟降水量变化的响应. 应用生态学报, 12: 692-696.
谢晋阳, 陈灵芝. 1995. 意大利威尼托大区刺叶栎林的生物多样性研究. 植物学报, 37: 386-393.
徐树林, 那平山. 1989. 毛乌素沙地柳湾林死亡原因的研究. 中国沙漠, 9: 62-73.
徐小玲, 延军平. 2004. 毛乌素沙地的气候对全球气候变化的响应研究. 干旱区资源与环境, 18: 135-139.
许冬梅, 王堃, 谢应忠, 等. 2008. 毛乌素沙地南缘生态过渡带土壤生物学特性. 安徽农业科学, 36: 15078-15080.
许冬梅, 王堃. 2007. 毛乌素沙地南缘生态过渡带土壤微生物特征. 中国沙漠, 27: 805-808.
许端阳, 康相武, 刘志丽, 等. 2009. 气候变化和人类活动在鄂尔多斯地区沙漠化过程中的相对作用研究. 中国科学(D辑: 地球科学), 39: 516-528.
杨晓晖, 李朝生, 于春堂, 等. 2006. 鄂尔多斯高原北缘水分梯度下天然植被分布格局初探. 应用生态学报, 17: 572-576.
叶学华, 梁士楚. 2004. 中国北方农牧交错带优化生态-生产范式. 生态学报, 24: 2878-2886.
袁秀英, 袁登胜, 白玉明. 2006. 固定和半固定沙丘花棒克隆生长构型的比较研究. 西北林学院学报, 21: 32-34.
臧锐, 冯守忠. 1997. 内蒙古风能资源评价及风电开发. 国际电力, 4: 17-20.
张华, 张爱平, 杨俊. 2007. 科尔沁沙地生态系统服务价值变化研究. 中国人口·资源与环境, 17: 60-65.
张继义, 赵哈林, 崔建垣, 等. 2004. 科尔沁沙地沙丘植被发育过程及物种组成变化. 干旱区研究, 21: 72-75.
张继义, 赵哈林. 2010. 短期极端干旱事件干扰下退化沙质草地群落抵抗力稳定性的测度与比较. 生态学报, 30: 5456-5465.
张金屯. 1995. 植被数量生态学方法. 北京: 科学出版社.
张新时, 史培军. 2003. 边际生态系统管理的理论与实践——我国北方草原与农牧交错带"优化生态-生产范式"构建. 植物学报, 45: 1135-1138.
张新时. 1994. 毛乌素沙地的生态背景及其草地建设的原则与优化模式. 植物生态学报, 18: 1-16.
张新时. 2000. 草地的生态经济功能及其范式. 科技导报, 8: 3-7.
张新时. 2001. 天山北部山地-绿洲-过渡带-荒漠系统的生态建设与可持续农业范式. 植物学报, 43: 1294-1299.
张颖娟, 王玉山. 2010. 沙埋对西鄂尔多斯珍稀植物种子萌发和幼苗出土的影响. 西北植物学报, 30: 126-130.
赵文智, 刘志民. 2002. 西藏特有灌木砂生槐繁殖生长对海拔和沙埋的响应. 生态学报, 22: 134-138.

赵文智. 1998. 砂生槐沙生适应性初步研究. 植物生态学报, 22: 379-384.

赵兴梁. 1991. 沙坡头地区植物固沙问题探讨//中国科学院兰州沙漠研究所沙坡头沙漠科学研究站. 腾格里沙漠沙坡头地区流沙治理研究. 银川: 宁夏人民出版社.

郑元润, 张新时. 1998. 毛乌素沙地高效生态经济复合系统诊断与优化设计. 植物生态学报, 22: 262-268.

郑元润. 1998a. 高效持续防治荒漠化新途径初探——毛乌素沙地"三圈"模式的理论与实践. 林业科技管理, 2: 20-23.

郑元润. 1998b. 毛乌素沙地中几种植物水分特性的研究. 干旱区研究, 15: 17-21.

中国科学院内蒙古宁夏综合考察队. 1985. 内蒙古植被. 北京: 科学出版社.

中国科学院中国植物志编辑委员会. 1987. 中国植物志. 北京: 科学出版社.

钟德才. 1998. 中国沙海动态演化. 兰州: 甘肃文化出版社.

周秋平, 程积民, 万惠娥. 2009. 本氏针茅与柳枝稷光合生理生态特征比较研究. 水土保持通报, 29: 129-133.

周双喜, 吴冬秀, 张琳, 等. 2010. 降雨格局变化对内蒙古典型草原优势种大针茅幼苗的影响. 植物生态学报, 34: 1155-1164.

周雅聃, 陈世苹, 宋维民, 等. 2011. 不同降水条件下两种荒漠植物的水分利用策略. 植物生态学报, 35: 789-800.

朱雅娟, 董鸣, 黄振英. 2005. 沙埋和种子大小对固沙禾草沙鞭的种子萌发与幼苗出土的影响. 植物生态学报, 29: 730-739.

朱震达, 吴正, 刘恕, 等. 1980. 中国沙漠概论. 北京: 科学出版社.

祝存冠, 陈桂琛, 周国英, 等. 2007. 青海湖区河谷灌丛草地植被群落多样性研究. 草业科学, 24: 31-35.

Airoldi L. 2003. The effects of sedimentation on rocky coast assemblages. Oceanogr Mar Biol Ann Rev, 41: 161-236.

Alatalo R V. 1981. Problems in the measurement of evenness in ecology. Oikos, 37: 199-204.

Ambrose L G, Wilson S D. 2003. Emergence of the introduced grass *Agropyron cristatum* and the native grass *Bouteloua gracilis* in a mixed-grass prairie restoration. Restoration Ecology, 11: 110-115.

Bai Y F, Wu J G, Xing Q, et al. 2008. Primary production and rain use efficiency across a precipitation gradient on the *Mongolia plateau*. Ecology, 89: 2140-2153.

Baldwin K A, Maun M A. 1983. Microenvironment of Lake Huron sand dunes. Canadian Journal of Botany, 61: 241-255.

Bally R, McQuaid C D, Brown A C. 1984. Shores of mixed sand and rock: an unexplored marine ecosystem. S Afr J Sci, 80: 500-503.

Barchuk A H, Valiente-Banuet A, Díaz M P. 2005. Effect of shrubs and seasonal variability of rainfall on the establishment of *Aspidosperma quebracho-blanco* in two edaphically contrasting environments. Austral Ecology, 30: 695-705.

Bates J D, Svejcar T, Miller R F, et al. 2006. The effects of precipitation timing on sagebrush steppe vegetation. Journal of Arid Environments, 64: 670-697.

Bisigato A J, Bertiller M B. 2004. Temporal and micro-spatial patterning of seedling establishment. Consequences for patch dynamics in the southern Monte, Argentina. Plant Ecology, 174: 235-246.

Brown A C, Wynberg R P, Harris S A. 1991. Ecology of shores of mixed rock and sand in False Bay. Trans Roy Soc S Afr, 47: 563-573.

Brown J F. 1977. Effects of experimental burial on survival growthand resource allocation of three species of dune plants. Journal of Ecology, 85: 151-158.

Chang E R, Jefferies R L, Carleton T J. 2001. Relationship between vegetation and soil seed banks in an arctic coastal marsh. J Ecol, 89: 367-384.

Chou W W, Silver W L, Jackson R D, et al. 2008. The sensitivity of annual grassland carbon cycling to the quantity and timing of rainfall. Global Change Biology, 14: 1382-1394.

Chu Y, He W M, Liu H D, et al. 2006. Phytomass and plant functional diversity in early restoration of the degraded semi-arid grasslands in northern China. Journal of Arid Environments, 67(4): 678-687.

Cornaglia P S, Schrauf G E, Nardi M, et al. 2005. Emergence of dallisgrass as affected by soil water availability. Rangeland Ecology and Management, 58: 35-40.

D'Antonio C M. 1986. Role of sand in the domination of hard substrata by the intertidal alga *Rhodomela larix*. Mar Ecol Prog Ser, 27: 263-275.

D'Hertefeldt T, van der Putten W H. 1998. Physiological integration of the clonal plant Carex arenaria and its response to soilborne pathogens. Oikos, 81: 229 -237.

Daly M A, Mathieson A C. 1977. The effects of sand movement on intertidal seaweeds and selected invertebrates at Bound Rock New Hampshire USA. Mar Biol, 43: 45-55.

Dech J P, Maun M A. 2006. Adventitious root production and plastic resource allocation to biomass determine burial tolerance in woody plants from central Canadian coastal dunes. Ann Bot, 98: 1095-1105.

Disraeli D J. 1984. The effect of sand deposits on the growth and morphology of *Ammophila breviligulata*. Journal of Ecology, 72: 145-154.

Dong M, Alaten B. 1999. Clonal plasticity in response to rhizome severing and heterogeneous resource supply in rhizomatous grass *Psammochloa villosa* in an Inner Mongolian dune China. Plant Ecology, 141: 53-58.

Easterling D R, Meehl G A, Parmesan C, et al. 2000. Climate extremes: observations modeling and impacts. Science, 289: 2068-2074.

Eldred R A, Maun M A. 1982. A multivariate approach to the problem of decline in vigour of *Ammophila*. Canadian Journal of Botany, 60: 1371-1380.

Enriquez S, Duarte C M, Sand-Jensen K. 1993. Patterns in decomposition rates among photosynthetic organisms: the importance of detritus C∶N∶P content. Oecologia, 94: 457-471.

Fay P A, Carlisle J D, KnappA K, et al. 2000. Altering rainfall timing and quantity in a mesic grassland ecosystem: design and performance of rainfall manipulation shelters. Ecosystems, 3: 308-319.

Forman R T T, Godron M. 1986. Landscape Ecology. New York: John Wiley and Sons Inc.

Gao Q. 1997. A model of rainfall redistribution in terraced sandy grassland landscapes. Environmental and Ecological Statistics, 4: 205-218.

Gilbert M S, Ripley B S. 2008. Biomass reallocation and the mobilization of leaf resources support dune plant growth after sand burial. Physiologia Plantarum, 134: 464-472.

Gillespie I G, Michael M E, Loik E. 2004. Pulse events in Great Basin Desert shrublands: physiological responses of *Artemisia tridentata* and *Purshia tridentata* seedlings to increased summer precipitation. Journal of Arid Environments, 59: 41-57.

González-Astorga J, Núñez-Farfán J. 2000. Variable demography in relation to germination time in the annual plant *Tagetes micrantha* Cav.(Asteraceae). Plant Ecology, 151: 253-259.

Gordon H B, Whetton P H, Pittock A B, et al. 1992. Simulated changes in daily precipitation intensity due to the enhanced greenhouse effect-implications for extreme precipitation events. Climate Dynamics, 8: 83-102.

Gutterman Y. 1993. Seed Germination in Desert Plants. Adaptation of Desert Organisms. Berlin: Springer-Verlag: 140-230.

Gutterman Y. 1994. Strategies of seed dispersal and germination in plants inhabiting deserts. The Botanical Review, 60: 373-425.

Gutterman Y. 2000. Environmental factors and survival strategies of annual plant species in the Negev Desert

Israel. Plant Species Biology, 15(2): 113-125.

Gutterman Y. 2001. Drought tolerance of the dehydrated root of *Schismus arabicus* seedlings and regrowth after rehydration affected by caryopsis size and duration of dehydration. Israel Journal of Plant Science, 49(2): 123-128

Gutterman Y. 2002. Survival Strategies of Annual Desert Plants. Adaptations of Desert Organisms. Berlin: Springer-Verlag: 211-280

He X D, Gao Y B, Ren A Z. 2003. Role of wind-sand disturbance in the formation and development of *Tamarix taklamakanensis* community. Acta Botanica Sinica, 45: 1285-1290.

Heisler-White J L, Knapp A K, Kelly E F. 2008. Increasing precipitation event size increases aboveground net primary productivity in a semi-arid grassland. Oecologia, 158: 129-140.

IPCC. 2007. Climatic change: the physical science basis. Geneva: Inter-governmental Panel on Climate Change.

Kent M, Owen N W, Dale M P. 2005. Photosynthetic responses of plant communities to sand burial on Machair dune systems of the Outer Hebrides Scotland. Ann Bot, 95: 869-877.

Kinloch J E, Friedel M H. 2005. Soil seed reserves in arid grazing lands of central Australia. Part 1: seed bank and vegetation dynamics. Journal of Arid Environments, 60: 133-161.

Klimes L, Klimesova J, Osbornova J. 1993. Regeneration capacity and carbohydrate reserves in a clonal plant *Rumex alpinus*: effect of burial. Vegetatio, 109: 153-160.

Knapp A K, Fay P A, Blair J M, et al. 2002. Rainfall variability carbon cycling and plant species diversity in amesic grassland. Science, 298: 2202-2205.

Knapp A K, Smith M D. 2001. Variation among biomes in temporal dynamics of aboveground primary production. Science, 291: 481-484.

Köchy M, Wilson S D. 2004. Semiarid grassland responses to short-term variation in water availability. Plant Ecology, 174: 197-203

Lavorel S, Flannigan M D, Lambin E F, et al. 2007. Vulnerability of land systems to fire: Interactions among humans climate the atmosphere and ecosystems. Mitigation and Adaptation Strategies for Global Change, 12(1): 33-53.

Littler M M, Martz D R, Littler D S. 1983. Effects of recurrent sand deposition on rocky intertidal organisms: importance of substrate heterogeneity in a fluctuating environment. Mar Ecol Prog Ser, 11: 129-139.

Lundholm J T, Larson D W. 2004. Experimental separation of resource quantity from temporal variability: seedling responses to water pulses. Oecologia, 141: 346-352.

Magurran A E. 1988. Ecologival Diversity and Its Measurement. New Jersey: Princerton University Press.

Margalef R. 1968. Perspectives in Ecological Theory. Chicago: University of Chicago Press.

Marshall D J, McQuaid C D. 1989. The influence of respiratory responses on the tolerance to sand inundation of the limpets *Patella granularis* L.(Prosobranchia)and *Siphonaria capensis* Q. et G.(Pulmonata). J Exp Mar Biol Ecol, 128: 191-201.

Martinez M L, Moreno-Casasola P. 1996. Effects of burial by sand on seedling growth and survival in six tropical sand dune species from the Gulf of Mexico. J Coast Res, 12: 406-419.

Matthew E, Gilbert B, Ripley S. 2008. Biomass reallocation and the mobilization of leaf resources support dune plant growth after sand burial. Physiologia Plantarum, 134: 464-472.

Maun M A, Lapierre J. 1984. The effects of burial by sand on *Ammophila breviligulata*. J Ecol, 72: 827-839.

Maun M A, Perumal J. 1999. Zonation of vegetation on lacustrine coastal dunes: effects of burial by sand. Ecology Letters, 2: 14.

Maun M A. 1985. Population biology of *Ammophila breviligulata* and *Calamovilfa longifolia* on Lake Huron sand dunes. I. Habitat growth form reproduction and establishment. Canadian Journal of Botany, 63: 113-124.

Maun M A. 1996. The effects of burial by sand on survival and growth of *Calamovilfa longifolia*. Ecoscience, 3: 93-100.

Maun M A. 1998. Adaptations of plants to burial in coastal sand dunes. Canadian Journal of Botany, 76: 713-738

McGill B J, Enquist B J, Weiher E, et al. 2006. Rebuilding community ecology from functional traits. Trends in Ecology & Evolution, 21: 178-185.

McQuaid C D, Dower K M. 1990. Enhancement of habitat heterogeneity and species richness on rocky shores inundated by sand. Oecologia, 84: 142-144.

Moles A T, Warton D I, Westoby M. 2003. Seed size and survival in the soil in arid Australia. Austral Ecol, 28: 575-585.

Nathan R, Safriel U N, Noy-Meir I, et al. 2000. Spatiotemporal variation in seed dispersal and recruitment near and far from *Pinus halepensis* trees. Ecology, 81: 2156-2169.

Ogle K, Reynolds J F. 2004. Plant responses to precipitation in desert ecosystems: integrating functional types pulses thresholds and delays. Oecologia, 141: 282-294.

Oosting H J, Billings W D. 1942. Factors effecting vegetational zonation on coastal dunes. Ecology, 23: 131-142.

Padgett P E, Kee S N, Allen E B. 2000. The effects of irrigation on revegetation of semi-arid coastal sage scrub in southern California. Environmental Management, 26: 427-435.

Panda T, Pani P K, Mohanty R B. 2010. Litter decomposition dynamics associated with cashew nut plantation in coastal habitat of Orissa India. Journal of Oceanography and Marine Science, 1: 79-85.

Panda T. 2010. Role of fungi in litter decomposition associated with *Casuarina equisetifolia* L. plantations in coastal sand dunes Orissa India. International Journal of Biodiversity Science Ecosystem Services & Management, 6: 52-60.

Perkins S R, Owens M K. 2003. Growth and biomass allocation of shrub and grass seedlings in response to predicted changes in precipitation seasonality. Plant Ecology, 168: 107-120.

Pickett S T, White P S. 1985. The Ecology of Natural Disturbance and Patch Dynamics. Orlando: Academi Press. Inc.

Pielou E C. 1975. Ecological Diversity. New York: John Wiley and Sons Inc.

Pineda J, Escofet A. 1989. Selective effects of disturbance on populations of sea anemones from northern Baja California Mexico. Mar Ecol Prog Ser, 55: 55-62.

Poorter L. 2001. Light-dependent changes in biomass allocation and their importance for growth of rain forest tree species. Functional Ecology, 15: 113-123.

Qiao J J, Zhao W W, Xie X F, et al. 2012 Variation in plant diversity and dominance across dune fixation stages in the Chinese steppe zone. Journal of Plant Ecology, 5: 313-319.

Ranwell D. 1958. Movement of vegetated sand dunes at Newborough Warren Anglesey. Journal of Ecology, 46: 83-100.

Schwinning S, Starr B I, Ehleringer J R. 2003. Dominant cold desert plants do not partition warm season precipitation by event size. Oecologia, 136: 252-260.

Schwinning S, Starr B I, Ehleringer J R. 2005a. Summer and winter drought in a cold desert ecosystem (Colorado Plateau) part I: effects on soil water and plant water uptake. Journal of Arid Environments, 60: 547-566.

Schwinning S, Starr B I, Ehleringer J R. 2005b. Summer and winter drought in a cold desert ecosystem

(Colorado Plateau)part II: effects on plant carbon assimilation and growth. Journal of Arid Environments, 61: 61-78.

Seliskar D M. 1990. The role of waterlogging and sand accretion in modulating the morphology of the dune slack plant *Scirpus americanus*. Can J Bot, 68: 1780 -1787.

Shem-Tov S, Gutterman Y. 2003. Influence of water regime and photoperiod treatments on resource allocation and reproductive successes of two annuals occurring in the Negevdesert of Israel. Journal of Arid Environments, 55: 123-142.

Shi L, Zhang Z J, Zhang C Y, et al. 2004. Effects of sand burial on survival growth gas exchange and biomass allocation of *Ulmus pumila* seedlings in the Hunshandak Sandland China. Ann Bot, 94: 553-560.

Simpson E H. 1949. Measurement of diversity. Nature, 163: 688.

Smith S E, Riley E, Tiss J L, et al. 2000. Geographical variation in predictive seedling emergence in a perennial desert grass. Journal of Ecology, 88: 139-149.

Sokal R R, Rohlf E J. 1995. Biometry. San Francisco CA: Freeman.

Stuefer J F, Hutchings M J. 1994. Environmental heterogeneity and clonal growth: a study of the capacity for reciprocal translocation in *Glechoma hederacea*. Oecologia, 100: 302-308.

Sykes M T, Wilson J B. 1990. An experimental investigation into the response of New Zealand sand dune species to different depths of burial by sand. Acta Bot Neerl, 39: 171-181.

Ter Heerdt G N J, Schutter A, Bakker J P. 1999. The effect of water supply on seed-bank analysis using the seedling-emergence method. Functional Ecology, 13: 428-430.

Thompson K, Grime J P. 1979. Seasonal variation in the seed banks of herbaceous species in ten contrasting habitats. J Ecol, 67: 893-921.

Tobe K, Li X, Omasa K. 2000. Effects of Sodium chloride on seed germination and growth of two Chinese desert shrubs *Haloxylon ammodendron* and *H. persicum*(Chenopodiaceae). Australian Journal of Botany, 48(4): 455-460.

Tobe K, Zhang L P, Omasa K. 2005. Seed germination and seedling emergence of three annuals growing on desert sand dunes in China. Annals of Botany, 95: 649-659.

Wagner R H. 1964. The ecology of *Uniola paniculata* L. in the dune-strand habitat of North Carolina. Ecol Monographs, 34: 79-96.

Wang R, Bai Y, Tanino K. 2006. Seedling emergence of Winterfat(Krascheninnikovia lanata(Pursh)A.D.J. Meeuse & Smit)in the field and its prediction using the hydrothermal time model. Journal of Arid Environments, 64: 37-53.

Wang Z L, Wang G, Liu X M. 1998. Germination strategy of the temperate sandy desert annual chenopod *Agriophyllum squarrosum*. Journal of Arid Environments, 40: 69-76.

Whittaker R H. 1972. Evolution and measurement of species diversity. Taxon, 21: 213-251.

Xiao C W, Zhou G S. 2001. Study on the water balance of three dominant plants with simulated precipitation change in Maowusu sandland. Acta Botanica Sinica, 43: 82-88.

Xu H, Li Y, Xu G, et al. 2007. Ecophysiological response and morphological adjustment of two Central Asian desert shrubs towards variation in summer precipitation. Plant Cell and Environment, 30: 399-409.

Yu F H, Chen Y F, Dong M. 2002. Clonal integration benefits clonal fragment of *Potentilla anserina* suffering sand burial. Evolutionary Ecology, 15: 303-318.

Yu F H, Dong M, Krusi B. 2004. Clonal integration helps *Psammochloa villosa* survive sand burial in an inland dune. New Phytologist, 162: 697-704.

Yu M, Gao Q, Epstein H E, et al. 2008. An ecohydrological analysis for optimal use of redistributed water among vegetation patches. Ecological Applications, 18: 1679-1688.

Zavaleta E S. 2006. Shrub establishment under experimental global changes in California grassland. Plant Ecology, 184: 53-63.

Zhang C Y, Yu F H, Dong M. 2002. Effects of sand burial on the survival growth and biomass allocation in semi-shrub *Hedysarum laeve* seedlings. Acta Botanica Sinica, 44: 337-343.

Zhang J, Maun M A. 1990. Effects of sand burial on seed germination seedling emergencesurvivaland growth of *Agropyron psammophilum*. Can J Bot, 68: 304-310.

Zheng Y R, Xie Z X, Yu Y, et al. 2005. Effects of burial in sand and water supply regime on seedling emergence of six species. Annals of Botany, 95: 1237-1245.

第四章 高寒草地生态系统的适应性技术与示范

第一节 气候变暖影响下高寒草地生态系统的脆弱性

在全球气候变化背景下,人类活动已导致高寒草地生态系统发生变化。在气候变化和牧业活动的双重环境胁迫压力下,高寒草地生态系统的结构与功能都发生了变化,草地群落结构、生物多样性、植被生物量和土壤有机质都发生了显著变化,其中土壤氮库、碳库的变化对高寒草地生态系统营养循环机制产生着重要影响,使得这类生态系统愈加脆弱。

因此,确立高寒草地脆弱生态系统适应气候变化的技术体系极为迫切,认识高寒草地生态系统的脆弱性,针对这一系统的脆弱性特征提出适应性技术体系,形成高寒草地生态系统适应气候变化的可持续发展范式,将为提高高寒草地生态系统的适应能力提供有力支撑。

一、气候变化与脆弱性

(一)气候变化背景下的脆弱性

Timmerman(1981)首先提出了脆弱性概念:"脆弱性是一种度,即系统在灾害事件发生时产生不利响应的程度。系统产生的不利响应的质和量受控于系统的弹性,该弹性标志着系统承受灾害事件并从中恢复的能力。"此后,脆弱性的概念不断发展,依据研究主题和研究对象的不同而不同,其定义极为多样,至今仍没有形成统一的定义(刘燕华和李秀彬,2001)。气候研究者多从事件发生的可能性及相关天气、气候事件带来的冲击等角度关注脆弱性(Brooks,2003)。IPCC第三次评估报告中就气候变化研究中的脆弱性给出了更为明确的定义,将脆弱性定义为一个自然的或社会的系统容易遭受来自气候变化(包括气候变率和极端气候事件)持续危害的范围或程度,是系统内的气候变率特征、幅度和变化速率及其敏感性和适应能力的函数(IPCC,2001)。尽管以往科学家的研究已经基本给出了脆弱性的主要涵义规定,但得到一致认可的是其作为一个架构来分析度量对象的向负面变化的趋势性,Timmerman(1981)、Downing(1992)、Adger(2006)都强调了这一点。针对脆弱性的不同理解,Downing(1992)总结了许多有关脆弱性问题研究的成果,认为脆弱性应主要包括3个方面:首先,脆弱性应作为一个结果而不是一种原因来研究;其次,针对其他不敏感因子而言,其影响是负面的;最后,脆弱性是一个相对概念,而不是一个绝对的损害程度的度量单位(Downing,

1992）。

生态系统脆弱性的概念内涵与以往定义的脆弱性有明显差别。生态系统的脆弱性很难简单概括为一些易测定的具体指标，生态系统的脆弱性是一个不断累积的过程，各种时间、空间和异质的生态系统对人类影响与自然干扰的响应体现在生态系统的各个要素变化。降低脆弱性已融入"国际减灾十年（IDNDR）"等国际性机构的共同行动纲领，同时也是联合国世界环境与发展委员会（UNCED）"全球峰会"发起的各种会议上讨论环境与发展问题时的重要议题（Downing，1992）。辨别关键脆弱性，判断可能的自动自觉变化并提取人类可主动参与和人类改变的部分，以维护生态系统的健康和可持续发展，才能主动适应气候变化。

（二）高寒草地生态系统的脆弱本质特征

根据《中国生态系统》（周兴民和陈佐忠，2005），广义的高寒草地生态系统是指在山地森林线以上到常年积雪带下限之间的，由适冰雪与耐寒旱的植物成分所组成的各类生物群落与其周围环境构成的有机整体（周兴民和陈佐忠，2005）。中国各地高大的山系和独一无二的青藏高原发育着各种类型的高寒草地生态系统，其特征是寒冷和热量不足。尤其是以放牧利用为主的较狭义的高寒草地生态系统，"由适冰雪与耐寒旱的多年生半灌木、小半灌木及草本植物成分所组成"（周兴民和陈佐忠，2005），群落结构简单，对全球变化反应非常敏感，极其脆弱。陈佐忠等（2002）根据《中国植被》、《中国草地资源》等作出的草地生态系统分类充分体现了其基本环境特征和植被特征，这为高寒草地生态系统做了重要的定性区分。高寒草地生态系统属草地生态系统纲，依照热量为单独的目，其下按照水分差异划分为不同的属，又依照建群种等分为不同的丛（表4-1）。

表 4-1　青藏高原高寒草地生态系统分类表（陈佐忠等，2002）
Tab.4-1　Classification of alpine grassland ecosystem on the Tibetan Plateau

属	丛
高山垫状植被生态系统属	垫状蚤缀（*Arenaria pulvinata*）植被生态系统丛
	苔状蚤缀（*Arenaria musciformis*）高山垫状植被生态系统丛
	囊种草（*Thylacospermum caespitosum*）高山垫状植被生态系统丛
	垫状点地梅（*Androsace tapeta*）垫状植被生态系统丛
	鳞叶点地梅（*Androsace squarrosula*）高山垫状植被生态系统丛
	帕米尔委陵菜（*Potentilla pamiroalaica*）高山垫状植被生态系统丛
	双花委陵菜（*Potentilla biflora*）垫状植被生态系统丛
	四蕊高山莓（*Sibbaldia tetrandra*）垫状植被生态系统丛
	藏刺矶松（*Acantholiom hedinii*）高山垫状植被生态系统丛
高山流石滩稀疏植被生态系统属	高山流石滩生态系统丛
高寒草甸生态系统属	高山嵩草（*Kobresia pygmaea*）草原化高寒草甸生态系统丛
	矮嵩草（*Kobresia humilis*）典型草甸生态系统丛
	线叶嵩草（*Kobresia capillifotia*）典型草甸生态系统丛
	禾叶嵩草（*Kobresia graminifolia*）典型草甸生态系统丛

续表

属	丛
高寒草甸生态系统属	四川嵩草（*Kobresia setschwanensis*）典型草甸生态系统丛
	短轴嵩草（*Kobresia prattii*）典型草甸生态系统丛
	喜马拉雅嵩草（*Kobresia royleana*）典型草甸生态系统丛
	塔城嵩草（*Kobresia smirnovii*）典型草甸生态系统丛
	北方嵩草（*Kobresia bellardii*）典型草甸生态系统丛
	藏嵩草（*Kobresia tibetica*）沼泽化草甸生态系统丛
	大嵩草（*Kobresia littledalei*）沼泽化草甸生态系统丛
	帕米尔嵩草（*Kobresia pamiroalaica*）沼泽化草甸生态系统丛
	甘肃嵩草（*Kobresia kansuensis*）沼泽化草甸生态系统丛
	粗喙苔草（*Carex scabriostris*）草甸生态系统丛
	以黑穗苔草（*Carex atrata*）、黑花苔草（*Carex melanantha*）为主的苔草草甸生态系统丛
	黄花茅（*Anthoxanthum odoratum*）草甸生态系统丛
	垂穗披碱草（*Elymus nutans*）草甸生态系统丛
	以珠芽蓼（*Polygonum viviparum*）为主的杂类草草甸生态系统丛
	以圆穗蓼（*Polygonum sphaerostachyum*）为主的草甸生态系统丛
	虎耳草（*Saxifraga* spp.）、高山龙胆（*Centiana algida*）草甸生态系统丛
高寒草原生态系统属	紫花针茅（*Stipa purpurea*）高寒草原生态系统丛
	羽柱针茅（*Stipa subsessiliflora* var. *basiplumosa*）高寒草原生态系统丛
	座花针茅（*Stipa subsessiliflora*）高寒草原生态系统丛
	克氏羊茅（*Festuca kryloviana*）高寒草原生态系统丛
	假羊茅（*Festuca pseudovina*）高寒草原生态系统丛
	银穗羊茅（*Festuca olgae*）高寒草原生态系统丛
	硬叶苔（*Carex moorcroftii*）高寒草原生态系统丛
	藏籽蒿（*Artemisia salsoloides* var. *wellbyi*）高寒草原生态系统丛
	藏南蒿（*Meconopsis zangnanensis*）高寒草原生态系统丛
	垫状蒿（*Artemisia minor*）高寒草原生态系统丛
高寒荒漠生态系统属	高寒荒漠生态系统丛

青藏高原高寒草地生态系统是中国最大的高寒草地生态系统分布区（图4-1），普遍认为其对未来气候变化高度脆弱（郑度等，2002）。青藏高原是国际地圈生物圈计划（IGBP）提出的14个脆弱地区中的一个，也是公认的生态脆弱区（牛文元，1989；刘燕华和李秀彬，2001）。这一区域自然条件严酷，生态系统脆弱，土壤成土时间短、土层薄，草地植被一旦遭到破坏很难恢复。不同地势的海拔、温度、水分条件有所差异，在不同的地域，草地植被也各不相同。分布于高原内部的是较年轻的耐寒旱种类，以适低温的中生多年生草本植物为主的草甸植被通常分布于高寒灌丛草甸带或高寒草原带以上，是山地垂直带谱的组成部分。

最典型和分布最广的是各种嵩草（*Kobresia* spp.）高寒草甸，它们具有植株低矮、密集丛生、具地面芽、赖短根茎行营养繁殖等特点，能适应生长期短、融冻作用频繁及低温寒冷等不利条件。

高寒草原广布于青藏高原内部地区，由耐低温、旱生多年生草本和小半灌木组成，

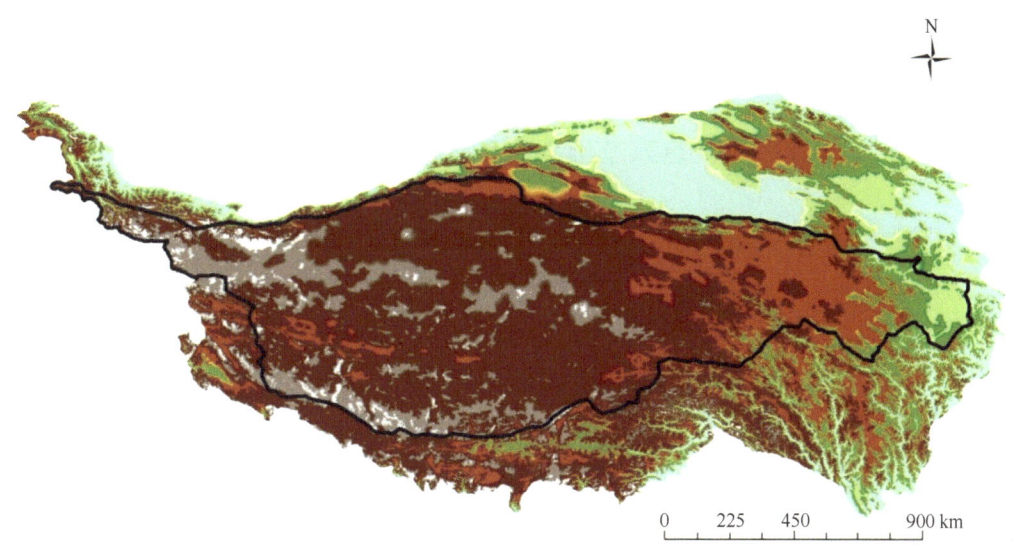

图 4-1　青藏高原高寒草地生态系统（根据青藏高原高程图生成）

Fig.4-1　Alpine grassland ecosystem on the Tibetan Plateau（according to the elevation map of Tibet Plateau）

是高原上分布面积最大的植被类型。这类草原草丛低矮，结构简单，草群稀疏，覆盖度小，生物产量也很低。高寒草原和山地草原可按生活型分为：丛生禾草草原、根茎苔草草原、小半灌木草原和根茎禾草草原。

高原西北部气候严寒干旱、土壤贫瘠且常含盐分，分布较广的是超旱生的小半灌木和垫状小半灌木荒漠，组成简单，覆盖稀疏。高山座垫植被具有生长低矮呈垫状、莲座状或半莲座状，根系发达，适应于严酷寒冬条件的特性。这类植被适应高原和土壤贫瘠的环境，生长低矮，具密集须根或长的根系，生长期很短，行营养繁殖或胎生繁殖。

青藏高原高寒草地生态系统的脆弱是其本质特征之一，组成该生态系统的物质和能量具有动态不稳定性质，对外力作用的响应具有快速易变的特点。青藏高原高寒草地生态系统的脆弱性体现在对全球变化和人类活动的响应的高度敏感，生态系统有自身的临界性，生物有独特的适应机制，这种平衡极其微妙，也很容易被打破，很有可能由于一个触发点而引致其他一系列反馈过程（姚檀栋，2010）。相对于其他区域而言，发生在青藏高原本土上的环境条件变化使得青藏高原高寒草地生态系统的脆弱性更为明显，也使得高原的脆弱性备受关注。

王无怠（2000）认为青藏高原高寒草地生态系统的两个突出特点是低效的转化系统和极其脆弱。青藏高原在北部、西部和西北高原孕育着的高寒草地，是藏族居民重要的牧场。高原的游牧民族依靠高寒草地的畜牧业生存。由于低生产率和生长周期短，高原上的草场承载能力很低，高原畜牧业非常脆弱。不合理的人类活动会造成生态环境破坏等一系列生态问题，且很难逆转。作为山地和高寒地带，这个系统具有本底不可逆转及改变的脆弱性。

对青藏高原高寒草地生态系统变化、畜牧业活动发展的研究由来已久，对高寒草地生态系统脆弱性、稳定性等的研究也多有进展（吕新苗，2004；钟祥浩等，2006，2008；周华坤等，2006，2008）。以往的研究者还从生态系统发展的不同角度对草地生态系统的可持续性做了研究（赵新全等，2000；周兴民，2001；鄢燕和刘淑珍，2003；杨汝荣，2003；魏兴琥等，2005），寻求持续发展的适应方案也成为了诸多研究者的关注方向。

二、气候变暖影响下高寒草地生态系统脆弱性特征

（一）气候变暖

青藏高原高寒草地生态系统是一个对全球气候与环境变化敏感和脆弱的系统（姚檀栋和朱立平，2006），这里气候均值较小的变化即可导致极端天气、气候事件频率发生较大的改变，引发生态系统的强烈响应（吴国雄等，2013），影响当地的社会经济状况（马耀明等，2014）。

研究显示，20世纪50年代中期以来青藏高原大部分地区气温，尤其是冬季气温显著上升（林振耀和赵昕奕，1996；Liu and Chen，2000；王堰等，2004；吴绍洪等，2005）。Liu和Chen（2000）对青藏高原97个气象站气温变化的分析显示，从20世纪50年代中期开始，高原大部分地区经历了显著的升温，且冬季升温更为明显。1955~1996年青藏高原年平均气温的增温率为0.16℃/10年，冬季气温的增温率为0.32℃/10年，大于北半球同一纬度地区同期的升温率。刘桂芳和卢鹤立（2010）的研究表明，基于69个气象观测站的数据，青藏高原从1961年到2005年平均气温以0.26℃/10年的速度上升，年平均降水量以8.21mm/10年的速率微弱增加。冬季变暖趋势显著，春季不显著，春季降水增加趋势则远远大于冬季，67%的站点有暖湿化趋势。对青藏高原各地冰芯中$\delta^{18}O$的研究显示，青藏高原过去100年来总体表现出变暖趋势（姚檀栋等，2006），变冷的程度越来越弱，而变暖的程度越来越强（德吉等，2013）。同时，大多数的高原冰川，随着20世纪80年代以来迅速升温的全球变暖正在出现退缩现象（蒲健辰等，2004）。英国第二代海气耦合模型模拟结果指出，21世纪末青藏高原较20世纪末升温3℃左右。

高寒草地生态系统是一个处于脆弱地表系统平衡条件下的系统，环境因子在严酷气候的影响下常常处于临界阈值状态，气候变化的微小波动也会使生态系统产生强烈响应（Klein et al.，2004）。青藏高原高寒草地生态系统在气候变化和人类活动影响下日益恶化（武高林和杜国祯，2007），生态系统的格局、过程与功能发生了改变。

（二）高寒草地脆弱性的表现

青藏高原高寒草地资源非常丰富，占全国草地总面积的1/3，发育着多种类型的草地植被，长期以来一直是青藏高原牧民赖以生存的天然放牧地。在气候变暖背景下，高寒草地生态系统在水热条件持续变化和放牧强度不断增大（图4-2）的条件下，其脆弱性变化主要体现在生物量、群落结构和土壤性状、净初级生产力的人类占用等各个方面（Haberl et al.，2002，2007；彭建等，2007）。青藏高原高寒草地生态系统的脆弱性表现为草地退化（郑度等，2002），几十年来在超载过牧中运行的高寒草地退化现象普遍（鄢燕和刘淑珍，2003；魏兴琥等，2005；高清竹等，2005，2006），草地生产能力极度下降，李辉霞等（2008）和毛飞等（2008）对草地的退化状况、退化趋势、退

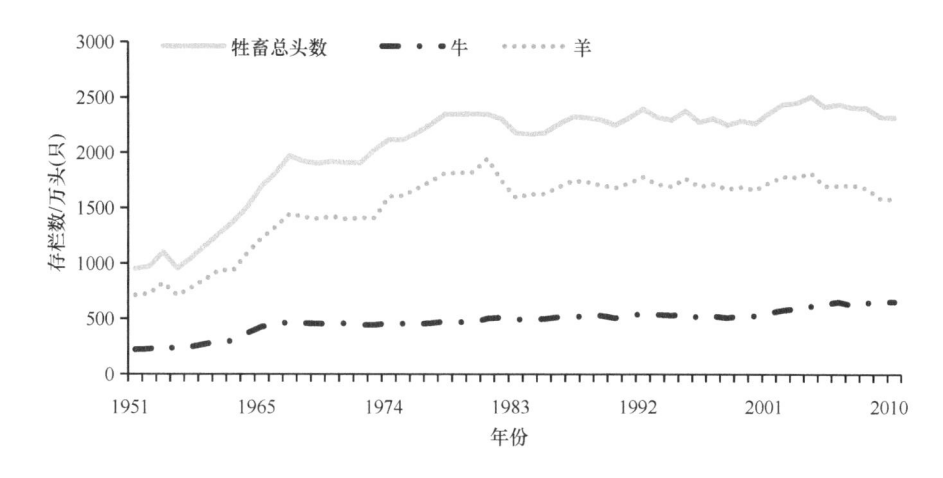

图 4-2 1951~2010 年西藏历年牲畜存栏数变化图

数据来源：历年西藏社会经济统计年鉴

Fig.4-2 Livestock numbers of Tibet in 1951–2010

Data source：Tibetan statistical yearbook of social economy

化造成的生态安全威胁、生态系统服务功能丧失等方面都进行了研究。总之，对青藏高原生态系统脆弱性的认识由来已久，如西藏生态安全屏障、青海三江源保护、藏北草地退化等研究。该地自然环境的严峻和人类压力的增大已得到公认，对高原普遍升温、降水的不均衡空间格局变化、草地退化格局及特征等都有充分的研究。

高寒草地生态系统的脆弱性体现为系统整体大范围的面状退化，如三江源地区的高寒草地退化体现为在大范围长期时空尺度中的连续变化过程（刘纪远等，2008）。东部高寒草甸草地退化严重，草地覆盖度和植被高度降低，生产力大幅下降，鼠害严重，生物多样性降低且毒杂草比例增加（刘纪远等，2008）。例如，玛曲地区，草地生产力大幅下降，平均每亩干草产量由 20 世纪 60 年代的 300kg 下降到 21 世纪初的 100kg 以下；鼠害严重，每公顷地下鼠量由过去的 8~10 只增加至 30 只以上；毒杂草比例增加；土地裸露增加，裸露率由过去的不到 10% 增加到现在的 30%。目前玛曲牧场出现的生态恶化已经导致了家畜的大批死亡，而且类似现象在其他高寒草地也大量存在，造成了极为严重的后果。青藏高原约有 1/3 的天然草地严重退化，平均产量下降了 20%~50%。过牧是导致草地退化最直接、起主导作用的因素。在青藏高原那曲地区，因受人为因素干扰、过度放牧和鼠害，退化草地面积达 3.2 亿亩，其中重度和极重度退化草地面积超过 0.6 亿亩（周兴民，2001）；在青海三江源地区，草地已经全面退化，退化面积占草地总面积的 58%，与 20 世纪 50 年代相比，单位面积产草量下降 30%~50%，优质牧草比例下降 20%~30%，有毒有害类杂草增加 70%~80%，草地植被覆盖度减少 15%~25%，优势牧草高度下降 30%~50%，其中黄河源头 20 世纪 80~90 年代平均草场退化速率比 70 年代增加了 1 倍以上（刘纪远等，2008）。

青藏高原草地生态系统在全球气候变化背景和多年人类活动的影响下，结合当地特殊的气候条件和地形地貌条件，呈现出不同于其他区域的特征。人类要在这个敏感脆弱的区域实现可持续发展，就必须以生态系统的原理和方法来管理自然环境和资源。

因此，科学地实施大规模长期的围栏禁牧、保护土壤、促进植被生长，实施利于可持续发展的管理措施，实现植被-土壤界面的稳定发展，研究制定改良高寒草地的技术措施，成为了降低高寒草地生态系统脆弱性、提升适应性的重要举措。

三、降低脆弱性的适应技术

（一）应对脆弱性的适应

降低脆弱性的适应技术与脆弱性研究紧密相连。在 IPCC 的报告中，脆弱性的概念不断演进，逐渐将自适应能力（adaptive response）纳入其中（Fussel and Klein, 2006）。降低脆弱性以增强适应性在各种研究中一再被提及，对适应措施的讨论大多都是基于脆弱性评价（Boomiraj et al., 2010）。Schipper（2007）认为成功的适应需要解决潜在的脆弱性问题，以实现最终的发展。在国家层面的研究中，Acosta-Michlik 等（2008）认为具体的适应性政策及其限制瓶颈源于既有的脆弱性研究结果，Geyer 等（2011）在生物多样性的研究中也多次提到自适应能力的概念，Hopkins 和 Del Prado（2007）识别了欧洲草地潜在的农场尺度的自适应。

面对目前高寒草地生态系统的脆弱性表现，为遏制青藏高原高寒草地牧区生态和经济的双重退化，建设符合生态系统的群落演替、生态恢复及生态进化规律的系统，建设起尊重自然的有机健康系统，从长远角度实现大区域的人类与自然的和谐长效共存发展，就要系统地建立青藏高原高寒草地生态系统的再生能力，即自适应能力。不同高寒草地生态系统类型脆弱性表现及恢复能力各不相同，需要有科学依据的适应技术体系予以支撑。

（二）围栏-自恢复力

要适应气候变化，实现高原及更大区域在可预见的未来的可持续发展，就要系统地建立青藏高原高寒草地生态系统的再生能力，即自适应能力。为了应对全球气候变暖对西藏生态环境的负面影响，国家规划实施西藏生态安全屏障区建设和生态保护工程。这一工程的目标是将这个特定的区域建设成为一个物质能量良性循环的生态系统。对这个在自然突变及人类活动影响下受到破坏的自然生态系统，需要人类的努力来恢复与重建。时空的互为代价是这个复杂的生态系统的特点，而现在政府所采取的围栏禁牧等规划措施正是据此来作出功能区的规划，以此时此地的经济限制为代价，换取更大区域和更大尺度上更大可能性的持续繁荣发展。

西藏牧区作为西藏生态安全屏障建设的主要实施地，围栏建设作为恢复轻度退化及中度退化草地的主要且成本最小的措施，已经极为普遍，且有相当一部分已初见成效（张建国等，2004；毛飞等，2008；Gao et al., 2009）。由于植被群落结构和土壤性状反映的草地的状况表征着这一系统适应性的强弱，表征着其抗干扰和自我恢复的能力，因此采取围栏这一人为干扰生态系统的行为作为恢复措施，需要更深刻地理解物种组成、物种丰富度等群落结构和土壤性状指标的变化，以综合衡量高寒草地生态系统这一脆弱复杂的综合系统恢复程度。要实现恢复和提高退化草地的目标，就必须确立可信的评价衡量指标。

对围栏建设后高寒草地生态系统结构与功能的变化，已有很多研究（刘伟等，1999；马玉寿等，2002；周华坤等，2002，2003；李辉霞等，2008）。赵景学等（2011a）在藏北地区对短期围栏的效应做了初步研究，衡量了围栏建设措施能够将草地恢复到何种程度。总之，对高寒草地生态系统中围栏这一实施广泛的干预型生态实践的研究，需从群落结构生态系统其他重要过程如土壤性状、营养循环等方面展开，以阐述高寒草地的自适应恢复能力。

（三）营养循环能力

建设自适应的系统符合更现代的、合理的生态观。要充分利用"自然"的适应能力，实现可持续生产，自觉地调适人类行为与之一致，保障建设良性循环的生态系统。"自生的自我维持与自我调控能力"显然是更具有现代生态眼光的调整，单纯依赖外界物质与能量输入的系统不稳定，也起不到真正的长久适应性功能作用。因此，提高高寒草地生态系统自身的营养循环能力极为重要。

氮元素是植物生长中不可或缺的限制性营养因素。研究表明，在高寒草地中，随着放牧强度的增大，土壤氮矿化的潜力增加，不同放牧季节土壤氮的矿化受到土壤温度和湿度的影响，间接性地由土壤微生物的活性调控矿化的格局。放牧强度的增大，导致地上植被的减少，输入土壤中的碳减少，从而减少微生物对氮的固持作用，刺激氮的矿化（Xu et al.，2007）。高寒草地生态系统上千年来形成的微妙平衡正在被打破，氮元素的正常循环需要相应功能群植物的介入。高寒草地生态系统作为天然草地，添加人工肥料难度极大，因此豆科植物的共生固氮功能就起着极为重要的作用，豆科植物对平衡氮矿化与植物的氮利用至关重要（Yang et al.，2011）。而高寒草地生态系统的豆科植物并不多见，固氮菌甚为罕见，限制着此类植物的固氮功能。因此，以微生物技术改善此类植物的固氮功能，将能够从生物技术上提升高寒草地生态系统的适应能力。

第二节 野外围栏技术与效果

一、气候变化与高寒草地脆弱性

高寒草地生态系统强烈地受到气候变化的影响。近半个世纪以来（1960~2008年），生长季节日最低气温显著升高（1984~2008年），最高温度增温幅度为5℃/100年，而春季的降雨则相对减少，这些给青藏高原草-畜系统都带来了不适应的影响（Haynes et al.，2014）。过度的人类活动加重了气候变化给高寒草地生态系统带来的影响，使得脆弱的高寒草地生态系统面临崩溃的危险，这种危险首先体现在了高寒草地-冻土系统变化。高寒草地-冻土系统水的固态、液态、气态三相的平衡有着非常重要的意义，且是青藏高原多年来水、热平衡的适应结果。因此，高寒草地-冻土系统畸变加大了高寒草地生态系统的脆弱性，亦或其长期以来系统"惰性"面临被强烈改变的驱动（Shang and Long，2007），使得高寒草地生态系统更加不稳定。青藏高原大范围的草地退化现状对草地畜牧业的影响十分严重,这种结果源于人类活动与气候变化的相互激荡。例如,在轻度或很少的人类活动下,草地生态系统拥有很强的自我恢复力,超过60%草地载畜量的压力会逐渐使高寒草地失去自我恢复能力,这种结果使得高寒草地鼠类活动随之增多,当这种草地退化过程中鼠洞密度超过4500个/hm^{2}时,高寒草地将彻底退化至"黑土滩"阶段(Li,2012)。冻土退化与高寒草地退化相辅相成,在生产、生计方面都直接对牧民生活产生重要影响,在生态方面则威胁了青藏高原生态功能的完整性(Long et al.,2009;Fang et al.,2011)。因此,在气候变化背景下,高寒草地生态系统的脆弱性将在3个方面得到反馈,即高寒草地生态功能、生产功能、生计功能(三生功能)(龙瑞军,2007)。目前,任何应对气候变化的技术和措施都应当在上述三生功能角度得到适应性评估,以提高高寒草地的功能完整性(Shang et al.,2014)。

根据IPCC的解释,生态系统脆弱性是指自然系统对气候变化与干扰的敏感性和适应性(肖桐等,2010)。草地生态系统脆弱性是与其稳定性相对而言的,因此大多关于草地生态系统稳定性的研究和比较分析案例都能反映某个生态系统的脆弱性(周华坤等,2006)。容易被破坏、恢复力差的生态系统相对而言其脆弱性较高(李克让等,2005;肖桐等,2010)。但是,关于高寒草地生态系统脆弱性与稳定性的问题存在一定争议,这种争议理论上源于多样性与稳定性的关系。就系统复杂性而言,高寒草地与荒漠系统相比,其复杂程度要高,但是已有报道,高寒草地、荒漠系统都十分脆弱(曾辉等,1997;肖桐等,2010)。然而,从高寒草地生态系统物质循环、能量流动,以及植被、气候特点来看,高寒草地生态系统应该具有较高的稳定性,甚至可称为"惰性"系统(尚占环和龙瑞军,2005;周华坤等,2008)。因此,某一个生态系统的脆弱性应该与其恢复力、时空尺度是紧密相关的。抛开这种争论,深入认识高寒草地生态系统的脆弱性,应该从其多尺度的结构特点、功能特点,以及影响其稳定性的外在因素方面进行系统分析。

二、围栏的普遍性

目前中国草原围栏面积超过了1500万hm^2。围栏封育是当前我国草原培育的重要技术措施。围栏在草地资源权属上有重要作用。事实上,不仅在地区、县、乡草地资源权属划分上,而且在牧户级别上,其所属草地资源也都用围栏加以区分。尽管目前围栏在中国草原管理方面存在很大争议,但是其作为管理手段和工具,很快在牧区得到推广和使用。围栏在中国牧区的广泛应用,一方面反映了中国草原管理体系简单化操作模式,另一方面反映了草原管理急于求成的迫切要求。对于围栏作用的批评很多,很多学者认为草原退化、家畜种质退化与围栏有关。事实上这种批评的着眼点,在另一个方面应该放在与围栏相配套的草地培育措施、家畜种质提高技术等不能与时俱进,草原围栏万能的管理思想上。抛开普遍对于围栏的批评,作者着重探讨围栏在草地培育,特别是退化草地恢复方面的效果。绝大多数使用围栏恢复退化草地的调查结果表明,围栏封育对退化草地的恢复效果十分理想,这种恢复效果不仅体现在植被、土壤上,而且体现在草地生态功能上。大多数中国退化草地围栏封育后几年内都能得到很好地恢复。高寒草地具有很高的恢复力，因此一般性的退化高寒草地都能在短期围栏内得到很好的植被恢复效果。

三、草地围栏的原则与方法

（一）实施原则

结合高寒草地植被类型和气候及牧场规模的实际情况，适宜围栏的原则是：①阴坡和阳坡分别划区。②同一个小区里的植被应尽可能地一致。③小区面积不宜太大，高寒草甸以 4~5hm² 为宜，荒漠草原以 7~8hm² 为宜。④小区数量以 10~16 个为佳，便于轮牧、轮割和不同畜群的需要。⑤小区形状尽可能的规则，既节约围栏，又便于利用。⑥围栏技术规程，一般根据《草原围栏建设技术规程》（NY/T 1237—2006）实施围栏建设工作。⑦高寒地区，特别是海拔 4000m 以上，适宜短期围栏恢复的草地判断依据为：第一，裸露土壤或砂石景观占据草地面积比例 20% 以下；第二，毒杂草比例（权重比）不超过 40%。

（二）围栏具体方法

1. 刺丝围栏

这是大面积划区围栏进行轮牧的首选形式，是指用刺丝和水泥立桩建造而成的一种永久性围栏。这种围栏虽然一次性投入大，但是建造快，可重复利用。刺丝围栏的建设指标是：水泥柱高 2m，埋深 70~80cm，地上部分高 120~130cm，柱距 5m，拉刺丝 6 根（或者下 5 根为普通铁丝，最上一根拉刺丝；或第 2 根和第 6 根为刺丝）。这种围栏最适合于高山草地应用。

2. 网围栏

商业产品是用金属丝制成的网格围栏，优点是建造快，便于操作，容易移动。在地形平坦、起伏不大的草原尤其适用。这种围栏适合沟谷面积较大的河漫滩草地及其他人工半人工草地应用。

3. 石砌围墙

石砌围墙是指利用石块和石头等垒砌而成的围墙，也称"草库伦"。这种围栏的优点是造价低，可重复使用，但大面积应用于划区围栏很困难。可以在家庭牧场的居民点使用，起到防护等多种作用。

4. 土筑围墙

土筑围墙是指从黏质土壤上或下湿草地上就地取土或用草皮垒跺而成的围墙。缺点是建造起来费工费时，而且建好后容易被雨水冲刷而毁坏。同样可以在家庭牧场的居民点使用，但目前不倡导推广。

5. 电围栏

电围栏是指在永久性围栏的基础上，采用脉冲电流的导线控制家畜的一种围栏。导线通常为红色，撑杆为白色的塑料杆，瞬间电压5500V。电围栏是进行日粮放牧的最基本条件，在新西兰已经广泛使用了几十年。有条件时可考虑应用。在大型牧场或集约化经营的牧畜业公司推广较好，不适合目前以家庭牧场为主的草地利用格局。

6. 生物围栏

生物围栏主要是利用柽柳、枸杞、沙棘和小叶锦鸡儿等灌木（抗逆性强的乡土种最适宜）物种，采用密植的方式建成篱笆，以防止牲畜自由进入，并能起到防护林带的作用，在土壤条件适宜之处，也可利用杨树、柳树等与灌木结合栽植，建成乔灌结合围栏，其防护效果更佳。在生物围栏建设初期，尚不能发挥其圈封作用时，在生物围栏外侧，建设工程围栏。

7. 虚拟围栏

目前发展起来的虚拟围栏解决了草地生境隔离的负面问题，框架大量金属材料围栏费用昂贵。美国农业部的动物学家迪恩·安德森（Dean Anderson），以及麻省理工学院的计算机专家丹尼拉·罗斯 Daniella Ross 认为，要解决牧民的这些问题，最好的解决办法就是将栅栏转变成虚拟的方式。虚拟栅栏的想法并不是全新的，在20世纪70年代初已经出现了一种名为"宠物遏制系统"的产品，该产品类似于狗的项圈，一旦宠物狗走出了特定的区域范围，项圈就会给狗一个小小的电击。一种被称为"耳轮"（ear-a-round）的设备能够达到同样的结果，"耳轮"能够作为动物行为的传感器，同时能够对动物非自身意愿的行为产生影响。"耳轮"主要由两个部分组成，一部分是一个能够固定在牛头顶部的小巧盒子，另一部分是一对由纤维和塑料制成的耳机。小巧的盒子中包含一个小型的计算机、一个 GPS 卫星跟踪设备，以及一个能够使得小型计算机中所有程序重新启动的远程收发器。耳机则能够保证该盒子直立于牛头部的顶端，并且发出声音或电击的命令以控制动物的行为。整个装置通过锂离子电池进行供电，而改进之后可能采用太阳能电池作为电源。动物被允许的活动区域范围是通过使用 GPS 系统进行统筹编码的。GPS 全球定位系统能够确定动物的位置，而一个安装在盒子中的加速器和罗盘则能够跟踪动物行走速度及行走方向。一旦佩戴设备的动物走出了规定的范围，设备就能够进行响应。这种功能所需要的算法是罗斯博士在过去实践经验的基础上设计出来的，使用这种算法能够计算出被反馈的信息需要有多大的强度。虚拟围栏的技术在中国的应用和开发还需要很长的路要走。

四、围栏封育的效果

（一）植被恢复效果

不同植被类型对于围栏封育响应程度差别较大，这种差别也反映在不同退化程度的草地上。例如，同是藏北地区海拔 4500m 左右的高寒草甸草原、高寒荒漠草地、高寒草原，在短期围栏封育时间内，恢复效果有很大差别（赵景学等，2011a）。在降雨量较好的地区，围栏恢复效果较快（1~3 年内就能恢复很好），但是在毒杂草占优势的"黑土滩"退化草地，效果则较差，需要的时间较长（李媛媛等，2012）。李希来（2012）的研究表明，"黑土滩"自然恢复需要 50 年。对于高寒草甸，长期的围栏效果可能在一定年限后表现得较缓慢（曹静娟，2010）。生长季节围栏封育恢复的草地碳排放量会增加（王爱东，2009）。

1. 群落高度和盖度

围栏封育后，3 种高寒草地植物群落不论是盖度还是高度都出现不同程度的变化，且围栏内样地的植被总盖度明显高于围栏外样地的植被总盖度（赵景学等，2011a）（图 4-3，图 4-4）。高寒荒漠草地群落盖度对围栏封育响应较快，短期围栏后围栏内植被盖度极显著（$P < 0.01$）增加，围栏内较同期围栏外草地群落盖度增加了 61%。高寒草甸草原和高寒草原群落盖度对围栏封育响应较慢，但是围栏内植被盖度仍显著（$P < 0.05$）增加，围栏内草地群落盖度较同期围栏外分别增加了 41% 和 28%。经过短期的围栏封育后，高寒荒漠草地群落高度对围栏封育的响应很大，围栏后植被平均高度显著（$P < 0.05$）增加，围栏内草地群落高度较围栏外增加了 38%。高寒草原和高寒草甸草原草地

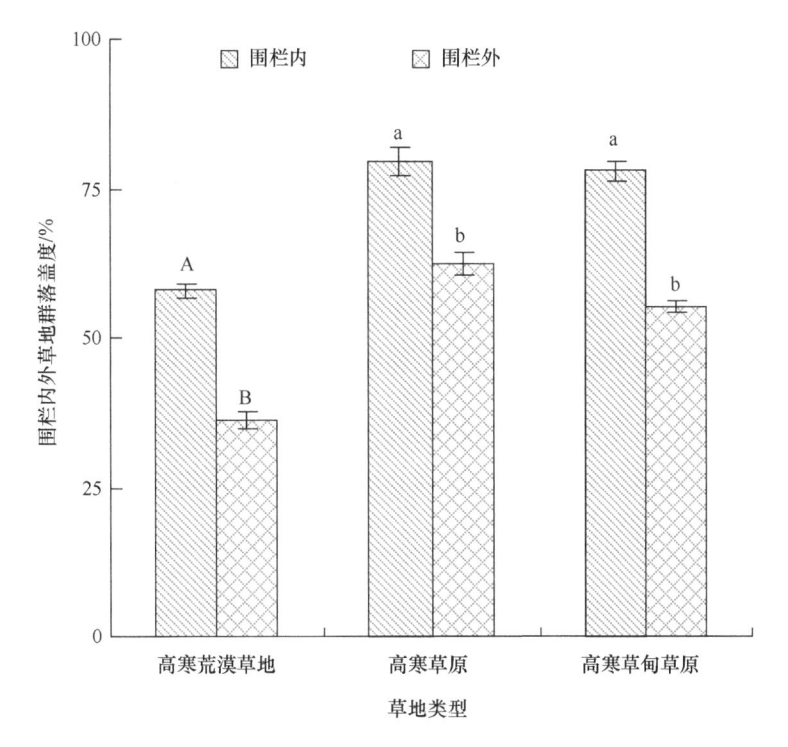

图 4-3 围栏内外草地群落盖度

处理间不同小写字母表示 0.05 水平上的差异显著（$P < 0.05$）；不同大写字母表示 0.01 水平上的差异显著（$P < 0.01$）

Fig.4-3 Vegetation cover in fencing enclosure and outside enclosure

Little letters mean the difference between within and outside of enclosure at $P < 0.05$, and capital letters mean the difference at $P < 0.01$

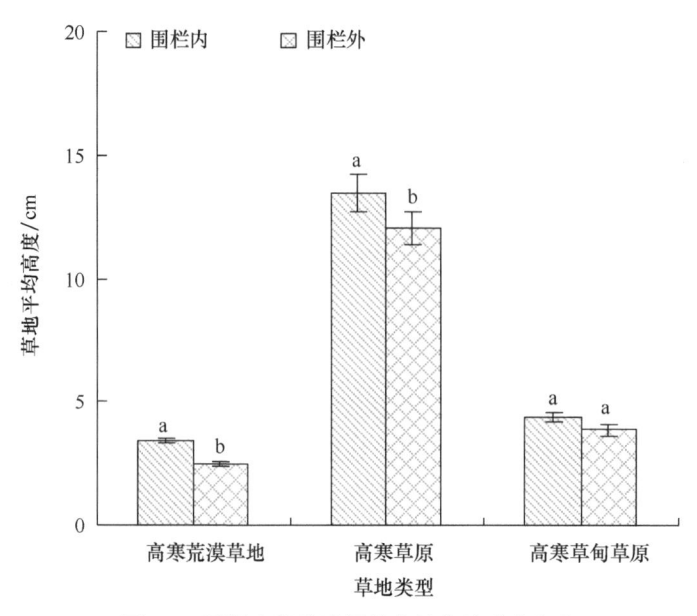

图 4-4 围栏内外草地围栏内外草地群落高度
处理间不同小写字母表示 0.05 水平上的差异显著（$P < 0.05$）
Fig.4-4 Vegetation height in fencing enclosure and outside enclosure
Little letters mean the difference between within and outside of enclosure at $P < 0.05$

群落高度对封育的响应不大，围栏内外植被平均高度差异不显著（$P > 0.05$），围栏内比同期围栏外的草地群落高度分别增加了 11% 和 13%。调查发现，3 种类型高寒草地围栏内草地各植物高度均表现为参差不齐，围栏外放牧草地各植物高度比较整齐，除了零星分布的毒杂草较高外，其余物种的平均高度都较低。

2. 围栏禁牧对草地地上生物量的影响

围栏封育后，3 种高寒草地植被地上生物量发生显著变化，对围栏封育措施响应很大。围栏内高寒草甸草原、高寒荒漠草地和高寒草原地上生物量分别为 341.10g/m²、182.17g/m² 和 396.43g/m²（图 4-5）。围栏内 3 种类型的高寒草地地上生物量较围栏外均有明显的增加。与各自围栏外的对照样地相比，高寒草甸草原和高寒荒漠草地地上生物量增幅较大，达到极显著（$P < 0.01$）差异，围栏内较围栏外分别增加了 58% 和 56%；高寒草原地上生物量增幅较小，但达显著（$P < 0.05$）水平，围栏内较围栏外增加了 32%。

3. 围栏禁牧对草地群落多样性的影响

围栏封育后，藏北 3 种高寒草地群落物种数呈现了不同程度的增加，且多为家畜喜食的禾本科牧草。高寒草甸草原、高寒草原植被群落物种数围栏内较围栏外显著（$P < 0.05$）增加；高寒荒漠草地植被群落物种数差异不显著（$P > 0.05$）。短期围封后，3 种高寒草地植被群落对围封措施响应不大。比较 3 种高寒草地围栏内外群落多样性指数，高寒荒漠草地围栏内较围栏外显著（$P < 0.05$）增加，高寒草甸草原和高寒草原围栏

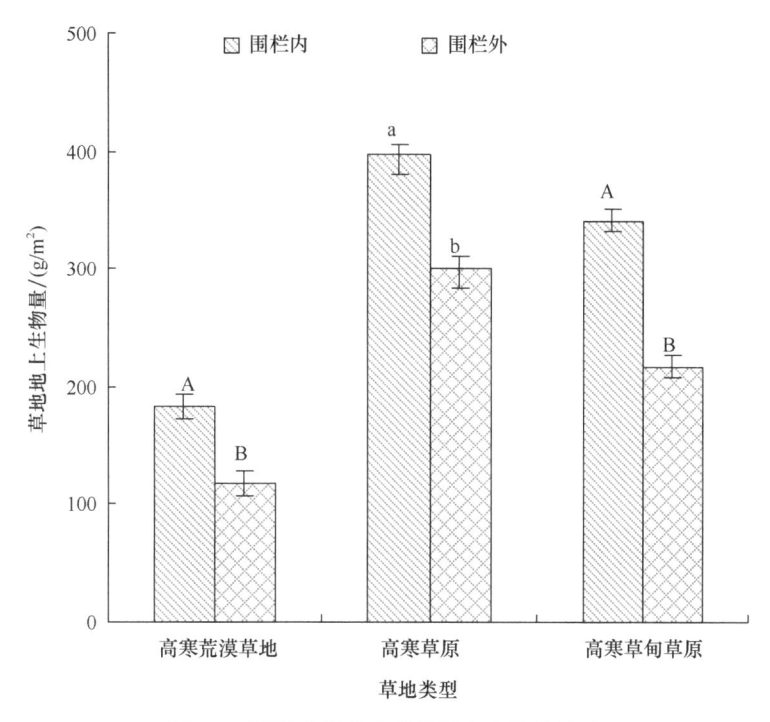

图 4-5 围栏内外草地群落地上生物量鲜重

处理间不同小写字母表示差异显著（$P < 0.05$），不同大写字母表示差异极显著（$P < 0.01$）

Fig.4-5 Vegetation biomass in fencing enclosure and outside enclosure

Little letters mean the difference between within and outside of enclosure at $P < 0.05$, and capital letters mean the difference at $P < 0.01$

内外群落多样性指数差异不显著（$P > 0.05$）。围栏后 3 种高寒草地丰富度指数均有增加的趋势，但是围栏内外植被丰富度指数差异均不显著（$P > 0.05$）。与丰富度指数类似，围栏后 3 种高寒草地均匀度指数均表现为增加的趋势，围栏内外植被差异性也均不显著（$P > 0.05$）（表 4-2）。

表 4-2 围栏内外草地多样性指数、均匀度指数和丰富度指数

Tab.4-2 Diversity index, evenness index and richness index of alpine meadow of within and outside fencing enclosure

草地类型	处理	群落物种数	多样性指数	均匀度指数	丰富度指数
高寒草甸草原	围栏外	9[b]	1.98[a]	11.69[a]	3.19[a]
	围栏内	13[a]	1.95[a]	11.96[a]	3.19[a]
高寒荒漠草地	围栏外	6[a]	1.30[b]	13.90[a]	1.86[a]
	围栏内	7[a]	1.48[a]	17.50[a]	2.42[a]
高寒草原	围栏外	10[b]	2.07[a]	12.83[a]	3.62[a]
	围栏内	13[a]	2.13[a]	13.26[a]	3.91[a]

注：上标小写字母表示围栏内外差异显著性（$P < 0.05$）

Notes: The superscript letter means the difference between outside and inside of enclosure at $P < 0.05$

4. 退化高寒草甸连续 4 年围栏封育对植被的影响

植被盖度与观测年的水热量关系紧密，但是在自由放牧的退化草地，变化不大。

围栏封育整体上逐渐提高植被覆盖度，由于禁止放牧采食，草地上保留了大量地上植被。提高的植物物种主要是嵩草和禾草植物，这些植物的重要值得到极大增加，并在第四年逐渐趋于稳定。植被高度在 3 年、4 年后达到较高水平，主要是由于禾草增加提高了植被的高度。植被的生物量也在围栏 3 年、4 年后达到了较高水平。总体而言，围栏禁牧是藏北地区目前应对草地退化的重要方法（图 4-6~图 4-8）。

（二）围栏对土壤的影响

1. 短期围栏的影响

围封 2 年对土壤理化性质无明显影响（表 4-3）。有机碳、全 N、全 P、全 K 等全

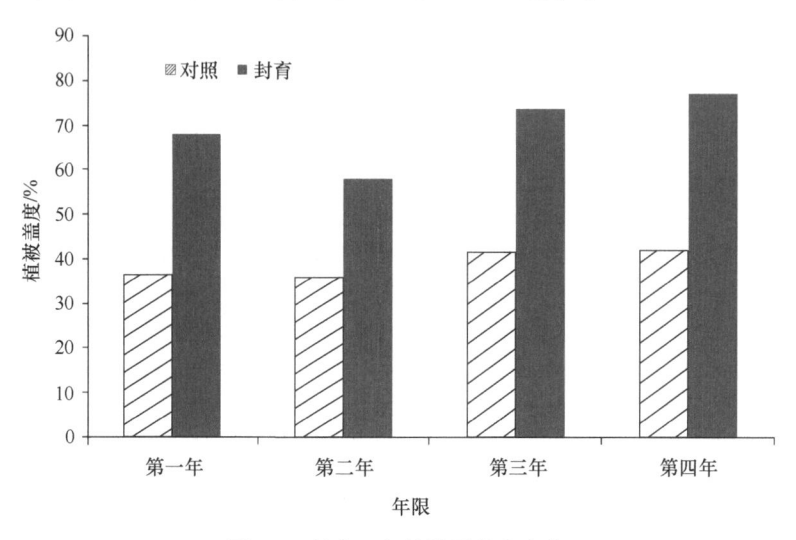

图 4-6　封育 4 年植被覆盖度变化

Fig.4-6　Dynamic of vegetation cover under the fencing enclosure treatment within four years

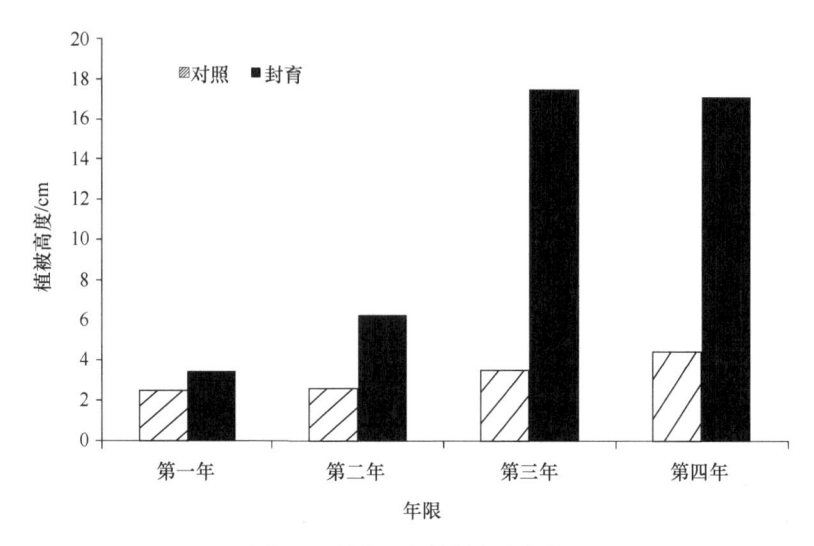

图 4-7　封育 4 年植被高度变化

Fig.4-7　Dynamic of vegetation height under the fencing enclosure treatment within four years

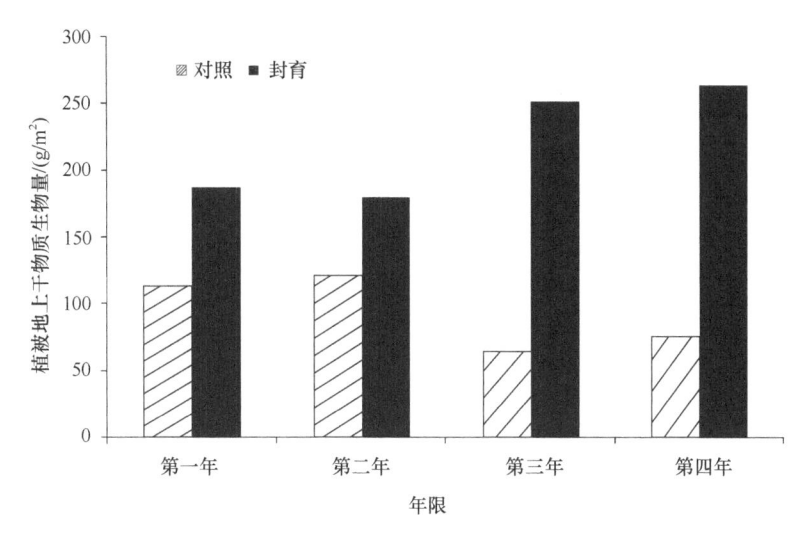

图 4-8 封育 4 年植物生产力变化

Fig.4-8 Dynamic of vegetation biomass under the fencing enclosure treatment within four years

量指标及速效 N、速效 P、速效 K 等速效养分指标，围栏内外均无显著性差异（王爱东，2009）。

表 4-3 藏北围封 2 年后围栏内外土壤理化性质对比

Tab.4-3 Comparision of soil profiles between the within and outside of fencing enclosure of alpine meadow in North Tibet after 2 years' fencing

处理	土层/cm	有机碳/（g/kg）	全氮/（g/kg）	速效氮/（mg/kg）	全磷/（g/kg）	速效磷/（mg/kg）	全钾/（g/kg）	速效钾/（mg/kg）
围栏外	0~10	54.43	3.30	101.05	0.57	5.76	16.97	316.50
	10~20	33.17	3.20	93.44	0.44	3.31	14.03	291.23
	20~30	21.40	2.61	67.12	0.39	0.25	12.67	201.87
围栏内	0~10	59.33	3.33	108.23	0.63	5.80	16.70	317.73
	10~20	32.57	3.14	96.72	0.47	3.37	14.23	251.07
	20~30	21.23	2.64	64.18	0.33	0.26	12.63	202.63

2. 长期围栏的影响

围栏内、外高寒灌丛草甸，土壤有机碳含量均表现为沿土壤剖面降低的趋势，这与灌丛土壤有机碳主要来源于灌丛及周边草本的凋落物、根系及分泌物有关（曹静娟，2010）。相比于 0~10cm 土层，围栏内土壤有机碳含量在 10~20cm 和 20~30cm 分别下降了 16%、30%，而围栏外相应下降幅度为 20%、46%（表 4-4）。与围栏外灌丛草甸相比，围栏内土壤有机碳含量沿 0~10cm、10~20cm、20~30cm 土层分别显著增加了 13%、19%、48%。土壤有机碳的增加幅度在土壤剖面上的差异，说明围栏处理对高寒灌丛草甸土壤有机碳的积累作用主要发生在土壤深层，表层土壤有机碳的累积效果较

表 4-4　围栏 10 年后高寒灌丛草甸土壤有机碳库变化

Tab.4-4　Soil organic carbon pool of alpine shrub-meadow after 10 years of fencing enclosure

土层/cm	样地类型	有机碳/(g/kg)	有机碳储量/(Mg/hm²)	微生物量碳/(mg/kg)	微生物量碳比例/%	轻组有机碳/(g/kg)	轻组碳比例/%
0~10	围栏内	96.6±1.1a	72.3±1.0a	847.9±46.1a	0.88±0.04a	24.8±0.8a	25.7±0.5a
	围栏外	85.7±0.5b	68.1±0.7b	686.9±22.4b	0.80±0.02a	19.9±0.4b	23.2±0.7b
10~20	围栏内	80.9±0.2a	66.3±3.0a	364.9±16.6a	0.45±0.02a	18.0±0.8a	22.3±0.9a
	围栏外	68.2±0.5b	58.2±0.7b	214.3±15.5b	0.31±0.02b	14.2±0.1b	20.8±0.2a
20~30	围栏内	68.0±0.9a	60.6±0.5a	140.4±16.8a	0.21±0.02a	14.1±0.4a	20.7±0.6a
	围栏外	46.0±0.2b	44.1±1.43b	81.1±2.4b	0.18±0.01a	7.9±0.1b	17.3±0.3b

注：小写字母表示围栏内外相同指标的差异性（$P < 0.05$）

Notes：Little letters mean the difference between within and outside of fencing enclosure at the $P < 0.05$

小。这可能是因为，围栏后土壤有机碳的增加主要来源于所增灌丛的根系残体及分泌物，而灌丛地上凋落物的影响不大。与 0~10cm 土层相比，围栏内土壤有机碳储量 10~20cm 和 20~30cm 分别降低了 8% 和 16%，而围栏外相应降低幅度为 15% 和 35%。相比于围栏外灌丛草甸，围栏使土壤有机碳储量沿土壤剖面分别显著增加了 6%、14% 和 37%。对比土壤有机碳含量在土壤剖面及围栏内、外的变化幅度，土壤有机碳储量在各方面的变化幅度都相对较小，这主要是由土壤容重的变化造成的。从沿土壤剖面的变化来看，土壤有机碳储量的下降幅度低于有机碳含量，是因为沿土壤剖面，土壤容重是增加的；从围栏内、外的变化来看，土壤有机碳储量的下降幅度低于有机碳含量，这是由于围栏使土壤容重在各个层次均呈降低趋势。

相比于 0~10cm 土层，围栏内土壤微生物量碳在 10~20cm 和 20~30cm 土层的下降幅度分别为 57% 和 83%，而围栏外相应的下降幅度分别为 69% 和 88%。高寒灌丛草甸经围栏处理后，相比于围栏外，围栏内土壤微生物量碳沿 0~10cm、10~20cm 和 20~30cm 土壤剖面分别显著增加了 23%、70% 和 73%。不管是土壤剖面上的变化，还是围栏内、外的变化，土壤微生物量碳的变化幅度都大于有机碳的变化幅度。这说明，与土壤有机碳含量相比，土壤微生物量碳在土壤剖面及围栏内、外的变化更明显，即土壤微生物量碳对草地管理措施的变更更为敏感。围栏内、外灌丛草甸，土壤微生物量碳占有机碳的比例（0~30cm）为 0.18%~0.88%，表现为沿土壤剖面降低的趋势。表明土壤表层微生物量碳占有机碳的比例较高，这可能与土壤表层富集的凋落物、根系、分泌物能够为微生物提供大量能源基质有关。围栏内土壤微生物量碳占有机碳的比例在各土层均高于围栏外土壤，说明经围栏处理后，地表凋落物、根系及分泌物等的增加维持了土壤中较高的土壤微生物量。

相比于 0~10cm 土层，围栏内土壤轻组有机碳沿 10~20cm 和 20~30cm 土层的下降幅度分别为 27% 和 43%；而围栏外的下降幅度为 29% 和 60%。高寒灌丛经围栏处理后，相比于围栏外，围栏内土壤轻组有机碳沿土壤剖面分别增加了 25%、27% 和 78%。同土壤微生物量碳的变化相似，土壤轻组有机碳的变化幅度也大于有机碳含量，说明土壤轻组有机碳也可以作为响应草地管理措施变化的早期指标。土壤轻组有机碳占有机碳的比例为 17.3%~25.7%，最大值出现在围栏内的土壤表层，这说明表层土壤及围栏处理均提供了较多轻组有机碳的来源。

土壤全氮含量，在土壤剖面及在围栏内、外的变化规律与有机碳的变化规律基本一致，即沿土壤剖面表现为下降趋势，同样，这主要与灌丛土壤有机质大部分来源于灌丛及周边草本凋落物及死亡根系相关。相比于 0~10cm 土壤层，围栏内及围栏外土壤全氮含量在 10~20cm 和 20~30cm 分别降低了 12%、27%，18%、40%（表 4-5）。与围栏外草地土壤相比，围栏内土壤全氮含量沿 0~10cm、10~20cm 和 20~30cm 土壤层，显著增加了 12%、21% 和 37%。同土壤有机碳在土壤剖面上的增加幅度一样，围栏处理后，深层（20~30cm）土壤全氮含量增加的幅度最大。与 0~10cm 土壤层相比，围栏内与围栏外土壤全氮储量 10~20cm 和 20~30cm 分别降低了 4%、13%，12%、27%。相比于围栏外灌丛草地，围栏内土壤全氮储量沿土壤剖面分别显著增加了 6%、16% 和 27%（$P<0.05$）。同样，由于土壤容重变化规律的影响，导致土壤全氮储量在土壤剖面及围栏内、外的变化幅度，较土壤全氮含量的变化幅度都小。

表 4-5 围栏 10 年高寒灌丛草甸土壤氮库变化
Tab.4-5 Soil nitrogen pool of alpine shrub-meadow after 10 years of fencing enclosure

土层/cm	样地类型	全氮/（g/kg）	微生物量氮/（mg/kg）	有效氮/（mg/kg）	全氮储量/（Mg/hm²）	微生物量氮比例/%
0~10	围栏内	6.7±0.1a	113.1±5.7a	54.7±2.6a	5.04±0.05a	1.68±0.10a
	围栏外	6.0±0.0b	93.4±2.0b	49.3±1.4a	4.74±0.04b	1.57±0.04a
10~20	围栏内	5.9±0.0a	56.2±1.1a	48.3±7.7a	4.84±0.23a	0.95±0.02a
	围栏外	4.9±0.1b	33.8±1.4b	47.1±1.9a	4.17±0.12b	0.69±0.02b
20~30	围栏内	4.9±0.0a	23.8±1.8a	39.2±5.3a	4.40±0.03a	0.48±0.04a
	围栏外	3.6±0.0b	14.6±0.5b	25.2±3.7b	3.46±0.12b	0.41±0.02a

注：小写字母表示围栏内外相同指标的差异性（$P<0.05$）
Notes: Little letters mean the difference between within and outside of fencing enclosure at the $P<0.05$

相比于 0~10cm 土层，围栏内、外土壤微生物量氮在 10~20cm 和 20~30cm 土壤剖面的下降幅度分别为 50%、79%，64%、84%。高寒灌丛草甸经围栏处理后，相比于围栏外，围栏内土壤微生物量氮沿 0~10cm、10~20cm、20~30cm 土壤剖面分别显著增加了 21%、66% 和 63%。不管是土壤剖面上的变化，还是围栏内、外的变化，土壤微生物量氮的变化幅度都大于全氮含量的变化幅度。这说明土壤微生物量氮对草地管理措施较全氮敏感。土壤微生物量氮占全氮的比例（0~30cm）为 0.41%~0.68%，表现为沿土壤剖面降低的趋势，说明土壤表层可维持高比例的土壤微生物量。围栏内土壤微生物量氮占全氮的比例在各土层均高于围栏外土壤，说明经围栏处理后，土壤全氮含量中微生物量氮比例有所提高。有效氮主要是指以铵态氮（NH_4^+-N）和硝态氮（NO_3^--N）形式存在的氮素，是植物从土壤中可以直接吸收利用的形态。高寒灌丛草甸经围栏处理后，土壤有效氮含量在 0~30cm 各个土壤层均呈增加趋势，尤其在 20~30cm 土层增加显著，达 56%。

3. 围栏对草地 CO_2 排放的影响

监测结果表明，高寒草甸群落系统 CO_2 释放速率亦具有明显的季节性变化，随着月份的推移，温度的降低，CO_2 释放速率也逐渐下降。植物生长高峰时期（7 月、8 月）的 CO_2 释放速率明显高于枯草期的（10~12 月及次年 1~4 月）CO_2 释放速率（$P < 0.01$）。在 7 月至第二年 4 月期间，围栏与放牧草甸的 CO_2 排放高峰主要集中在植物生长高峰季节，最大月平均释放速率出现在 8 月，分别为 148.15μmol/（m²·min）和 95.47μmol/（m²·min）；最小月均值出现在 2 月，分别为 16.72μmol/（m²·min）和 14.61μmol/（m²·min）（图 4-9）（赵景学等，2011b）。

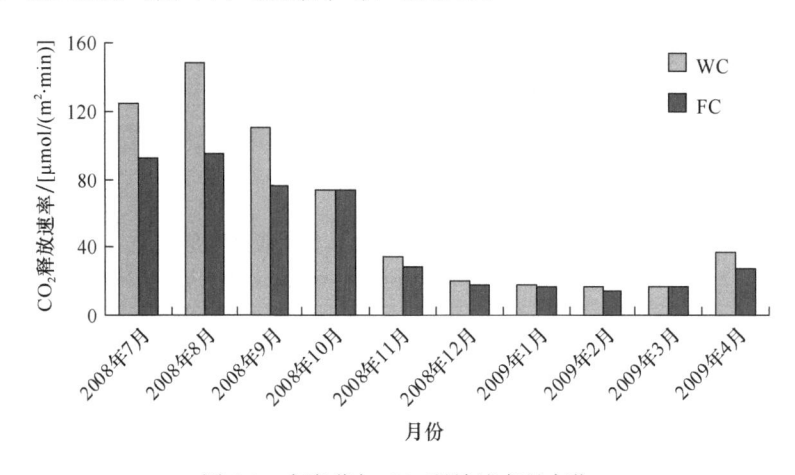

图 4-9 高寒草甸 CO_2 释放速率月变化
WC. 围栏内草地；FC. 围栏外自由放牧草地
Fig.4-9 Emission rate of CO_2 monthly in alpine meadow
WC, within fencing enclosure; FC, free grazing meadow

高寒草甸 CO_2 释放速率的物候期差异也较大，其平均释放速率亦表现出盛草期＞枯黄初期＞返青初期＞枯黄后期（$P < 0.05$）。盛草期围栏草甸 CO_2 平均释放速率明显高于放牧草甸 CO_2 平均释放速率，其平均值分别为 136.13μmol/（m²·min）和 93.91μmol/（m²·min）；在枯黄期与返青初期，围栏草甸与放牧草甸 CO_2 平均释放速率大致相等，差异不显著（$P > 0.05$）（图 4-10）。

（三）围栏与碳、氮添加

肥料施用是退化草地恢复中的重要手段，然而关于肥料使用的综合生态效益很少得到详细评估。应对气候变化的重要措施是使退化草地得到相应恢复，那么肥料使用的整体生态效益需要仔细评估。的确，如果肥料使用提高了植被生物生产和植被覆盖度，但是促进的碳、氮排放量较大的话，那么这种肥料使用的生态效益就应该得到重视。特别是在高寒地区，如果大量的碳被施肥作用激发，就必须重新考虑施肥这种技术的适用性。例如，韩发等（2007）的研究表明，施肥使得三江源退化草地土壤有机碳及全氮含量在土壤表层 0~10cm 升高，10~30cm 土壤层降低；这与 Mack 等（2004）在北极苔原的长期施肥试验（20 年）结果相似：施肥导致北极苔原生态系统土壤碳、氮储

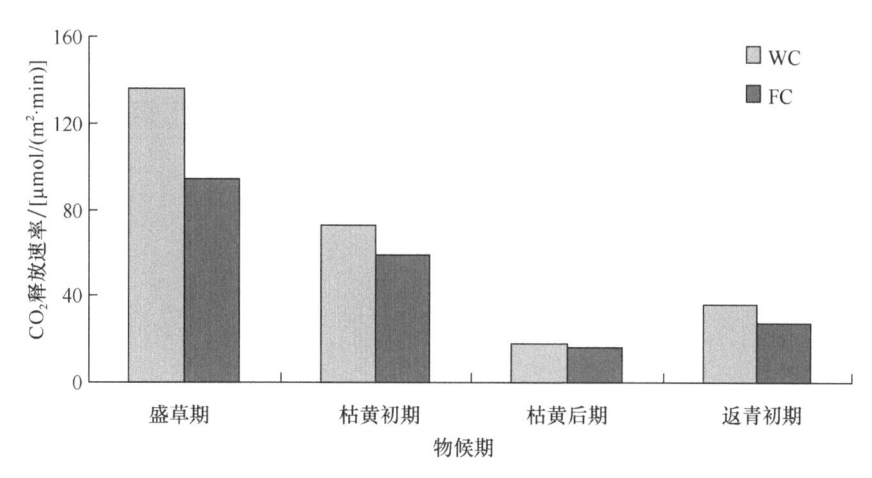

图 4-10　高寒草甸 CO₂ 释放速率物候期变化

WC. 围栏内草地；FC. 围栏外自由放牧草地

Fig.4-10　Emission rate of CO₂ of different phonological periods（high growing season, at the beginning of withered and yellow of herbs, end of withered and yellow of herbs, turn green season）in alpine meadow

WC, within fencing enclosure; FC, free grazing meadow

量在 0~5cm 的土壤表层升高，5~30cm 层降低。表明在当前时空尺度下，施肥使土壤养分在表层积聚，并加速土壤深层原有碳库的分解。

1. 碳、氮添加与植被生物量

试验采用两因素完全随机设计，两因素分别为碳、氮添加。C 添加 3 个水平：0kg C/hm²、60kg C/hm² 和 120kg C/hm²（C0、C60、C120）；N 添加 3 个水平：0kg N/hm²、50kg N/hm² 和 100kg N/hm²（N0、N60、N120）（表 4-6）（陈晓鹏，2013）。

试验开始后 2011 年度 C0N100 和 C60N100 两个处理草地地上生物量较对照 C0N0 处理显著增加，其他处理与对照相比无显著差异，表明氮添加量达到 100kg/hm² 时，对植物生长具有明显促进作用，但当可溶性碳添加量同时达到 120kg/hm² 时，在一定程度上解除了微生物的碳限制，与植物竞争可利用氮，因此 C120N100 处理地上生物量并未显著增加。氮处理对紫花针茅地上生物量具有显著影响。2012 年度各处理间基本无显著差异，表明植物生长目前受到其他资源的限制（如气温），而氮不再是第一性限制因素。两年度地上生物量总和受碳添加影响显著，表明土壤氮素可利用性对碳添加具有显著效应，可影响植物生长（表 4-6）。

氮添加对地下生物量具有显著影响，两年度地下生物量总和及根冠比减小，表明植物本身存在一种调控机制，在地上与地下生物量分配上存在一种权衡：当土壤资源丰富时，植物不再需要将有机物用于根部生长以获取更多的土壤资源，而是固定更多的碳以支持更多的地上生物量和更大的叶面积指数，以充分利用光照及获取更多的 CO₂，从而达到资源利用率的最大化（表 4-6）。

2. 碳、氮添加与土壤呼吸

对照组 C0N0 处理试验期 7 周呼吸累积量为 109.50gCO₂·C/m²，生长季土壤呼吸平

表 4-6 碳、氮添加对两年度植物生物量总和的影响
Tab.4-6 The effect of carbon, nitrogen addition on total plant biomass in two years

处理	地上生物量/（g/m²）	地下生物量/（g/m²）
C0		
N0	351.6b	5095.69
N50	383.28ab	4952.68
N100	497.33a	4165.33
C60		
N0	480.25	5440.43
N50	446.8	4318.63
N100	441.75	4652.37
C120		
N0	445.72	5835.49
N50	362.1	3707.01
N100	387.55	4591.20
方差分析		
C 处理	*	NS
N 处理	NS	*
C 处理 ×N 处理	NS	NS

注：* 表示 P=0.05 水平显著性差异，NS 表示不显著

Notes: * means the significant different at P = 0.05, and NS means without significant different

均碳排放通量为 2.12gCO$_2$·C/（m²·d）。C0N100 及 C120N100 处理 7 周呼吸累积量较对照组 C0N0 处理显著（$P<0.05$）增加，分别增加了 29.15gCO$_2$·C/m² 和 34.23gCO$_2$·C/m²。土壤呼吸累积量随着试验进行，呼吸速率在第 1 周和第 2 周较迅速，到第 2 周以后趋于平稳，表明激发效应的时效较短（图 4-11）。

2012 年度土壤呼吸量周变化与 2011 年试验不同，呼吸速率较为平稳，且低于 2011 年度土壤呼吸速率。各处理 8 周呼吸累积量均无显著差异。由于土壤呼吸测定采用暗箱割草法，在布置试验后，没有地上部光合作用的有机质输入，土壤呼吸主要依靠根系及凋落物等新鲜有机质的分解，在试验开始后的 2011 年 8 月至 2012 年 6 月，部分根系及凋落物已被矿化，2012 年度试验中土壤呼吸依靠根系、凋落物残存部分及土壤有机质的分解。因此，与对照组 C0N0 处理试验期 8 周呼吸累积量为 46.89gCO$_2$·C/m²，与 2011 年试验期相比下降 58%。生长季平均排放通量为 0.84gCO$_2$·C/（m²·d），与 2011 年试验期相比下降 60%。

藏北高寒草甸生长季土壤呼吸累积总量变化与氮添加密切相关，在试验初期与碳添加和氮添加均显著相关。一般而言，微生物受碳限制，可能本试验碳添加量较少而未能对土壤呼吸累积量产生显著影响。

3. 碳、氮添加与土壤有机碳

土壤 0~5cm 和 10~20cm 层有机碳含量在各年度各处理间无显著差异。5~10cm 层土壤有机碳含量在 2012 年度，C0N100 处理显著高于对照 C0N0 处理（图 4-12）。表

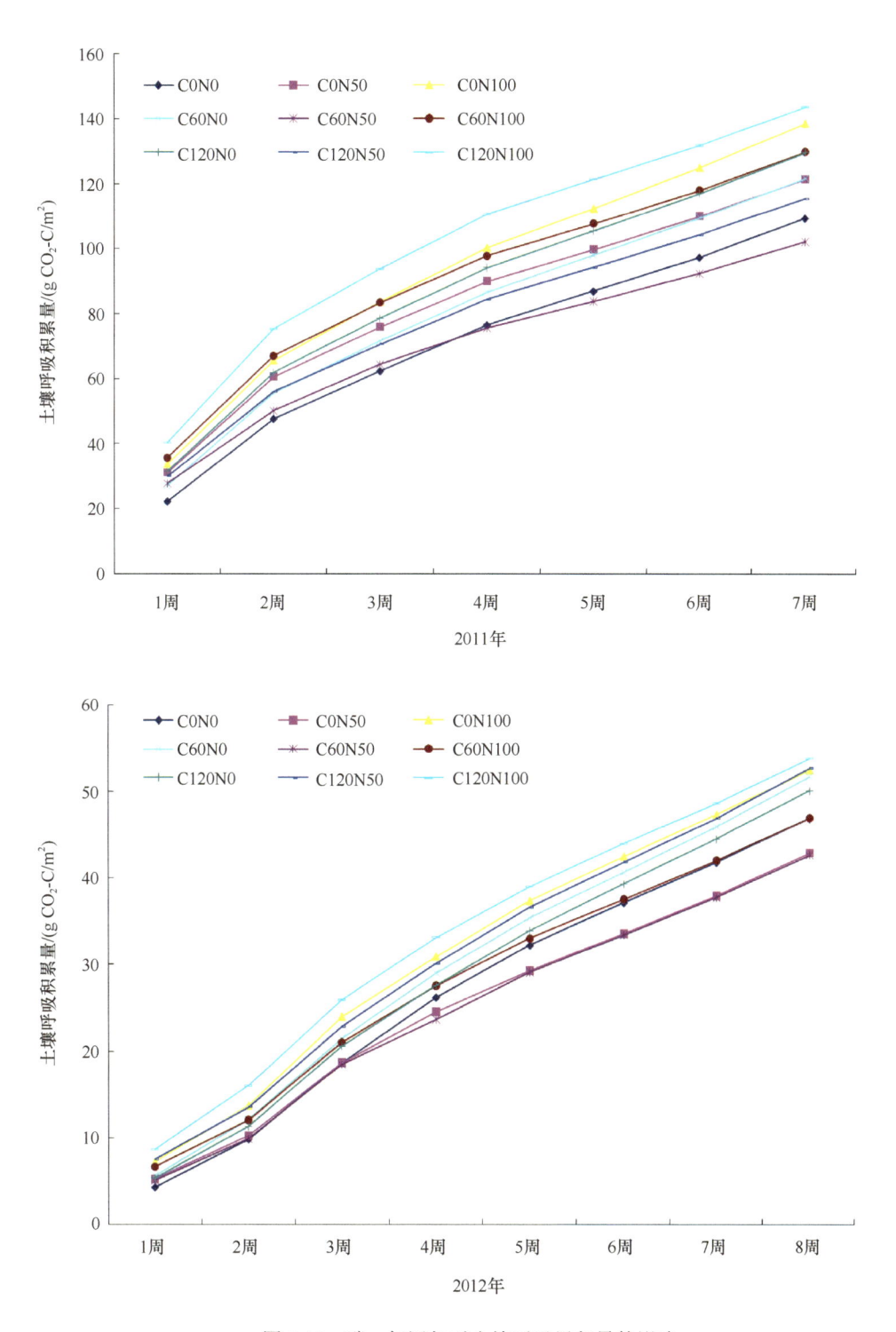

图 4-11 碳、氮添加对土壤呼吸累积量的影响

Fig.4-11 Cumulant of CO_2 from soil respiration under addition treatment of carbon and nitrogen

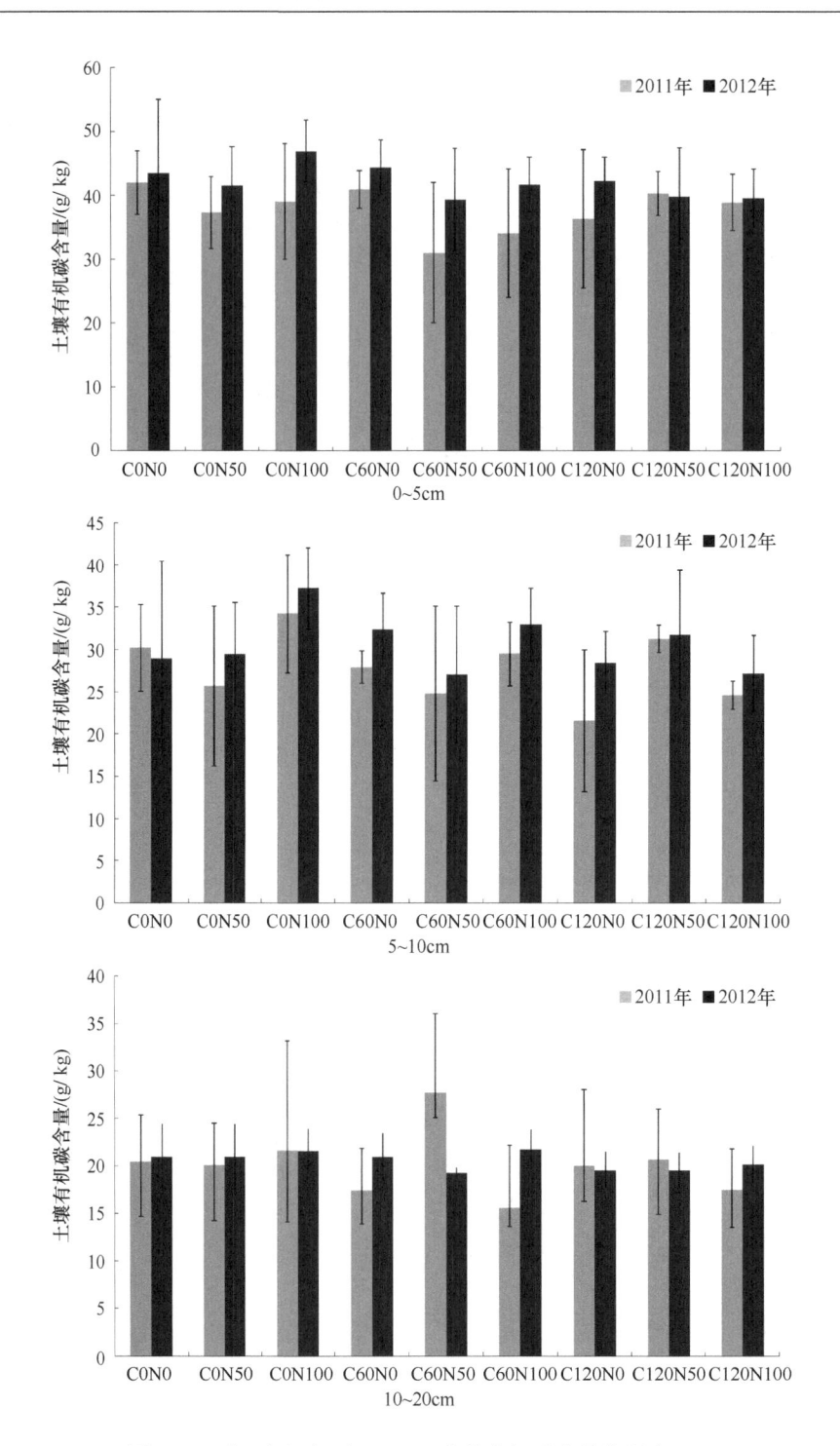

图 4-12　碳、氮添加对 0~20cm 土壤有机碳含量的影响

Fig.4-12　The effect of carbon and nitrogen addition on soil organic carbon content at the layer of 0-20cm

明碳氮添加对土壤有机碳含量影响不大。单施氮肥并达到 100kg/hm² 可增加植物对 5~10cm 土壤的碳输入。其他处理与对照相比，其土壤有机碳含量并无明显变化。

土壤 0~5cm 层有机碳含量为 30~50g/kg，5~10cm 层土壤有机碳含量为 22~40g/kg，10~20cm 层土壤有机碳含量为 15~30g/kg，土壤有机碳含量随土层深度增加而递减。

4. 碳、氮添加与土壤氮库

2011年度各处理在 0~5cm、5~10cm 和 10~20cm 层土壤全氮含量与对照 C0N0 无明显差异，表明第一年度添加的可利用碳、氮大部分被消耗或损失。2012 年度 C0N100 处理比对照 C0N0 处理 0~5cm 土壤全氮含量显著升高（$P<0.05$），表明在试验第二年度，单纯 100kg/hm² 氮添加草地土壤表层氮素未能完全被微生物及植物利用或淋溶损失而部分残留，或第一年度凋落物增加而分解之后的有机物储存在土壤表层。5~10cm 层土壤全氮含量各处理与对照 C0N0 处理相比无明显差异，C0N100、C60N50、C120N0 和 C120N50 处理 10~20cm 层土壤全氮含量与对照 C0N0 处理相比显著降低（图 4-13）。可能是由于碳、氮添加促进微生物对土壤原有有机氮的分解，进而被消耗或损失。

0~5cm 土层全氮含量 2011 年度 1.9~3g/kg，2012 年度为 1.5~2.5g/kg；5~10cm 土层全氮含量 2011 年度为 1.9~2.6g/kg，2012 年度为 1.3~1.5g/kg。0~10cm 土壤全氮含量在试验第二年度降低，表明碳、氮添加促进土壤 0~10cm 层土壤有机氮的分解，进而被植物和微生物利用或淋溶损失。

10~20cm 土层全氮含量 2011 年度为 1.2~2g/kg，2012 年度为 2~3g/kg，在试验第二年度有所升高。一般而言，土壤全氮随土壤层次加深，呈现逐渐下降的趋势，而在试验第二年度，10~20cm 层土壤全氮含量却较 0~5cm 和 5~10cm 层高。以上现象可能是由于外援添加氮素残留或土壤 0~10cm 层原有有机氮分解后淋溶至该层。

5. 围栏内、外 N 添加对土壤呼吸的影响

围栏封育草甸氮添加处理土壤呼吸速率达到 1.3gCO$_2$·C/（m²·d），与 2011 年度围栏内试验的土壤呼吸速率相比降低，这可能与两年气温差异有关。自由放牧草甸氮添加处理草地呼吸速率达到 1.04gCO$_2$·C/（m²·d），而没有施氮肥的围栏内、外草甸土壤呼吸速率分别为 1.10gCO$_2$·C/（m²·d）和 0.8 gCO$_2$·C/（m²·d）。施氮肥的围栏封育草甸土壤呼吸累加值最高，施氮肥的围栏外草地与围栏内草地土壤呼吸累加值相当，围栏外草地土壤呼吸累加值最小。其差异均达到极显著水平（$P<0.01$）（图 4-14）。表明土壤呼吸与土壤养分含量尤其是可利用氮含量有关。另外，本试验围栏封育草甸氮添加处理草地土壤呼吸速率为 1.3gCO$_2$·C/（m²·d），与当年度碳、氮添加试验区土壤呼吸速率平均值 0.84gCO$_2$·C/（m²·d）相比显著升高，这与碳、氮添加试验小区土壤呼吸装置内土壤未能获得上年度新鲜有机质输入有关。

6. 刈割、围栏与氮添加的交互作用

自由放牧草甸土壤有机碳与围栏封育草甸相比要低，且多数达到极显著水平（$P<0.01$），表明围栏封育显著提高了土壤有机碳含量，施肥和刈割等措施对土壤有机碳含量无明显影响（图 4-15）。

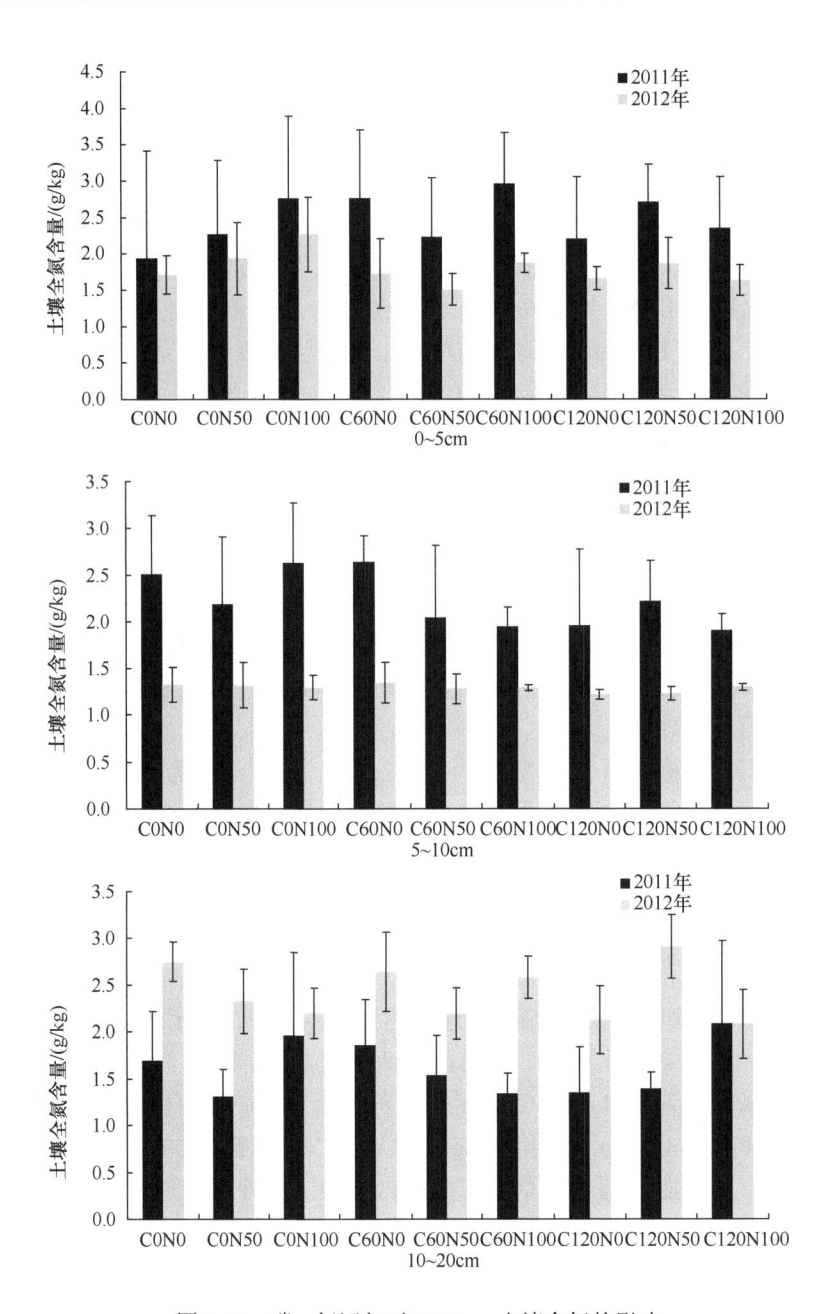

图 4-13　碳、氮添加对 0~20cm 土壤全氮的影响

Fig.4-13　The effect of carbon and nitrogen addition on soil total nitrogen content at the layer of 0-20cm

刈割并施肥可减少围栏封育草地 0~5cm 和 10~20cm 土壤层全氮含量,对其他层次及自由放牧草甸全氮含量无显著影响。表明氮添加和刈割可刺激围栏内草地植物生长对氮素的利用及土壤微生物对土壤有机氮的矿化。围栏内、外草地全氮含量水平相当,5~10cm 层土壤全氮含量最高,其次为 10~20cm 层,0~5cm 层土壤全氮含量最低(图 4-16)。

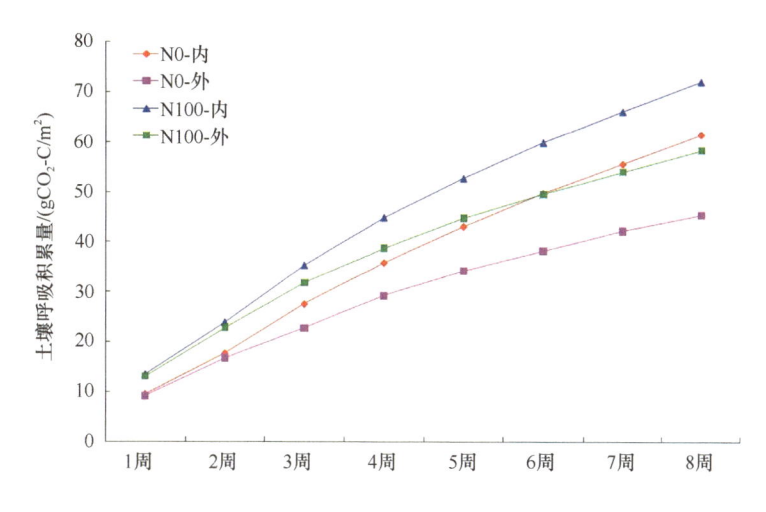

图 4-14　氮添加对围栏内外土壤呼吸的影响

Fig.4-14　The effect of nitrogen addition on soil respiration of outside fencing enclosure's alpine meadow

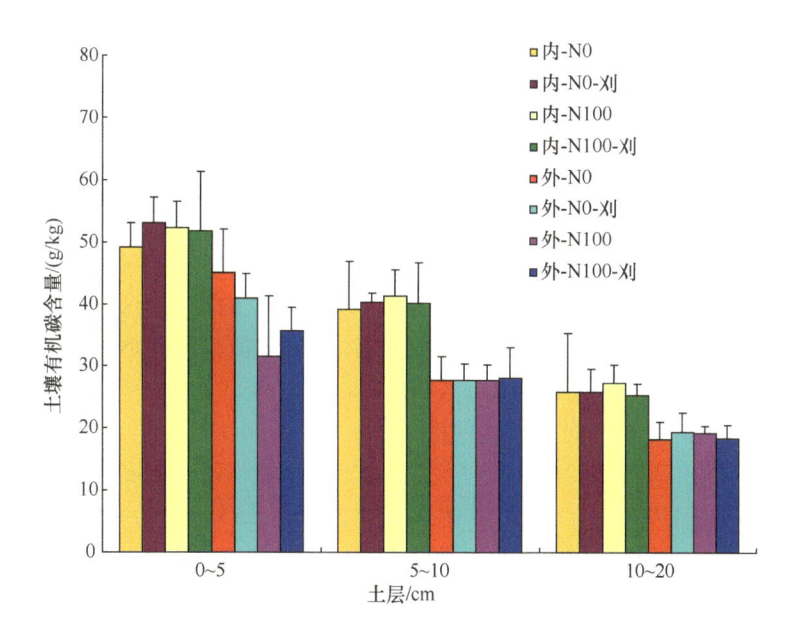

图 4-15　刈割、围栏与氮添加对土壤有机碳的影响

Fig. 4-15　The effect of vegetation clipping, fencing enclosure and nitrogen addition on soil organic carbon in alpine meadow

（四）围栏内、外草地土壤矿化

1. 围栏内土壤矿化

（1）围栏内碳、氮及茎叶添加后土壤呼吸 CO_2-C 释放累积量

整个实验阶段（0~56 天），N 对土壤呼吸作用影响较小，C 和植物茎叶添加对土壤累积呼吸量的影响表现出非常显著的促进作用（$P<0.01$）（王喜明，2014）。在 0~7 天，C

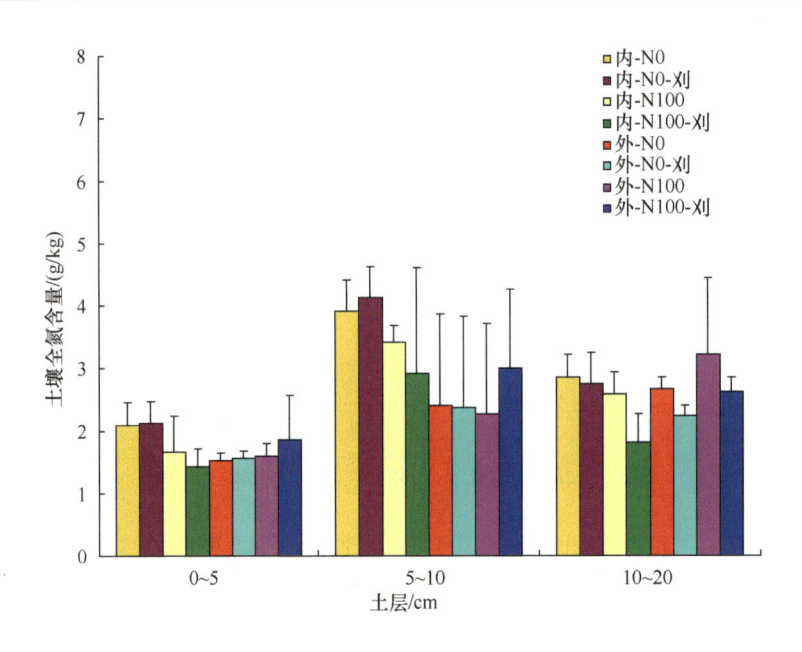

图 4-16 刈割、围栏与氮添加对土壤全氮的影响

Fig.4-16 The effect of vegetation clipping, fencing enclosure and nitrogen addition on soil total nitrogen in alpine meadow

与植物茎叶之间存在交互作用,且对土壤呼吸 CO_2-C 释放累积量的影响显著($P < 0.05$)(图 4-17)。在相同氮水平,不添加植物茎叶和添加植物茎叶的 C120 与 C0 的土壤呼吸 CO_2-C 释放累积量之间存在差异($P < 0.05$)。所有处理的整体增加趋势大致相同,以第 0~3 天增速最快,4~7 天稍微缓和,7 天以后逐渐增加。无论 N0、N50 还是 N100,7 天及以后,C600 和 C120 处理均大于 C0 处理,且差异显著($P < 0.05$),而植物茎叶的添加,增加了碳矿化量,而且持续保持较高水平(图 4-17)。

N0 水平,植物茎叶和 C600 同时处理的 CO_2-C 累积释放量最高,培养第 3 天为(197.75±6.24)mg C/kg 土,56 天后达到(732.77±9.05)mg C/kg 土,且与添加植物茎叶的 N0-C120 和 N0-C0 相比,差异显著($P < 0.05$)。第 3 天和第 56 天分别为(86.4±4.46)mg C/kg 土和(639.71±11.16)mg C/kg 土,(99.68±8.85)mg C/kg 土和(594.7±11.42)mg C/kg 土,而 C120-茎叶和 C0-茎叶相比,差异均不显著。不添加植物茎叶处理(C600)的 CO_2-C 累积释放量第 3 天仅小于 C600-茎叶处理,为(168.67±4.64)mg C/kg 土。28~42 天,与 N0-C120-茎叶处理相差不大,而至 42~56 天,又小于 N0-C120-茎叶处理。说明植物茎叶处理在这段时间内促进了有机碳矿化作用强度,增加了土壤呼吸 CO_2-C 的释放,或者激发了土壤有机碳库活化,增加了土壤呼吸 CO_2-C 的排放量,56 天后达到(619.42±12.01)mg C/kg 土(图 4-17,N0)。

试验过程中,无论是添加还是不添加植物茎叶,其累积 CO_2-C 释放量,以 C600 处理高于 C0 和 C120 处理,且差异显著($P < 0.05$)。C600 处理,末期是初期的 3.4~3.7 倍。C0 和 C120 处理的第 56 天 CO_2-C 累积释放量是初期 3 天的 6.4~6.9 倍。高碳(C600)添加,

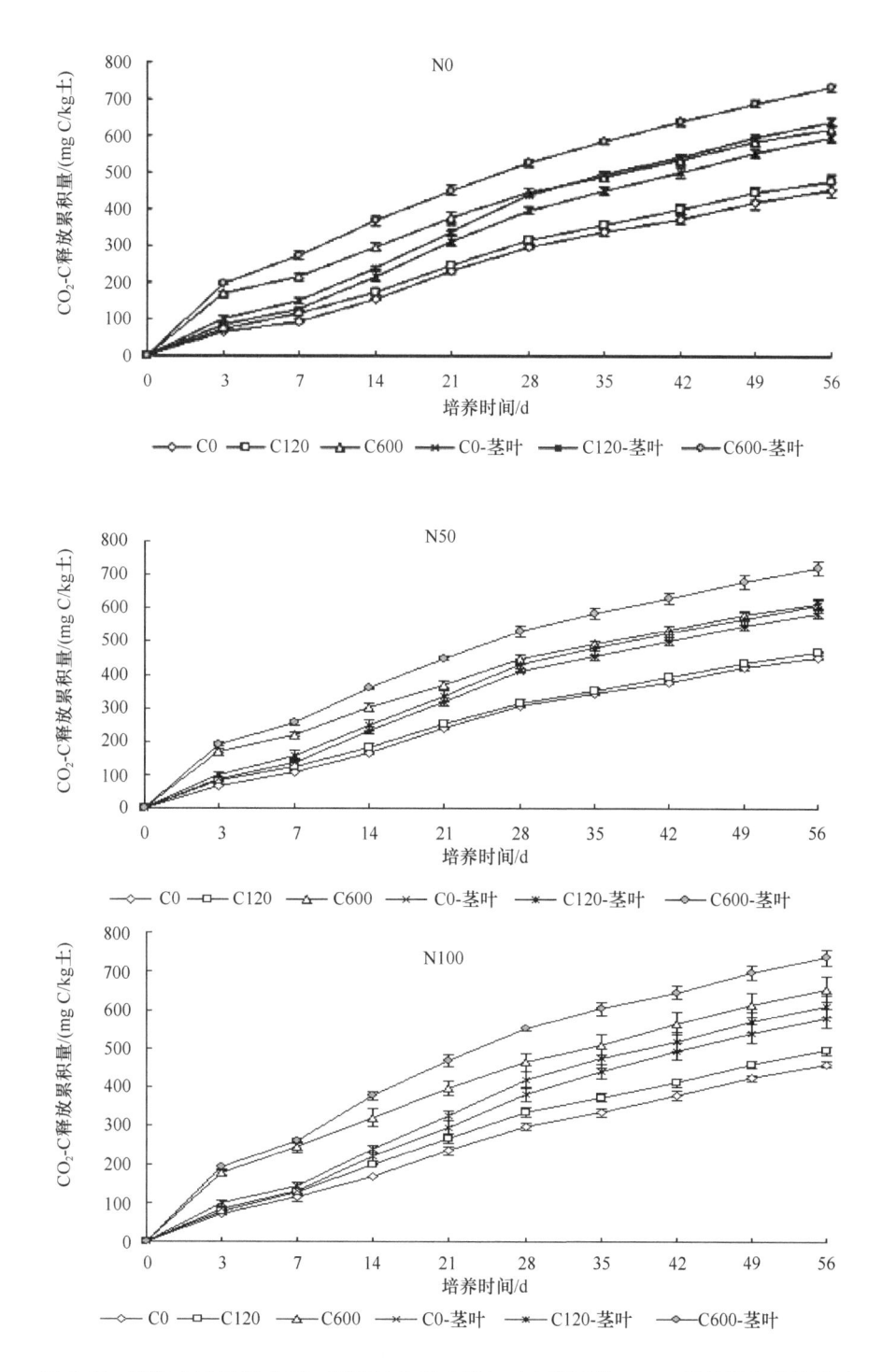

图 4-17　围栏内不同 N 水平，碳和植物茎叶添加对土壤呼吸 CO_2-C 释放累积量的影响
Fig.4-17　The effect of addition of nitrogen, carbon and plant stem/leaves on cumulant of CO_2 from soil respiration of within fencing enclosure in alpine meadow

对土壤呼吸 CO_2-C 累积释放量的促进作用从开始就长时间维持在高水平。至 56 天，C0-茎叶比 C0 高出 30.6%，C120-茎叶比 C120 的处理高出 34.14%，C600-茎叶比 C600 处理的土壤呼吸 CO_2-C 释放量高出 18.3%（图 4-17）。

可以预测整个生长季 5 月底至 9 月初（约 100 天），C0、C0-茎叶、C120、C120-茎叶、C600、C600-茎叶的土壤呼吸 CO_2-C 释放累积量分别为 1146.53kg/hm²、1497.36kg/hm²、1200.77kg/hm²、1610.7kg/hm²、1559.62kg/hm²、1845.01kg/hm²。日平均土壤呼吸速率分别为 1.15g CO_2·C/(m²·d)、1.50g CO_2·C/(m²·d)、1.20g CO_2·C/(m²·d)、1.61 g CO_2·C/(m²·d)、1.56 g CO_2·C/(m²·d)、1.85g CO_2·C/(m²·d)（图 4-17，N0）。

N50 水平，土壤呼吸 CO_2-C 释放累积量走势与 N0 水平相当，均表现出茎叶的添加增加了 CO_2-C 释放累积量。至 56 天，C0、C0-茎叶、C120、C120-茎叶、C600、C600-茎叶的土壤呼吸 CO_2-C 释放累积量分别为 1142.03kg/hm²、1475.72kg/hm²、1183.89kg/hm²、1529.27kg/hm²、1548.27kg/hm²、1818.73kg/hm²。C0-茎叶比 C0 高出 29.22%，C120-茎叶比 C120 的处理高出 29.17%，C600-茎叶比 C600 处理的土壤呼吸 CO_2-C 释放量高出 17.44%。C0、C0-茎叶、C120、C120-茎叶、C600、C600-茎叶的日均呼吸速率分别为 1.14g CO_2·C/(m²·d)、1.48 g CO_2·C/(m²·d)、1.18 g CO_2·C/(m²·d)、1.53g CO_2·C/(m²·d)、1.55g CO_2·C/(m²·d)、1.82g CO_2·C/(m²·d)，分别比 N0 水平的 C0、C0-茎叶、C120、C120-茎叶、C600、C600-茎叶处理的 CO_2-C 呼吸速率（或土壤呼吸 CO_2-C 累积释放量）降低 0.39%、1.47%、1.42%、5.32%、0.71%、1.45%。土壤呼吸 CO_2-C 平均呼吸速率和累积释放量的降低说明，50kg N/hm² 的添加量对 CO_2-C 排放起到一定的抑制作用（图 4-17，N50）。

N100 水平，土壤呼吸 CO_2-C 释放累积量走势与 N0 和 N50 水平相比，7 天后各处理间均有明显的差异（$P < 0.05$）。均表现出茎叶的添加增加了 CO_2-C 释放累积量。至 56 天，C0、C0-茎叶、C120、C120-茎叶、C600、C600-茎叶的土壤呼吸 CO_2-C 释放累加值分别为 1159.20kg/hm²、1460.92kg/hm²、1245.79kg/hm²、1539.70kg/hm²、1649.29kg/hm²、1856.42kg/hm²，日均呼吸速率分别为 1.16g CO_2·C/(m²·d)、1.46g CO_2·C/(m²·d)、1.25g CO_2·C/(m²·d)、1.54g CO_2·C/(m²·d)、1.65g CO_2·C/(m²·d)、1.86g CO_2·C/(m²·d)，分别比 N0 水平的相同处理，升高 1.09%、−2.50%、3.61%、−4.65%、5.44%、0.61%，但差异均不显著（图 4-17，N0、N100）。

（2）围栏内碳、氮及根添加的土壤呼吸 CO_2-C 释放累积量

三因素方差分析结果表明，碳和植物根系对整个培养期土壤 CO_2-C 释放累积量的影响非常明显（$P < 0.01$）。氮对整个培养期土壤 CO_2-C 释放累积量的影响不大。仅在培养 14 天后，表现出碳与氮显著的交互作用（$P < 0.05$），14~42 天极显著（$P < 0.01$），49~56 天显著（$P < 0.05$）。培养 14~42 天，表现出碳、氮和根之间存在显著的交互作用（$P < 0.05$）。

整个培养过程（表 4-7），以 C600 处理的 CO_2-C 释放累积量最大，较 C120 和 C0 的差异显著（$P < 0.05$），C120 和 C0 之间的差异不显著，而添加植物根系的 CO_2-C 释放累积量大于不添加植物根系的处理，且差异显著（$P < 0.05$）。培养 3 天和 7 天，以 N100-C600-根处理的 CO_2-C 释放累积量最大，分别为（227.59±9.58）mg C/kg 土

和（305.59±10.38）mg C/kg 土，而 7 天以后以 N50-C600- 根处理最大，至 56 天达到（793.44±18.67）mg C/kg 土，是不添加碳、氮及植物根系的 1.7 倍，说明 C600- 根处理条件下，100kg N/hm² 添加量对 CO₂-C 释放累积量的影响表现为促进作用减弱，也可能是增强了微生物对碳的同化。

表 4-7 碳、氮及植物根系添加对围栏内土壤 CO₂-C 释放累积量的影响
Tab.4-7 The effect of addition of nitrogen, carbon and plant root on cumulant of CO₂ from soil respiration of within fencing enclosure in alpine meadow

处理			时间及培养天数
			9月7日
			56
N0	不加根	C0	455.36±22.13b[b]
		C120	476.9±19.94b[b]
		C600	619.42±12.01b[a]
	加根	C0	634.72±9.26b[b]
		C120	638.2±22.96b[b]
		C600	721.9±21.03a[a]
N50	不加根	C0	453.57±5.62b[b]
		C120	470.2±3.33b[b]
		C600	615.05±14.88b[a]
	加根	C0	610.09±6.3a[b]
		C120	619.38±21.37a[b]
		C600	793.44±18.67a[a]
N100	不加根	C0	460.39±8.37b[b]
		C120	494.78±9.52b[b]
		C600	655.04±32.65b[a]
	加根	C0	562.37±14.58a[c]
		C120	622.45±8.68a[b]
		C600	769.98±18.41a[a]

注：小写字母表示添加植物根系与未添加根之间相同氮和碳水平的差异显著性比较；上标小写字母表示相同氮、植物根系处理条件下不同碳水平差异显著性比较（$P=0.05$）

Notes: Little letters means the significant different between root application and without root applications at same N, C application level at $P=0.05$. Superscript letters means the significant different among different C application at same C, root application level at $P=0.05$

2. 围栏外土壤矿化

（1）碳、氮及茎叶添加对围栏外土壤呼吸 CO₂-C 释放累积量

从表 4-8 看出，碳添加在整个培养期对 CO₂-C 释放累积量影响最大。氮添加仅在第 3 天有影响。植物茎叶添加仅在初期 3 天没有影响。而碳与氮，碳、氮和植物茎叶的交互作用仅在 14 天表现有影响。从图 4-18 可以看出，围栏外土壤，N0 和 N100 水平下不同处理的土壤呼吸 CO₂-C 释放累积量的整体趋势相似，但以碳和植物茎叶同时添加的影响最大。整个培养阶段，氮的添加对 CO₂-C 排放表现出一定的抑

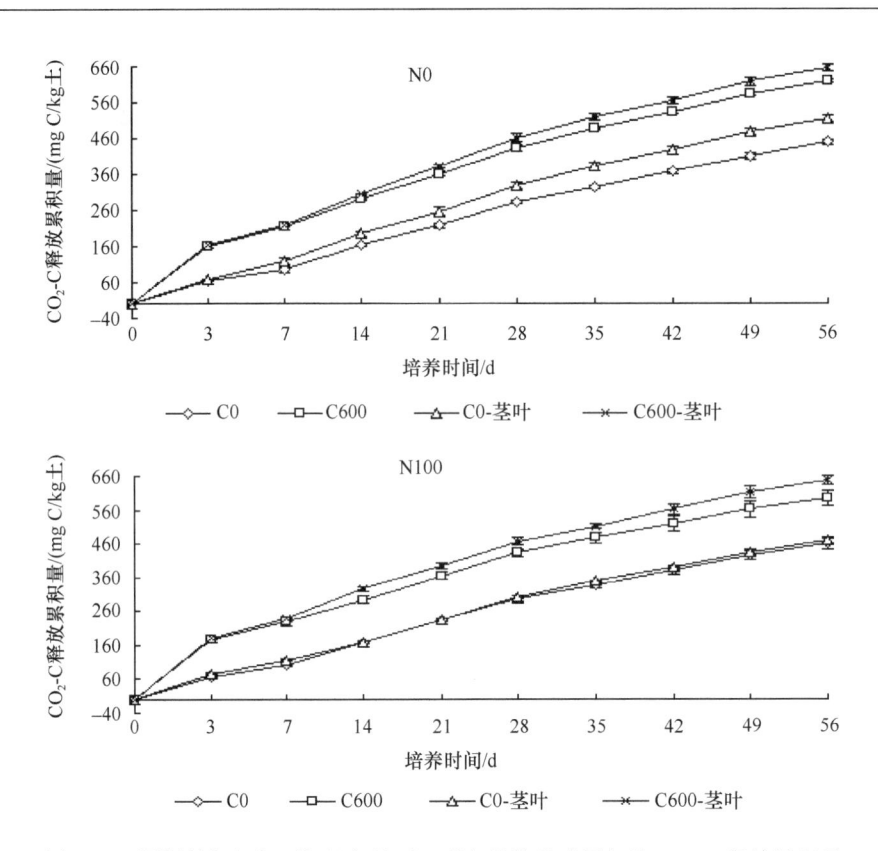

图 4-18 围栏外加氮与不加氮条件下，碳和植物茎叶添加的 CO_2-C 释放累积量

Fig.4-18 The effect of addition of nitrogen, carbon and plant stem/leaves on cumulant of CO_2 from soil respiration of outside fencing enclosure in alpine meadow

制作用，图 4-18 上下两图（N0 和 N100）对比可以看出，添加 N100，对于植物茎叶的矿化具有一定的抑制作用。

表 4-8 围栏外碳、氮及植物茎叶添加后土壤呼吸 CO_2-C 释放累积量的三因素方差分析

Tab.4-8 Three-way ANOVA of cumulant of CO_2 from soil respiration of outside fencing enclosure in alpine meadow under the addition treatment of addition of nitrogen, carbon and plant stem/leaves

处理	时间及培养天数								
	7月17日	7月21日	7月28日	8月5日	8月12日	8月19日	8月26日	9月2日	9月7日
	3	7	14	21	28	35	42	49	56
N	**	NS	NS	NS	NS	NS	NS	NS	NS
C	***	***	***	***	***	***	***	***	***
茎叶	NS	*	***	***	***	***	***	***	***
N×C	NS	NS	*	NS	NS	NS	NS	NS	NS
N×茎叶	NS	NS	NS	NS	NS	NS	NS	NS	NS
C×茎叶	NS	NS	NS	NS	NS	NS	NS	NS	NS
C×N×茎叶	NS	NS	*	NS	NS	NS	NS	NS	NS

注：* 表示 $P=0.05$ 水平显著性差异，** 表示 $P=0.01$ 水平显著性差异，*** 表示 $P=0.001$ 水平显著性差异，NS 表示差异不显著

Notes: * means the significant different at $P=0.05$, ** means that at $P=0.01$, *** means that at $P=0.001$, and NS means without the significant different

N0 水平最大为 (656.05±9.96)mg C/kg 土, N100 水平最大为 (646.19±14.76)mg C/kg 土。N0 水平, 培养 3 天, 不添加茎叶 -C600 和添加茎叶 -C600 累积量最大, 且与不添加 C 的处理间差异显著 ($P < 0.05$)。至第 7 天, 不添加茎叶 -C600 处理和茎叶 -C600 处理的 CO_2-C 释放累积量最大, 添加茎叶 -C0 次之, 既不添加碳也不添加 C 处理的 CO_2-C 释放累积量最小, 且差异显著 ($P < 0.05$)。培养 28 天及以后, 植物样的矿化发挥明显的作用, 同时添加植物和碳的 CO_2-C 释放累积量较只添加碳的大, 两者均大于只添加植物样处理和对照, 而只添加植物的 CO_2-C 释放累积量大于不添加任何样品 (对照) 的 CO_2-C 释放累积量。即 28 天后 CO_2-C 释放累积量大小为添加茎叶 -C600 > 不添加茎叶 -C600 > 添加茎叶 -C0 > 不添加茎叶 -C0, 且它们之间差异均显著 ($P < 0.05$)。

N100 水平, 前 7 天, 以添加碳 (加植物茎叶和不加植物茎叶) 的 CO_2-C 释放累积量最大, 均大于只加植物茎叶、不加植茎叶和有机碳的处理。前两者与后两者差异达显著水平 ($P < 0.05$)。7 天以后至 35 天, 同时添加有机碳和植物茎叶的处理最大, 只添加碳的处理次之, 而仅添加植物茎叶和两者都不添加时的 CO_2-C 释放累积量最小, 且差异显著 ($P < 0.05$)。35~42 天, 添加茎叶 -C600 和不添加茎叶 -C600 处理的 CO_2-C 释放累积量大于添加茎叶 -C0 和不添加茎叶 -C0 处理, 且差异显著 ($P < 0.05$)。而 42 天以后, 添加茎叶 -C600 处理的 CO_2-C 释放累积量最大, 大于其他 3 个处理, 且差异显著 ($P < 0.05$), 说明茎叶和高碳的同时添加, 促进了 CO_2-C 释放累积量的持续增加。

(2) 围栏外碳、氮及植物根系添加后土壤呼吸 CO_2-C 释放累积量

整个培养阶段, 碳和植物根系对 CO_2-C 累积排放量的影响非常显著 ($P < 0.001$)。N 对 CO_2-C 累积排放量的影响主要发生在 7 天及以后, 且影响的效果极显著 ($P < 0.01$)。N 与植物根系的交互作用发生在 7 天以后, 7 天的影响效果极显著 ($P < 0.01$)。14~28 天达到非常显著 ($P < 0.001$), 35 天极显著 ($P < 0.01$), 35 天以后也达显著水平 ($P < 0.05$)。

在相同碳和植物根系处理后, 添加氮素后较不添加氮素的 CO_2-C 排放累积量小, 说明氮素的 (N100) 添加对土壤 CO_2-C 排放有一定的抑制作用, 可能原因是添加氮素促进了微生物对氮的固持。总体趋势为, 以 N0-C600- 根处理的 CO_2-C 累积排放量最大, N100-C600- 根处理次之, 以 N100 -C0- 根系处理最小, 其他处理介于 N100 -C600- 根和 N100 -C0- 根系处理之间 (表 4-9)。

(五) 氮素转化速率

1. 硝化速率

在围栏封育条件下, C600 处理后, 无论 7 月还是 8 月、9 月, 其硝化速率均最高, 分别是 (8.22±1.20) mg/(kg·d)、(6.24±0.45) mg/(kg·d)、(7.74±1.11) mg/(kg·d); 7 月 C0 和 C120 处理的硝化速率差异不显著, 但均与 C600 处理的硝化速率差异显著 ($P < 0.05$)。而 8 月 C120 处理的硝化速率为 (5.68±0.45) mg/(kg·d), 高于 C0 处理的 (3.52±0.34) mg/(kg·d), 且差异显著 ($P < 0.05$)。9 月 C600 处理的硝化速率与 C0 处理的差异显著 ($P < 0.05$) (表 4-10)。表明围栏管理下, 高寒草甸地上植被生长过程中, 外源碳素的添加对土壤氮素硝化速率存在正的促进作用, 尤其在地上植被生长旺盛的 8

表 4-9 围栏外碳、氮及植物根添加后土壤呼吸 CO_2-C 释放累积量的影响（单位：mg C/kg 土）

Tab.4-9 The effect of addition of nitrogen, carbon and plant root on cumulant of CO_2 from soil respiration of outside fencing enclosure in alpine meadow (Unit: mg C/kg soil)

处理			培养 56d
N0	不加根	C0	449.46±8.07bB
		C600	618.62±3.79aB
	加根	C0	593.41±18.19bA
		C600	720.62±11.88aA
N100	不加根	C0	458.92±15.73bB
		C600	594.06±22.3aB
	加根	C0	515.85±14.74bA
		C600	672.38±14.92aA

注：不同小写字母表示相同 N 水平相同根处理条件下，C0 与 C600 处理之间在 $P=0.05$ 水平的显著性差异比较（配对样本 t 检验）；不同大写字母表示相同 N 水平相同 C 处理条件下，不加根与添加根系处理之间在 $P=0.05$ 水平的显著性差异比较（配对样本 t 检验）

Notes: The little letters after average means under same N and root litter application level, the significant different between C0 and C600 at $P=0.05$ by t-test method. The captial letters after average means under the same C and N application level, the significant different between without root and with root applications at $P=0.05$ by t-test method

月和即将枯黄的 9 月，在经过前几个月的土壤养分消耗，碳、氮都减少的情况下，8 月对土壤碳、氮的补充是很有必要的。

表 4-10 不同 C 处理和管理模式条件下 7~8 月的硝化速率 [单位：mg/(kg·d)]

Tab.4-10 Nitrification rate of alpine meadow soil under different treatments (carbon addition) and managements (fencing enclosure) in July and August [Unit: mg/(kg·d)]

管理模式	处理	月份		
		7	8	9
围栏封育	C0	5.57±0.38bA	3.52±0.34bB	4.63±0.55bB
	C120	4.81±0.26bA	5.68±0.45aA	5.66±0.78abA
	C600	8.22±1.20aA	6.24±0.45aA	7.74±1.11aA
自由放牧	C0	7.54±0.40bA	4.98±0.45aB	5.91±0.59bB
	C120	6.36±0.28bB	4.53±0.50aC	10.31±0.87aA
	C600	9.88±1.01aA	4.71±0.64aB	7.06±0.45bB
双因素方差分析	C	NS	**	*
	围栏	*	**	**
	C×围栏	NS	NS	NS

注：小写字母表示相同管理模式土壤类型，同行月份不同处理在 $P=0.05$ 水平显著性差异，大写字母表示相同管理模式土壤类型，同一处理不同月份在 $P=0.05$ 水平显著性差异；* 表示 $P=0.05$ 水平显著性差异，** 表示 $P=0.01$ 水平显著性差异，NS 表示差异不显著

Notes: The little letters after average means under same managements method with same soil types, the significant different among different treatment in a month at $P=0.05$. The captial letters after average means under same managements method with same soil types, the significant different among different months in a treatment at $P=0.05$. * means the significant difference at $P=0.05$ and ** means that at $P=0.01$, NS means without significant

在自由放牧区，7 月 C600 处理最高，为（9.88±1.01）mg/(kg·d)，且与 C0 和 C120 处理间差异显著（$P<0.05$）；8 月 C0 处理最高，为（4.98±0.45）mg/(kg·d)，但与其他处理间差异不显著；9 月 C120 处理最高，为（10.31±0.87）mg/(kg·d)，且与 C0 和

C600 处理的硝化速率差异显著（$P < 0.05$）。说明围栏外，自由放牧样地土壤硝化速率的大小和月份有关，8 月所添加 2 个碳梯度 C120 和 C600 均没能引起氮素硝化速率的明显变化，说明 8 月的碳素需求最强或者最弱。9 月硝化速率对碳素的依赖次之，C120 处理最高，说明 9 月对碳素的需求相对弱。而 7 月 C600 处理最高，说明 7 月氮素的硝化速率对碳素的需求相对高。

围栏封育与自由放牧样地相比，除 8 月外，7 月和 9 月无论是 C0 还是 C120 和 C600，均是围栏内硝化速率较围栏外低。可能的原因是围栏外地上植被被啃食，地下根系需要更多的营养来满足其对地上植被的供应，激发了土壤微生物对硝化速率的促进作用，无论有无碳、氮的添加、土壤微生物促使其硝化作用的进行。在 C0 处理下，7 月硝化速率最大，可能原因是 7 月温度增高、降雨增多，是植物返青的过程，土壤微生物活性增强，促使其硝化速率变大。而 8 月、9 月由于植物生长过程对硝态氮素的吸收有所降低，也可能是温度因素。

2. NO_3^--N 同化速率

从表 4-11 可以看出，NO_3^--N 同化速率受碳、围栏和时间（月份）的影响，而且受 C、围栏交互作用的影响。无论是围栏封育还是自由放牧，均是 C600 处理的同化速率最高，说明高量的碳添加，有助于土壤微生物的同化作用，添加的蔗糖，一方面为微生物代谢和繁殖提供了能源，另一方面为微生物繁殖提供了碳源。C120 处理的 NO_3^--N 同化速率 7 月大于 8 月和 9 月，且差异显著（$P < 0.05$）；而 C600 处理的同化速率也是 7 月大于 8 月和 9 月，且差异显著（$P < 0.05$）。

表 4-11　不同 C 处理和管理模式条件下 7~9 月 NO_3^--N 同化速率　[单位：mg/(kg·d)]

Tab.4-11　Assimilation rate of NO_3^- -N of alpine meadow soil under different treatments (carbon addition) and managements (fencing enclosure) in July, August and September　[Unit : mg/(kg·d)]

管理模式	处理	月份 7	8	9
围栏封育	C0	6.86±0.46bA	5.60±0.05bA	6.96±0.53aA
	C120	8.14±0.72abA	6.77±0.48aAB	5.77±0.56aB
	C600	10.64±1.17aA	7.83±0.30aB	7.13±0.62aB
自由放牧	C0	9.01±0.39bA	5.27±0.53aB	6.78±0.49bB
	C120	8.15±0.28bB	5.99±0.72aB	11.22±1.13aA
	C600	12.53±0.9aA	6.96±0.53aB	9.45±0.71abB
双因素方差分析	C	***	**	NS
	围栏	*	NS	***
	C×围栏	NS	NS	**

注：小写字母表示相同管理模式土壤类型，同行月份不同处理在 $P=0.05$ 水平显著性差异，大写字母表示相同管理模式土壤类型，同一处理不同月份在 $P=0.05$ 水平显著性差异；* 表示 $P=0.05$ 水平显著性差异，** 表示 $P=0.01$ 水平显著性差异，*** 表示 $P=0.001$ 水平差异性显著，NS 表示差异不显著

Notes: The little letters after average means under same managements method with same soil types, the significant different among different treatment in a month at $P=0.05$. The captial letters after average means under same managements method with same soil types, the significant different among different months in a treatment at $P=0.05$. * means the significant difference at $P=0.05$, ** means that at $P=0.01$, *** means that at $P=0.001$, NS means without significant

3. NH_4^+-N 矿化速率

围栏封育的矿化速率以 C600 处理最高,且随时间变化,呈降低趋势,7月最高,为(10.72±1.61)mg/(kg·d),9月最低,为(8.25±1.64)mg/(kg·d),分别比不添加碳的对照处理高出 80.78%、20.09%。8 月和 9 月,C120 处理分别比对照降低了 33.22%、31%。自由放牧样地矿化速率 7月以 C600 最高,为(11.79±1.02)mg/(kg·d),较 C0 处理高约 1 倍,8 月和 9 月对高碳不敏感,C600 对其影响不大,反而 C120 处理降低了矿化速率,分别为(3.93±0.38)mg/(kg·d)、(5.43±0.48)mg/(kg·d),降低了 48.89%、10.54%(表 4-12)。

表 4-12 不同 C 处理和管理模式条件下 7~9 月 NH_4^+-N 矿化速率 [单位:mg/(kg·d)]
Tab.4-12 NH_4^+-N Nitrification rate of alpine meadow soil under different treatments (carbon addition) and managements (fencing enclosure) in July, August and September [Unit:mg/(kg·d)]

管理模式	处理	月份		
		7	8	9
围栏封育	C0	5.93±0.95bA	6.08±0.60bA	6.87±1.04aA
	C120	8.63±0.64abA	4.06±0.42bB	4.74±0.29aB
	C600	10.72±1.61aA	8.64±0.94aA	8.25±1.64aA
自由放牧	C0	6.03±0.58bA	7.69±0.40aA	6.07±1.60aA
	C120	8.01±0.43bA	3.93±0.38bB	5.43±0.48aA
	C600	11.79±1.02aA	7.34±0.93aB	6.02±0.60aB
双因素方差分析	C	***	***	NS
	围栏	NS	NS	NS
	C×围栏	NS	NS	NS

注:小写字母表示相同管理模式土壤类型,同行月份不同处理在 P=0.05 水平显著性差异,大写字母表示相同管理模式土壤类型,同一处理不同月份在 P=0.05 水平显著性差异;*** 表示 P=0.001 水平显著性差异,NS 表示差异不显著

Notes: The little letters after average means under same managements method with same soil types, the significant different among different treatment in a month at P=0.05. The captial letters after average means under same managements method with same soil types, the significant different among different months in a treatment at P=0.05. *** means the significant difference at P=0.001, NS means without significant

4. NH_4^+-N 同化速率

除围栏内 7 月外,其他各月碳处理对 NH_4^+-N 同化速率的影响均不大,整体而言,7 月的同化速率最大,围栏管理的 8 月和 9 月较 7 月降低 1~2 倍,自由放牧区 NH_4^+-N 同化速率降低 1~3 倍。说明该天然草地,可能是地上植物,也可能是土壤微生物对氨态氮的需求不大(表 4-13)。

(六)碳、氮添加对高寒草地植物 - 土壤系统总碳库变化的影响

从两年度总和来看,C0N100 和 C60N100 两处理植物固碳量显著高于对照 C0N0 处理,约增加 845kg/hm² 和 523kg/hm²;C0N100 和 C120N100 两处理土壤呼吸碳排放量显著高于对照处理,约增加 347kg/hm² 和 412kg/hm²。各处理在生长季均有不同程度

的碳固定，但与对照相比无显著差异，其中以 C60N50 处理最高，约 1141.70kg/hm²，C120N100 处理最低，约 271.96kg/hm²（表 4-14）。

表 4-13 不同 C 处理和管理模式条件下 7~9 月 NH_4^+-N 同化速率［单位：mg/(kg·d)］
Tab.4-13 Assimilation rate of NH_4^+-N of alpine meadow soil under different treatments (carbon addition) and managements (fencing enclosure) in July, August and September [Unit: mg/(kg·d)]

管理模式	处理	月		
		7	8	9
围栏封育	C0	7.37±0.41aA	2.33±0.13aB	2.81±0.26aB
	C120	5.90±0.39bA	2.65±0.71aB	5.73±2.15aA
	C600	6.47±0.46abA	2.84±0.28aC	3.75±0.46aB
自由放牧	C0	7.27±2.17aA	1.98±0.36aB	4.81±2.22aA
	C120	6.33±0.93aA	2.15±0.39aB	3.52±0.66aB
	C600	9.81±2.00aA	2.63±0.38aB	2.67±0.33aB
双因素方差分析	C	NS	NS	NS
	围栏	NS	NS	NS
	C×围栏	NS	NS	NS

注：小写字母表示相同管理模式土壤类型，同行月份不同处理在 P=0.05 水平显著性差异，大写字母表示相同管理模式土壤类型，同一处理不同月份在 P=0.05 水平显著性差异；NS 表示差异不显著

Notes: The little letters after average means under same managements method with same soil types, the significant different among different treatment in a month at P=0.05. The captial letters after average means under same managements method with same soil types, the significant different among different months in a treatment at P=0.05. NS means without significant

表 4-14 碳氮添加对藏北高寒草甸生长季碳平衡的影响（单位：kg/hm²）
Tab.4-14 The effect of carbon addition on carbon balance of alpine meadow in North Tibet (Unit: kg/hm²)

处理	植物固碳量	土壤呼吸碳排放量	碳固定/碳损失
C0N0	2039.28b	1563.946b	475.3336ab
C0N50	2223.024ab	1644.97ab	578.0543ab
C0N100	2884.514a	1910.812a	973.7015ab
C60N0	2785.45ab	1735.566ab	1049.884ab
C60N50	2591.44ab	1449.736b	1141.704a
C60N100	2562.15a	1768.287ab	793.863ab
C120N0	2585.176ab	1798.46ab	786.7163ab
C120N50	2100.18b	1683.995ab	416.1853b
C120N100	2247.79ab	1975.834a	271.9561b

注：同一列中不同小写字母表示 P=0.05 水平差异显著

Notes: Little letter means significant at P<0.05, capital letter means that at P<0.01 in same line

（七）氮素在高寒草地的分配

禾本科植物作为优势种，具有较高的氮素利用效率。围栏封育草甸植物茎叶氮素摄取率高于自由放牧草甸。藏北高寒草甸氮素回收率达 69%，其中约 50% 残留在 0~20cm 层土壤，植物当年氮素利用效率为 16%~22%，其中大部分储存在根系内以供下一个生长季使用。这很可能是植物在高海拔地区温度较低的气候环境下，对土壤氮素矿化速率较低的一种适应（图 4-19，图 4-20）（陈晓鹏，2013）。

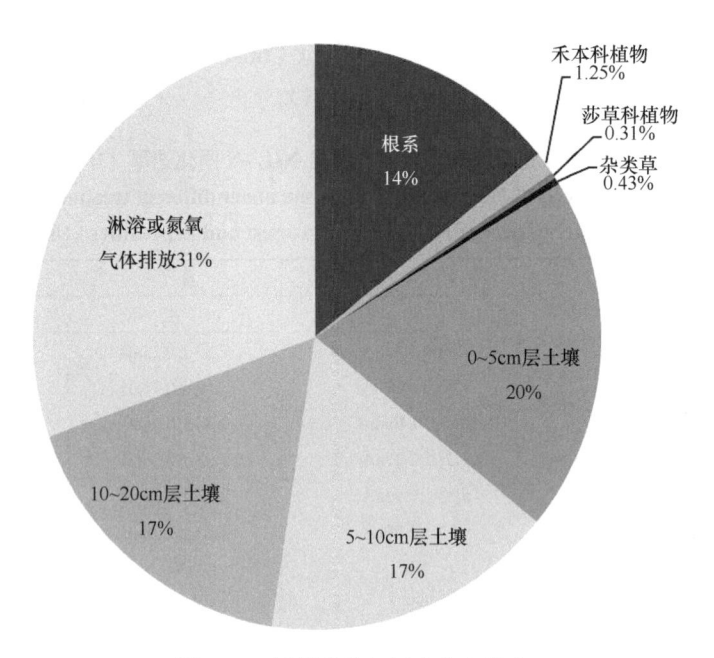

图 4-19 围栏外草甸氮素分配模式
Fig.4-19 Allocation model of nitrogen outside fencing enclosure of alpine meadow

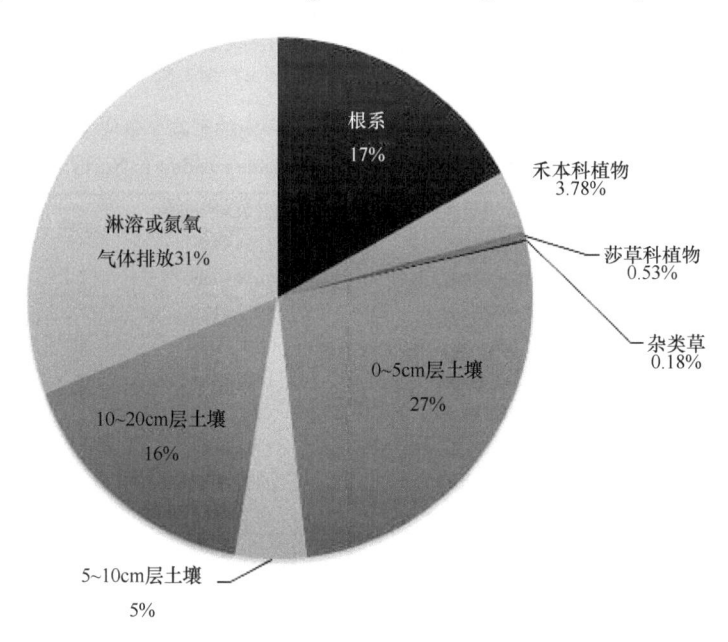

图 4-20 围栏内草甸氮素分配模式
Fig.4-20 Allocation model of nitrogen within fencing enclosure of alpine meadow

五、总结

（一）围栏的作用

围栏封育能够很明显地改良藏北退化草地，无论从恢复成本还是恢复效果来看，围栏封育都是较好的技术方法。随着封育年限增加，恢复效果逐渐提高，在3~4年时间内逐渐达到恢复的最好阶段。围栏封育是藏北退化草地碳汇的重要方法，能够提高土壤碳库量。围封2年后土壤理化性质无明显变化；围封3年后土壤质量得到明显改善。

（二）碳、氮添加的作用

碳添加对两年的植物地上生物量总和具有显著影响。氮添加并未显著增加植物地上生物量，反而导致两年的植物地下生物量和根冠比显著降低，根系生长呈退化趋势。碳、氮添加对土壤有机碳、全氮和全磷含量基本无影响。藏北高寒草甸生长季植物固碳量要大于土壤呼吸碳排放量。碳、氮添加具有增加植物固碳量和土壤呼吸碳排放量的趋势，但碳、氮添加对碳平衡总体变化无太大影响。

（三）刈割与施肥的作用

氮添加可以增加围栏封育草甸地上生物量，刈割对地上生物量无明显影响。自由放牧草甸杂草类数量和种类与围栏封育草甸相比较多，因此自由放牧草甸均匀度指数较低而丰富度指数较高。自由放牧草甸土壤呼吸碳排放量显著低于围栏封育草甸。施肥显著促进了藏北高寒草甸土壤呼吸碳排放量。表明自由放牧草甸主要损失了部分有机碳，积累了磷。

（四）氮素在高寒草甸中的分配

藏北高寒草甸氮素回收率达69%，其中约50%残留在0~20cm层土壤，植物当年氮素利用效率为16%~22%，其中大部分储存在根系内以供下一个生长季使用。这很可能是植物在高海拔地区温度较低的气候环境下，对土壤氮素矿化速率较低的一种适应。

（五）退化与恢复草地矿化

藏北围栏封育恢复后的草地土壤碳、氮矿化量都高于围栏外退化草地。围栏内草地土壤碳矿化总量的单施蔗糖处理高于添加尿素和牛粪的处理；围栏外草地土壤碳矿化总量施牛粪的处理高于蔗糖和尿素的处理，但土壤呼吸释放的总矿化碳量在C、N添加处理间差异不显著。蔗糖施用能在短期内（0~7天）促进土壤氮素固定，尿素及牛粪施用能促进土壤氮素矿化。

第三节 野外豆科接种技术与效果

一、高寒气候下植被生长的限制性及脆弱性

（一）青藏高原植被生长的限制性

青藏高原平均海拔4000m以上，辐射强烈，日照多，气候寒冷干燥，年均温低，降水分布不均。严峻的气候环境使青藏高原成为了一个脆弱的生态系统，在其约250万 km² 的土地上，森林生态系统仅占总面积的8.6%，草地生态系统占50.9%，冰川、沙漠、

荒漠占 37.5%，农田生态系统占 1.7%（顾梦鹤，2008）。寒冷干燥的气候使得植被生长缓慢，且植被多样性较低，一旦受到破坏就难以恢复。在草地生态系统中，牧草种类单一，禾本科和莎草科所占比例较大，豆科植物较为缺乏。

（二）人工草地的作用

草地是畜牧业发展的基础，不仅提供了牲畜所需的食料，而且在保持水土、涵养水源及调节气候等方面具有重要意义。然而近年来随着经济的发展和人口的增加，草地载畜量上升，草畜供求紧张，使得天然草地退化严重。同时鼠类活动猖獗，鼠洞遍布，土壤结构遭到破坏，水土流失现象严重。另外，由于过度放牧，植被恢复力差，为以后的畜牧业发展埋下隐患。因此畜牧业发展的一个重要限制性因素就是牧草资源不足，发展优质牧草品种及提高牧草产量迫在眉睫。

人工草地是指在被破坏的天然草地基础上，通过人为播种、定期灌溉及维护，在控制畜牧啃食的基础上，按照农业生产的有效管理方式对草地进行管理建设。例如，通过设置围栏阻止牲畜的啃食，或适当地松土、除草、翻耕等改善土壤的物理结构。人工草地对生态系统的恢复和可持续发展具有重要意义，有研究表明人工草地的生物量及碳、氮储量均比自然退化草地高（Li et al.，2014）。我国人工草地的面积占天然草地面积的 2%，人工草地的植被生产力显著高于天然草地，若其面积比例能提高 1.5%，则会对天然草地的改善起到很大作用（蒋德明等，1997）。

二、豆科植物的特点及作用

（一）豆科植物的分类及作用

豆科植物（Leguminosae）属于被子植物门双子叶植物纲，共有 730 属 19 400 种，主要分为 3 个亚科：含羞草亚科、苏木亚科及蝶形花亚科。豆科植物与其他科相比，有由单心皮发育而成的荚果；另外，绝大多数豆科植物在其根部具有共生的根瘤菌，可将大气中的氮固定为植物可以吸收利用的氮，从而提高土壤肥力及植被生物量。豆科植物中蛋白质、矿物质和微生物含量丰富，在日常生产生活中发挥着重要作用，如大豆、蚕豆、绿豆、花生等豆科植物是重要的粮食、经济及油料作物，苜蓿、三叶草等是牲畜喜食的牧草。另外，豆科植物也有一定的医学应用，如从豆科植物中提取出的 L-副刀豆氨酸是一种天然的非蛋白质氨基酸，能代替精氨酸进入细胞合成有生理缺陷的蛋白质，具有良好的抗肿瘤性（Rosenthal，1997）。大多数豆科植物具有庞大的根系，适应性广、抗逆性强，可以固定和培肥土壤，这决定了豆科植物必然在水土保持和植被恢复中发挥重要作用。

豆科作物中的牧草可以用来进行植被修复，其中紫花苜蓿（*Medicago sativa* L.）是当今世界分布最广泛的牧草之一，主要分布于西北、华北及东北等地区，抗寒性和抗旱性强，产量高，是适口性较好的牧草品种。此外，黄花苜蓿（*Medicago falcata* L.）分布也较为广泛，与紫花苜蓿是近缘种，黄花苜蓿叶片呈倒椭圆形，侧根发达，而紫花苜蓿叶片细长并有明显的主根。二者的共同特点是均属于豆科中的蝶形花亚科、车轴草族、苜蓿属，叶片细长，主根发达。因此这两种牧草均可作为植被修复作物。

(二) 豆科植物参与氮循环的特点

缓和草畜供需矛盾，提高优良牧草产量是促进畜牧业发展的首要问题。氮是限制植物生长的主要因素之一。氮素是构成植物蛋白质、核酸的主要成分，是植被生长发育必不可少的元素之一。另外，氮素还参与一些重要酶、辅酶和辅基等的组成，如 NAD^+、NADP等。氮素还是许多植物激素的成分，如对植物生命活动起重要调节作用的生长素、细胞分裂素等。

氮气在自然界含量丰富，约占大气成分的 3/4，但是植物不能直接利用分子态的氮，只有大气中氮分子转化为铵态氮后，才能被植物吸收利用。因此氮素往往是植物最容易缺乏的元素。有研究表明，在高寒草甸适量地施用氮肥有利于地上植被生物量的增加（Liu et al., 2013），但是如果过量施用化学肥料不仅不能充分地被利用，而且会导致水土富营养化，因此生物固氮是一种较为绿色的施氮方式。

生物固氮在真细菌和古菌中普遍存在（Raymond et al., 2004），真细菌包括革兰氏阳性菌、革兰氏阴性菌、化能自养菌、光合细菌及古菌等（Murray and Zinder, 1984），这与基因水平转移有密切关系（Hennecke et al., 1985）。豆科植物与其他种类植物相比，其最主要的特点是能够与根瘤菌共生形成根瘤，根瘤菌类菌体把大气中的分子氮通过固氮基因转化为可被植物吸收利用的铵态氮，在此过程中植物提供类菌体所需要的碳源。因此在根瘤菌与植物的共生固氮过程中，植物得到了可直接吸收利用的铵态氮，根瘤菌类菌体则获得了自身生长分裂所需的碳源（Prell and Poole, 2006；White et al., 2007）。因此粮食作物、牧草、豆类绿色肥料等采取与固氮菌共生的策略来获取氮素营养，陆地生态系统每年通过生物固氮途径所固定的氮能达 1 亿 t，海洋生态系统约为每年 0.3 亿~3 亿 t（Mosier, 2002）。

(三) 中国根瘤菌资源调查概况

中国农业微生物菌种保藏管理中心用 16 年的时间，从山东、河北、黑龙江、甘肃、内蒙古及新疆 7 个省（自治区）中分离出 500 多株优良菌株（宁国赞等，1999）。中国农业大学从全国 27 个省的豆科植物根瘤中分离出 4000 多株根瘤菌株，并发现许多菌株具有耐酸、碱、盐、高温或低温等特性，这在一定程度上能增强豆科植物抵抗极端环境的能力。在青海、甘肃、宁夏、陕西等西北地区，根瘤菌广泛着生在豆科植物的侧根或须根上，根瘤的颜色多为黄色或粉色（赵龙飞等，2009）。在祁连山地区，生长于海拔 1500~4000m 的野苜蓿、天蓝苜蓿、紫花苜蓿等均生长有褐色或黄色的根瘤（徐琳等，2012）。在西藏地区，通过调查天蓝苜蓿、山野豌豆、草木樨、直立黄芪等豆科植物，发现在海拔 2600~4100m，上述豆科植物普遍存在结瘤现象，且能检测到固氮酶活性（王素英等，2002）。

(四) 环境因素对植物与根瘤菌共生固氮作用的影响

根瘤菌（rhizobia）是一类能够侵染植物根部或茎部的革兰氏阴性菌，广泛存在于土壤中，能够将空气中的分子态氮固定为氨态氮供植物吸收利用。绝大多数根瘤菌需要与植物共生形成根瘤，才能实现对氮气的固定。

与植物共生的微生物能够促进植被生长，增强植被对疾病和外界环境的抵抗力。例如，在大气 CO_2 浓度增加或气温升高时，植被体内促进生长的细菌和内生真菌种类多样性增加（Compant et al., 2010）。在自然条件下，根瘤菌入侵植物根部需要合适的环境条件，较为干旱的土壤中不仅幼根大量遭到破坏无法接受类菌体，而且根瘤菌的生理活动和酶的活性都会受到限制，影响共生固氮作用的发挥（Liang et al., 1998）。另外，温度也会对生物酶产生重要的影响，温度过高或过低都会影响生物固氮功能的发挥，导致结瘤率降低。一般温度在 21℃ 左右是豆科植物与根瘤菌结合的最适温度，有利于提高根瘤菌的固氮能力及植被生物量的增加（马玉珍等，1990）。CO_2 浓度增加会促使植物的结瘤数目及瘤重增加，从而提高根瘤菌的固氮能力，这可能是由于 CO_2 浓度的增加使得植物光合作用加强，为根瘤菌提供了更多的能量，根瘤的数量和生物量增加，提高了固氮效率（李友国和周俊初，2002）。其次不同种类的豆科植物固氮能力也有所不同，已有研究表明，在常见的青藏高原高寒草甸豆科植物中，苜蓿的固氮能力比米口袋、甘肃棘豆和多枝黄芪均高（王刘杰，2010）。

（五）接种根瘤菌对植物生长的作用

许多研究证明接种根瘤菌能够增强植被固氮效率，提高植被生物量（Hennecke et al., 1985；Widada et al., 2002）。在豌豆与玉米的间作体系中，接种根瘤菌提高了固氮酶的活性，且根瘤的质量、氮素吸收量及干物质累积量都有显著提高（郭丽琢等，2012）。在湖南地区对紫花苜蓿单作样地进行根瘤菌的接种试验，结果表明，接种后根瘤的结瘤率和结瘤数都有显著提高，植株的株高和鲜重及单位面积的产草量也有大幅上升（王铮等，2008）。红豆草也是一种豆科植物，其接种根瘤菌后产草量和结瘤率均有所提高（喻文虎等，1995）。大豆品种'晋豆25'在接种根瘤菌后，植株生物量及全氮含量等都显著提高，且植株的竞争能力有所增强（张红侠等，2010）。

（六）接种根瘤菌的技术方法

根瘤菌接种方法主要有以下两种。

1. 种床接种法

每粒种子活菌接种量不少于 1×10^6CFU，将菌剂加水制成悬液浇灌至将要播种的土壤 3~5cm 深处，然后覆盖土壤准备后期播种。

2. 种衣接种法

将 1kg 种子加入浓度为 40% 的 40ml 阿拉伯胶溶液中，充分混匀并浸润种子，然后按照每粒种子对应 1×10^6CFU 的接种量将液体菌剂加入上述溶液中，充分混匀溶液与种子，使每粒种子均粘上一层菌衣。浸润好的种子可以放在阴凉处晾干，等待播种。

三、野外黄花苜蓿接种根瘤菌的方法与作用

（一）野生型根瘤菌菌株的分离与接种

1. 根瘤菌的分离与测序

黄花苜蓿的生产性能比紫花苜蓿低，但是其抗寒抗旱性及耐贫瘠特点强，适宜在寒冷干燥的地区生存（Riday and Brummer，2002）。选取西藏自治区农牧科学院的黄花苜蓿，收集其根部的新鲜根瘤用于根瘤菌的分离与接种实验。首先将收集的新鲜根瘤用无菌水冲洗若干次，然后用75%的乙醇浸泡1min，并用无菌水冲洗两次。用无菌滤纸吸干根瘤表面的水分，将其放入1.5ml无菌离心管并添加适量无菌水，用枪头研磨根瘤直至其完全破碎（图4-21）。

图 4-21 根瘤菌的分离与测序
Fig.4-21 The isolation and sequencing of *Rhizobium*

根瘤菌培养选用甘露醇酵母汁琼脂（YMA）培养基及胰蛋白胨酵母琼脂（TY）培养基（Schwartz and Vincent，2007）。YMA 培养基（pH=7.0）的主要成分为 K_2HPO_4 0.5g/L，酵母 1g/L，NaCl 0.1g/L，$MgSO_4·7H_2O$ 0.2g/L，甘露醇 10g/L，$CaCO_3$ 3g/L，琼

脂15g/L，蒸馏水1000 ml。TY培养基（pH=7.0）的主要成分为胰蛋白胨5g/L，酵母粉3g/L，$CaCl_2·6H_2O$ 3g/L，琼脂15g/L，蒸馏水1000ml。

将根瘤菌研磨的浆液取少量分别涂布在YMA和TY培养基的平板上，置于20℃培养1~2天，选取生长较好的菌落用划线法进行分离纯化，然后再培养，如此纯化若干次后得到纯菌。用枪头蘸取适量菌液作为DNA模板，引物选择27F（5′-AGAGT TTGAT CMTGG CTCAG-3′）与1492R（5′-TACGG HTACC T TGTT ACGACTT-3′），进行PCR扩增（谢玉英，2003）。PCR产物用Promega胶纯化试剂盒纯化得到目的片段，将其连接转化至大肠杆菌DH 5α细胞内并在涂有5-溴-4-氯-3-吲哚-β-D-半乳糖苷（X-gal）和异丙基硫代-β-D-半乳糖苷（IPTG）的培养基上进行培养，然后进行蓝白斑筛选，将得到的白斑进行16S rRNA测序。测序后得到的碱基序列提交至NCBI（National Center for Biotechnology Information）数据库进行比对，得到3株根瘤菌（表4-15），具体碱基序列如下。

表4-15 3株中华苜蓿根瘤菌与参考序列的比对信息
Tab.4-15 The BLAST information of three *Sinlrhizobium meliloti* strains and their reference sequences

菌株	最高分	总分	覆盖度	E 值	相似度	序列号
R-1	2049	2049	98%	0	99%	JN105980.1
R-2	1989	1989	100%	0	99%	JQ666182.1
R-3	2030	2030	100%	0	99%	KF749014.1

strain R-1（1105bp）

GCTTACCATGCAAGTCGAGCGCCCCGCAAGGGGAGCGGCAGACGGGTGAGTA
ACGCGTGGGAATCTACCCTTTTCTACGGAATAACGCAGGGAAACTTGTGCTAATAC
CGTATGAGCCCTTCGGGGGAAAGATTTATCGGGAAAGGATGAGCCCGCGTTGGATT
AGCTAGTTGGTGGGGTAAAGGCCTACCAAGGCGACGATCCATAGCTGGTCTGAGA
GGATGATCAGCCACATTGGGACTGAGACACGGCCCAAACTCCTACGGGAGGCAGC
AGTGGGGAATATTGGACAATGGGCGCAAGCCTGATCCAGCCATGCCGCGTGAGTGA
TGAAGGCCCTAGGGTTGTAAAGCTCTTTCACCGGTGAAGATAATGACGGTAACCGG
AGAAGAAGCCCCGGCTAACTTCGTGCCAGCAGCCGCGGTAATACGAAGGGGGCTA
GCGTTGTTCGGAATTACTGGGCGTAAAGCGCACGTAGGCGGATTGTTAAGTGAGGG
GTGAAATCCCAGGGCTCAACCCTGGAACTGCCTTTCATACTGGCAATCTAGAGTCC
AGAAGAGGTGAGTGGAATTCCGAGTGTAGAGGTGAAATTCGTAGATATTCGGAGG
AACACCAGTGGCGAAGGCGGCTCACTGGTCTGGAACTGACGCTGAGGTGCGAAA
GCGTGGGGAGCAAACAGGATTAGATACCCTGGTAGTCCACGCCGTAAACGATGAAT
GTTAGCCGTCGGGCAGTTTACTGTTCGGTGGCGCAGCTAACGCATTAAACATTCCG
CCTGGGGAGTACGGTCGCAAGATTAAAACTCAAAGGAATTGACGGGGGCCCGCAC
AAGCGGTGGAGCATGTGGTTTAATTCGAAGCAACGCGCAGAACCTTACCAGCCCTT
GACATCCCGATCGCGGATACGAGAGATCGTATCCTTCAGTTCGGCTGGATCGGAGA
CAGGT-GCTGCATGGCTGTCGTCAGCTCGTGTCGTGAGATGTTGGGTTAAGTCCCGC
AACGAGCGCAACCCTCGCCCTTTAGTTGCCAGCATTCAGTTGGGCACTCTAA-GGG

GACTGCCCGGTGATAAGCGAGAGGACGGTGGGGGATGACGTCAGTCCTCATGG

strains R-2（1113bp）

GCTTAACACATGCAAGTCGAGCGCCCCGCAAGGGGAGCGGCAGACGGGTGAG
TAACGCGTGGGAATCTACCCTTTTCTACGGAATAACGCAGGGAAACTTGTGCTAATA
CCGTATGAGCCCTTCGGGGGAAAGATTTATCGGGAAAGGATGAGCCCGCGTTGGAT
TAGCTAGTTGGTGGGGTAAAGGCCTACCAAGGCGACGATCCATAGCTGGTCTGAGA
GGATGATCAGCCACATTGGGACTGAGACACGGCCCAAACTCCTACGGGAGGCAGC
AGTGGGGAATATTGGACAATGGGCGCAAGCCTGATCCAGCCATGCCGCGTGAGTGA
TGAAGGCCCTAGGGTTGTAAAGCTCTTTCACCGGTGAAGATAATGACGGTAACCGG
AGAAGAAGCCCCGGCTAACTTCGTGCCAGCAGCCGCGGTAATACGAAGGGGGCTA
GCGTTGTTCGGAATTACTGGGCGTAAAGCGCACGTAGGCGGATTGTTAAGTGAGGG
GTGAAATCCCAGGGCTCAACCCTGGAACTGCCTTTCATACTGGCAATCTAGAGTCC
AGAAGAGGTGAGTGGAATTCCGAGTGTAGAGGTGAAATTCGTAGATATTCGGAGGA
ACACCAGTGGCGAAGGCGGCTCACTGGTCTGGAACTGACGCTGAGGTGCGAAAGC
GTGGGGAGCAAACAGGATTAGATACCCTGGTAGTCCACGCCGTAAACGATGAATGT
TAGCCGTCGGGCAGTTTACTGTTCGGTGGCGCAGCTAACGCATTAAACATTCCGCCT
GGGGAGTACGGTCGCAAGATTAAAACTCAAAGGAATTGACGGGGGCCCGCACAAG
CGGTGGAGCATGTGGTTTAATTCGAAGCAACGCGCAGAACCTTACCAGCCCTTGAC
ATCCCGATCGCGGATACGAGAGATCGTATCCTTCAGTTCGGCTGGATCGGAGACAGG
TTGCTGCATGGCTGTCGTCAGCTCGTGTCGTGAGATGTTGGGTTAAGTCCCGCAACG
AGCGCAACCCTCGCCCTTAGTTGCCAGCATTCAGTTGGGCCCTCTTATGGGACTGC
CGGGTGATAAGCCGAAGAAGAAGGTGGGGGATGACGTCCAGTTCCTCATGG

strain R-3（1106bp）

GCTTAGACATTGCAAGTCGAGCGCCCCGCAAGGGGAGCGGCAGACGGGTGAG
TAACGCGTGGGAATCTACCCTTTTCTACGGAATAACGCAGGGAAACTTGTGCTAATA
CCGTATGAGCCCTTCGGGGGAAAGATTTATCGGGAAAGGATGAGCCCGCGTTGGAT
TAGCTAGTTGGTGGGGTAAAGGCCTACCAAGGCGACGATCCATAGCTGGTCTGAGA
GGATGATCAGCCACATTGGGACTGAGACACGGCCCAAACTCCTACGGGAGGCAGC
AGTGGGGAATATTGGACAATGGGCGCAAGCCTGATCCAGCCATGCCGCGTGAGTGA
TGAAGGCCCTAGGGTTGTAAAGCTCTTTCACCGGTGAAGATAATGACGGTAACCGG
AGAAGAAGCCCCGGCTAACTTCGTGCCAGCAGCCGCGGTAATACGAAGGGGGCTA
GCGTTGTTCGGAATTACTGGGCGTAAAGCGCACGTAGGCGGATTGTTAAGTGAGGG
GTGAAATCCCAGGGCTCAACCCTGGAACTGCCTTTCATACTGGCAATCTAGAGTCC
AGAAGAGGTGAGTGGAATTCCGAGTGTAGAGGTGAAATTCGTAGATATTCGGAGG
AACACCAGTGGCGAAGGCGGCTCACTGGTCTGGAACTGACGCTGAGGTGCGAAAG
CGTGGGGAGCAAACAGGATTAGATACCCTGGTAGTCCACGCCGTAAACGATGAATG
TTAGCCGTCGGGCAGTTTACTGTTCGGTGGCGCAGCTAACGCATTAAACATTCCGCC
TGGGGAGTACGGTCGCAAGATTAAAACTCAAAGGAATTGACGGGGGCCCGCACAA

GCGGTGGAGCATGTGGTTTAATTCGAAGCAACGCGCAGAACCTTACCAGCCCTTGA
CATCCCGATCGCGGATACGAGAGATCGTATCCTTCAGTTCGGCTGGATCGGAGACA
GGTGCTGCATGGCTGTCGTCAGCTCGTGTCGTGAGATGTTGGGTTAAGTCCCGCAA
CGAGCGCAACCCTCGCCCTTAGTTGCCAGCATTCAGTTGGGCACTCTAAGGGGACT
GCCGGTGATAAGCCGAGAGGAAGGTGGGGATGACGTCAAGTCCTCATGG

上述 3 株菌株的菌落形态均呈圆形，颜色为白色或乳白色，直径 2~3mm。将所得的菌株保存在 30% 的甘油中，放入 -80℃冰箱保存，以备苜蓿接种使用。

2. 根瘤菌的接种

本研究的野外豆科接种实验样地位于西藏自治区拉萨市当雄县草原站人工种植的苜蓿样地，该地区海拔约 4300m，将保存的根瘤菌菌株带到中国科学院青藏高原研究所拉萨部实验室，配置液体培养基并灭菌，在常温条件下培养根瘤菌至对数时期并检测根瘤菌的细胞浓度。在人工苜蓿样地将苜蓿根部周围开沟 3~5cm 深，按照每株苜蓿接种量不少于 1×10^8 个活体细胞数，将根瘤菌细胞培养液灌至土壤中，随即覆盖土壤。等待苜蓿生长两个月后，观察植被变化情况。

（二）紫花苜蓿接种根瘤菌的效果

1. 紫花苜蓿结瘤状况

在人工紫花苜蓿样方内采集 30~50 株，观察其根部，几乎没有看到过根瘤；接种根瘤菌前，紫花苜蓿根部很少出现根瘤。将分离自黄花苜蓿的根瘤菌接种至紫花苜蓿根部两个月后，再次观察紫花苜蓿的根部，发现大部分紫花苜蓿生长有一些肉眼可见的根瘤，其生长情况如图 4-21 所示。根瘤直径 1~2mm，大部分根瘤呈白色或乳白色，少数根瘤略显粉红色。由此证明接种的根瘤菌与紫花苜蓿根部发生了共生关系，根瘤菌进入其根部形成根瘤，种床接种法对于紫花苜蓿的结瘤率有显著的提高作用。

2. 紫花苜蓿生物量的变化

在紫花苜蓿与披碱草的单播与混播样地中，对紫花苜蓿接种根瘤菌，经过两个月的生长期后，紫花苜蓿的产量有所提高（图 4-22）。紫花苜蓿单播样地接种根瘤菌后，其产量与对照组相比增加了约一倍，但是由于误差值比较大，因此并没有达到显著水平。在紫花苜蓿与披碱草间作的样地中，处理组的单位面积产量与对照组相比也大幅度提高，但是同样没有达到显著水平。造成该结果的原因主要有两点，一是接种根瘤菌确实在一定程度上提高了紫花苜蓿单位面积的产量；二是在青藏高原这样严寒的地区，四季不明，气候条件恶劣，自然条件难以控制，因此人工草地管理无法像内地或实验室控制条件一样完善，草地植被的生长在各个控制组之间也不完全一致；三是样方设置时难免有人为因素的影响，导致对照组与处理组之间的单位面积生物量有所不同。

（三）紫花苜蓿与披碱草的单作与间作

豆科与禾本科牧草混播是人工草地比较适宜的组合。有研究表明，多年生混播草

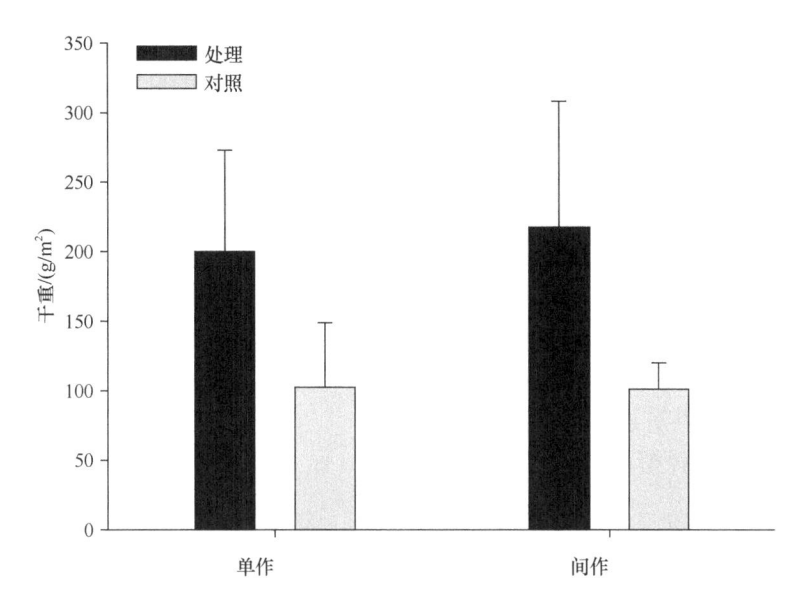

图 4-22 紫花苜蓿接种根瘤菌前后生物量的变化

Fig.4-22 The biomass change of *Medicago sativa* L. after inoculating of *Rhizobium*

地不仅比天然草地提前返青，生长季长，而且能够在一定程度上提高草地的产量并维持其稳定性（顾梦鹤，2008）。这在一定程度上反映了植物间作的重要性，间作不仅能够促进植物生长，而且能够增加植被生产量，提高群落稳定性。

在当雄草原站紫花苜蓿与披碱草单播与混播实验中，披碱草单作样地的生物量约为 160g/m²，紫花苜蓿单作样地生物量约为 70g/m²，披碱草与紫花苜蓿间作样地生物量约为 200g/m²（图 4-23）。根据 t 检验计算得出，紫花苜蓿与披碱草单作与间作两种播

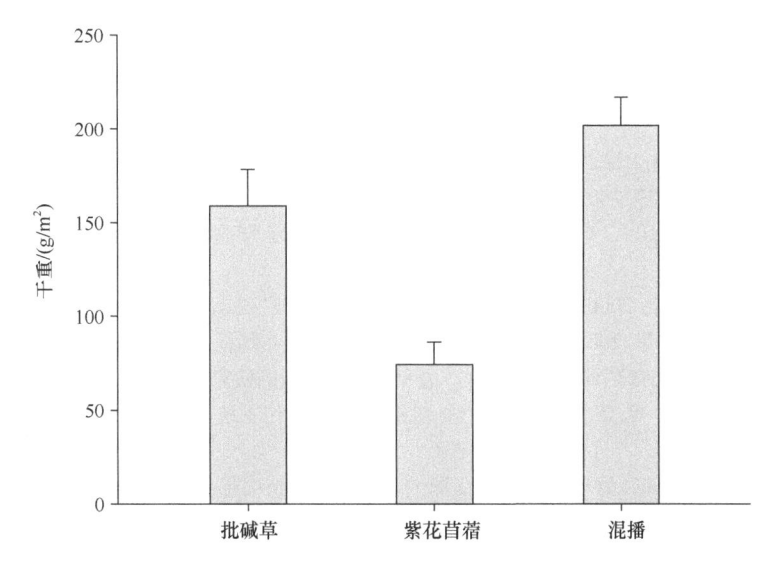

图 4-23 紫花苜蓿与披碱草间作与单作样地的生物量

Fig.4-23 The biomass of *Medicago sativa* and *Elymus dahuricus* Turcz. in monoculture and intercropping

种方式对于样地的单位面积生物量具有显著影响，间作大大地提高了植被产量，这对于草地生产力的发展和土壤资源的可持续利用有长远的意义。

四、总结

豆科、禾本科间作、套作或者轮作的方式能够充分发挥共生固氮的作用，豆科植物可以提供禾本科植物所需氮素的30%~60%，且有助于根瘤菌的结瘤固氮，抑制"氮阻遏"现象的发生（谢玉英，2003）。另外，间作能够保证草地的植被生产量，提高各种植被的生物量产出，并且能够保护土壤质地，维护土壤结构，对于土地资源的利用和生态系统的稳定性有重要作用。

豆科植物作为种植范围广、蛋白质含量高、抗逆性强的植物，不仅能够与根瘤菌共生形成根瘤，将大气中游离的氮气固定为生物可直接利用的离子态氮，为自身生长发育提供营养，同时也在固氮基因的水平转移及氮元素在土壤和其他种类的植被间的流动方面起到很大作用。有研究表明，在豆科植物与禾本科间作的过程中，禾本科植物可通过豆科根部获得的 N 量为 3~102kg N/hm^2（Ledgard and Steele，1992）。由于农业化学肥料的过量施用已经给土壤和水资源带来严重影响，导致土壤污染加剧及河流等的富营养化等，因此生物固氮作用在农业生产方面的应用应得到大力推广。目前根瘤菌剂的生产已有很长的时间，并在结瘤率和保藏运输等方面有了很大的提高，因此在农业生产中需要大力推广生物固氮制品，减少对化学氮肥的依赖。这不仅有助于生物产量的显著提高，同时也保护了土壤质地与营养成分，对于水资源的保护和地球生态系统的维护有长远意义。

参 考 文 献

曹静娟. 2010. 祁连山草地管理方式变化对土壤有机碳、氮库的影响. 兰州: 甘肃农业大学硕士学位论文.
陈晓鹏. 2013. 碳、氮添加对藏北高寒草甸碳、氮平衡的影响. 兰州: 兰州大学硕士学位论文.
陈佐忠, 王艳芬, 汪诗平, 等. 2002. 中国草地生态系统分类初步研究. 草地学报, 10: 81-86.
德吉, 姚檀栋, 姚平, 等. 2013. 冰芯和气象记录揭示的青藏高原百年来典型冷暖时段气候变化特征. 冰川冻土, 35: 1382-1390.
高清竹, 江村旺扎, 李玉娥. 2006. 藏北地区草地退化遥感监测与生态功能区划. 北京: 气象出版社.
高清竹, 李玉娥, 林而达, 等. 2005. 藏北地区草地退化的时空分布特征. 地理学报, 60: 965-973.
顾梦鹤. 2008. 青藏高原高寒草甸人工草地生产力和稳定性关系的研究. 兰州: 兰州大学博士学位论文.
郭丽琢, 张虎天, 何亚慧, 等. 2012. 根瘤菌接种对豌豆/玉米间作系统作物生长及氮素营养的影响. 草业学报, 21: 43-49.
韩发, 李以华, 周华坤. 2007. 管理措施对三江源区"黑土滩"土壤肥力及土壤酶活性的影响. 草业学报, 16: 1-8.
蒋德明, 卜军, 寇振武, 等. 1997. 沙地人工植物群落生物量动态及其更新途径. 中国沙漠, 17: 189-193.

李辉霞, 鄢燕, 刘淑珍, 等. 2008. 西藏高原草地退化遥感分析. 北京: 科学出版社.
李克让, 曹明奎, 於琍, 等. 2005. 中国自然生态系统对气候变化的脆弱性评估. 地理研究, 24: 653-663.
李友国, 周俊初. 2002. 影响根瘤菌共生固氮效率的主要因素及遗传改造. 微生物学通报, 29: 86-89.
李媛媛, 董世魁, 李小艳, 等. 2012. 围栏封育对黄河源区退化高寒草地植被组成及生物量的影响. 草地学报, 20: 275-280.
林振耀, 赵昕奕. 1996. 青藏高原气温降水变化的空间特征. 中国科学(D辑), 26: 354-358.
刘桂芳, 卢鹤立. 2010. 1961—2005年来青藏高原主要气候因子的基本特征. 地理研究, 29: 2281-2288.
刘纪远, 徐新良, 邵全琴. 2008. 近30年来青海三江源地区草地退化的时空特征. 地理学报, 63: 364-376.
刘伟, 王启基, 王溪. 1999. 高寒草甸"黑土型"退化草地的成因和生态过程. 草地学报, 7: 300-301.
刘燕华, 李秀彬. 2001. 脆弱生态环境与可持续发展. 北京: 商务印书馆: 1-8.
龙瑞军. 2007. 青藏高原草地生态系统之服务功能. 科技导报, 25: 26-28.
吕新苗. 2004. 全球变化下青藏高原高寒草甸生态系统动态变化及其脆弱性评价. 北京: 中国科学院地理科学与资源研究所博士学位论文.
马耀明, 胡泽勇, 田立德, 等. 2014. 青藏高原气候系统变化及其对东亚区域的影响与机制研究进展. 地球科学进展, 29: 207-215.
马玉寿, 朗百宁, 李青云, 等. 2002. 江河源区高寒草甸退化草地与恢复重建技术研究. 草业科学, 19: 1-5.
马玉珍, 史清亮, 庞金梅. 1990. 接种根瘤菌与加施化合态氮肥对花生增产效果的研究. 土壤肥料, 3: 42-45.
毛飞, 张艳红, 侯英雨, 等. 2008. 藏北那曲地区草地退化动态评价. 应用生态学报, 19: 278-284.
宁国赞, 刘惠琴, 马晓彤. 1999. 中国豆科牧草根瘤菌资源的采集保藏及利用. 草地学报, 7: 165-172.
牛文元. 1989. 生态环境脆弱带ECOTONE的基础判定. 生态学报, 9: 97-105.
彭建, 王仰麟, 吴健生. 2007. 净初级生产力的人类占用: 一种衡量区域可持续发展的新方法. 自然资源学报, 22: 153-158.
蒲健辰, 姚檀栋, 王宁练, 等. 2004. 近百年来青藏高原冰川的进退变化. 冰川冻土, 26: 517-522.
尚占环, 龙瑞军. 2005. 青藏高原"黑土型"退化草地成因与恢复问题的研究评述. 生态学杂志, 24: 652-656.
王爱东. 2009. 东祁连山高寒灌丛与草甸生态系统CO_2释放速率研究. 兰州: 甘肃农业大学硕士学位论文.
王刘杰. 2010. 高寒草甸豆科植物固氮作用及其对群落的影响. 兰州: 兰州大学硕士学位论文.
王素英, 李润花, 刘新成, 等. 2002. 西藏部分地区豆科植物根瘤菌资源的初步调查. 西北农林科技大学学报(自然科学版), 30: 33-37.
王无怠. 2000. 青藏高原草地生产发展战略. 科学·经济·社会, 18: 12-15.
王喜明. 2014. 碳、氮添加对藏北高寒草甸土壤碳、氮矿化及转化速率的影响. 兰州: 兰州大学硕士学位论文.
王堰, 李雄, 缪启龙. 2004. 青藏高原近50年来气温变化特征的研究. 干旱区地理, 27: 41-46.
王铮, 李俊年, 陶双伦, 等. 2008. 根瘤菌接种对紫花苜蓿生产性能的影响. 草原与饲料, 28: 54-55.
魏兴琥, 杨萍, 李森, 等. 2005. 超载放牧与那曲高山嵩草草甸植被退化及其退化指标的探讨. 草业学报, 14: 41-49.
吴国雄, 段安民, 张雪芹, 等. 2013. 青藏高原极端天气气候变化及其环境效应. 自然杂志, 35: 167-171.
吴绍洪, 尹云鹤, 郑度, 等. 2005. 青藏高原近30年气候变化趋势. 地理学报, 60: 3-11.
武高林, 杜国祯. 2007. 青藏高原退化高寒草地生态系统恢复和可持续发展探讨. 自然杂志, 29: 159-164.
肖桐, 王军邦, 陈卓奇. 2010. 三江源区基于净初级生产力的草地生态系统脆弱性特征. 资源科学, 32: 323-330.
谢玉英. 2003. 豆科植物在发展生态农业中的作用. 安徽农学通报, 13: 150-151.
徐琳, 刘贤德, 张勇, 等. 2012. 祁连山部分地区豆科植物根瘤菌资源调查. 干旱地区农业研究, 30: 236-241.

鄢燕, 刘淑珍. 2003. 西藏自治区那曲地区草地资源现状与可持续发展. 山地学报, 21(增刊): 40-44.
杨汝荣. 2003. 西藏自治区草地生态学环境安全与可持续发展问题研究. 草业学报, 12: 24-29.
姚檀栋. 2010. 敏感脆弱、影响深远的青藏高原环境. 大自然, 152: 1.
姚檀栋, 郭学军, Thompson L, 等. 2006. 青藏高原冰芯过去100年$\delta^{18}O$记录与温度变化. 中国科学(D辑: 地球科学), 36: 1-8.
姚檀栋, 朱立平. 2006. 青藏高原环境变化对全球变化的响应及其适应对策. 地球科学进展, 21: 459-464.
喻文虎, 杨鹏冀, 贾德荣. 1995. 红豆草、紫花苜蓿根瘤菌接种研究. 草业科学, 12: 24-25.
曾辉, 翠海亭, 黄润华. 1997. 西北干旱区脆弱景观的生态治理对策. 自然资源, 5: 1-7.
张红侠, 冯瑞华, 关大伟, 等. 2010. 黄土高原地区优良大豆根瘤菌的筛选与接种方式研究. 大豆科学, 29: 996-1002.
张建国, 刘淑珍, 李辉霞, 等. 2004. 西藏那曲地区草地退化驱动力分析. 资源调查与环境, 25: 116-122.
赵景学, 陈晓鹏, 曲广鹏, 等. 2011a. 藏北高寒植被地上生物量与土壤环境因子的关系. 中国草地学报, 33: 59-54.
赵景学, 祁彪, 多吉顿珠, 等. 2011b. 短期围栏封育对藏北3类退化高寒草地群落特征的影响. 草业科学, 28: 59-62.
赵龙飞, 邓振山, 杨文权, 等. 2009. 我国西北部分地区豆科植物根瘤菌资源调查研究. 干旱地区农业研究, 27: 33-39.
赵新全, 张耀生, 周兴民. 2000. 高寒草甸畜牧业可持续发展: 理论与实践. 资源科学, 22: 50-61.
郑度, 林振耀, 张雪芹. 2002. 青藏高原与全球环境变化研究进展. 地学前缘, 9: 95-102.
钟祥浩, 刘淑珍, 王小丹, 等. 2006. 西藏高原国家生态安全屏障保护与建设. 山地学报, 24: 129-136.
钟祥浩, 王小丹, 刘淑珍. 2008. 西藏高原生态安全. 北京: 科学出版社.
周华坤, 赵新全, 赵亮, 等. 2008. 青藏高原高寒草甸生态系统的恢复能力. 生态学杂志, 27: 697-704.
周华坤, 周立, 刘伟, 等. 2003.封育措施对退化与未退化矮嵩草草甸的影响. 中国草地, 25: 15-22.
周华坤, 周立, 赵新全, 等. 2002.放牧干扰对高寒草场的影响. 中国草地, 24: 53-61.
周华坤, 周立, 赵新全, 等. 2006. 青藏高原高寒草甸生态系统稳定性研究. 科学通报, 51: 63-69.
周兴民. 2001. 中国嵩草草甸. 北京: 科学出版社.
周兴民, 陈佐忠. 2005. 高寒草地生态系统//孙鸿烈. 中国生态系统(上册). 北京: 科学出版社: 562.
Acosta-Michlik L, Kelkar U, Sharma U. 2008. A critical overview: Local evidence on vulnerabilities and adaptations to global environmental change in developing countries. Global Environmental Change, 18: 539-542.
Adger N W. 2006. Vulnerability. Global Environmental Change, 16: 268-281.
Boomiraj K, Wani S P, Garg K K, et al. 2010.Climate change adaptation strategies for agro-ecosystem - a review. Journal of Agrometeorology, 12: 145-160.
Brooks N. 2003.Vulnerability, risk and adaptation: a conceptual framework. Tyndall Centre for Climate Change Research Working Paper 38.
Compant S, van der Heijden M G, Sessitsch A. 2010. Climate change effects on beneficial plant-microorganism interactions. FEMS Microbiology Ecology, 73: 197-214.
Downing T E. 1992. Vulnerability to hunger in Africa: a climate change perspective. Global Environmental Change, 1: 365-380.
Fang Y, Qin D, Ding Y. 2011. Frozen soil change and adaptation of animal husbandry: a case of the source regions of Yangtze and Yellow rivers. Environmental Science & Policy, 14: 555-568.
Fusse H M, Klein R J T.2006.Climate change vulnerability assessments: An evolution of conceptual thinking. Climatic Change, 75: 301-329.
Gao Q Z, Li Y, Wan Y F, et al. 2009.Significant achievements in protection and restoration of alpine grassland

ecosystem in Northern Tibet, China. Restoration Ecology, 17: 320-323.
Geyer J, Kiefer I, Kreft S, et al. 2011. Classification of climate-change-induced stresses on biological diversity. Conservation Biology, 25: 708-715.
Haberl H, Erb K H, Krausmann F, et al. 2007. Quantifying and mapping the human appropriation of net primary production in earth's terrestrial ecosystems. Proceedings of the National Academy of Sciences of the USA, 104: 12942-12947.
Haberl H, Krausmann F, Erb K H, et al. 2002. Human appropriation of net primary production.Science, 296: 1968-1969.
Haynes M A, Kung K S, Brandt J S, et al. 2014. Accelerated climate change and its potential impact on Yak herding livelihoods in the eastern Tibetan Plateau. Climate Change, 123: 147-160.
Hennecke H, Kaluza K, Thiiny B, et al. 1985. Concurrent evolution of nitrogenase genes and 16S rRNA in *Rhizobium* species and other nitrogen fixing bacteria. Archives of Microbiology, 142: 342-348.
Hopkins A, Del Prado A. 2007. Implications of climate change for grassland in Europe: impacts, adaptations and mitigation options: a review. Grass and Forage Science, 62: 118-126.
IPCC. 2001. Climate Change 2001: Impacts, adaptation and vulnerability. London: Cambridge University Press.
Klein J A, Harte J, Zhao X Q. 2004.Experimental warming causes large and rapid species loss, dampened by simulated grazing, on the Tibetan Plateau. Ecology Letter, 7: 1170-1179.
Ledgard S F, Steele K W. 1992. Biological nitrogen-fixation in mixed legume/grass pastures. Plant and Soil, 141: 137-153.
Li X L. 2012. The spatio-temporal dynamics of four plant-functional types(PFTs)in alpine meadow as affected by human disturbance, Sanjiangyuan region, China. The University of Auckland PhD thesis.
Li Y Y, Dong S K, Wen L, et al. 2014. Soil carbon and nitrogen pools and their relationship to plant and soil dynamics of degraded and artificially restored grasslands of the Qinghai–Tibetan Plateau. Geoderma, 213: 178-184.
Liang J S, Zhang J H, Cao X Z, et al. 1998. Inhibition of respiratory activity may be responsible for the lowring of nitrogenase activity of water-stressed *Leucaena leucocephala* nodules. Acta Phytophysiologica Sinica, 24: 285-292.
Liu X D, Chen B D. 2000. Climatic warming in the Tibetan Plateau during recent decades. International Journal of Climatology, 20: 1729-1742.
Liu Y, Xu R, Xu X L, et al. 2013. Plant and soil responses of an alpine steppe on the Tibetan Plateau to multi-level nitrogen addition. Plant and Soil, 373: 515-529.
Long R J, Shang Z H, Guo X S, et al. 2009. Case study 7: Qinghai-Tibetan Plateau rangelands. *In*: Squires V R, Lu X S, Lu Q, et al. Rangeland Degradation and Recovery in China's Pastoral Lands. UK: CABI: 184-196.
Mack M C, Schuur E A G, Bret-Harte M S, et al. 2004. Ecosystem carbon storage in arctic tundra reduced by lon g-term nutrient fertilization. Nature, 431: 440-443.
Mosier A R. 2002. Environmental challenges associated with needed increases in global nitrogen fixation. Nutrient Cycling in Agroecosystems, 63: 101-116.
Murray P A, Zinder S H. 1984. Nitrogen-fixation by a methanogenic archaebacterium. Nature, 312: 284-286.
Prell J, Poole P.2006.Metabolic changes of rhizobia in legume nodules. Trends in Microbiology, 14: 161-168.
Raymond J, Siefert J L, Staples C R, et al.2004. The natural history of nitrogen fixation. Molecular Biology and Evolution, 21: 541-554.
Riday H, Brummer E C. 2002. Forage yield heterosis in Alfalfa. Crop Science, 42: 716-723.

Rosenthal G A. 1997. L-canaline: a potent antimetabolite and anti-cancer agent from leguminous plants. Life Science, 60: 1635-1641.

Schipper L E F. 2007.Climate change adaptation and development: exploring the linkages.Tyndall Centre for Climate Change Research Working Paper 107.

Schwartz W, Vincent J M. 2007. A manual for the practical study of the root-nodule Bacteria(IBP Handbuch No. 15 des International Biology Program, London). XI u. 164 S., 10 Abb., 17 Tab., 7 Taf. Oxford-Edinburgh 1970: Blackwell Scientific Publ., 45 s. Zeitschrift für allgemeine Mikrobiologie, 12: 440-440.

Shang Z H, Gibb M J, Leiber F, et al. 2014. The sustainable development of grassland-livestock systems on the Tibetan plateau: problems, strategies and prospects. The Rangeland Journal, 36: 267-296.

Shang Z H, Long R J. 2007.Formation cause and recovery of the 'black soil type' degraded alpine grassland in Qinghai-Tibetan Plateau. Frontier in Agricultural China, 1: 197-202.

Timmerman P. 1981. Vulnerability, resilience, and the collapse of society. Environmental Monograph No.1, Institute for Environmental Studies, University of Toronto.

White J, Prell J, James E K, et al. 2007. Nutrient sharing between symbionts.Plant Physiology, 144: 604-614.

Widada J, Nojiri H, Kasuga K, et al. 2002. Molecular detection and diversity of polycyclic aromatic hydrocarbon-degrading bacteria isolated from geographically diverse sites. Applied Microbiology and Biotechnology, 58: 202-209.

Xu Y Q, Li L H, Wang Q B, et al. 2007.The pattern between nitrogen mineralization and grazing intensities in an Inner Mongolian typical steppe. Plant and Soil, 300: 289-300.

Yang B J, Qiao N, Xu X L, et al. 2011. Symbiotic nitrogen fixation by legumes in two Chinese grasslands estimated with the ^{15}N dilution technique. Nutrient Cycling in Agroecosystems, 91: 91-98.

第五章　气候变化情势下沼泽湿地植被适应技术与示范

三江平原是我国最大淡水沼泽湿地分布区之一，也是珍稀水禽在东北亚地区的重要繁殖地。在全球气候变暖的背景下，人类对自然沼泽的持续垦殖及其引起的水文情势的急剧变化已经导致三江平原沼泽植被发生严重退化，原生的湿生沼泽植被群落向半湿生和旱生植被群落加速退化的现象普遍存在，严重威胁着珍稀水禽繁殖地的生境安全。选择三江平原湿地的代表性水鸟——东方白鹳种群为研究对象，针对东方白鹳生境的主要沼泽植被，阐明水资源胁迫下沼泽植被脆弱性表征，探索全球气候变暖情势下水文动态对沼泽植被生长和演化的影响规律，建立基于水文调节的沼泽植被适应性技术体系，建立沼泽植被适应性技术示范区并进行示范，在气候持续变化的背景下为恢复三江平原珍稀水禽分布区退化沼泽植被提供了高效的适应性技术标准和规范。

第一节　气候变化情势下沼泽湿地植被脆弱性特征

一、气候条件和湿地植被基本特征

湿地植被的形成、发展和演化过程是区域气候条件控制下地表水热过程和植物基因表达过程长期耦合演化的结果，气候条件能够在相对较长的时间尺度和较大的空间尺度上影响湿地植被系统的演化趋势和速度。三江平原是我国沼泽湿地集中分布区之一，1949 年以前，该区天然湿地的面积占总面积（10.89 万 km^2）的 80.1%，其成因主要包括：①第四纪以来地表缓慢沉降导致的低平地势的广泛发展，平原区比降多小于 1/5000（表 5-1；刘兴土，2005）；②地表物质黏重，广泛分布有 3~17m 的黏土和亚黏土层，地表水的下渗损失极小；③三江平原地处中温带北部，属大陆季风性气候，年均温接近 0℃，蒸发量小，季节性冻土大面积发育，土壤长期冻结。三江平原降水量多为 500~600mm，虽不算丰富，但集中于夏季，6~9 月降水量占全年总量的 75%~80%。夏季雨水多，大量河流泛滥补给沼泽湿地；秋季雨多，至秋末地表冻结，水分冻结存储，加上冬季的降雪，共同形成了春季丰富的水资源，促进湿地植被的春季萌发和生长。另外，由于寒冷期较长，区域实际蒸发量较小，三江平原各地区降雨量均大于蒸发量，从北部抚远至南部兴凯湖农场，湿润系数为 0.99~1.15（表 5-2；刘兴土，2005）。因此，尽管三江平原处于大陆性季风气候影响区，但整体湿润度仍较高，地表水资源相对丰富。总之，三江平原的季节性温度和降水特征，为湿地植被萌发和分蘖

表 5-1 三江平原主要流域地貌和河流基本特征

Tab. 5-1 Features of landform and rivers in the Sanjiang Plain

流域名称	流域面积 /km²				河流长度 /km	弯曲系数	河谷最大宽度 /m	河道比降
	总面积	山区	丘陵	平原				
鸭蛋河	606	400	60	146	95	2.0	55	1/9 000~1/700
浓江	2 630	55		2 575	116	2.1	100	1/12 000~1/8 000
鸭绿河	1 336			1 366	100	2.5	70	1/10 000~1/3 000
倭肯河	10 820	4 599	1 937	4 284	176	1.5	100	1/5 000~1/250
蜿蜒河	1 036			1 036	108	3.5	35	1/12 000~1/8 000
小穆棱河	3 620			3 620	162	2.3	110	1/3 000~1/2 000
挠力河	23 589	8 320	1 197	14 072	596	2.5	100	1/10 000~1/200
别拉洪河	4 340	22	122	4 196	170	2.6	100	1/12 000~1/7 500
外七星河	6 520	457	256	5 807	175	2.0	60	1/12 000~1/500

表 5-2 三江平原各地降水量与蒸发量比较

Tab. 5-2 Precipitation and transpiration of the sites in the Sanjiang Plain

地点	项目	春	夏	秋	冬	整年	湿润系数
抚远	降水量	105.0	371.8	127.0	61.0	664.8	1.15
	蒸发量	144.9	320.9	86.5	26.3	578.6	
建三江	降水量	79.8	326.5	115.9	58.5	580.7	0.99
	蒸发量	152.8	306.2	84.7	25.9	569.6	
佳木斯	降水量	71.3	347.2	100.2	39.6	558.3	0.99
	蒸发量	161.5	322.3	85.1	28.3	597.2	
饶河	降水量	81.1	332.1	144.5	54.2	611.9	1.11
	蒸发量	146.3	301.8	74.9	19.5	542.5	
虎林	降水量	87.3	306.0	136.2	60.5	590.0	1.05
	蒸发量	156.6	291.8	85.1	29.3	562.8	
兴凯湖	降水量	97.0	294.8	133.3	57.0	582.1	1.02
	蒸发量	142.1	311.7	92.3	26.5	572.6	

生长提供了有力的水资源保障，是控制三江平原湿地植被动态发展的重要气候因素。

三江平原的植物种类组成属于长白植物区系，以沼泽化草甸和沼泽植被为主，共有植物 1000 余种，其中湿地植物约 450 种。三江平原沼泽植物分布广泛，生长茂盛，覆盖度较大，一般为 70% 以上。密丛性的沼生或湿生植物根茎交织，普遍形成 20~30cm 厚的草根层，具有很强的持水能力。构成该区植被的建群种、优势种和主要伴生植物，都是能适应多水的沼生、湿生和少数中生植物，主要以多种苔草（*Carex* spp.）、小叶章（*Calamagrostis angustifolia*）、丛桦（*Betula fruticosa*）、沼柳（*Salix brachypoda*）等为主。

典型沼泽植物群落空间分布格局具有对列式与同心圆式的分布特征（图 5-1；易富科等，1988）。对列式，多见于河流两侧。从河中心向河岸两侧，因积水深浅不同分布有水生、湿生植物群丛。以别拉洪河为例，从河中心向两岸植物群丛依次为：漂筏苔草

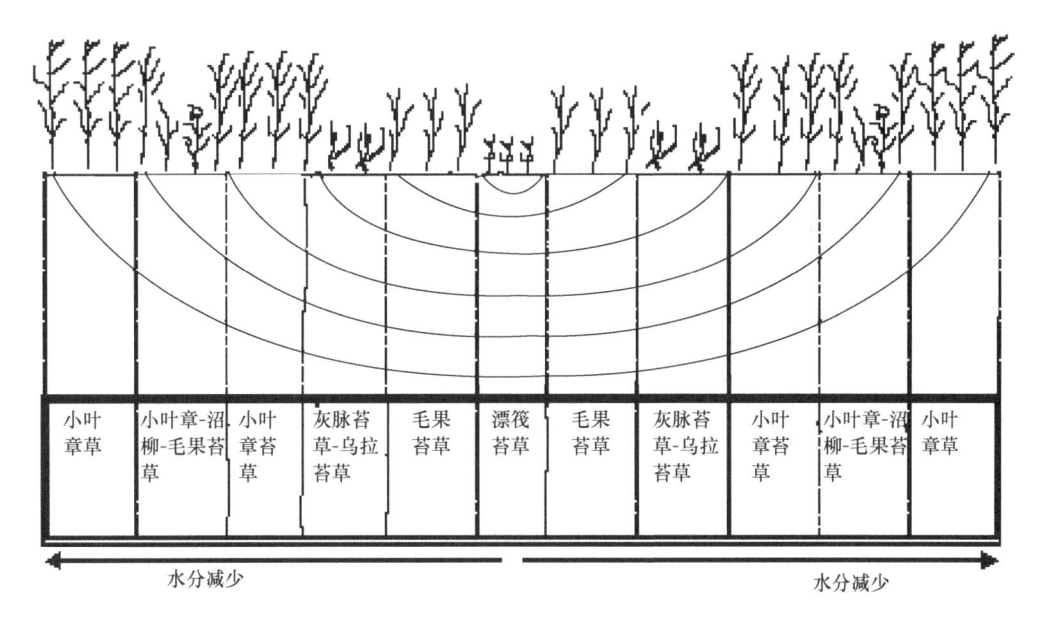

图 5-1　三江平原碟形洼地植被分布与演化示意图（易富科等，1982）

Fig. 5-1　Spatial distribution of wetland vegetation along the profile of the depressions in the Sanjiang Plain

（*Carex pseudocuraica*），积水深达 30~90cm，水流动微弱；毛苔草（*Carex lasiocarpa*）群落，水深 15cm 左右，最深不超过 50cm；再外侧，水深变浅，被小叶章等沼泽化草甸取代。同心圆式多见于各种洼地。以洼地为中心，随着积水由深变浅，沼泽植物群落呈同心圆式更替：中部为漂筏苔草，常伴有睡菜（*Menyanthes trifoliata*）和燕子花（*Iris laevigata*）；向外依次是毛苔草，具有塔头的乌拉苔草（*Carex meyeriana*）、灰脉苔草（*Carex appendiculata*），小灌木越橘柳（*Salix myrtilloides*），苔草散生或伴生其中；边缘则是小叶章沼泽化草甸及小叶章湿草甸。总之，三江平原沼泽植被空间分布特征主要受水分条件的制约，沼泽湿地长期获得稳定、丰沛的水资源，整个群落将向喜湿的苔草类发展，而当获得的水资源量偏少或季节变化不规律时，整个沼泽湿地群落将向喜干的小叶章植被发展。

二、气候变化与湿地植被脆弱性表征

（一）三江平原气候变化规律

近 60 年来，三江平原地区年平均气温为 1.29~4.93℃，年均温呈现显著上升趋势，全区平均倾向值为 0.39℃/10 年，远远超过东北区域（0.2℃/10 年）和黑龙江北部（0.3℃/10 年）的增暖趋势。1988~1989 年发生了由低温到高温的突变；三江平原地区四季平均气温均呈现增高的趋势，其中冬季气温增幅最大，气候倾向率达 0.53℃/10 年，夏季气温增幅最小，为 0.24℃/10 年。三江平原地区年均温和季节均温年际变化亦呈现明显的增温趋势，年均温、春季均温和冬季均温均在 1981~1990 年开始变暖，夏季均温和秋季均温在 1991~2000 年开始变暖（图 5-2）。以上结果表明，三江平原地区是我

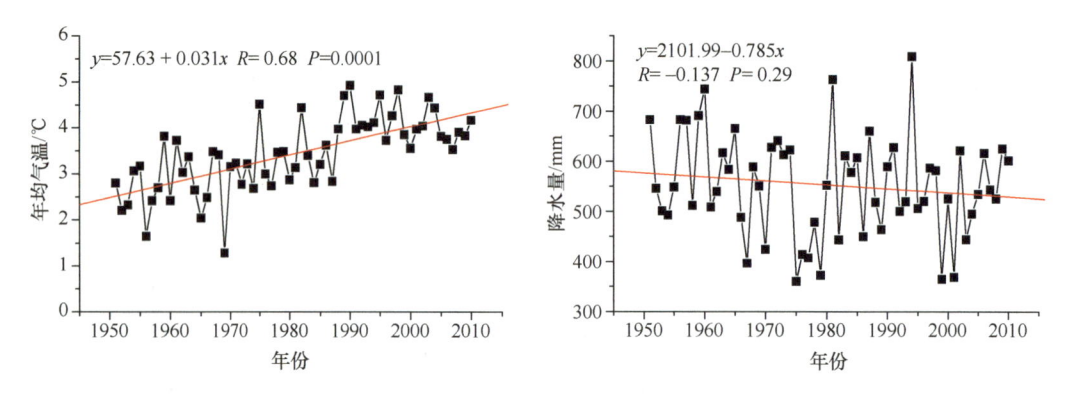

图 5-2 近 60 年（1951~2010 年）三江平原气温和降水变化趋势

Fig. 5-2 Trends of annual precipitation and average air temperature in the Sanjiang Plain during the last sixty years（1951–2010）

国增温幅度最大的地区之一。

三江平原绝大部分地区的年降水在过去 60 年中都呈减少的趋势，降水减少中心位于平原地区。三江平原整体降水减少倾向值为 –7.9mm/10 年，降水减少中心主要为北部平原地区佳木斯 - 桦川一带，倾向值高达 –20mm/10 年以上，最大值为 –25mm/10 年。与东北其他地区的资料比较，三江平原是降水减少相对较多的地区。三江平原地区年降水量和季节降水量距平曲线表明，过去 60 年间，年降水量的变化可以大致分为 3 个阶段，即 1955~1965 年和 1980~1999 年是降水增加阶段，1966~1979 年为降水减少阶段。三江平原的少雨期比东北区域的少雨期（1961~1984 年）持续时间短，更早地转入了多雨阶段，且降雨振幅也比东北区域的平均值大（图 5-2）。因此，近 60 年的气温和降水的变化表明三江平原地区总体气候呈现明显暖干化趋势。

引发本区气候突变产生的原因，除直接影响气候的主要外部因子太阳常数、平流层火山灰的含量和大气中不断增加的二氧化碳外，更主要的是下垫面的变化，即大面积湿地的开垦。湿地下垫面的热量平衡特征不同于农田，在湿地植物生长旺季，潜热通量占下垫面辐射平衡的 70% 左右，而感热通量只占辐射平衡的 20% 左右，即下垫面用于加热大气的热量很少，但湿地被开垦成农田后，其下垫面热量平衡特征发生变化，感热通量占辐射平衡的比例增大，因此气温升高，且区域水分循环也随之发生变化。本区夏季在 20 世纪 60 年代北半球普遍增温的情况下，没有发生增温突变，这也许是当时"冷湿"的下垫面起到了均化气候变化的作用。但从 70 年代中期开始，春季、夏季和年平均气温都发生了增温突变，这与开垦面积的增加同步。因为此时刚刚经历大规模开荒，到 1975 年耕地面积已达 204.8×10^{4}hm^2，几乎达到沼泽湿地面积的一半，人口也增加到 400 多万；到 1983 年耕地面积达到 352.1×10^{4}hm^2，人口达到 689.4 万；到 1995 年，耕地面积为 366.8×10^{4}hm^2；而 80 年代末的春季、秋季和冬季及年平均气温都出现了强增温突变，突变幅度在黑龙江北部是最大的（图 5-3）。因此，三江平原的增温突变可能与湿地的大面积开垦具有非常密切的联系。

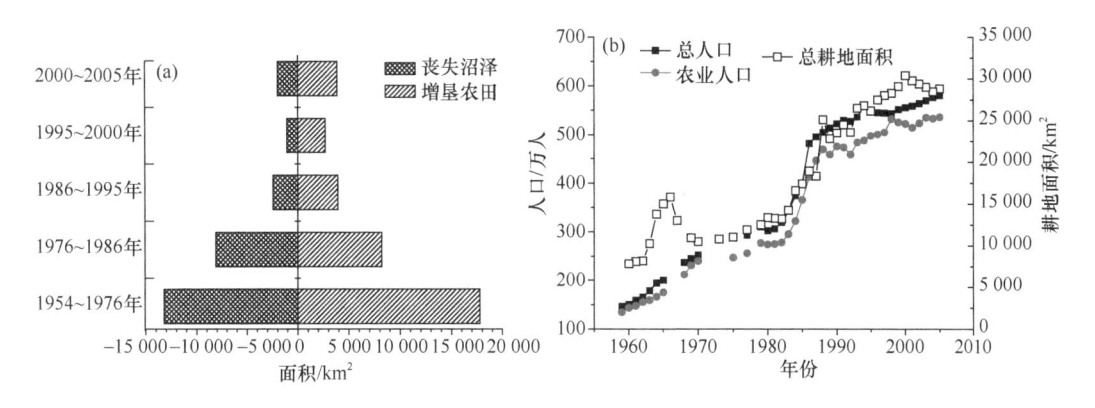

图 5-3　近 50 年三江平原自然沼泽湿地和耕地动态（a）和人口增长过程（b）

Fig. 5-3　Dynamics of natural wetland and farmlands（a）and total population（b）in the Sanjiang Plain

（二）三江平原沼泽植被脆弱性诱因

三江平原沼泽植被系统的脆弱性主要是指沼泽植被系统在特定时空尺度对人类活动和自然环境变化的反应程度，是对外界干扰所具有的敏感反应和自我修复能力。由此可见敏感性是脆弱性必不可分的组成部分，脆弱性是敏感性和自我恢复能力叠加的结果。三江平原沼泽植被生物区系的形成，是在该区特殊的水文地貌控制下，相对充沛的水资源与热量条件长期演化的结果，沼泽植被的时空变化处于相对稳定的动态发展过程中。而近 60 年来人类活动强度激增和气候暖干趋势的双重影响，彻底改变了整个三江平原地区的宏观水资源演变过程和植被生长区的微观水热耦合过程，外界水热环境的迅速改变使沼泽植被系统内在的敏感性无限扩展，自我修复能力在越来越不规律的水热环境下难以弥补植物敏感性发展带来的生理生态特征的适应性变化，进而在生态系统和景观尺度上表现出植被生态特征的剧烈变化或逆向演替，表现出沼泽植被对于外界干扰的脆弱性表征。

经过系统地分析和长期野外观测，三江平原地区沼泽植被脆弱性的直接诱因主要是地表水资源和水热耦合过程的剧烈变化。其中，地表水资源和地下水资源规律地改变是其中最重要的因素。

三江平原沼泽河流的径流补给是沼泽植被重要的水源。伴随着大面积的湿地垦殖，三江平原主要沼泽河流径流量逐渐减少的趋势从 20 世纪 70 年代后期逐渐显露，近 10 年三江平原主要沼泽河流（挠力河、别拉洪河、浓江河）径流量较 20 世纪 70 年代平均减少 50%~60%（图 5-4）。同时，农业沟渠和水利工程的高密度建设导致地表径流过程的巨大变化，三江平原地区出现了连续丰、枯年交替出现的规律，沼泽性河川径流的年际变化明显增大，主要沼泽河流径流量变异系数 CV 都在 0.8 以上，有的沼泽性河流甚至高达 0.95。而山区河流径流年际变化则比平原区小，变异系数 CV 均在 0.6 左右，说明了平原区湿地的垦殖过程对地表降雨径流过程的影响是非常显著的，是导致沼泽湿地植被脆弱性的重要诱因。

同时，地下水位的迅速下降也是导致沼泽植被生态需水量难以稳定维系的重要原

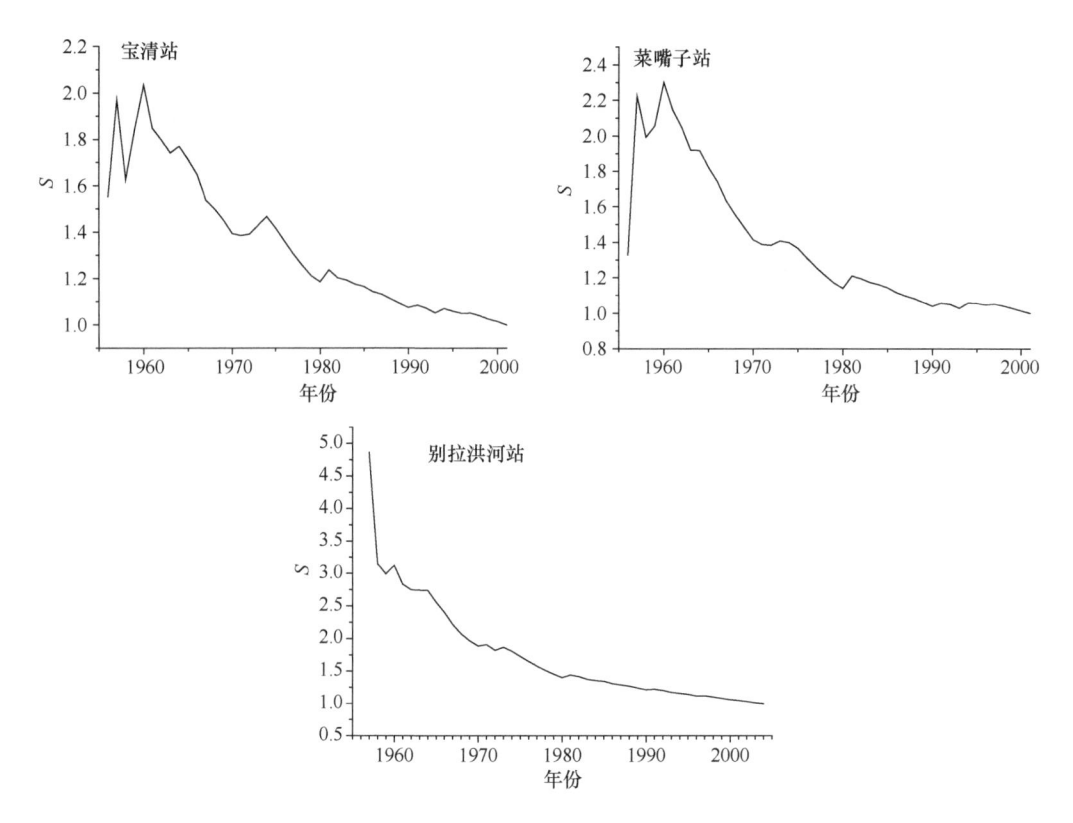

图 5-4　三江平原主要河流径流系列累积平均曲线（S 为年径流累积平均值）
Fig. 5-4　Curves of the cumulative average values of discharges of three main rivers in the Sanjiang Plain（S is the accumulated mean values of annual discharge）

因，近 50 年间，三江平原 80% 的湿地被开垦，沼泽湿地的丧失导致地下水补给量减少 76%，与 1954 年相比，湿地垦殖和退化导致三江平原湿地蓄水能力减少 $98.42×10^8m^3$，区域最大持水量减少了 $10.62×10^8m^3$，1990~2012 年，三江平原北部地区地下水位下降了 9.87m，平均每年降低 0.4m，浅层地下水位的降低直接影响了三江平原春季枯水期（5~6 月）地表沼泽植被的水源补给，是导致三江平原沼泽湿地植被脆弱性逐渐显露的重要因素（图 5-5）。

（三）三江平原沼泽植被脆弱性表征

以三江平原洪河国家级自然保护区为例，利用连续多年多时项 MODISLST 和 LandsatTM 遥感数据和地面生态调查数据，分析了近 10 年来地表水资源动态与沼泽湿地景观和净初级生产力（NPP）间的时空动态耦合关系，以此为基础揭示三江平原典型沼泽湿地植被系统脆弱性表征的变化过程和特征。

植被净初级生产力（NPP）是表征生态系统生产能力和整体生态结构及功能的重要指标，其时空变化特征直接反映了生态系统的脆弱性特征。2000~2010 年三江平原洪河沼泽湿地净初级生产力总体表现出增加的变化趋势：仅从 2000 年和 2010 年洪河湿地 NPP 的差值来看，洪河湿地沼泽植被 NPP 大部分呈增加趋势，占洪河湿地总面积的

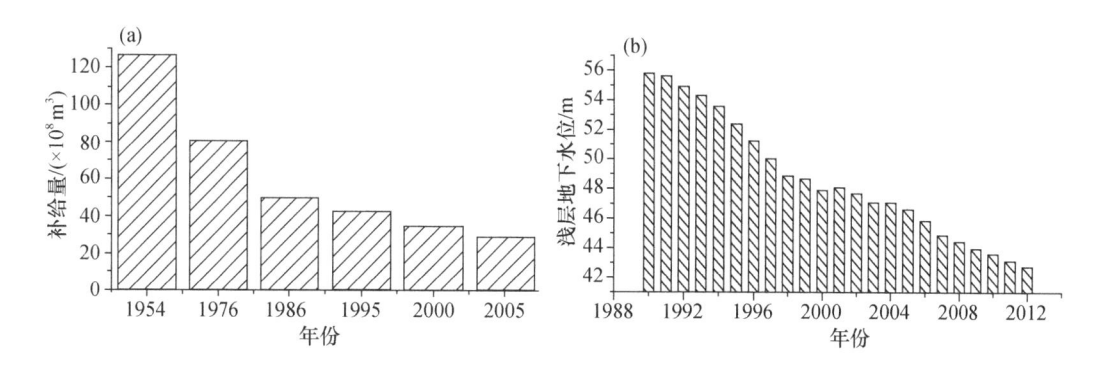

图 5-5 三江平原地下水补给量（a）和浅层地下水位（b）的变化

Fig. 5-5 Supply to the ground water（a）and variation in the ground water level（b）in the Sanjiang Plain

66.34%；增加不显著或没有变化的面积占洪河湿地总面积的 33.2%。10 年间洪河湿地生产力平均值为 385.49g C/(m²·a)，NPP 主要集中在 300~400g C/(m²·a) 的湿地，占洪河湿地总面积的大部分（62.21%）；NPP 大于 400g C/(m²·a) 的面积次之，占湿地总面积的 30.37%，NPP < 300g C/(m²·a) 的面积最小，占湿地总面积的 0.51%（图 5-6）。洪河湿地 2006 年进行了出水口堤坝的加高和修缮，有效增加了 2006 年以后的区域水资源控制截留能力，是洪河湿地沼泽植被 NPP 增加的主要原因。但是，从 2003 年旱灾导致 NPP 迅速下降的现象来看，洪河湿地沼泽植被生产力的变化受水资源量波动的影响是非常剧烈的，沼泽植被系统的脆弱性依然显著。图 5-7 表明，洪河湿地植被 NPP 与洪河保护区的年地表水资源量间存在显著的相关关系，说明水资源量的变化决定了沼泽植被初级生产力的变化。从生态系统脆弱性理论来看，洪河湿地植被 NPP 具有明显的年际变化特征，且与地表水资源量的变化具有密切关系（P=0.016），说明洪河湿地植被生产力年际波动随水文条件的变化是非常显著的，NPP 随地表水资源量的显著年际变化是湿地生态系统脆弱性的重要表征。

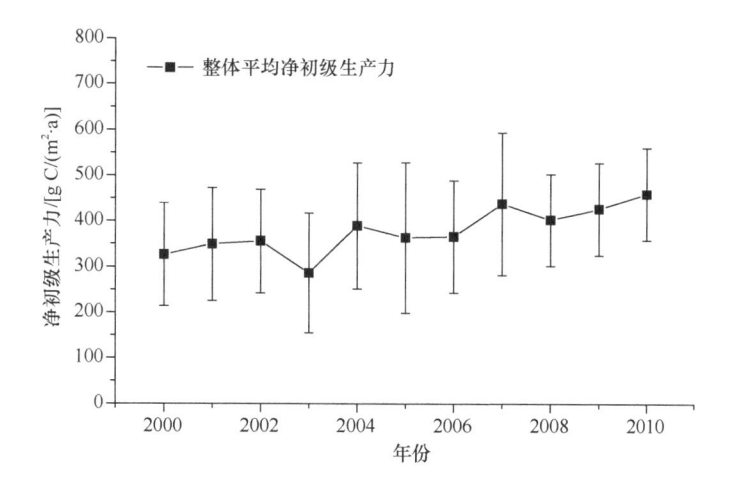

图 5-6 三江平原洪河湿地沼泽植被净初级生产力变化（2000~2010 年）

Fig. 5-6 Net primary production of wetland vegetation in the Honghe of Sanjiang Plain（2000–2010）

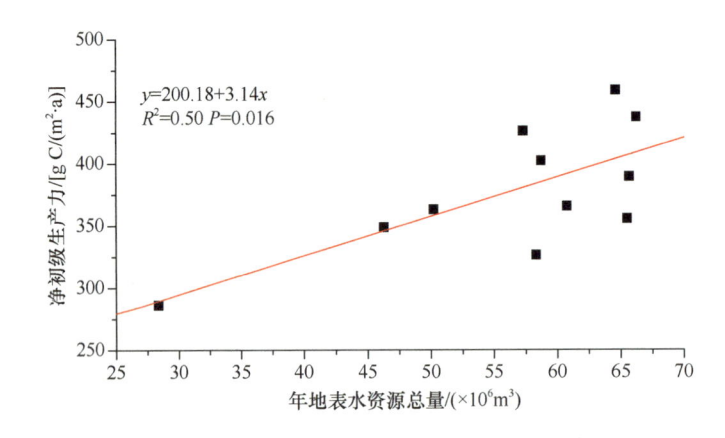

图 5-7 洪河沼泽植被净初级生产力与年地表水资源总量的关系（2000~2010 年）

Fig. 5-7 Relation between the net primary production of wetland vegetation and surface water resource in the Honghe of Sanjiang Plain（2000–2010）

从洪河湿地保护区各景观面积的年际变化和相互转化特征来看，洪河湿地景观变化主要体现在两个方面，第一是灌木林地景观的稳步逐渐扩张，第二是沼泽和沼泽化草甸的相互转化。沼泽和沼泽化草甸植被相互转化的主要拐点是 2006 年修建水坝之后，洪河湿地地表水资源得到有效恢复，沼泽化草甸逐步向沼泽植被恢复。从生态系统脆弱性的角度来看，无论是 2006 年之前沼泽植被景观的退化过程还是 2006 年之后沼泽植被景观的恢复过程，沼泽植被景观的年际变化速度都是非常惊人的（图 5-8）！同时，从洪河湿地高程分区来看，2000~2006 年和 2006~2010 年，景观变化面积超过 20 000hm² 的高程分布区域占到总区域面积的 86% 和 72%（图 5-9）。说明洪河湿地沼泽景观的空间变化面积是非常巨大的，这与 NPP 的空间变化情况是耦合的。说明沼泽

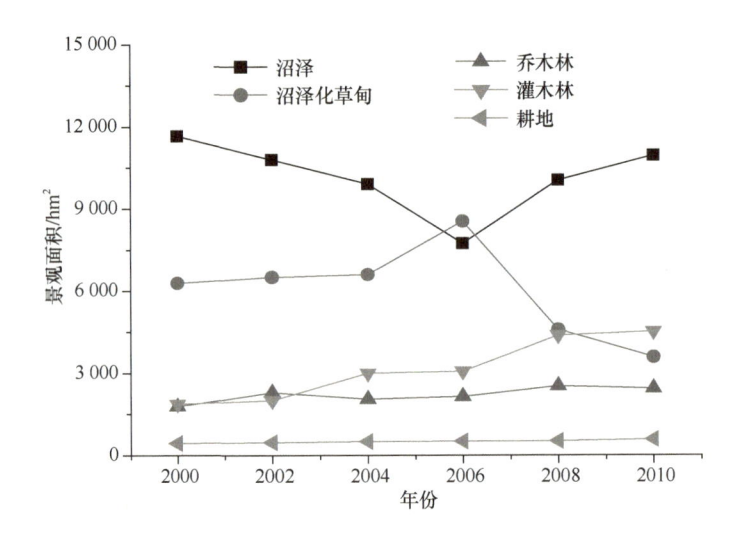

图 5-8 洪河湿地主要景观面积变化过程（2000~2010 年）

Fig. 5-8 Landscape variation of the wetland vegetation in the Honghe（2000–2010）

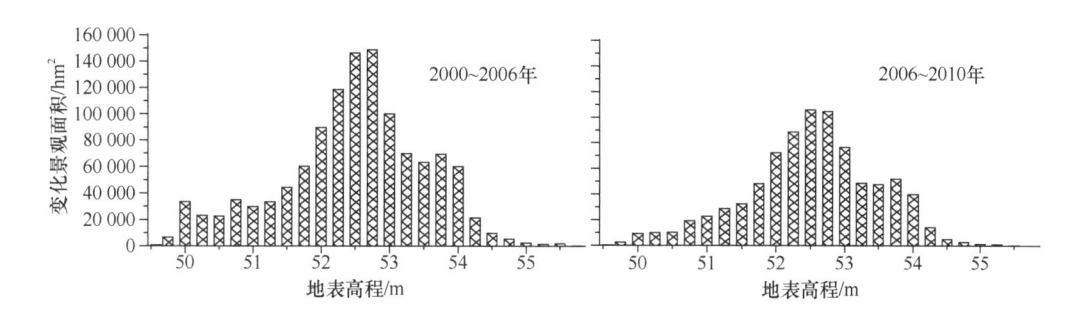

图 5-9　洪河湿地不同高程地区产生变化的景观总面积（2000~2010 年）

Fig. 5-9　Total area of the changed wetland landscape in different altitudes in the Honghe of Sanjiang Plain
（2000-2010）

景观的转变是引起沼泽植被 NPP 变化的重要因素。因此，洪河湿地沼泽植被系统的脆弱性主要来自景观的年际变化过程。沼泽植被景观空间分布面积的变化是沼泽湿地植被脆弱性的重要表征。

第二节　沼泽湿地植被适应性技术理论

一、沼泽植被适应性技术建立目标

图 5-9 表明，洪河保护区沼泽景观的年际变化主要集中于高程 52~53m，该区域主要分布的沼泽植被是处于河流河道中心地区的以毛苔草为主体的毛苔草 - 漂筏苔草群落，以及分布在较高高程区域的以小叶章为主的小叶章群落和小叶章 - 灰脉苔草群落。因此，小叶章群落和毛苔草群落间的相互变化是洪河湿地沼泽植被景观格局和 NPP 变化的主要原因，了解毛苔草和小叶章群落间的相互演化特征是分析整个湿地生态系统脆弱性特征的重要步骤，也是进行三江平原沼泽湿地脆弱性适应技术理论和体系研究的基础。在本研究中，三江平原东方白鹳生境的沼泽植被适应性技术的建立就是基于毛苔草 - 小叶章植被群落的演替规律开展研究的。鉴于沼泽湿地植被对水资源的强烈依赖性和三江平原地区水资源逐渐匮乏，本研究建立三江平原沼泽植被适应性技术的直接目标为：①如何通过调整水位梯度变化来促进湿生沼泽植被——毛苔草群落的生产力恢复和增长；②如何通过调整水位梯度和波动周期促进半湿生 - 湿生混合植被群落——小叶章 / 毛苔草混合群落的演替向着毛苔草群落的方向发展，加速毛苔草群落的恢复性演替。

二、沼泽植被萌芽期适应技术

（一）试验材料与方法

于春季萌芽期在研究区内选取典型碟形洼地型沼泽湿地，其植被群落呈环带状分布，由外向内依次为小叶章群落、小叶章 - 毛苔草混合群落（以下简称混合群落）、毛苔草群落。将各类群落植被用直径45cm、高50cm的实验模拟桶取回进行模拟实验。实验水位设计小叶章群落为 –5cm（地表以下5cm）、0cm、5cm，混合群落为 –5cm、0cm、5cm、10cm，毛苔草群落为0cm、10cm、15cm，3个群落各加一个干旱处理［仅靠雨水补给，下称自然条件（ZR）］，每个处理设3个重复。实验桶均埋入地下5cm，且根据实验设计提前打孔以控制水位，每天观察水位变动情况，维持水位稳定。

实验选取种群萌发密度指标来描述植物的萌发响应，并结合高度指标来描述幼苗生长情况。实验期内定期对小叶章及毛苔草进行种群萌发密度、平均高度和最大高度的调查。小叶章群落和毛苔草群落分别仅对小叶章和毛苔草进行调查，混合群落同时对两种植物进行调查。初期植物生长较快，7d左右调查一次（共3次），后期观测间隔时间相对延长为10~15d调查一次（共4次）。

（二）实验详细结论

控制实验表明，小叶章群落中，–5cm和0cm水位条件下的小叶章种群萌发密度明显高于自然和5cm水位条件下的，且越到后期差异越明显（$P < 0.001$）；初期种群萌发密度0cm＞–5cm＞自然条件＞5cm，但–5cm水位条件下的萌发密度逐渐超过0cm水位条件下的，随后保持–5cm＞0cm＞自然条件＞5cm，但是–5cm和0cm两水位之间的差异逐渐变小。种群密度增长速率，初期生长阶段为–5cm＞自然条件＞0cm＞5cm，后期则是0cm＞–5cm＞5cm＞自然条件（图5-10）。

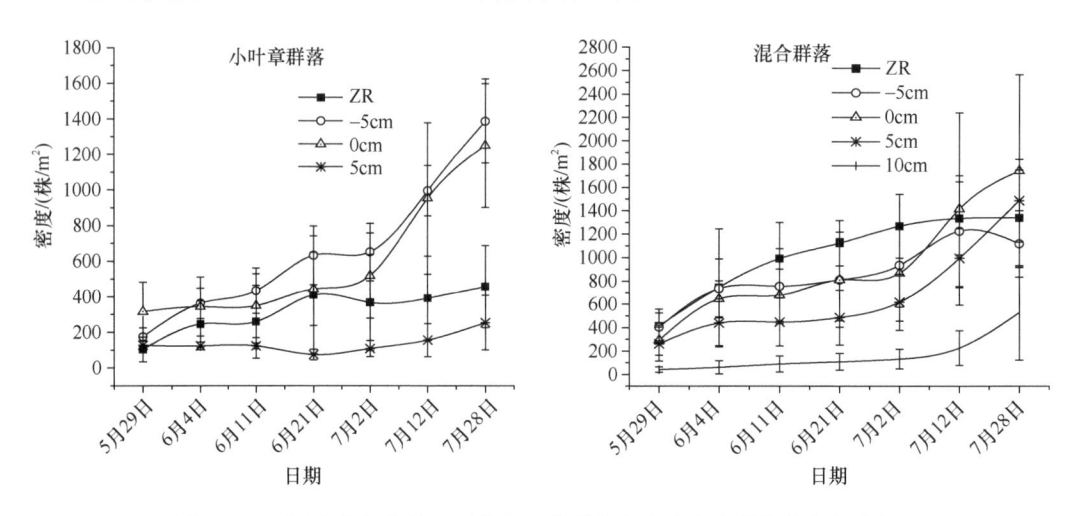

图5-10 不同水位条件单一群落和混合群落中小叶章种群萌发密度动态

Fig. 5-10 Sprouting density of *Calamagrostis angustifolia* in the pure and mixed community along different water levels

混合群落中，小叶章种群萌发密度初期随水位升高而下降（$P < 0.05$），但后期0cm和5cm水位下种群密度增长迅速，最终趋势为0cm＞5cm＞自然条件＞–5cm＞10cm，10cm水位处理的种群密度始终处于较低水平（$P < 0.01$）。实验初期密度增长速率，自然条件＞–5cm＞0cm＞5cm＞10cm，稳定期后，–5cm水位下有短暂高速增长，

第五章 气候变化情势下沼泽湿地植被适应技术与示范

而自然条件下的增长速率则接近于零,后期密度增长速率 5cm > 0cm > 10cm > 自然条件 > –5cm（图 5-10）。毛苔草种群在自然和 –5cm 水位条件下的种群密度明显高于其他 3 个水位的（$P < 0.05$），差异同样逐渐增大；–5cm 水位的增长速率最大，达到峰值后下降，与自然条件下不同的是，其下降到一定程度后，密度接着又进入上升阶段。0cm、5cm 和 10cm 水位的种群密度增长缓慢，始终处于较低水平（图 5-11）。

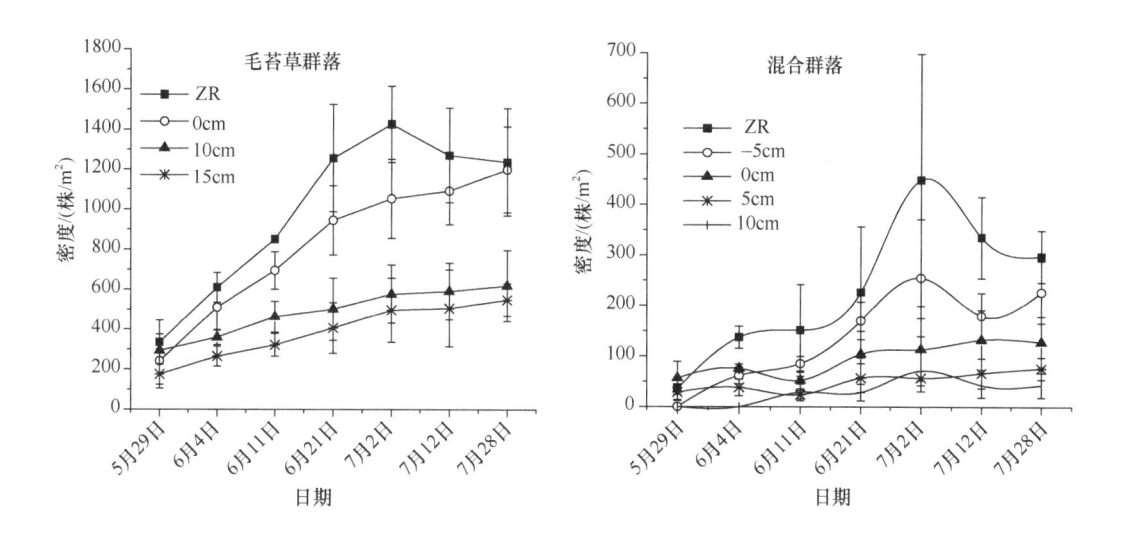

图 5-11 不同水位条件单一群落和混合群落中毛苔草种群萌发密度动态

Fig. 5-11 Sprouting density of *Carex lasiocarpa* in the pure and mixed community along different water levels

在毛苔草群落中，0cm 和自然条件下种群萌发密度明显高于 10cm 和 15cm 水位条件下的（$P < 0.01$），且差异逐渐增大。自然条件下，种群密度增长迅速，达到一个峰值后迅速下降，最终维持在一个较高水平；0cm 水位下一直保持较高的增长速率，特别是后期增长速率明显高于其他各水位的；10cm 和 15cm 水位下种群密度随时间变化趋势相似，增长缓慢，一直处于较低水平（图 5-11）。

值得注意的是，野外生境调查表明毛苔草种群适宜在常年积水环境中生存，但本实验中其种群萌发密度最大值并未出现在最深水位处理下。相反，两个群落毛苔草种群密度皆随水位的升高而下降（$P < 0.05$）（图 5-11）。说明春季萌芽期，温度对萌芽率的影响也是非常显著的，较低的水位情况下容易获得较高的生长温度，将促进毛苔草种群萌发密度的增加。

对于萌芽平均高度，在小叶章群落中，平均高度总体趋势为 0cm > –5cm > 自然条件 > 5cm，–5cm 和 0cm 水位下与自然和 5cm 水位下的差异逐渐增大，但与密度响应有所不同的是 0cm 水位的平均高度要大于 –5cm 水位的，且在后期差异更加明显（$P < 0.05$）。混合群落中，水位条件影响显著（$P < 0.05$），处理间平均高度最大值从自然条件逐渐向高水位移动，到 5cm 水位后开始下降，10cm 水位条件下平均高度明显低于其他水位的，但最后调查结果为平均高度 0cm > 5cm > –5cm > 自然条件 > 10cm（图 5-12）。

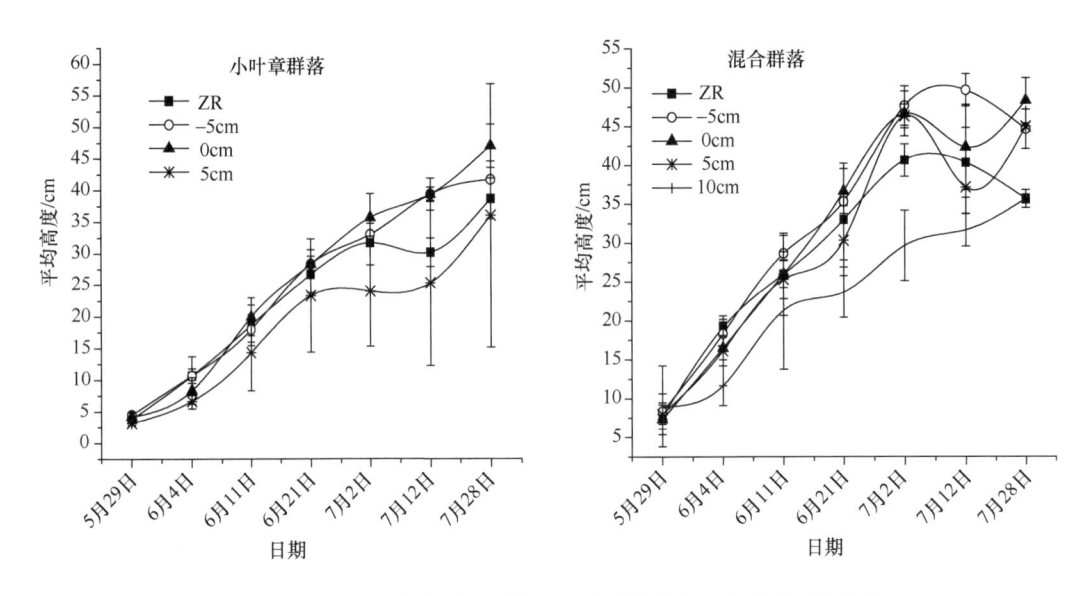

图 5-12　不同水位条件单一群落和混合群落中小叶章种群平均高度

Fig. 5-12　Average height of *Calamagrostis angustifolia* in the pure and mixed community along different water levels

毛苔草种群的平均高度总体趋势为：毛苔草群落，15cm＞10cm＞0cm＞自然条件（$P<0.01$），后期自然条件下的高度远低于其他水位的（$P<0.05$），后期自然和 0cm 水位条件下高度基本不再变化，与 10cm 和 15cm 水位的差距加大；混合群落，5cm＞0cm＞–5cm＞自然条件＞10cm（$P<0.01$），各处理随时间的波动较毛苔草群落大，10cm 水位条件下的中期与其他水位下差别明显（$P<0.05$），但后期增长迅速，自然条件下与其他水位条件的差异逐渐增大（图 5-13）。

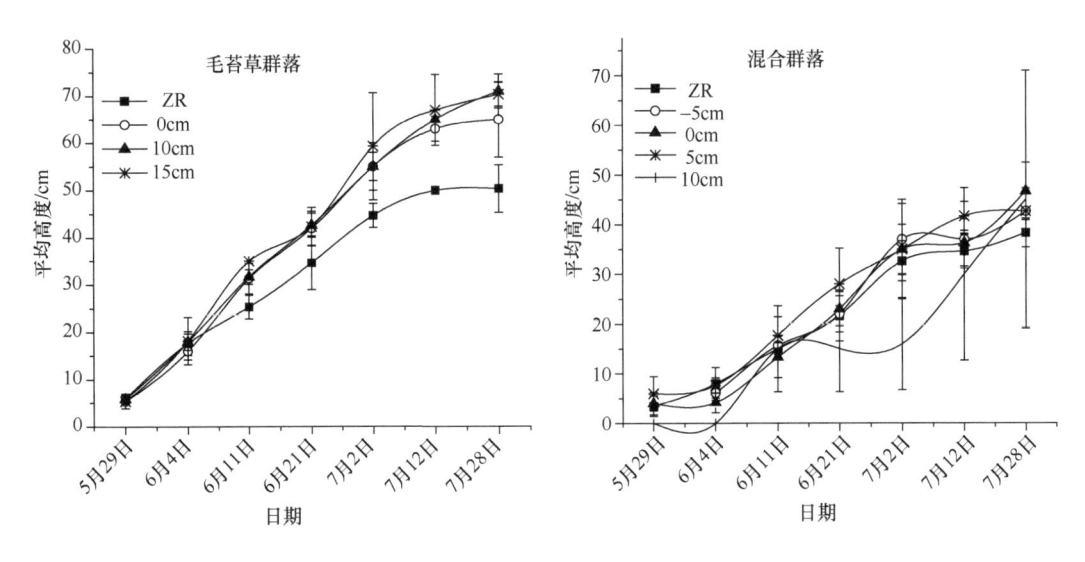

图 5-13　不同水位条件单一群落和混合群落中毛苔草种群平均高度

Fig. 5-13　Average height of *Carex lasiocarpa* in the pure and mixed community along different water levels

（三）总体结论

沼泽植被（小叶章和毛苔草）在春季萌发阶段，无积水条件下种群萌发密度及增长速率要高于淹水条件，淹水越深，其种群萌发密度及增长速率越低，说明淹水对植物根茎萌发的抑制作用随积水加深而加强。该结论符合植物无论成株阶段适合何种环境，淹水对其根茎萌发都有抑制作用，萌发需要一段无淹水期的结论。混合群落中两种植被根茎萌发及幼苗生长的最佳水位存在一定区别，但均处于 −5~0cm 内，说明与地表相平或略低于地表 5cm 范围的水位，能够显著促进毛苔草萌发及幼苗生长。根据上述实验的详细结论，针对春季水资源相对亏缺的事实，为促进沼泽植被群落萌发和苗期生长，在春季萌芽期应控制地表水位在 −5cm 左右，这样既能够促进毛苔草群落的萌发生长，又能够节省水资源。

三、沼泽植被繁殖期适应技术

（一）试验材料与方法

取三江平原沼泽湿地典型湿地土壤，充分混匀，装入内径 30cm、高 30cm 的试验桶内，土层厚度约为 20cm；采集地上形态较为一致的毛苔草幼苗 [株高为（32.28±3.92）cm，地下部分清除不定根，保留根茎长度为（2.87±0.74）cm]，移植到试验土壤中，每桶 12 株。模拟试验针对春季可能出现的不同水文情势特征，设 4 个水分处理：①干旱处理（drought，D），水位面位于土壤表面以下 5cm 处；②干湿交替处理（interactive，I），水位在土壤表面以下 5cm 和以上 5cm 之间以 10d 为周期进行波动；③持续淹水处理（control，C），水位面位于土壤表面以上 15cm；④淹没处理（submergence，S）。各处理皆设 12 个重复，共 48 桶。试验桶打孔维持设计水位，深淹水处理通过将试验桶置于水池一定深度来实现。试验第 62 天，植物生长旺盛期，停止淹没处理，其他 3 个处理各保留 3 个重复继续维持干旱（drought-drought，DD）、干湿交替（II）、持续淹水（CC）。

为比较苗期及生长季后期水文情势的影响，对其余样品进行水文情势的转换。方法为：各处理任意选 3 个重复改为干旱处理，分别标记为 ID（interactive-drought）、CD、SD；另各选 3 个重复，改为干湿交替，标记为 DI（drought-interactive）、CI、SI；剩余 3 个重复改为持续淹水，标记为 DC（drought-control）、IC、SC，试验继续维持 53d。

（二）试验详细结论

对分蘖生长期调查结果的方差分析和多重分析表明，各水文情势下毛苔草分蘖株数均存在显著差异（$P < 0.001$）。不同处理的毛苔草分蘖株数生长季内逐渐增加，基本规律是：干湿交替条件＞干旱条件＞持续淹水＞淹没条件；分蘖增长速率，各水文情势下均呈波动变化态势，干湿交替条件下波动幅度最大，其次是持续淹水条件下，干旱和淹没水文情势下变化较平缓。淹没条件下，7 月 25 日分蘖株数仅为（0.79±0.48）株（$n=30$），增长速率在 0 上下波动，在各水文情势中分蘖能力最低（图 5-14）。

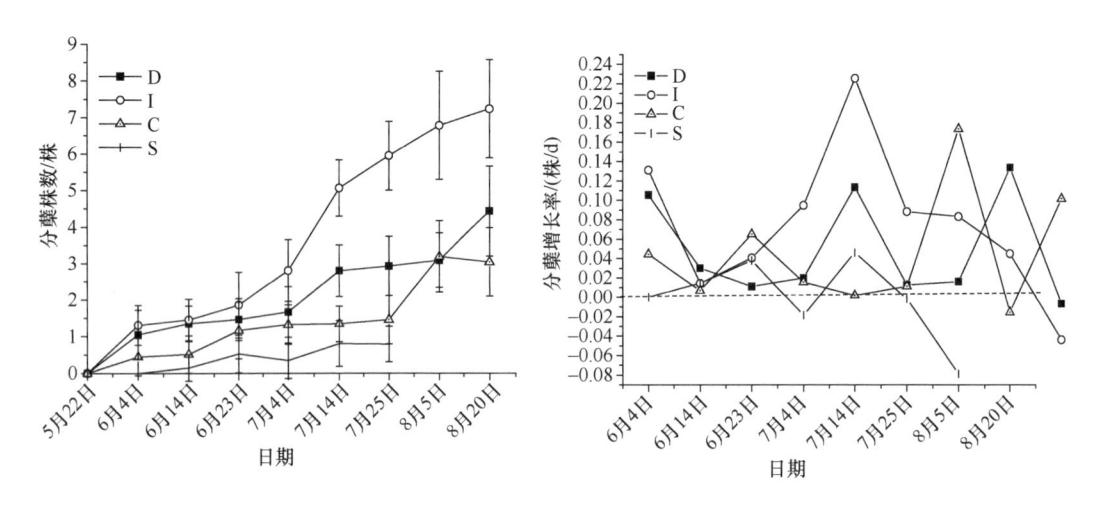

图 5-14 不同水文情势下毛苔草分蘖数量和增长速率变化

Fig. 5-14 Number of tillers of *Carex lasiocarpa* community along different hydrological conditions

对于苗期处于干旱条件下的毛苔草种群，水分含量的增加不同程度地提高了其分蘖能力。而干湿交替条件下的毛苔草在水文条件恒定之后，分蘖株数持续增长，但均低于一直处于干湿交替条件（II）下，说明干湿交替的水文条件能够长期促进毛苔草分蘖能力的发展。苗期淹没的毛苔草，水文情势改变后，则水分越少分蘖株越多，转为干旱（SD）和交替（SI）的毛苔草分蘖株数显著高于转为持续淹水（SC）情况。这也说明干湿交替的水文情势在毛苔草的分蘖后期对分蘖能力也有一定的提高作用。此外，经历不同水文情势的毛苔草，对水文情势改变的响应速度不同。前 11d，水文情势改变，对干旱及持续淹水的毛苔草无显著影响，使长期处于干湿交替环境中的毛苔草分蘖能力显著下降，而长期处于淹没环境中的毛苔草分蘖能力显著提高；25d 时，干湿交替的环境，使苗期干旱（DI）和持续淹水（CI）的毛苔草的萌蘖能力显著提高。说明不同分蘖期间如果改变原有的水文情势，则会影响毛苔草分蘖能力的发展，分蘖前期如何提高分蘖能力要依据前期的水文情势做出相应的选择（表 5-3）。

在不同的分蘖时期，水文情势对毛苔草地上部分、地下部分及总体干鲜重均有显著影响。淹没条件下，各部分生物量及总生物量均明显小于其他条件下的；干湿交替条件下，各部分及总生物量则均高于其他条件下的；干旱和持续淹水条件下，毛苔草生物量较为接近，除地上生物量，干旱条件下低于持续淹水条件下外，总生物量、地下生物量均高于持续淹水条件下的。上述结果说明分蘖期干湿交替的水文情势能够促进毛苔草整体植株生物量的快速发展，而干旱和持续淹水均不能促进毛苔草植物生物量的累积（表 5-4）。

苗期淹没对毛苔草生长已表现出明显的抑制作用。因此，水文情势转换时，放弃淹没处理。调查发现，水文情势的改变使苗期持续淹水条件下毛苔草的高度略有下降，但无显著影响；苗期经历干湿交替的毛苔草，后期水文情势的改变（ID、IC）使其高度值比长期处于交替环境（II）中的高，但同样无显著影响；苗期干旱的毛苔草，水文情势的改变（DI、DC）使其高度生长幅度略有提高，但末期下降速率则要大于持续干

表5-3 不同水文情势毛苔草分蘖株数（单位：株）

Tab. 5-3 Number of tillers of *Carex lasiocarpa* community in the condition of different hydrological experiences（Unit：piece）

处理	7月25日	8月5日	8月20日
DD	3.09±0.75 a	4.43±1.23 a	4.36±1.00 a
DI	3.25±0.84 a	6.50±2.30 b	6.20±1.63 b
DC	3.50±1.29 a	4.16±1.22 a	4.72±1.58 a
II	6.78±1.48 b	7.23±1.34 b	6.79±1.13 b
ID	5.57±1.21 c	5.81±1.47 c	6.21±1.44 b
IC	4.69±1.44 d	5.84±1.73 c	6.41±1.62 b
CC	3.19±0.98 a	3.04±0.94 d	4.05±0.85 a
CD	2.71±0.69 a	5.43±1.47 c	4.63±1.64 a
CI	2.33±0.92 ae	5.14±1.87 c	6.50±1.74 b
SD	1.93±0.94 ef	2.97±1.42 d	4.17±1.56 a
SI	1.81±0.90 ef	2.92±0.72 d	4.15±1.59 a
SC	1.32±0.54 f	1.55±0.68 e	2.40±0.52 c

注：DD、DI、DC 代表苗期处于干旱处理，后期分别为干旱处理、交替处理、持续淹水；II、ID、IC 代表苗期交替处理，后期分别为交替、干旱、持续淹水；CC、CD、CI 代表苗期持续淹水，后期分别持续淹水、干旱、交替；SD、SI、SC 代表苗期淹没，后期分别干旱、交替、持续淹水。相同字母表示 0.05 水平上，处理之间差异不显著

Note: DD, DI and DC mean drought process in sprout period followed by drought, drought-wet alternation, and sustained inundation process respectively. II, ID and IC mean drought-wet alternation process in sprout period followed by drought-wet alternation, drought and sustained inundation process respectively. CC, CD and CI mean sustained inundation in sprout period followed by sustained inundation, drought and alternation process respectively. SD, SI and SC mean submerge the whole vegetation in sprout period followed by drought, drought-wet alternation, and sustained inundation respectively. The same letters after the results mean no significant difference in 0.05 level

表5-4 水文情势对不同分蘖期的毛苔草生物量的影响（mean ± SD, g/m²）

Tab. 5-4 Effects of hydrological regimes on the biomass of *Carex lasiocarpa* community in the different tiller period（mean±SD, g/m²）

处理		鲜重 地上生物量	鲜重 地下生物量	鲜重 总生物量	干重 地上生物量	干重 地下生物量	干重 总生物量
6月25日	D	379.71±47.56a	1292.66±235.31a	1672.38±277.37 a	146.07±14.86 a	317.01±23.09ab	463.08±36.28 a
	I	710.40±61.60b	1857.18±202.28b	2567.59±141.68 b	264.21±26.05 b	374.29±34.05a	638.50±13.70 b
	C	451.38±84.14a	954.90±243.49a	1406.28±327.56 a	146.03±28.79 a	258.69±72.59b	404.72±101.19a
	S	234.30±37.64c	428.12±138.83c	662.42±101.92 c	50.06±9.86 c	149.23±32.54c	199.29±24.99 c
8月20日	D	404.34±32.69a	2344.42±107.20a	2748.76±93.49 a	236.85±18.85 a	503.09±7.48 a	739.94±18.47 a
	I	948.81±131.14b	4208.54±648.06b	5157.35±721.11b	403.40±61.24 b	887.05±114.20b	1290.45±134.78b
	C	842.65±119.56b	1622.55±646.17a	2465.20±758.01a	310.73±63.35 ab	325.60±127.71a	636.33±185.87 a

注：D，干旱处理，水位面位于地表以下 5cm；I，干湿交替处理，水位面在地表上下 5cm 内以 10d 为周期波动变化；C，持续淹水处理，水位面位于地表以上 15cm；S，淹没处理，保持植株完全被淹没。同一时期，结果后的相同字母表示 0.05 水平差异不显著

Note: D indicates drought process with water level 5 cm beneath ground surface; I indicates drought and wet processes alternately with water level 5 cm beneath ground surface and a cycle of 10-days period; C indicates sustained inundation process with water level 15 cm above ground; S indicates submerge the whole vegetation. For the same period, the same letters after the results mean no significant difference in 0.05 level

旱（DD）（表 5-5）。此结果说明分蘖期水文情势的改变对毛苔草种群平均高度的变化没有显著影响。干湿交替的水文情势能够显著提高生物量主要是通过提高分蘖数量来实现的。

表5-5 不同水文情势毛苔草的高度比较（mean±SD, cm）

Tab. 5-5 Comparison on the height of *Carex lasiocarpa* under different hydrological processes (mean±SD, cm)

处理	7月25日	8月5日	8月20日
DD	78.79±10.48 cd	77.55±9.97 c	79.00±8.58 de
DI	80.10±11.52 cde	81.66±10.44 cd	70.41±7.02 bc
DC	76.90±10.69 c	82.10±7.83 cd	78.46±6.53 de
II	82.57±8.35 cde	81.55±8.68 cd	78.84±6.04 de
ID	82.24±10.69 cde	83.07±8.37 d	83.32±8.72 e
IC	82.90±7.30 cde	86.37±8.86 de	82.83±10.40 e
CC	85.47±12.82 de	94.20±10.87 f	99.32±7.98 f
CD	80.59±12.19 cde	92.53±9.37 f	97.83±9.63 f
CI	86.62±10.46 e	89.70±9.95 ef	94.59±7.83 f
SD	52.21±12.33 a	53.83±7.97 ab	70.25±9.39 bc
SI	55.90±11.14 a	49.20±10.09 a	57.50±9.73 a
SC	64.40±15.44 b	56.39±9.90 b	65.00±10.80 b

注：DD、DI、DC 代表苗期处于干旱处理，后期分别为干旱处理、交替处理、持续淹水；II、ID、IC 代表苗期交替处理，后期分别为交替、干旱、持续淹水；CC、CD、CI 代表苗期持续淹水，后期分别持续淹水、干旱、交替；SD、SI、SC 代表苗期淹没，后期分别干旱、交替、持续淹水。相同字母表示 0.05 水平上，处理之间差异不显著

Note: DD, DI and DC mean drought process in sprout period followed by drought, drought-wet alternation, and sustained inundation process respectively. II, ID and IC mean drought-wet alternation process in sprout period followed by drought-wet alternation, drought and sustained inundation process respectively. CC, CD and CI mean sustained inundation in sprout period followed by sustained inundation, drought and alternation process respectively. SD, SI and SC mean submerge the whole vegetation in sprout period followed by drought, drought-wet alternation, and sustained inundation respectively. The same letters after the results mean no significant difference in 0.05 level

（三）总体结论

研究发现，不同水文情势对毛苔草分蘖特征有显著的影响，对于以分蘖为繁殖方式的沼泽湿地植被，调节分蘖水文情势，可以促进或减缓沼泽植被的繁殖速度和能力，以此作为沼泽植被适应技术的理论基础。

干湿交替的水文情势有助于毛苔草分蘖能力的提高，同时有助于分蘖旺盛期分蘖增长速度的提高。水位土壤表面以下 5cm 和以上 5cm 之间以 10d 为周期进行干湿交替水文管理，可以作为分蘖期毛苔草适应性技术的参考指标。生长期内，经历过干湿交替的毛苔草生物量较大，持续地表 10cm 高度的充分水分条件就可以有效促进地上生物量累积。毛苔草株高和叶片长度对苗期水文情势较为敏感，但成株阶段的水文条件对叶片数量影响较大，足以掩盖苗期影响。此结论，可作为毛苔草生长阶段水文调控的基本理论。

通过旺盛生长期对水文情势的转换，发现苗期水文情势对毛苔草后期分蘖能力仍有极显著影响，因此在沼泽适应性技术体系中要充分考虑苗期的水文状况。

四、沼泽植被种群竞争调节适应技术

（一）试验材料与方法

春季，取三江平原沼泽湿地典型湿地土壤，充分混匀，装入内径30cm，高40cm的试验桶内，土层厚度约为20cm，采集地上形态较为一致的毛苔草幼苗［株高（25±2）cm］和小叶章幼苗［株高（25±2）cm］，移植到试验土壤中，按照不同比例每桶栽种12株（毛苔草与小叶章比例分别为1:0、2:1、1:1、1:2、0:1），分别代表毛苔草群落（1:0）、毛苔草-小叶章混合群落（2:1、1:1、1:2）、小叶章纯群落（0:1），试验桶埋入地下20cm，保持0cm水位一周使植物成活后，根据各群落野外水文情势设计以下水分处理。具体分组设置及各个处理的水位梯度水平的变化情况见表5-6。

表5-6 毛苔草和小叶章种间竞争模拟试验处理分类列表
Tab. 5-6 Experiment layout of competition between *Carex lasiocarpa* and *Calamagrostis angustifolia*

处理分组	毛苔草纯群落	毛苔草–小叶章混合群落	小叶章纯群落
1	30cm 水位	20cm 水位	10cm 水位
2	20cm 水位	10cm 水位	0cm 水位
3	10cm 水位	0cm 水位	−10cm 水位
4	0cm 水位	0cm 水位	−20cm 水位
5	波动水位（F1）： 10d 10cm 10d 20cm 10d 30cm	波动水位（F1）： 10d −5cm 10d 5cm 10d 15cm	波动水位（F1）： 10d −20cm 10d −10cm 10d 0cm
6	波动水位（F2）： 15d 10cm 15d 30cm	波动水位（F2）： 15d −5cm 15d 15cm	波动水位（F2）： 15d −20cm 15d 0cm

（二）试验详细结论

在保持恒定水文条件情况下，在毛苔草纯群落中，0cm水位条件与10cm水位条件下其地上生物量最大，这证明了前面的结论，即毛苔草在10cm左右的持续充足水分条件下生长旺盛。在混合群落中，在不同群落组成条件下，水文情势对于毛苔草地上生物量有不同影响（表5-7）。在相同或高混合比例情况下，干湿交替水文情势下地上生物量最高，这与上面相关结论相同。持续高水位情况下，毛苔草生长受到抑制，这与以前的一些调查结果不同，可能是模拟实验与野外实际情况不同造成的：野外一般不会有持续高淹水期，尤其是春季水位一般都较低，而实验设计的春季高淹水期可能是抑制其生长的关键原因。

表5-7 不同水文梯度对毛苔草种群地上生物量的影响
Tab. 5-7 Effects of water level on up-ground biomass of *Carex lasiocarpa*

毛苔草纯群落（1:0）		混合群落（2:1）		混合群落（1:1）		混合群落（1:2）	
水文情势	地上生物量/（g/m²）	水文情势	地上生物量/（g/m²）	水文情势	地上生物量/（g/m²）	水文情势	地上生物量/（g/m²）
0cm	383.8（22.9）a	F1	230.6（17.8）a	F1	180.6（15.4）a	10cm	148.3（9.5）a
10cm	328.3（12.1）ab	10cm	183.6（14.4）b	−10cm	163.8（13.7）ab	0cm	141.7（6.2）a
F1	243.7（14.0）b	−10cm	172.5（14.5）b	0cm	152.7（17.5）ab	F1	116.8（9.9）ab
F2	196.7（15.4）c	0cm	167.0（12.1）b	10cm	132.3（3.0）ab	−10cm	105.2（3.8）b
20cm	176.4（5.4）d	F2	152.8（10.8）b	F2	122.7（22.3）ab	20cm	88.9（4.5）c
30cm	63.9（3.7）e	20cm	86.1（11.0）c	20cm	111.3（6.6）b	F2	85.6（5.5）c

注：相同字母表示 0.05 水平上，处理之间差异不显著

Note: the same letter means no significant difference in 0.05 level

在小叶章纯群落中，−10cm、0cm 波动水位条件下其地上生物量最大，显著高于其他水分处理（$P < 0.05$），表明适度干旱有利于小叶章的生长。在相同或高比例混合群落中，干旱及干湿交替的水文情势对于小叶章地上生物量的影响没有显著性差异，而淹水条件下地上生物量最低，显著低于其他处理（$P < 0.05$），表明淹水不利于混合群落中小叶章的生长，这与上面相关研究结论相同（表 5-8）。

表5-8 不同水文梯度对小叶章种群地上生物量的影响
Tab. 5-8 Effects of water level on up-ground biomass of *Calamagrostis angustifolia*

小叶章纯群落（0:1）		混合群落（2:1）		混合群落（1:1）		混合群落（1:2）	
水文情势	地上生物量/（g/m²）	水文情势	地上生物量/（g/m²）	水文情势	地上生物量/（g/m²）	水文情势	地上生物量/（g/m²）
−10cm	323.7（15.1）a	−10cm	165.7（5.7）a	F2	212.2（15.8）a	0cm	216.9（10.8）a
0cm	322.8（12.7）a	F2	145.1（6.5）a	F1	205.2（13.0）a	F2	213.3（4.8）a
F2	313.8（14.4）a	F1	143.3（20.7）a	−10cm	205.1（10.5）a	−10cm	210.3（5.5）a
F1	304.5（12.0）a	0cm	138.7（16.0）a	0cm	179.9（19.4）a	F1	183.3（6.3）ab
10cm	252.0（10.2）b	10cm	95.8（6.5）b	10cm	131.8（6.0）b	10cm	164.6（14.7）b
−20cm	181.4（3.1）c	20cm	91.6（9.8）b	20cm	125.7（13.1）b	20cm	149.6（12.5）b

注：相同字母表示 0.05 水平上，处理之间差异不显著

Note: the same letter means no significant difference in 0.05 level

水文情势对毛苔草和小叶章纯群落地下生物量具有显著影响（$F=57.209$，$P < 0.001$），在毛苔草和小叶章纯群落中，其地下生物量均表现为随水位的升高而降低（表 5-9）。在毛苔草纯群落中，0cm 条件下其总生物量最大，显著高于其他水分处理（$P < 0.05$），而 30cm 条件下总生物量最小。在小叶章纯群落中，−10cm 条件下总生物量最大，显著高于其他水分处理（$P < 0.05$），而 10cm 条件下总生物量最小。以上表明，持续的淹水不利于植物生物量的累积（表 5-10）。

在纯群落中，随水位升高，根冠比显著降低（$P < 0.05$）。这表明，在淹水条件下，植物会通过进行地上部分形态调整以适应淹水条件，而在水分缺乏的条件下，植物会

表5-9 不同水文梯度对小叶章和毛苔草种群地下生物量的影响
Tab. 5-9 Effects of water level on below-ground biomass of *Carex lasiocarpa* and *Calamagrostis angustifolia*

毛苔草纯群落(1:0)	水文情势	0cm	10cm	F1	20cm	F2	30cm
	地下生物量/（g/m²）	436.8 (37.5) a	279.4 (15.8) b	147.8 (16.0) c	131.5 (7.4) c	126.0 (11.0) c	42.3 (3.2) d
小叶章纯群落(0:1)	水文情势	−10cm	−20cm	F1	0cm	F2	10cm
	地下生物量/（g/m²）	526.1 (16.3) a	374.5 (13.2) b	257.6 (6.8) c	235.0 (14.3) c	229.8 (10.6) c	140.7 (9.4) d

注：相同字母表示 0.05 水平上，处理之间差异不显著
Note: the same letter means no significant difference in 0.05 level

表5-10 水文情势及群落组成对毛苔草和小叶章种群地上地下总生物量的影响
Tab. 5-10 Effects of water level on total biomass of *Carex lasiocarpa* and *Calamagrostis angustifolia*

毛苔草纯群落(1:0)	水文情势	0cm	10cm	F1	F2	20cm	30cm
	总生物量/（g/m²）	820.6 (60.2) a	607.8 (24.2) b	391.5 (29.6) c	322.8 (21.9) c	307.9 (12.3) c	106.2 (5.6) d
小叶章纯群落(0:1)	水文情势	−10cm	F1	0cm	−20cm	F2	10cm
	总生物量/（g/m²）	849.8 (30.5) a	562.0 (16.4) b	557.7 (26.6) b	555.9 (16.0) b	543.6 (6.1) b	392.7 (17.6) c

注：相同字母表示 0.05 水平上，处理之间差异不显著
Note: the same letter means no significant difference in 0.05 level

通过将更多的生物量分配到根系以获得水分。波动水文情势下的根冠比与其波动情势下的最高水位的根冠比并无显著差异（$P > 0.05$），表明在波动情势下，生物量在地上地下的分配比例主要受最高水位的影响（表 5-11）。

表5-11 不同水文梯度对小叶章、毛苔草纯群落根冠比的影响
Tab. 5-11 Effects of water level on of the root shoot ratio of the pure community of *Carex lasiocarpa* and *Calamagrostis angustifolia*

毛苔草纯群落(1:0)	水文情势	0cm	10cm	20cm	30cm	F2	F1
	根冠比 /%	113.3 (3.0) a	85.2 (4.0) b	74.5 (2.5) bc	66.7 (5.1) c	64.9 (6.9) c	60.1 (3.7) c
小叶章纯群落(0:1)	水文情势	−20cm	−10cm	F1	F2	0cm	10cm
	根冠比 /%	206.4 (4.5) a	163.0 (4.0) b	84.9 (3.0) c	74.1 (6.5) c	72.6 (2.0) c	55.8 (3.1) d

注：相同字母表示 0.05 水平上，处理之间差异不显著
Note: the same letter means no significant difference in 0.05 level

本研究通过相对单株植物产量（relative yield per plant，RY）和相对总产量（relative yield total，RYT）来表征植物的竞争作用。计算方法如下：

$$RY_a = Y_{ab} \times p$$
$$RY_b = Y_{ba} \times q$$
$$RY_{ab} = Y_{ab} / (p \times Y_a)$$
$$RY_{ba} = Y_{ba} / (q \times Y_b)$$
$$RYT = pRY_{ab} + qRY_{ba}$$

式中，Y_{ab} 是 a 与 b 混合群落中 a 的产量；Y_{ba} 是 a 与 b 混合群落中 b 的产量；Y_a 是纯群

落中 a 的产量；Y_b 是纯群落中 b 的产量；p 是混合群落中物种 a 的最初比例；q 是混合群落中物种 b 的最初比例，$p+q=1$。

当 $RY_{ab}=1$ 时，表明物种 a 在混合群落中的产能（performance）与在纯群落中的产能是一致的，这说明 a 在混合群落中受到的物种 b 的竞争与其在纯群落中受到的 a 的竞争相等，即种内竞争与种间竞争的强度相同；当 $RY_{ab} < 1$ 时，表明物种 a 在混合群落中的产能低于在纯群落中的产能，这说明 a 在混合群落中受到的种间竞争强于其在纯群落中受到的种内竞争；当 $RY_{ab} > 1$ 时，表明物种 a 在混合群落中的产能低于在纯群落中的产能，这说明 a 在纯群落中受到的种内竞争强于其在混合群落中受到的种间竞争。当 RYT=1 时，表明两个物种竞争相同的资源，其中一个物种可能会通过竞争作用在混合群落中消失；当 RYT > 1 时，说明两个物种可以利用不同的资源，因此竞争作用较弱；当 RYT < 1 时，说明两个物种是相互竞争的，任何一个物种都对另一个物种的生长产生不利的影响。

如表 5-12 所示，水文情势和群落组成均对 RY 产生了显著影响，而且水文情势和群落组成对于 RY 有显著的交互作用。作者发现，在 2:1 群落 0cm 水文条件下，以及 1:1 群落 10cm 条件下毛苔草的 RY 均显著低于 1，表明毛苔草在这两种条件下受到了来自小叶章的较强的竞争。在 1:1 群落 20cm 条件下及 1:2 群落 20cm 和 10cm 条件下毛苔草 RY 显著高于 1，表明在这 3 种条件下毛苔草受到的小叶章的竞争要弱于其在纯群落中受到的种内竞争。在 2:1 群落和 1:1 群落 0cm 条件下，小叶章的 RY 高于 1，表明在此条件下，毛苔草在此条件下对于小叶章的竞争作用要比小叶章在纯群落中受到的竞争作用弱。在 1:1 群落和 1:2 群落中，毛苔草的 RY 及 RYT 均随水位的降低而显

表5-12　水文情势及群落组成对于RY及RYT的影响
Tab. 5-12　Effects of hydrological regime and community composition on RY and RYT

群落组成	水文情势	毛苔草 RY	小叶章 RY	RYT
2:1	20cm	0.73（0.09）b		
	10cm	0.84（0.07）b	1.14（0.08）B	0.94（0.04）b
	0cm	0.65（0.05）**b	1.29（0.15）AB	0.86（0.06）b
	−10cm		1.54（0.05）**Aa	
1:1	20cm	1.26（0.08）*Aa		
	10cm	0.81（0.02）**Bb	1.05（0.05）	0.93（0.02）*ab
	0cm	0.80（0.09）Bb	1.11（0.12）	0.96（0.05）ab
	−10cm		1.27（0.06）*b	
1:2	20cm	1.51（0.08）**Aa		
	10cm	1.36（0.09）*Aa	0.98（0.09）	1.10（0.07）a
	0cm	1.11（0.05）Ba	1.01（0.05）	1.04（0.03）a
	−10cm		0.97（0.03）c	

注：表中不同大写字母表示水文情势有显著影响，小写字母表示群落组成有显著影响

* 代表与1有显著差异（$P < 0.05$），** 代表与1有极显著差异（$P < 0.01$）（t 检验）

Note: different capital letters mean the significant effect from hydrological condition, and small letters means the significant effect from community composition. * indicates the significant difference with 1 ($P<0.05$), and ** indicates the very significant difference with 1 ($P<0.01$)

著降低，表明随水位的降低，小叶章对毛苔草的竞争作用逐渐增强。在2:1群落中，小叶章的RY随水位的升高而显著增加，表明随水位的降低，毛苔草对小叶章的竞争作用逐渐减弱。通过比较相同水文条件下植物的RY发现，随小叶章比例的增加，毛苔草比例的减少，毛苔草受到的来自小叶章的竞争作用逐渐减弱，而小叶章受到的来自毛苔草的竞争作用逐渐增强。

表5.12中所示，群落组成对于RYT有显著影响，而水文情势对RYT产生无显著影响，并且水文情势和群落组成对于RY和RYT有显著的交互作用。除1:1群落之外，在各群落组成的10cm和0cm条件下，RYT均与1无显著差异，表明毛苔草和小叶章之间存在较强的竞争作用。并且由于群落组成变化对小叶章RY的影响相对较弱，RYT均表现为随小叶章比例的增加、毛苔草比例的减少，而显著增加，表明了小叶章和毛苔草之间的竞争作用相对减弱。

综上所述，毛苔草和小叶章在各群落类型和水文情势下，需求的资源是相同的，存在明显的竞争作用。相比较而言，小叶章在−10cm条件下往往获得较高的竞争优势，而毛苔草在20cm条件下往往获得较高的竞争优势。当其中一个物种比例较高时，其受到的来自另一个物种的竞争作用较强；当比例较低时，并不会受到另一个物种显著的竞争作用，这表明了混合群落植物物种组成的相对稳定性。

（三）总体结论

混合群落中，毛苔草和小叶章对不同水文条件的响应存在显著差异。毛苔草在相同或高比例情况下，干湿交替水文情势有利于毛苔草地上生物量的积累，而小叶章在相同或高比例情况下，干旱及干湿交替的水文情势对于小叶章地上生物量的影响没有显著性差异，但淹水不利于混合群落中小叶章的生长，这与上面相关研究结论相同。

毛苔草和小叶章在各群落类型和水文情势下，需求的资源是相同的，存在明显竞争作用。相比较而言，小叶章在−10cm条件下往往获得较高的竞争优势，而毛苔草在20cm条件下往往获得较高的竞争优势。当其中一个物种比例较高时，其受到的来自另一个物种的竞争作用较强；当比例较低时，并不会受到另一个物种显著的竞争作用，这表明了混合群落植物物种组成的相对稳定性。

因此，在进行沼泽植被适应体系建立时，应考虑到混合群落与单一群落不同物种对水文条件响应的相同和不同之处，对毛苔草比例较高的群落，应该较严格地满足毛苔草生长有利条件，而对小叶章占优势的群落，其适宜性水文条件可以适当放宽。

第三节 适应性技术基础与示范

一、适应性技术集成

气候变化情势下沼泽湿地植被适应技术集成的目标是针对三江平原东方白鹳生境典型植被，建立生长期水文控制技术标准和技术管理体系，促进毛苔草群落生产力的恢复，同时促进半湿生的小叶章群落向湿生的毛苔草群落演替。上一节中模拟实验结果表明，在萌芽期、分蘖期和种间竞争过程中通过调节水位和波动周期的控制方式能够有助于达到上述目标。因此，针对三江平原毛苔草-小叶章群落不同生长阶段，制定了促进毛苔草群落生产力增长和恢复性演替的水文调节技术体系。

采用水文调控方法来制定沼泽湿地植被适应性技术体系的另一重要参考标准，就是要根据水资源丰缺情况，因时而异地开展沼泽植被的适应性技术。在丰水年份，可从降水过程中直接获得的水资源比例较大，人为灌溉或输入的水资源比例较小，适应性技术的实施成本较小；相反，在缺水年份开展适应性技术的成本较大。因此，实施沼泽湿地适应性技术的重要方面，就是要计算相对恢复成果的水资源消耗比例和经济成本投入比例。

具体目标和响应水位控制技术要求见表5-13。

表5-13　沼泽湿地植被适应技术集成体系详表
Tab. 5-13　Lists of the adaptive techniques for wetland vegetation recovery

生长阶段	主要目标	水资源状况	水位控制标准 水位高度/cm	持续时间/d	水位波动周期标准 水位高度/cm	半周期长度/d
萌芽期	促进毛苔草生长	丰沛	0	10~15	0~5	7
		匮乏	−5	10	−5~0	7
	增强毛苔草竞争力	丰沛	10	10	5~10	10
		匮乏	0	10	−5~0	10
分蘖期	促进毛苔草生长	丰沛	15	10~15	10~20	7
		匮乏	10	10	5~15	7
	增强毛苔草竞争力	丰沛	20	10~15	15~25	10
		匮乏	10	10	10~20	10

注：水位负值表示地表以下水位深度

Note: negative values for water level means the water level below soil surface

需要说明的是，以上水位控制技术标准主要根据上述模拟实验得出的结论，其中包括定量和定性的水位梯度变化标准和水位波动周期控制标准。上述技术基础体系的制定同时参考了中国科学院三江平原沼泽试验站相关科研工作的研究结果，参考结论主要包括王丽（2009）关于水文过程与沼泽湿地植被生态过程方面的研究。

二、适应性技术小区示范

（一）适应性技术示范小区布设

2012年秋季，于黑龙江建三江洪河农场第五作业区建立了总面积为4.0hm^{2}的沼泽湿地植被适应性示范基地，样地南北长360m，东西宽110m。示范区优势植被是以毛苔草和小叶章为主的混合群落，毛苔草和小叶章的比例约为7:3。示范区周围及中部用宽1m、高0.6m的堤坝隔开，共分成4个小示范样地：1~3# 示范小区为人工控制水位样区，第4示范小区为自然条件水位样区（对照样地）（图5-15）。1# 样区为萌芽期水位控制样区（长90m，宽30m，分为南北相同面积的2块）；2# 样区为分蘖期水位控制样区（长90m，宽30m，分为南北相同面积的2块）；3# 样区为恒定水位控制样区（长90m，宽50m）；南部整个样区为4# 样区，作为自然水位对比样区（图5-16）。

图 5-15　沼泽湿地植被适应性示范小区建设情况（2012 年秋季）

Fig.5-15　Establishment of the demonstration plots of adaptive technique of wetland vegetation in the autumn 2012

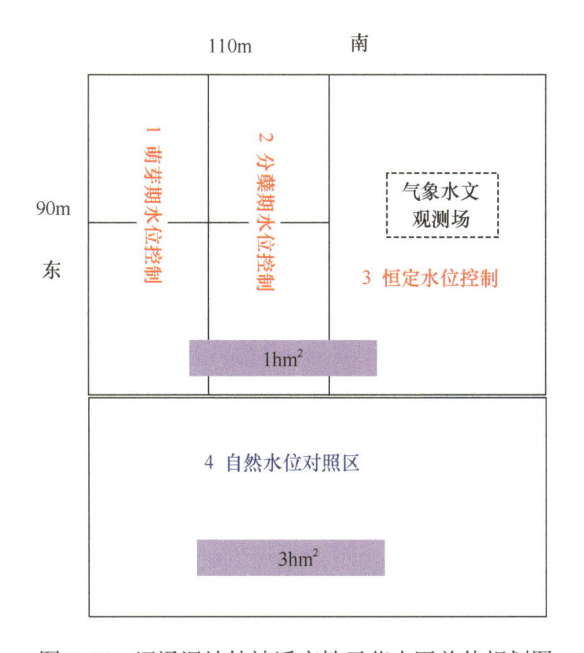

图 5-16　沼泽湿地植被适应性示范小区总体规划图

Fig.5-16　Planning map of the demonstration plots of adaptive technique of wetland vegetation

在人工控制水位样区的 3 个样区中，恒定水位控制小区（3#）、分蘖期水位控制小区（2#）和萌芽期水位控制小区（1#）的水位控制标准为：恒定水位控制区是在整个生长季期间，地表水位恒定控制在 10cm；在萌芽控制小区，毛苔草萌芽期（5 月初至 6 月初）内最高水位控制到 5cm，且整个分蘖期间水位在 −5~5cm，而其他时间仍然保持 10cm；在分蘖控制小区，毛苔草分蘖期（6 月初至 7 月中）内最高水位增至 15cm，且在整个分蘖期间水位在 5~15cm，而其他时间仍然保持 10cm；自然水位控制区是指没有人为地增补水资源而仅由降雨供给水资源，该样地作为自然状态下的基本指标对照区。

2013年春季开始进行植被恢复示范，目的是增加毛苔草群落生产力并提升其相对小叶章群落的竞争力。水位的控制采用汽油水泵进行水资源补充，水位波动过程的下降主要是依靠自然蒸散发作用导致的水位下降，当夏季降雨过大时，水位波动周期适当延长。整个示范期间没有发生暴雨现象，因此水位控制基本保持在标准范围内。同时，在4样区内设定水位计，观测水位变化；布设HOBO自动降水记录仪，监测降雨形成的水资源量；根据水泵功率和供水时间计算输入每个样方在不同时期内的水资源消耗量。

样区生态调查原则：在每个样地的毛苔草纯群落、毛苔草-小叶章混合群落、小叶章纯群落中，每种群落设置15个观测样点重复，样方为1m×1m。于2013年7月10日和8月11日，进行混合群落植被特征的调查，包括：平均高度、干重、总株数、新增分蘖数，同时计算得出反映种群优势度的重要值。通过恒定水位区、萌芽期和分蘖期水位控制区的生态调查数据与自然水位对照区数据的对比，评价适应性技术示范效果。

（二）适应性技术示范效果

通过2013年春季和夏季的水位控制管理，实际沼泽湿地景观恢复情况如图5-17所示。图片直观表现出通过水位调节进行适应性恢复的毛苔草种群整体生长状况明显好

图 5-17 沼泽植被脆弱性恢复技术示范区恢复效果照片（2013年7月2日）
Fig.5-17 Comparing vegetation pictures between managed and unmanaged communities in the demonstration plots（7/2/2013）

于自然水位对照区。调查数据表明，水位控制区 3 样区的毛苔草群落的平均高度、干重、总株数及新增分蘖数均显著高于对照区相应数值：相对于自然水位情况，水位控制样区的水位控制技术促进了毛苔草 - 小叶章群落中毛苔草种群的生长状况，同时显著抑制了小叶章种群的生长。2013 年 7 月 10 日调查结果表明，整个控制区毛苔草植被干重相对自然对照区平均增加 36.0g/m^2，而小叶章植被干重则下降 18.7g/m^2。毛苔草植被总株数相对自然对照区增加 40~50 株 /m^2，而小叶章总株数相对自然对照区减少 10~25 株 /m^2。2013 年 8 月 10 日的调查结果同样得出了类似的结果。更重要的是，重要值的对比结果表明，水位调控技术增加了毛苔草种群的相对优势程度，同时降低了小叶章种群的优势程度，这表明适应性技术显著促进了毛苔草 – 小叶章混合群落逐渐向着以毛苔草为绝对优势群落为主的方向发展（表 5-14，表 5-15）。整体结果说明示范区的水位控制技术整体上促进了毛苔草群落生产力的恢复，同时提高了针对小叶章群落的竞争力，沼泽湿地整体植被恢复效果良好。

表5-14　2013年7月10日沼泽植被适应性技术示范调查数据

Tab. 5-14　Survey data of the demonstration plots of adaptive technique of wetland vegetation in 7/10/2013

2013 年 7 月 10	毛苔草					小叶章				
	平均高度 /cm	干重 / （g/m^2）	总株数 / （棵 /m^2）	新增分蘖数 / 棵	重要值	平均高度 /cm	干重 / （g/m^2）	总株数 / （棵 /m^2）	新增分蘖数 / 棵	重要值
1. 萌芽期水位控制区	85±7	143±13	310±28	8.2±0.4	0.66±0.05	73±4	64±9	108±14	6.8±0.2	0.29±0.03
2. 分蘖期水位控制区	87±4	151±23	320±23	8.5±0.3	0.61±0.05	76±5	75±13	97±18	7.0±0.3	0.26±0.04
3. 恒定水位控制区	84±4	138±15	305±18	8.6±0.4	0.65±0.04	74±6	69±8	85±9	6.7±0.4	0.28±0.02
4. 对照区	78±5	108±17	269±31	7.5±0.4	0.51±0.04	69±4	88±6	88±11	7.7±0.2	0.61±0.04

表5-15　2013年8月11日沼泽植被适应性技术示范调查数据

Tab. 5-15　Survey data of the demonstration plots of adaptive technique of wetland vegetation in 8/11/2013

2013 年 8 月 11	毛苔草					小叶章				
	平均高度 /cm	干重 / （g/m^2）	总株数 / （棵 /m^2）	新增分蘖数 / 棵	重要值	平均高度 /cm	干重 / （g/m^2）	总株数 / （棵 /m^2）	新增分蘖数 / 棵	重要值
1. 萌芽期水位控制区	95±12	157±19	322±28	12±2.5	0.63±0.03	98±24	87±19	122±13	14±2.4	0.31±0.03
2. 分蘖期水位控制区	89±7	168±32	328±23	8.0±1.6	0.69±0.07	96±24	95±19	108±21	11±2.8	0.24±0.04
3. 恒定水位控制区	92±9	153±21	314±18	9.0±1.8	0.62±0.05	90±17	80±21	93±18	8±1.2	0.26±0.02
4. 对照区	84±10	131±23	284±31	15±2.2	0.54±0.04	106±31	109±24	114±26	26±3.6	0.67±0.04

整体看来，分蘖期水位控制样区毛苔草相对于对照区长势最好，8 月 11 日调查数据表明分蘖控制区重要值最高，说明在分蘖期对毛苔草群落进行相应的水位控制得到的适应性恢复效果最好；萌芽期水位控制样区的毛苔草长势次之，但在 7 月 10 前期重

要值最高，说明萌芽期的水文管理对一定时段生长期内的毛苔草种群竞争力的影响是至关重要的。相对于萌芽期，在分蘖期进行水位管理效果较好的原因可能是分蘖期时间比萌芽期长，因此进行水文波动周期管理的时间比萌芽期控制样区要长近20d。

沼泽指标适应性技术能够改善毛苔草群落生长状况的直接原因是水位的控制提高了毛苔草群落叶片的整体光合能力。夏季野外测定表明，没有进行人工水文管理的对照区毛苔草叶片的净光合速率均值低于所有进行水文管理的样区，对照区毛苔草叶片的净光合速率显著低于分蘖期水位控制样区毛苔草叶片净光合速率[图5-18（a）]。对毛苔草叶片可溶性蛋白和总叶绿素含量的测定结果表明，进行水位管理的3个样区可溶性蛋白和总叶绿素含量均值都高于对照区[图5-18（b），（c）]。同时，叶片碳氮比（C/N）的对比结果表明，对照区的毛苔草叶片相对氮含量低于水位管理区的3个样地，尤其显著低于分蘖期水位控制区样地[图5-18（d）]。说明水位的合理控制和管理能够改

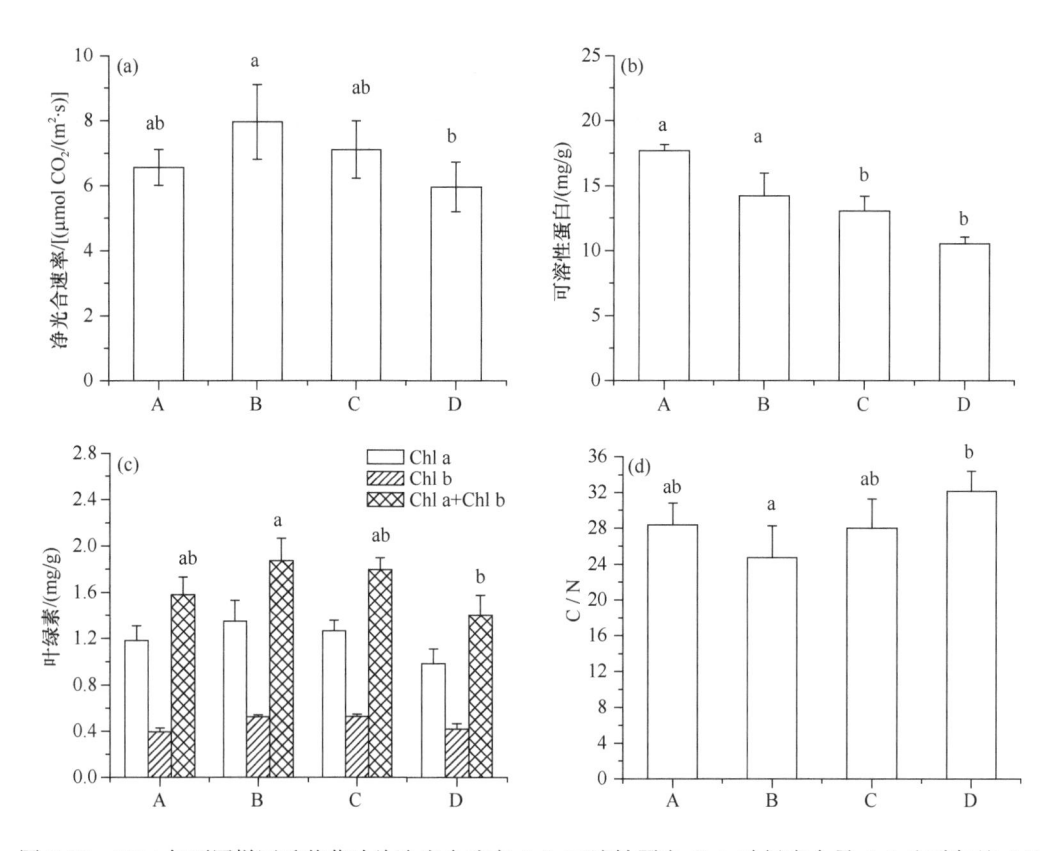

图 5-18 2014年不同样区毛苔草叶片净光合速率（a）、可溶性蛋白（b）、叶绿素含量（c）和碳氮比（d）差异对比

净光合速率测试时间2014年7月5日10时，叶片样品采集时间2014年7月5日；A. 萌芽期水位控制区；B. 分蘖期水位控制区；C. 恒定水位控制区；D. 对照区

Fig. 5-18 Comparison of net phosynthetic rate (a), soluble protein (b), chlorophyll (c) and carbon nitrogen ratio (d) of the leaves of *Carex lasiocarpa* among different management plots

Measuring of the net photosynthetic rate is at 10：00, Jul 25th, 2014, collection of leaves is on the Jul 25th. A, B are the manage plots of germination and tillering stage respectively; C is the manage plot of constant water level; D is the control plot

善毛苔草叶片光合过程相关的物质含量，促进光合效率的提高，最终获得比对照区高的初级生产力。

沼泽指标适应性技术通过合理地控制地表水位的变化不仅改变了毛苔草-小叶章植被的生理发育和生长过程，同时对生态系统的呼吸通量也具有显著影响，可进一步影响整个生态系统的演化过程。图5-19（a）表明，进行水位管理的3样区的生态系统呼吸通量在夏季显著低于自然对照区。因此，进行水位管理的3样区同时具有较高的净光合速率和较低的呼吸速率，这应该是进行水位管理的3样区的生产力高于对照区的根本原因。由于进行水位管理的3个样区地表水位大部分时间高于地表，地表水的存在可有效阻止沼泽土壤呼吸时二氧化碳和甲烷的排放。图5-19（b）表明进行水位管理的3样区的土壤呼吸占整个生态系统呼吸的比例显著低于自然对照区，水位管理样区与自然对照区之间的整体生态系统呼吸的差异主要来源于土壤呼吸。自然对照区地表水位在整个生长季的绝大部分时间内均低于地表，土壤呼吸的碳排放通量显著高于水位控制区。因此，客观上水位的控制管理可以有效地降低沼泽系统地表土壤碳库的降低速度，缓解气候变暖引起的沼泽土壤有机质含量和物理结构的变化，为维系研究区沼泽湿地"碳汇"功能提供了重要保障。

（三）适应性技术示范评估

沼泽湿地植被适应性技术的水资源效率是评估此技术体系效果的重要方面。水资源效率是指相对于自然对照区的地上生产力（最大生物量期间的地上部分干重，此处定义为2013年8月11日测量的干重）的增量与输入水资源总量（人为输入量与自然降雨量总和）的比值。可直观地理解为在形成最大生物量前期，相对于自然状态下每

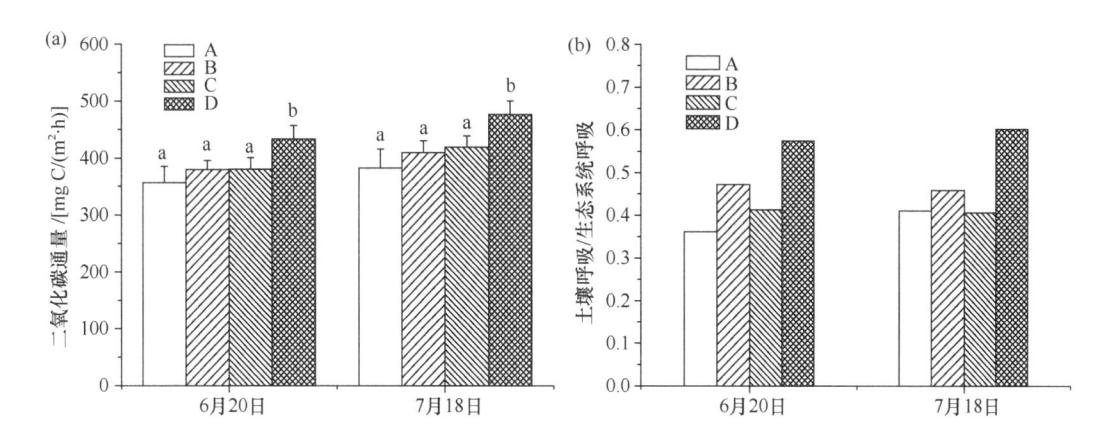

图5-19 2014年不同样区毛苔草-小叶章群落生态系统呼吸（a）及土壤呼吸与生态系统呼吸比值（b）的差异对比

A. 萌芽期水位控制区；B. 分蘖期水位控制区；C. 恒定水位控制区；D. 对照区

Fig. 5-19 Comparison of ecosystem respiration（a）and ecosystem/soil respiration ratio（b）of *Carex lasiocarpa-Calamagrostis angustifolia* community among different management plots

A and B indicates the management plot of tiller and sprouting period；C indicates the management plot of fixed water level；D indicates the natural control plot

单位输入水资源量能够增加多少克植被干重。

表 5-16 计算的针对三江平原毛苔草种群生产力增量的适应性示范效率表明，分蘖期水位调控技术的水资源效率最高，接近 50g/t；萌芽期水资源效率次之，为 35.45g/t；恒定水位区水资源效率最低，仅为 22.33g/t。分蘖期水位控制区水资源效率最高的原因主要包括采用干湿交替的水位控制技术，恒定水位控制区水资源效率低的主要原因是必须保持恒定水位而人为补充的水资源量大大高于分蘖期控制区。示范期间，恒定水位控制区单位面积输入水资源量是分蘖期控制区水量的 1.32 倍，而分蘖期水位控制区水资源效率则是恒定水位区的 2.21 倍，说明在毛苔草敏感生长期采用干湿交替的水位控制策略能够显著提高生产力形成的效率。

表5-16 沼泽植被适应性技术示范效率评估（毛苔草种群）
Tab. 5-16 Evaluation of the recovery efficiency of adaptive technique of wetland vegetation（*Carex lasiocarpa* community）

毛苔草	绝对干重 /（g/m^2）	增加干重 /（g/m^2）	降雨资源量 /（t/m^2）	水资源输入总量 /（t/m^2）	水资源效率 /（g/t）
1. 萌芽期水位控制区	157±19	26	0.263	0.733	35.45
2. 分蘖期水位控制区	168±32	37	0.263	0.748	49.45
3. 恒定水位控制区	153±21	22	0.263	0.985	22.33
4. 对照区	131±23	—	0.263	0.263	—

需要指出的是，表 5-16 中计算的水资源效率只是针对 2013 年此示范小区的当年的水资源效率，在此处的应用只是为评价 2013 年示范工作的整体效率，而不能说明此沼泽植被适应性技术体系在任何地区、任何时间段的效率。具体原因如下：①该评价方法中水资源效率的计算是以自然降雨情况下生产力增量为基础计算的，不同年份自然降雨量不同会直接导致对照区毛苔草群落的生产力不同，因而不同年份间的水资源效率不存在可比性；②不同地区或不同年份的沼泽湿地蒸散发量不同，因而需要人为输入的水资源量不同。因此，不同年份、不同地区间的水资源消耗总量和对照区的生产力存在一定差异，不同年份和不同地区的水资源效率是无法比较的。本研究中应用水资源效率评价不同水位调控技术间的效果差异，应用目的仅限于此。

参 考 文 献

刘兴土. 2005. 东北湿地. 北京: 科学出版社.
王丽. 2009. 不同水文情势下三江平原典型湿地植物的响应特征研究. 长春: 中国科学院东北地理与农业生态研究所博士学位论文.
易富科, 李崇皓, 赵魁义, 等. 1982. 三江平原植被类型的研究. 地理科学, 2(4): 375-384.

第六章 水鸟生境的适应性技术与示范

第一节 东方白鹳生境及环境特征

一、东方白鹳分布与生境特征

据文献记载,东方白鹳主要集中在黑龙江流域中俄境内的岛状林湿地繁殖。在我国境内主要分布于松嫩平原及三江平原的岛状林湿地中。林地为其提供营巢支撑,沼泽为其提供觅食场所,二者缺一不可。但近年来繁殖的东方白鹳在松嫩平原数量稀少,在三江平原的繁殖种群数量略有增加。整体来说,东方白鹳的主要繁殖地在由西向东萎缩,因此提高三江平原东方白鹳生境质量对该物种的保护意义重大。

2004年夏季和2008年夏季调查仅在黑龙江省记录到繁殖个体。分布区如表6-1所示。在图牧吉、挠力河、大佳河及七星河保护区虽然有夏季群体,但未见有繁殖巢。夏季调查时间为5~6月。

表6-1 东方白鹳繁殖分布表(李晓民提供)

Tab. 6-1 Breeding distribution sites of Oriental White Stork (Provided by Li Xiaomin)

地点	2004年 夏季种群数量	繁殖窝数	2008年 夏季种群数量	繁殖窝数
图牧吉自然保护区	7	—	5	—
扎龙自然保护区	8	3	19	4
洪河自然保护区	58	23	42	14
三江自然保护区	5	1	26	2
兴凯湖自然保护区	6	2	34	8
七星河自然保护区	—	—	4	—
挠力河自然保护区	—	—	28	—
大佳河自然保护区	—	—	13	1
珍宝岛自然保护区	—	—	10	3
沾河林业局	15	4	—	—
克山县新发村	4	2	—	—
虎林青山水库	2	1	—	—

从表6-1和表6-2可以看出,东方白鹳繁殖数量最多的两个保护区正是本项目的两个示范区:洪河保护区和兴凯湖保护区。但是绝对数量还是很少,2008年洪河繁殖巢为14个,兴凯湖繁殖巢为8个。也就是说,在这两个繁殖地2008年共有繁殖鸟22对(44只),这一数量相对于全球估计的2500~3000只东方白鹳来说,比例甚小。而且从

表 6-2 看出，20 世纪 70 年代仅一个洪河保护区东方白鹳的数量就能达到 200~400 只，因此恢复东方白鹳关键繁殖生境特征，增加当地东方白鹳繁殖对数的潜力很大。

表6-2 三江平原东方白鹳统计数据（李晓民提供）
Tab. 6-2 Population of Oriental White Stork in Sanjiang plain（Provided by Li Xiaomin）

年代	洪河自然保护区	三江自然保护区	长林岛	兴凯湖自然保护区	其他	总计	黑龙江省总数
1970 年前	200~400	100~150	200~300	20~50	30~50	550~900	730~1220
1970~1980 年	100~200	30~50	—	10~20	30~50	160~320	280~470
1981~1985 年	30~40	30~40	—	6~10	8~10	24~36	120~170
1986~1990 年	6~10	4~6	—	4~8	8~10	30~40	50~60
1991~1995 年	10~20	4~6	—	8~10	8~10	30~40	50~70
1996~1999 年	20~30	6~10	—	6~8	8~10	40~60	80~100

与三江平原东方白鹳繁殖数量明显恢复相比，作为原主要繁殖地之一的扎龙保护区境内繁殖东方白鹳数量稀少。

扎龙湿地即乌裕儿河下游湿地，与三江平原相比年平均气温相对更高。比降 1.9/10 000，平均海拔在 150m 以下。平均气温为 2.0~4.2℃。夏季平均气温在 19℃以上，年均降水量 210mm。夏冬降水为年降水的 60%。夏季受季风影响显著，温度、湿度相对较高。湿地中河道纵横、泡沼棋布、苇草繁茂。在沼泽地边缘及中间的高地有农田、林地和自然村屯。

1964~1991 年，在本区域 300km² 的范围内共有 14 个巢址，其中 10 个为榆树，另外 4 个分别为 1 个测绘铁塔，3 个高压输电铁塔。从东方白鹳利用铁塔筑巢可见，其用作筑巢的树木较为缺乏。28 年中有 19 个年份曾有东方白鹳在本区域营巢。28 年中有 9 个未营巢年份的时间空白。说明本地区内这几对东方白鹳不可能每年都在这里顺利繁殖，也说明它们还有更大的营巢区域。作者认为有一对东方白鹳把该区域视为它们的主要营巢区，它们可能已在这里营巢 12~19 年；另一对东方白鹳在这里营巢 6~8 年；第三对在这里营巢可能为 1~2 年，它们可能有另外的主要繁殖地。在被标记的榆树巢址中，No09 号巢址因放牧干扰，虽连续两年被占用，却均成为弃巢；No05 号巢址仅一次繁殖成功，另一次产卵后受干扰而被遗弃；No07 号巢址由于村民的自发保护行为，连续 3 年繁殖成功，但不幸发生在第三年繁殖的育雏期，该巢雌鹳遭到非法捕猎，使得该繁殖对的繁殖由此终止；No10 号巢址连续 4 年被占用，但后两年由于自然灾害和保护不当等，没能繁殖成功。No01 号巢址为测绘塔，曾在 1964 年、1973 年和 1979 年（间隔 6~9 年）3 次被占用，但由于人类干扰破坏无一次繁殖成功。3 个高压输电铁塔巢址，因东方白鹳的废铁线巢材连续两年造成输电线路短路，线路检修工人不得不将其拆除，而最终没能繁殖成功。

从上述的扎龙湿地东方白鹳繁殖巢记录看来，东方白鹳筑巢用的树木不够充足，已有少量东方白鹳改变习性，将巢筑于输电铁塔上。另外，由于干扰等因素，部分东方白鹳繁殖失败，这是鸟类放弃原繁殖地，重新寻觅新的、生境质量更高的繁殖地的驱动力。所以在松嫩平原东方白鹳主要繁殖地丧失的背景下，提高三江平原主要繁殖地的质量是有效的措施。

作者利用生境选择系数和生境喜好程度对兴凯湖 2011 年和 2012 年秋季迁徙期东方白鹳的生境选择特征进行了研究。动物生境选择受多种因素的影响，主要生境因子可归纳为水、食物、隐蔽条件及人为干扰。兴凯湖自然保护区（以下简称保护区）内东方白鹳的可利用生境与生境要素的对应关系见表 6-3。

表6-3　兴凯湖自然保护区东方白鹳生境状况
Tab. 6-3　Habitat status of Oriental White Stork in Xingkai Lake Nature Reserve

生境要素	生境类型	芦苇沼泽	湖泡	养殖池	苔草沼泽	农田	草地
隐蔽条件	植被盖度 /%	40~100	<10	<10	20~80	80~100	30~90
	优势植被类型	芦苇			苔草	水稻、玉米	小叶章
	植被高度 /cm	60~180			10~40	20~60	10~50
人为干扰	人为干扰等级	轻	轻	重	轻	重	中
	人为活动距离 /m	500~1500	500~1500	<500	>1500	<500	<500
食物	食物类型	虾、鱼等	鱼、虾等	鱼、虾等	鱼、虾、蛙等	种子、昆虫等	鱼、虾、蛙、昆虫等

（一）生境分析方法

根据野外观察结果判断东方白鹳利用的生境类型，以植物优势种作为生境类型分类的主要依据，同时结合湿地景观外貌，将有东方白鹳分布的生境确定为东方白鹳生境。利用生境选择系数和生境喜好程度作为指标进行量化评估，其中生境选择系数说明生境的利用情况，生境喜好程度说明东方白鹳对生境的偏好程度。

生境选择系数利用 Vanderploeg 系数评估。其表达式如下：

$$W_i = (r_i/p_i) / \sum (r_i/p_i)$$

式中，W_i 为选择系数；i 为生境类型；r_i 为生境类型值；p_i 为生境类型值总和。r_i 的赋值方法为：以观察的个体或小种群为单位，若生境类型中有东方白鹳，则赋值为 1，相反则为 0，生境类型与相应的东方白鹳对应。p_i 反映东方白鹳的相对数量，W_i 反映生境选择的优先性。

生境喜好程度采用 Neu 方法对东方白鹳生境的可获得性系数与可利用性系数进行分析。可获得性系数是指东方白鹳分布的生境类型面积占总生境面积的百分比；可利用性系数为某生境类型中东方白鹳的数量占东方白鹳总数量的百分比。当可获得性系数低于可利用性系数时，表明东方白鹳对生境选择有偏好性（正选择），相反则为回避性（负选择），相等或接近则为无选择性。

根据 2011~2012 年保护区东方白鹳调查监测数据，东方白鹳每年秋季迁徙，保护区科研人员按统一路线及方法开展东方白鹳专项调查。

（二）生境的利用情况

生境的利用通过东方白鹳的生境选择系数分析（表 6-4），均值从整体上反映生境的选择情况，年度数据反映不同年度间生境选择的变化。从总体上看，湖泡生境选择值最高，其次为苔草沼泽，p_i 和 W_i 均值分别为 55.5 和 0.407、62.0 和 0.358，两者选择系数均值之和为 0.765，是东方白鹳最重要的生境类型。芦苇沼泽、养殖池、草地和农田值依次降低。

表6-4　兴凯湖自然保护区东方白鹳生境选择系数
Tab. 6-4　Habitat selection index of Oriental White Stork in Xingkai Lake Nature Reserve

生境类型 年度	芦苇沼泽		湖泡		养殖池		苔草沼泽		农田		草地	
	p_i	W_i	p_i	W_i	p_i	W_i	p_i	W_i	p_i	W_i	p_i	W_i
2011	20	0.189	44	0.419	22	0.194			2	0.018	22	0.121
2012	22	0.137	67	0.394	16	0.082	62	0.358	8	0.042		
均值	21	0.163	55.5	0.407	19	0.138	62	0.358	5	0.030	22	0.121

湖泡在2001年是东方白鹳首要选择的生境，2002年后东方白鹳选择性降低，虽然在不同年度间变化较大，但从整体上看呈明显下降趋势，其原因是芦苇沼泽的选择性更为优越，导致在此生境中东方白鹳选择性降低。芦苇沼泽、农田、养殖池虽然被东方白鹳利用，但年度间变化大，其主要原因是人为活动，干扰较重，东方白鹳分布受此影响严重。草地虽然被东方白鹳利用，但呈明显的下降趋势，原因是此生境有固定的人为活动，活动频度高，食物类型较为单一，当东方白鹳有其他更为优越的生境可选择时，其利用选择的价值降低。生境选择系数反映了相对数量与生境的对应关系，并与生境选择系数 W_i 相对应。

（三）生境的偏好性选择

生境的偏好性选择通过可获得性系数与可利用性系数进行比较分析（表6-5）。

表6-5　兴凯湖自然保护区东方白鹳生境喜好度选择
Tab. 6-5　Habitat selection of Oriental White Stork in Xingkai Lake Nature Reserve

生境类型 年度	芦苇沼泽		湖泡		养殖池		苔草沼泽		农田		草地	
	Ava.	Uti.	Ava.	Uti.	Ava.	Uti.	Ava.	Uti.	Ava.	Uti.	Ava.	Uti.
2011	0.047	0.186	0.249	0.342	0.218	0.062	0.204		0.069	0.015	0.326	0.143
2012	0.048	0.060	0.298	0.356	0.053	0.076	0.328	0.36	0.077	0.225	0.004	0.137
均值	0.048	0.123	0.274	0.349	0.136	0.069	0.266	0.360	0.073	0.120	0.165	0.140

注：Ava.，可获得性系数；Uti.，可利用性系数
Note：Ava., availability；Uti., utilization

总体看来，具有偏好性选择的生境类型有：苔草沼泽、湖泡、芦苇沼泽、农田，其可获得性系数和可利用性系数分别为 0.266 和 0.360、0.274 和 0.349、0.048 和 0.123、0.073 和 0.120；具有回避性选择的生境有养殖池、草地，其可获得性系数和可利用性系数分别为 0.136 和 0.069、0.165 和 0.140。

二、东方白鹳生境气候变化特征

对于迁徙鸟类繁殖地重要的两个气候因子分别为年平均降水量和 7 月平均气温。因为鸟类繁殖季节在夏季，降水和温度的作用影响着鸟类繁殖地生物群落的季节变化、组织结构，进而影响鸟类到达繁殖地的时间、营巢、育雏等一系列物候节律。其中最重要的就是食物丰富程度随气候变化是否能满足鸟类育雏，雏鸟在秋季能否按时发育良好，具备飞往越冬地的身体条件。因此，与鸟类食物丰富程度相关的气候因子决定着鸟类能否完成繁殖。

三江平原的湿地主要分布在地势低洼、地表径流排泄不畅、水分聚集的负地貌中，即河漫滩、阶地上洼地、湖泊边缘等，这类湿地水源不稳定，多为潜育湿地。三江平原绝大部分地区的降水 1955~1999 年平均以每年 2.0~2.5mm 的速度减少（刘兴土和马学慧，2002），致使许多湿地干涸，湿地生态系统严重退化。洪河湿地从 1981 年到 2000 年，降水下降约 50mm，每年平均减少 2.5mm（图 6-1），同时 20 年间气温略有升高（图 6-2），湿地水量减少较为典型。

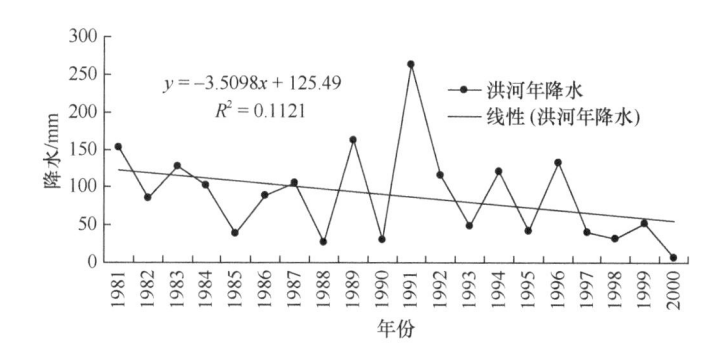

图 6-1 1981~2000 年洪河农场年均降水
Fig. 6-1 Average rainfall of Honghe farm, 1981–2000

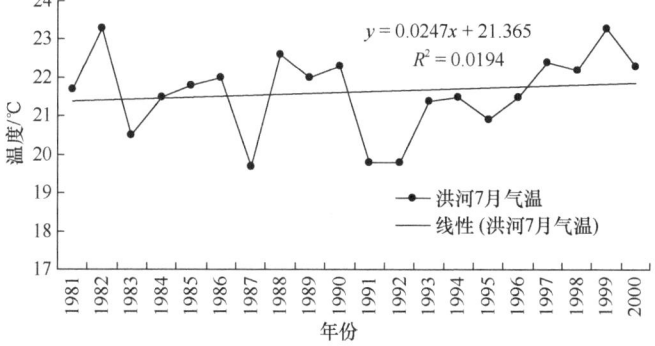

图 6-2 1981~2000 年洪河农场 7 月平均气温
Fig. 6-2 Average temperature of Honghe farm in July, 1981–2000

本项目在三江平原设定的示范区有两个，一个是洪河国家级自然保护区，另外一个是兴凯湖国家级自然保护区。洪河保护区位于三江平原的北部，兴凯湖保护区位于三江平原最南端，与洪河保护区中间有完达山相隔。两地全年气温相差将近2℃（洪河保护区多年平均气温为1~2℃；兴凯湖保护区为3.1℃）。

洪河保护区为寒温带湿润半湿润大陆性季风气候，其特点是春季降水少，夏季短暂，雨热集中，秋季凉爽，寒潮和初霜较早，冬季漫长，严寒而干燥。离鄂霍次克海较近，受海洋气候影响，冬季在极地大陆气团控制之下；夏季受副热带海洋气团的影响，因此年度温差比同纬度的内地小。

洪河保护区多年平均气温为1~2℃，最冷月为1月，平均为-21.2℃，最热月为7月，为21.7℃。多年平均降雨量为595.7mm，降雨量年内分配不均，主要集中在7月、8月。全年平均蒸发量为1241mm，主要集中在5月、6月。全年日照时数2552h，霜期平均为136天，盛行偏西风，全年平均风速为3.5m/s。

洪河保护区全年土壤结冻期210d左右，积雪期150d左右，土壤最大冻深为212cm（1969年）。低洼地沼泽区因受水分影响，冻土层在100cm左右，但冰冻迟，解冻晚。一般到5~6月才能解冻，岛状林湿地解冻早，而沼泽湿地解冻较晚，如漂筏苔草在8月20日仍有5~10cm的冻层。

洪河保护区境内有别拉洪河流过，别拉洪河属于平原型河流，河流数量较少，大小支流10多条。别拉洪河是主要的河流，其发源于平原，上游没有明显河床，仅是一条宽且浅的线性洼地，中游河道弯曲，并有沼泽阻滞，流速较缓，下游有明显河槽，河流坡降稍大。下游河流的特点是：河底纵比降低，多在1/10 000左右，河槽弯曲系数大，枯水期河槽狭窄，河漫滩宽广，河流承泄量小，排水不畅，容易泛滥。每年汛期，受乌苏里江顶托，回水距离一般25~30km，最长可达70km。由于洪水顶托，抬高了河流的承泄水位，两岸排水更为困难，促进了沼泽化。

兴凯湖地区属于温带大陆性季风气候，为湿润半湿润地区。春季冰雪消融吸收热量，湖区气温比周围低1℃；夏季受湖水水面影响，天气凉爽，暴热天气少，昼夜温差不大；秋季由于湖水放热，气温比周围高1℃，多秋雨。年平均气温3.1℃，7月气温最高，平均21.2℃，1月气温最低，平均-19.2℃。无霜期158d。年平均降水量为750mm，降水集中于夏季，约占全年降水的70%。冬季多暴风雪天气，封冻期从11月到次年3月，冰层厚度为0.8~1.5m，平均活动积温2250℃，日照时数2570h。

兴凯湖长90km，宽30km，湖泊最深达10m，雨后湖面可升高2m左右，水源补给来自东部和西部山地的众多溪流与穆棱河，兴凯湖是地壳运动地槽发生褶皱而形成的。兴凯湖湿地属于冲积平原，地势西北高东南低，大、小两湖间天然形成一条长90km近10m高的沙岗，岗上植被以森林植被为主，湖周的大面积湿地以芦苇、沼柳、苔草、小叶章等植被类型为主。

兴凯湖湿地气温、降水的变化与洪河明显不同。从1981年到2000年，兴凯湖湿地7月平均气温上升了近2℃（图6-3），20年间降水基本没变（图6-4）。虽然兴凯湖湿地降水没变，气温上升，但兴凯湖湿地水位没有降低反而升高了，这可能是因为地表径流补给增加。

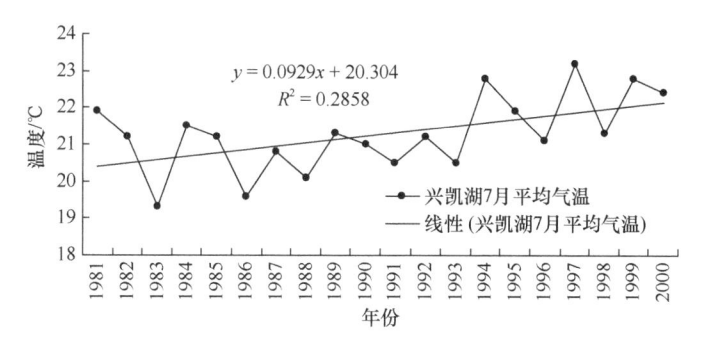

图 6-3　1981~2000 年兴凯湖 7 月平均气温

Fig. 6-3　Average temperature of Xingkai Lake in July，1981–2000

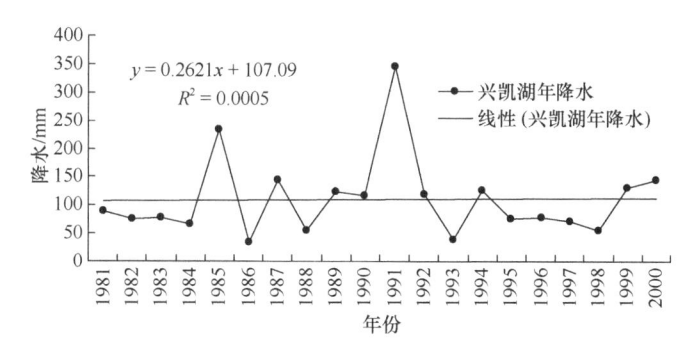

图 6-4　1981~2000 年兴凯湖年平均降水量

Figure 6-4　Average rainfall of Xingkai Lake，1981–2000

在两示范区无论是气温升高，还是水位变化，都会对湿地植被的变化和当地物候节律产生影响。对东方白鹳繁殖而言，营巢树木、鱼类资源的变化都会影响其成功率。

总而言之，在气候变化背景下，三江平原的洪河保护区湿地处于高度脆弱等级，兴凯湖保护区处于中 - 高度脆弱等级（表 6-6）。

表6-6　东北地区典型湿地的水文景观分类及其对气候变化的脆弱程度

Tab. 6-6　Classification of hydrology landscape of classic wetlands in northeast region and vulnerability of wetlands under impacts of climate change

	水文景观		典型湿地	脆弱性分级
	地形地貌	补给水源		
河漫滩、阶地洼地、古河道洼地	地形平缓的平原区河漫滩	河水、降水	科洛河、嘟噜河、康平、新民	低度脆弱
		河水、降水	鸭绿河、梧桐河、七虎林河、阿布沁河、穆棱河、新站、大山嘴子、小城子（高）	中 - 高度脆弱
	无地下水补给河漫滩	河水、河流泛滥水、降水	外七星河、挠力河、七星河流域、扎龙、别拉洪河*（部分河段地下水补给）	高度脆弱
	阶地洼地	大气降水、地表径流	勤得利阶地、前进 157 农场	高 度 - 极 度脆弱
湖泊	湖滨洼地、河漫滩、低洼地	湖水、河水、降水	兴凯湖*	中 - 高度脆弱

*洪河保护区在别拉洪河流域；兴凯湖保护区在兴凯湖湖滨

*Honghe nature reserve is in Bielahonghe river basin, Xingkai lake is beside Xingkai lake

三、三江平原农田开垦变化特征

本研究中采用的基本数据由中国科学院东北地理与农业生态研究所遥感与地理信息研究中心制作,覆盖研究区20世纪50年代、1980年、1995年、2000年和2005年5个时期的土地利用数据。收集研究区2010年Landsat TM影像,并利用PCI GeomaticaV9.1对TM影像数据进行几何纠正、直方图匹配及镶嵌处理。参考三江平原地区历史土地覆盖数据和影像特征建立规则库,在ENVI EX4.7环境下,进行2010年土地利用信息提取,提取方法为面向对象;将所得数据在Arcgis9.3环境下进行编辑和修饰。为了对比分析,将各期数据进行属性和空间整合,整合后的数据分为7种主要类型,分别是沼泽湿地、旱田、水田、林地、草地、水域、城乡用地。

(一)格局变化过程

通过分析各时期土地覆被类型面积的转换矩阵,可以了解各时期研究区湿地格局的变化情况。

分析转移矩阵可知(表6-7),1954~1980年,研究区主要经历1958年大规模开发北大荒,以及1975~1978年的区域性排水治涝工程,在高强度的人为干扰下,迅速形成20世纪80年代初以旱地为主,其他土地利用类型为辅的景观格局,这一时期景观格局变化剧烈,沼泽湿地大量减少,349 377.28hm^{2}的湿地开发成旱田,而转移成水田的沼泽湿地为13 452hm^2,该时期研究区格局由以沼泽湿地为主,林地、旱地为辅,转变为以旱地为主,沼泽湿地、林地为辅。

表6-7 1954~1980年土地利用类型转移矩阵(单位:hm^2)

Tab. 6-7 Transfer matrix of land use, 1954–1980 (Unit: hm^2)

	林地	草地	水域	城乡用地	未利用地	旱地	水田	沼泽
林地		31 465.11	23 413.55	1 704.63	11.20	1 290.19	67 030.00	27 432.57
草地	10 088.63		53.67	591.27	0.00	1 157.78	34 527.77	6 406.68
水域	5 887.40	901.50		67.93	1.18	19.94	1 482.82	5 589.62
城乡用地	221.62	44.41	31.99		0.00	1.45	124.98	22.08
未利用地	20 644.78	5 950.99	1 153.83	706.69		2 838.35	61 156.29	13 426.12
旱地	9 325.22	2 323.26	301.70	1 942.16	0.00		71 736.04	16 668.94
水田	82.58	8.74	4.95	0.00	0.00	0.00		0.00
沼泽	215 458.44	82 750.14	31 292.57	2 990.85	0.54	13 452.81	349 377.28	

1980~2000年,研究区格局变化的主要驱动力为人口增长和经济发展,旱地的增长低于上一时期,共有73 990hm^{2}湿地被开发为旱地。这一时期的农业政策逐渐重视开垦水田,通过建设灌溉系统,有40 683hm^{2}的旱地转化为水田(表6-8,表6-9)。在这一时期,研究区人工湿地类型在湿地生态系统中的重要程度逐渐提高。

表6-8　1980~1995年土地利用类型转移矩阵（单位：hm²）
Tab. 6-8　Transfer matrix of land use, 1980–1995（Unit：hm²）

	林地	草地	水域	城乡用地	未利用地	旱地	水田	沼泽
林地		8 446.88	8 443.74	101.59	0.00	12 084.00	118.78	774.94
草地	45 190.41		0.20	4.10	0.00	68 228.74	2 481.92	8 882.89
水域	5 634.93	2.20		20.96	0.00	2 189.30	0.00	15.80
城乡用地	162.17	0.00	40.90		0.00	207.72	0.22	0.44
未利用地	0.00	0.00	0.00	0.00		0.00	0.00	0.00
旱地	24 667.55	993.12	512.91	344.24	0.00		26 674.12	10 380.59
水田	1 163.41	227.12	0.00	8.88	0.00	4 130.00		8 451.69
沼泽	16 443.60	11.28	323.66	0.01	0.00	48 565.78	1 058.26	

表6-9　1995~2000年土地利用类型转移矩阵（单位：hm²）
Tab. 6-9　Transfer matrix of land use, 1995–2000（Unit：hm²）

	林地	草地	水域	城乡用地	未利用地	旱地	水田	沼泽
林地		9 048.37	3 628.07	174.76	0.00	33 009.53	3 469.07	11 681.49
草地	8 446.98		2.12	0.00	0.00	2 131.36	266.17	11.15
水域	1 694.52	0.00		53.09	0.00	503.28	0.00	323.65
城乡用地	66.52	0.00	20.04		0.00	339.03	14.41	0.03
未利用地	0.00	0.00	0.00	0.00		0.00	0.00	0.00
旱地	9 294.83	6 220.55	716.44	213.89	0.00		14 009.88	4 091.63
水田	90.11	0.05	0.00	0.22	0.00	9 433.44		57.47
沼泽	774.05	195.55	9.66	0.44	0.00	25 425.70	8 469.56	

2000~2010年，研究区格局变化的主要特征是水田等人工湿地进一步显著增长，共有633 751hm²旱地被改造为水田。随着湿地资源的减少，湿地开垦难度的增加及湿地保护意识的提高，沼泽湿地缩减速率变缓。该时期研究区格局由以旱地为主，沼泽湿地、林地为辅，转变为以水田为主，旱地、沼泽湿地、林地为辅（表6-10，表6-11）。

表6-10　2000~2005年土地利用类型转移矩阵（单位：hm²）
Tab. 6-10　Transfer matrix of land use, 2000–2005（Unit：hm²）

	林地	草地	水域	城乡用地	未利用地	旱地	水田	沼泽
林地		695.54	4 852.06	504.17	0.00	182 302.54	23 398.95	26 181.96
草地	6 309.89		123.77	128.29	0.00	2 684.23	1 105.59	4 307.46
水域	2 068.14	264.57		5.54	0.00	955.89	135.56	17 068.79
城乡用地	64.84	0.00	10.03		0.00	268.31	152.42	16.61
未利用地	0.00	0.00	0.00	0.00		0.00	0.00	0.00
旱地	25 216.08	779.34	468.19	2 285.36	0.00		224 452.86	11 482.48
水田	1 419.98	121.08	311.99	57.04	0.00	28 636.41		810.97
沼泽	9 160.21	272.44	4 089.97	93.16	0.00	118 185.38	33 023.97	

表6-11 2005~2010年土地利用类型转移矩阵（单位：hm²）

Tab. 6-11 Transfer matrix of land use，2005–2010（Unit：hm²）

	林地	草地	水域	城乡用地	旱地	水田	沼泽
林地		5 176	8 334	1 010	56 528	19 226	24 195
草地	982		143	25	1 861	1 017	582
水域	21 153	2 927		121	31 253	818	33 031
城乡用地	319	98	65		3 569	787	221
旱地	23 099	13 536	5 202	4 024		409 299	27 886
水田	3 591	2 824	1 606	1 758	47 740		4 479
沼泽	5 670	3 112	34 098	71	54 003	20 986	

（二）变化动态分析

对研究区沼泽湿地面积变化及减少速率图（图6-5）分析可知，自20世纪50年代至今，研究区沼泽湿地面积一直呈下降趋势，在这一过程中，存在着1976~1980年和2000~2005年两个快速下降时期，湿地损失速率分别达到24 882hm²/年和20 982hm²/年。从2005年左右开始，湿地损失速率开始显著减小，沼泽湿地面积开始趋于平稳。

分析研究区农田生态系统面积变化图（图6-6）可知，自20世纪50年代开始，大量沼泽湿地被开发为耕地，旱地面积快速增加，20世纪70年代至80年代初这一时期，

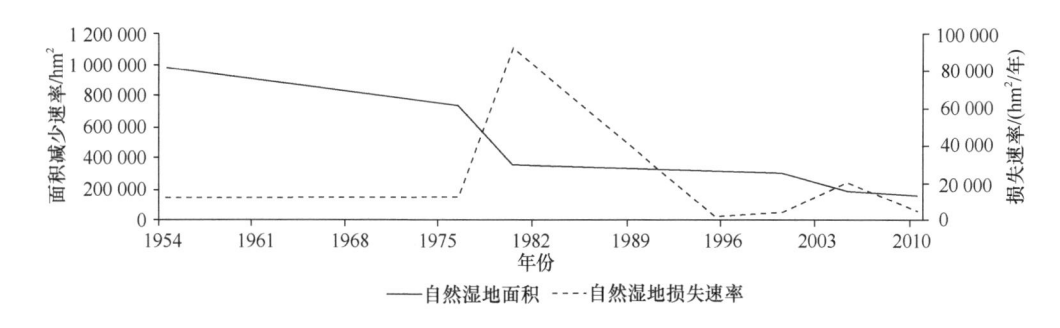

图 6-5 三江平原沼泽湿地面积变化及减少速率图

Fig. 6-5 Areas of wetlands changes and reduction rate Sanjiang Plain

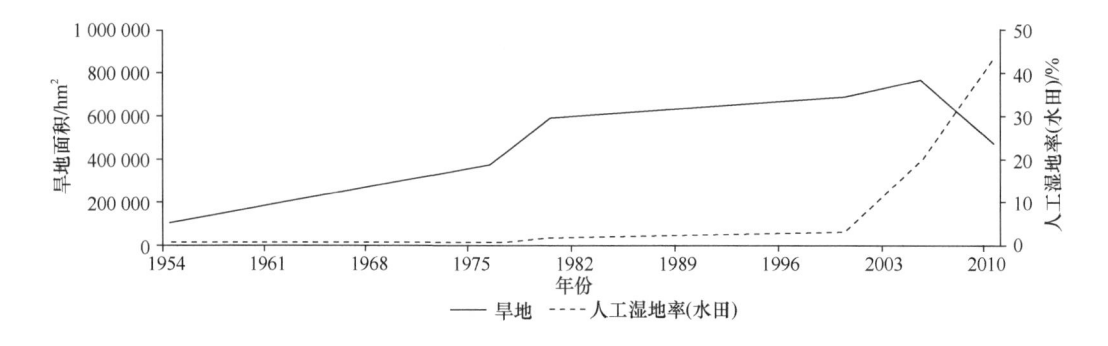

图 6-6 三江平原农田生态系统面积变化图

Fig. 6-6 Farmlands ecosystem areas change Sanjiang Plain

旱地增长速率最大。而 2000~2010 年，随着灌溉系统的建设，旱田面积迅速减少并转移为水田，水田在这一时期急剧增长并取代旱田，占研究区总面积的 43%，成为研究区优势类型。

（三）退化动态分析

在已有的研究中，为测定景观格局动态变化对湿地生态过程的影响，利用各种景观格局指数描述复杂的景观格局，但种类繁多的景观格局指数之间存在大量的重复、冗余信息，不能满足相互独立的统计性质。本研究对研究区各时期类型级和景观级指数进行了计算，结果见表 6-12~表 6-23。

表6-12 1954年三江平原研究区类型级指数
Tab. 6-12 Classification levels index of Sanjiang Plain, 1954

类型	CA	PD	ED	LSI	AREA_MN	SHAPE_AM	IJI
沼泽	983 864	0.071 4	12.321 1	48.373 5	898.505 9	33.692 3	74.943 6
水田	99	0.000 3	0.006 1	2.35	24.75	1.281 8	25.866 5
旱地	103 591	0.017 2	2.390 4	28.955	393.882 1	8.196 8	46.249 8
林地	252 239	0.105 6	7.276 1	55.881 6	155.799 3	7.631 9	47.785 5
草地	57 284	0.023 2	1.632 2	26.162 8	161.363 4	5.393 3	38.872 3
水域	29 166	0.169 7	3.022 9	73.722 2	11.213 4	6.168 4	39.621 1
未利用地	105 904	0.008 7	2.341 6	27.659	790.328 4	11.039 2	37.09
城乡用地	598	0.009 4	0.08	12.571 4	4.152 8	1.213 8	66.883 3

注：CA. 斑块类型面积（hm²）；PD. 斑块密度（斑块数/万 hm²）；ED. 边缘密度（m/hm²）；LSI. 景观形状指数；AREA_MN. 平均斑块大小（hm²）；SHAPE_AM. 面积加权的平均形状指标；IJL. 散布与并列指数（%），下同

Note: CA is pach type area (hm²); PD is patch density(patch number/10⁴hm²); ED is edge density (m/hm²); LSI is landscape shape index; AREA_MN is mean patch size (hm²); SHAPE_AM is area weighted mean shape index; IJL is dispersion and juxtaposition index (%)

表6-13 1954年三江平原研究区景观级指数
Tab. 6-13 Landscapes levels index of Sanjiang Plain, 1954

PD	ED	AREA_CV	FRAC_MN	SHDI	AI	CONTAG
0.4055	14.5352	4667.944	1.0607	1.1502	92.7398	64.4538

注：AREA_CV. 景观面积变异指数（%）；FRAC_MN. 平均斑块分维数；SHDI. 香农多样性指数；AI. 聚集度（%）；CONTAG. 蔓延度（%），下同

Note: AREA_CV is landscape area variability index; FRAC_MN is mean patch fractal dimension index; SHDI is Shannon's diversity index; AI is aggregation degree (%); CONTAG is contagion index (%)

表6-14 1980年三江平原研究区类型级指数
Tab. 6-14 Classification levels index of Sanjiang Plain, 1980

类型	CA	PD	ED	LSI	AREA_MN	SHAPE_AM	IJI
沼泽	361 810	0.043 7	6.146 8	42.175 2	515.398 9	7.962 3	57.504 2
水田	20 086	0.009 7	0.602 4	17.176 1	128.756 4	1.803 4	53.574 4
旱地	587 890	0.032 9	8.883 3	46.864 4	1 113.428	23.255 3	64.856 5
林地	366 039	0.07	9.521 4	63.379 9	325.657 5	12.140 6	64.930 3
草地	127 751	0.035 2	3.947 3	44.423 8	226.108	7.723 6	54.316 3
水域	134 190	0.001 7	0.576 4	9.596 2	4 792.5	6.971 2	52.243
城乡用地	8 167	0.021 1	0.502	22.281 8	24.091 4	1.512 9	43.042 6

表6-15　1980年三江平原研究区景观级指数
Tab. 6-15　Landscapes levels index of Sanjiang Plain, 1980

PD	ED	AREA_CV	FRAC_MN	SHDI	AI	CONTAG
0.2144	15.0904	1714.108	1.0742	1.5312	92.4733	54.7476

表6-16　1995年三江平原研究区类型级指数
Tab. 6-16　Classification levels index of Sanjiang Plain, 1995

类型	CA	PD	ED	LSI	AREA_MN	SHAPE_AM	IJI
沼泽	323 832	0.040 8	5.513 6	40.113 3	494.4	6.678 1	45.108 7
水田	36 446	0.025 6	1.412 5	29.829 8	88.676 4	1.887 9	39.131 5
旱地	659 724	0.064	12.144 3	60.368	641.754 9	22.116 3	50.938 9
林地	427 339	0.074 4	11.153 9	68.714 1	357.605 9	22.983 8	44.925 7
草地	12 759	0.004 9	0.305 1	10.938 1	161.506 3	2.306 3	66.574
水域	137 565	0.001 2	0.536 1	9.047 2	7 240.263	7.719 8	49.878 2
城乡用地	8 242	0.020 5	0.486 7	21.483 5	25.051 7	1.492 9	40.657 6

表6-17　1995年三江平原研究区景观级指数
Tab. 6-17　Landscapes levels index of Sanjiang Plain, 1995

PD	ED	AREA_CV	FRAC_MN	SHDI	AI	CONTAG
0.2315	15.7768	1856.451	1.0711	1.4026	92.1222	58.0347

表6-18　2000年三江平原研究区类型级指数
Tab. 6-18　Classification levels index of Sanjiang Plain, 2000

类型	CA	PD	ED	LSI	AREA_MN	SHAPE_AM	IJI
沼泽	305 116	0.042	5.611 7	42.040 7	452.023 7	6.633 7	50.672 2
水田	53 121	0.025 9	1.771 5	31.015 2	127.694 7	2.177 6	44.262 8
旱地	695 990	0.053	11.911 3	57.671 7	817.849 6	24.723 1	56.788 2
林地	386 690	0.072	10.171 4	65.871 4	334.506 9	14.932 1	47.731 2
草地	17 401	0.005 5	0.531 9	16.348 5	197.738 6	3.547 7	58.094 8
水域	139 372	0.001 4	0.566 4	9.309 2	6 335.091	7.872 2	50.921 7
城乡用地	8 238	0.021 1	0.503 6	22.230 8	24.300 9	1.521 5	44.416 6

表6-19　2000年三江平原研究区景观级指数
Tab. 6-19　Landscapes levels index of Sanjiang Plain, 2000

PD	ED	AREA_CV	FRAC_MN	SHDI	AI	CONTAG
0.2209	15.5345	1906.917	1.0721	1.4218	92.2452	57.5097

本研究选用部分指数来构建系统退化指标（SDI）用以描述研究区的景观退化特征，其中景观碎化强度指标（FDI）由景观面积变异指数（AREA_CV）、斑块密度（PD）、边缘密度（ED）和平均分维数（FRACT）构成，景观稳定性指标（LSI）包括蔓延度（CONTAG）、香农多样性指数（SHDI）、聚集度（AI），各评价指标的计算公式如下：

表6-20 2005年三江平原研究区类型级指数
Tab. 6-20 Classification levels index of Sanjiang Plain, 2005

类型	CA	PD	ED	LSI	AREA_MN	SHAPE_AM	IJI
沼泽	200 204	0.021 6	3.678 6	34.420 1	576.956 8	6.407 8	48.712
水田	303 943	0.051 9	7.423 7	54.167 7	364.877 6	15.715 4	31.273 5
旱地	764 380	0.042 4	12.394 3	57.305 3	1 122.438	19.287 4	62.333 6
林地	193 041	0.056	4.626	42.607 5	214.728 6	5.591 8	60.179 9
草地	4 832	0.004 6	0.314 7	18.078 6	65.297 3	3.636 1	63.171 2
水域	128 732	0.004 9	0.730 3	11.474 9	1 629.519	4.597 7	68.046 2
城乡用地	10 802	0.023 2	0.635 8	24.552 9	28.959 8	1.649 9	59.550 3

表6-21 2005年三江平原研究区景观级指数
Tab. 6-21 Landscapes levels index of Sanjiang Plain, 2005

PD	ED	AREA_CV	FRAC_MN	SHDI	AI	CONTAG
0.2047	14.9023	1289.422	1.0729	1.4361	92.5622	57.3653

表6-22 2010年三江平原研究区类型级指数
Tab. 6-22 Classification levels index of Sanjiang Plain, 2010

类型	CA	PD	ED	LSI	AREA_MN	SHAPE_AM	IJI
沼泽	173 673	0.043 1	4.540 8	44.766 2	249.889 2	7.638 5	79.516 2
水田	694 559	0.058 1	13.897 9	67.437 9	740.468	44.456 6	51.737 1
旱地	477 061	0.292 1	15.584 1	91.331 4	101.222 4	12.228 4	61.059 7
林地	133 915	0.108 8	4.468 5	49.684 4	76.261 4	4.684 1	76.142 5
草地	27 940	0.122 4	2.530 1	60.994	14.146 8	1.706	76.681 1
水域	93 628	0.076 3	3.369 1	49.271 2	76.058 5	11.269	69.940 7
城乡用地	12 736	0.019 2	0.550 2	19.641 6	41.216 8	1.471 7	61.111 3

表6-23 2010年三江平原研究区景观级指数
Tab. 6-23 Landscapes levels index of Sanjiang Plain, 2010

PD	ED	AREA_CV	FRAC_MN	SHDI	AI	CONTAG
0.72	22.4704	3953.37	1.0618	1.4433	88.7718	50.7951

$$FDI = a\text{AREA\_CV}/100 + b\text{PD} + c\text{ED} + d\text{FRACT} \quad (6\text{-}1)$$
$$LSI = \sqrt[3]{\text{CONTAG} \times \text{SHEI} \times \text{AI}} \quad (6\text{-}2)$$
$$SDI = FDI/LSI \quad (6\text{-}3)$$

式中，a、b、c、d 为权重系数，分别为0.1、0.2、0.2、0.5，计算结果如图6-7所示。

通过对结果的分析可知，三江地区景观变化过程的主要驱动力是农业开发活动，自然过程中形成的以沼泽湿地为主的格局被打破，大面积、连通的耕地出现，整体上斑块数减少，沼泽湿地逐渐退缩至保护区和河滩地区，而在旱田改水田的过程中，斑块数量和斑块周长增加，20世纪50年代研究区破碎化指标呈先下降后上升的趋势，并在2010年达到了9.12。虽然生态系统本身具有抵抗外界干扰的能力，但生态系统这种

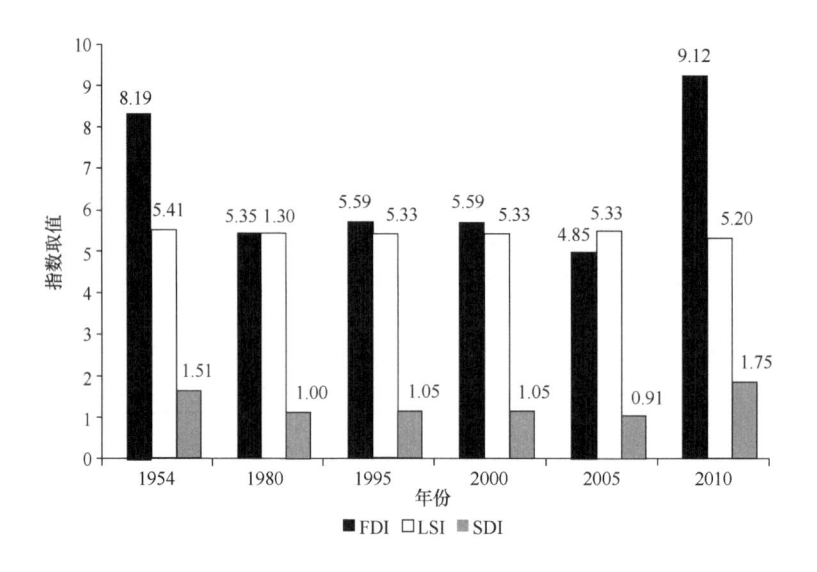

图 6-7 三江平原研究区景观退化特征图
Fig. 6-7 Landscape degradation in Sanjiang Plain

自我恢复、维持能力具有一定的阈值。当外界扰动超过这一阈值时，景观稳定性会发生较大的变化。20 世纪 50 年代至今，研究区在较强的人为扰动下，稳定性呈现逐渐下降的趋势，2010 年的稳定性指标为 5.20，低于之前的所有时期。而这种稳定性持续的下降，导致了研究区生态系统脆弱性的增长，所以在强力的农业开发工程干扰下，研究区生态系统一直处于退化状态，并且在近一时期出现了加速退化的情况。

可供营巢的乔木是东方白鹳营巢的必要条件，尽管同区域地面营巢的大型水鸟，如丹顶鹤和白枕鹤，都能成功繁殖，却仍未发现东方白鹳改变习性筑巢于地面。沼泽中的岛状林因此成为其筑巢的关键因素，所以了解岛状林的形成过程，对东方白鹳生境恢复有重要作用。

在湿生草本植物群落演替的过程中，最先出现的木本植物是灌木，而后随着树木的侵入，便逐渐形成了森林，湿生生境最终改变成中生生境。沼泽中的岛状林是典型植被演替的中级阶段，即湿地在由低位到高位的演化过程中，植被在草本 - 灌木 - 乔木变化的中后期出现。在此过程中地势升高，水位降低为林地出现创造了必要条件。杂草类、榛子灌丛、蒙古栎林、蒙古栎 - 黑桦林、杂木林和红松针阔混交林即为三江平原不同演替阶段代表性植被，红松针阔混交林群落等三江平原地带性植被为东方白鹳筑巢提供可能。

水生植物演替系列是湖泊填平的过程。其从湖泊的周围向湖泊的中央顺序发生，在从湖岸到湖心的不同距离处，分布着演替系列中不同阶段的群落环带，每一带都为次一带的侵占准备土壤条件。但兴凯湖近年水位升高，导致植被发生逆向演替，部分可被营巢的树木死亡。此外，被东方白鹳多年重复利用的营巢树木可能由于大量粪便的影响干枯死亡。各因素均导致该区域东方白鹳适宜营巢树木减少。

岛状林是湿地植被演替后期的产物，影响其演替的因素很多，如环境的不断变化、植被繁殖体的散布、植物之间相互作用、植物群落中新的分类单位的不断发生和人类活动的影响等。因此下面将分别对岛状林在洪河、兴凯湖地区演替及其受到的影响进行分析，以为东方白鹳生境的恢复提供依据。

1989~2006年兴凯湖国家级自然保护区各景观类型的面积、斑块数、空间格局都有一定程度的改变，其中林地明显减少，见表6-24。但保护区主体景观为以水域湿地景观为基质的农田、沼泽等。

表6-24　1989年、2006年兴凯湖不同景观类型比较（于成龙等，2010）
Tab. 6-24　Compare landscape types in Xingkai Lake, in 1989 and 2006

类型	面积/km² 1989	面积/km² 2006	斑块数量 1989	斑块数量 2006
农田	378.388	782.849	57	29
林地	85.844	42.862	45	30
草地	294.714	71.156	8	4
沼泽	575.870	437.170	26	22
水域	1 240.218	11 255.513	38	50
居民地	5.215	7.329	8	16
未利用地	19.228	2.568	3	1

农田景观变化最明显，其面积增加幅度最大，速度最快。农田主要由草地、林地、沼泽3种类型转化而来。因此草地、沼泽、林地3种类型的面积、斑块数量都明显减少。

在兴凯湖，水的增加使植被由水生到陆生，由草本到木本的演替方向有所逆转。水位增加后有利于湿生的沼泽植物生长，而不利于乔木出现，已出现的乔木可能由于水位增加，土壤过湿而死亡。从这个角度看，岛状林湿地水位增加不利于东方白鹳繁殖。

洪河保护区的植被地理区划属小兴安岭－老爷岭植物区，穆棱－三江平原亚区（周以良，1986）。地带性植被为温带红松针阔叶混交林，但因立地条件影响，形成洪河自然保护区大面积的非地带性植被——沼泽，植物区系属长白植物区系。

维持目前气候不变，东北森林树种组成和森林生物量基本维持动态平衡。气候变暖不利于东北主要森林类型生长，主要针叶树种比例下降，阔叶树种比例增加；温带针阔叶混交林垂直分布带有上移趋势；变暖幅度越大，针阔混交林垂直上移变化越明显。在气候变暖基础上考虑降水变化，东北森林水平分布带有北移的趋势（程肖侠和延晓冬，2008）。这也将预示着东方白鹳繁殖地可能北移。

洪河保护区近20年降水明显减少。降水对东北地区植被生长季结束日期变化的影响高于温度。随着秋季降水量的减少，针阔叶混交林、草原和农田植被生长季结束日期提前（国志兴等，2010）。因此长期来看，洪河的岛状林湿地也会向减少的趋势发展。

根据调查访问，洪河保护区岛状林湿地消失的另一个主要因素是人为地砍伐。人为干扰和气候变化的共同作用会促使东方白鹳营巢树木减少。

林地面积从1954年到1976年大幅度减少，1976年的林地面积不足1954年的1/5（表6-25）。此后林地面积有所缓慢回升，到2005年林地面积达到899.82hm²。岛状林是东方白鹳筑巢的必需生境，严重丧失毫无疑问会影响东方白鹳繁殖。虽然后期林地有所恢复，但基本为人工造林，由于树种、密度等多方面原因，人工林并不具有作为东方白鹳在其中选址作巢的生态功能。

表6-25 洪河保护区土地利用面积（单位：hm²）

Tab. 6-25 Land use in Honghe Nature Reserve（Unit：hm²）

	1954年	1976年	1986年	1995年	2000年	2005年
耕地	1 091	1 159.2	1 496.97	1 275.66	1 253.83	1 315.26
林地	1 130.97	206.91	303.84	543.42	652.77	899.82
沼泽	12 238.66	10 332.18	12 419.37	11 979.09	14 189.76	11 251.89
草甸	9 287.81	14 006.34	11 484.09	11 906.1	8 553.42	9 378.05

四、东方白鹳适宜生境变化

如表6-26所示，动物的时间尺度大致可以随季节而变化，空间尺度的层次一般为微生境、家域、景观尺度（着重同科或同属的其他种类动物共同占据的大块生境）（张明海和李言阔，2005）。本文将从景观和微生境两个尺度上探讨东方白鹳的生境选择。

根据多年文献、调查资料，东方白鹳繁殖生境的主要因素包括用于营巢的树木，以及满足其繁育后代需要的高质量觅食地。对于建三江区域东方白鹳生境的适宜性划分见表6-27。

表6-26 鸟类生境选择的时空尺度划分

Tab. 6-26 Classification of spatial and temporal scales of birds habitat classification

时间＼空间	微生境	家域（功能斑块组合）	景观
春季迁徙期	觅食地选择	—	停歇地
夏季繁殖期	巢址选择	家域选择	繁殖地
秋季迁徙期	觅食地选择	—	停歇地

表6-27 东方白鹳生境质量等级划分

Tab. 6-27 Habitat quality classification of Oriental White Stork

生境等级	生境描述
适宜生境	主要的繁殖地、觅食地，如人为干扰小的、临近林地（＜1000m）的沼泽——沼泽及沼泽周边1000m内的林地（刘红玉等，2007；朱宝光等，2008）
次适宜生境	重要的觅食地、迁徙停歇地，如湖泊、河渠、坑塘等（朱宝光等，2008）
微适宜生境	迁徙季节偶尔利用的生境，包括适宜生境或次适宜生境周边500m的农田、草地
不适宜生境	人为干扰强烈或个体基本不出现的生境，包括距离公路或居民区1000m以内的缓冲带及旱地（刘红玉等，2007；朱宝光等，2008）

如图6-8和图6-9所示，总体上建三江地区作为东方白鹳繁殖生境的适宜性在下降，主要体现在适宜生境面积自1954年至2005年下降。其中1976年适宜生境面积较其后的1980年、1995年、2000年都少。根据报道，三江平原自20世纪50年代以来无论

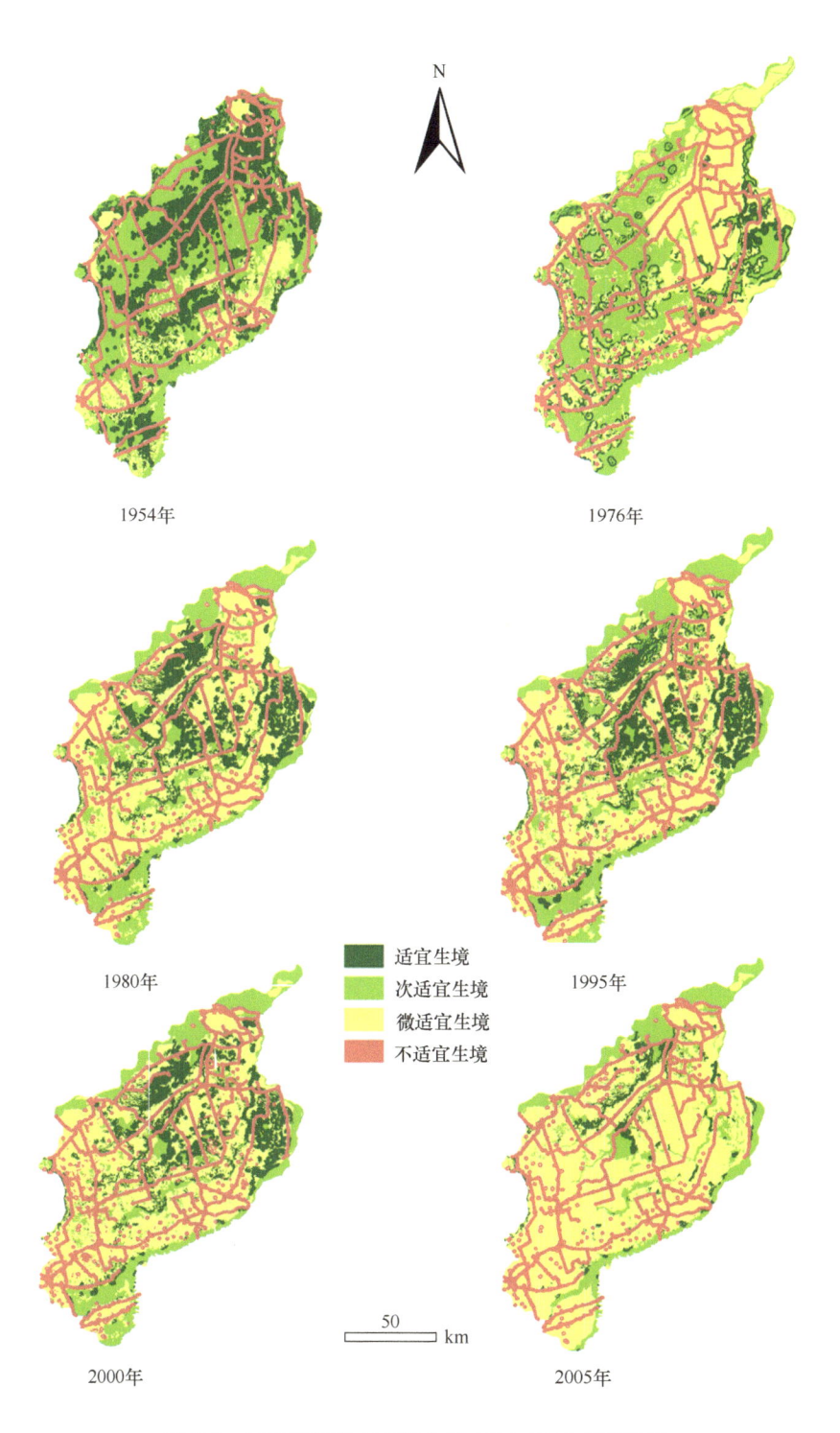

第六章 水鸟生境的适应性技术与示范

图 6-8 三江平原东方白鹳生境 1954~2005 年变化图

Fig. 6-8 Habitat areas changes of Oriental White Stork in Sanjiang Plain, 1954–2005

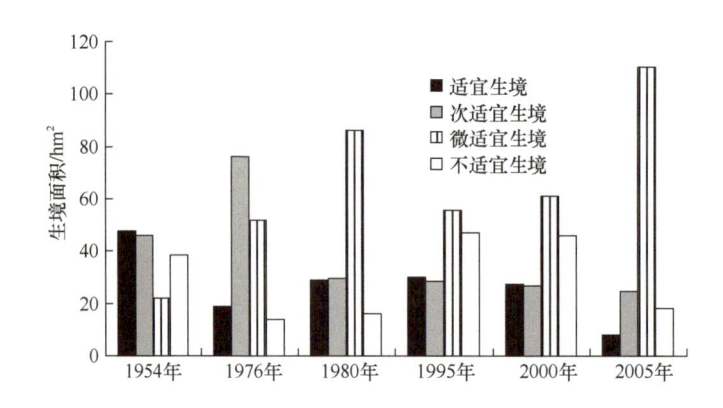

图 6-9　三江平原东方白鹳不同适宜程度生境变化图

Fig. 6-9　Habitat areas of different suitability of Oriental White Stork in Sanjiang Plain

是沼泽面积还是林地面积都呈下降趋势（宋开山等，2008），而这两种生境类型是东方白鹳繁殖生境的主要构成。东方白鹳偏好临近觅食地的营巢地，对林地与沼泽地的组合模式要求较高。1976 年出现适宜生境面积较少的现象，可能是由于不同年份不同生境斑块组合的情况不同。因此有必要进一步加深生境斑块组合关系与水鸟生境选择的研究。

鱼类是东方白鹳的主要食物之一（图 6-10，图 6-11），有证据表明在全球变暖的影响下，淡水鱼类有体型变小，生物量下降的趋势。从个体大小上说，鱼类小型化有利于东方白鹳育雏。但是三江平原鱼类资源量下降是不争的事实。虽然绝对数量上可能供给很多水鸟觅食繁殖，但是，生态系统中每次营养传输过程产生的能量流失，都会限制更高营养级的生产量。食物链某一营养级所含的、能以食物形式被利用的能量中，通常只有少于 1%~25% 的能量被转化为下一级营养级的生产量。因此应加强食物链方面的研究。

20 世纪 50~60 年代，三江平原鱼类资源十分丰富，但如今某些河段已无鱼可捕，鱼类种群结构也发生了变化，中低龄鱼增加，高龄鱼减少。群体资深调节难以克服人

图 6-10　东方白鹳食团　　　　　　　　　图 6-11　东方白鹳食团中的龙虱幼虫

Fig. 6-10　Food of Oriental White Stork　　　Fig. 6-11　Larva of dytiscidae is food of Oriental White Stork

为的过度捕捞，致使资源严重衰退（刘振乾等，2001）。

另外，东方白鹳在繁殖期对鱼类等高蛋白食物需求量较大。参考笼养东方白鹳的食量，繁殖期成年东方白鹳的摄食量为1000~1500g/d。东方白鹳在繁殖地停留的时间长达6个月左右，以此推算一只成年东方白鹳繁殖期对食物的总需求量为180~270kg。每个东方白鹳家庭一般包括2只成鸟，4只左右雏鸟，雏鸟食性如表6-28所示。雏鸟在育成过程中食量颇大，所以每个东方白鹳家庭在繁殖期的食量之和近1t。上文中提到，通常1%~25%的能量被转化为下一级营养级的生产量，以此折算，东方白鹳繁殖所需的食物资源量非常大。鱼类资源下降会严重限制东方白鹳的繁殖成功率。

表6-28 东方白鹳幼鸟食性（程岭，1994）
Tab. 6-28 Foods of Oriental White Stork Juvenile

食物种类	样本数	出现频率	有机物生物量 总质量/g	比例/%
脊椎动物	701	100.0	4836.8	99.18
鱼类	652	100.0	4405.6	90.34
两栖类	47	58.33	308.7	6.33
哺乳类	2	16.67	122.5	2.51
无脊椎动物	35	91.67	40.0	0.81
腔肠动物	6	30.0	2.2	0.04
蛛形纲	9	33.33	4.5	0.09
昆虫纲	20	91.67	27.5	0.56

东方白鹳主要在浅水区以取食鱼类为主，遇到下雨涨水，则在沼泽地或枯草内觅食软体动物及残存的鱼类。有时在10~20cm深的水中静候捕食，或边走边捕食。

东方白鹳非常喜爱捕食葛氏鲈塘鳢，且较喜欢选择与取食地相比生物体小3.2倍的个体。东方白鹳实际上避开捕食湖鲅，该鱼在捕食地为优势种，且它们的食物中可包含小虫。东方白鹳食物组成变化与湖水水位有关，每对东方白鹳食物组成不同，不同季节捕食食物不同（程岭，1994）。

第二节 三江平原东方白鹳繁殖生境恢复技术试验示范

松嫩乌裕尔河湿地是东方白鹳繁殖地的外延，兴凯湖、洪河湿地是东方白鹳繁殖地的核心。在东方白鹳外围繁殖生境退化被放弃的状况下，以及整体种群数量下降的趋势下，提高核心繁殖地生境质量不仅有利于当地东方白鹳繁殖数量的上升，而且有利于今后种群上升后东方白鹳对松嫩湿地的重新利用。

一、东方白鹳人工巢招引技术标准

根据文献资料与本项目试验,东方白鹳人工巢招引技术标准如下。

(一)人工巢选址与适宜密度

巢应布设在岛状林中或林缘或浅水沼泽中,巢与巢之间距离最好超过500m。

(二)东方白鹳人工巢搭建技术

1)选择直径10~15cm的松木杆,松木杆较杨木、桦木不易腐烂。太细则容易折断,太粗则运输不方便,不利于在沼泽中施工。

2)搭建三脚架,三脚架顶部距地高度为6m左右,高度越接近10m越好,但巢过高施工难度大,可适当利用当地蒙古栎等树作为巢基。

3)三脚架三根松木杆间交角约为60°,杆与杆之间用铅丝绑紧,最终以三脚架为边形成的四面体接近正四面体。为加固三脚架,两两松木杆间加钉横档,一则可加固;二则便于繁殖期间攀爬、观察巢内状况。

4)最后在三脚架顶端安放人工巢,人工巢用铁丝编网托底,防止巢材散落。巢材主要采自当地的桦树、柳树、榛子树树枝,上层铺垫稻草,以增加其舒适性。

二、人工巢选址与适宜密度

根据作者对数据处理得到的结果,在洪河国家级自然保护区,东方白鹳对巢高度有较严格的要求(h=7.711±3.1675m),距道路有一定的距离(d=1350m)(表6-29)。

表6-29 巢址选择样本统计分析表(李晓民提供)
Tab. 6-29 Sample analysis of nest site selection(Provide by Li xiaomin)

	样本数	平均值/m	标准偏差/m	标准误差/m
树高	19	7.711	3.1675	0.1855
距干扰源距离(道路)	19	1350.00	755.05	196.16
巢径	19	1.332	0.1857	0.0426

湿地栖息的鸟类,在产卵之前要涉及巢址的选择,东方白鹳的巢是它的栖息场所之一,为东方白鹳的居住、休息、繁殖、抵御不良气候等提供了一定的条件,因而巢具备多方面的功能。影响鸟类对巢址选择的因素是复杂的,包括巢本身的特点、食物、捕食竞争和微气候条件等。

在洪河国家级自然保护区内,东方白鹳巢址的选择正体现了东方白鹳利用生境的特点。以上生境特征研究可以为气候变化情景下东方白鹳繁殖生境预测提供植被等方面的关键参数。另外,气候变化对东方白鹳食物资源的研究还有待于加强。

第三节 东方白鹳繁殖生境利用中适应性生境管理

东方白鹳生境管理的主要技术示范为人工巢搭建招引东方白鹳、水文地面修饰等，最终目标是扩大东方白鹳在示范地的繁殖种群数量，建立全球变暖背景下三江平原东方白鹳生境脆弱性适应技术示范体系。具体工作步骤如下。

1）在洪河保护区核心区选择监测点，用高倍望远镜对东方白鹳迁徙、种群繁殖进行调查。

2）在示范地内进行实地考察，根据文献记载与人工巢招引技术标准选择最佳生境进行人工搭巢（图6-12，图6-13）。根据人工巢招引技术标准，在洪河保护区搭人工巢40个。

选择人工巢址的主要依据为以下研究成果。东方白鹳巢址选择的因子分析结果表明，东方白鹳对巢址有着明显的选择性。以树高、树种、距干扰源的距离、树缘位、巢径为主导的因子是东方白鹳巢址选择的主要因子，它们各自的贡献率是39.253%、14.249%、9.356%、8.886%和8.349%。

2011年总共监测50个人工巢，其中包括10个旧人工巢，40个新巢为本项目的工作成果。50个巢中有23个巢被利用。其中旧巢中有4个被利用，40个新巢中有19个被利用（图6-14）。新巢的利用率明显高于旧巢利用率，说明以生境研究为依据有效提高了人工巢利用率，有利于缓减气候变化等不利因素导致的生境退化。

图 6-12 冬季人工巢施工搭建过程

Fig. 6-12 Building artificial nests in winter

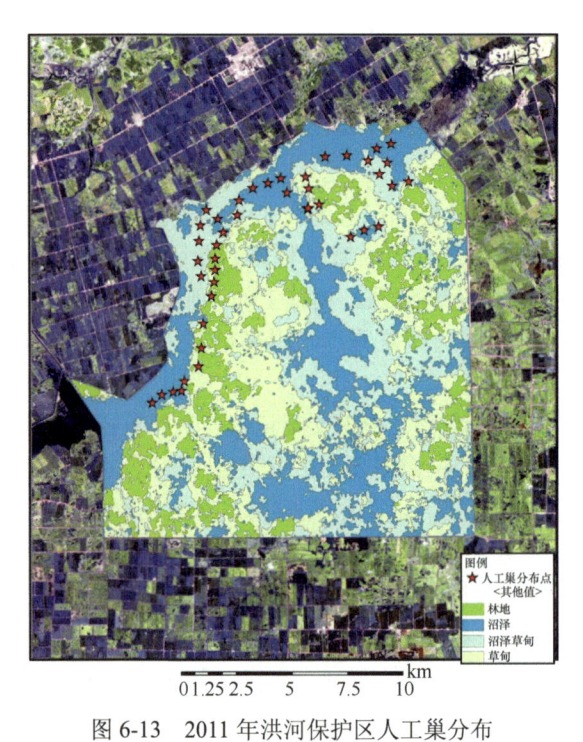

图 6-13 2011 年洪河保护区人工巢分布

Fig. 6-13 Artificial nest distribution in Honghe Nature Reserve, 2011

图 6-14 夏季考察东方白鹳人工巢被利用状况

Fig. 6-14 Artificial nests utilization in summer

参 考 文 献

程岭. 1994. 黑龙江中游地区东方白鹳的食性分析. 野生动物, 2: 29-32.
程肖侠, 延晓东. 2008. 气候变化对中国东北主要森林类型的影响. 生态学报, 28(2): 534-543.
国志兴, 张晓宁, 王宗明, 等. 2010. 东北地区植被物候对气候变化的响应. 生态学杂志, 29(3): 578-585.
刘红玉, 李兆富, 李晓民. 2007. 小三江平原湿地东方白鹳生境丧失的生态后果. 生态学报, 07(27): 2678-2683.
刘兴土, 马学慧. 2002. 三江平原自然环境变化与生态保育. 北京: 科学出版社.
刘振乾, 刘红玉, 吕宪国. 2001. 三江平原湿地生态脆弱性研究. 应用生态学报, 12(2): 241-244.
倪红伟, 李君, 李晓民, 等. 1999. 洪河自然保护区生物多样性. 哈尔滨: 黑龙江科学技术出版社.
于成龙, 袁力, 龚文峰. 2010. 基于GIS和RS兴凯湖国家级自然保护区景观时空格局变化. 东北林业大学学报, 38(6): 53-56.
张明海, 李言阔. 2005. 动物生境选择研究中的时间与空间的尺度. 兽类学报, 25(4): 395-401.
张秀平, 童红兵. 2001. 快速诊断植物微量元素缺乏症. 农村科技开发, 9: 21.
周以良. 1986. 黑龙江树木志. 哈尔滨: 黑龙江科学技术出版社.
朱宝光, 刘化金, 李晓民, 等. 2008. 三江平原东方白鹳种群现状与人工招引研究. 湿地科学与管理, 4(4): 21-23.

第七章 土壤动物对全球变化的响应与适应

第一节 东北平原区域土壤动物概况

一、三江平原湿地土壤动物概况

(一) 三江平原湿地自然概况

三江平原位于黑龙江省的东北部，总面积 $1.089×10^5 km^2$，占黑龙江省土地总面积的 22.6%，是由黑龙江、松花江、乌苏里江冲积形成的低平原，位于 45°01′05″N~48°27′56″N，130°13′10″E~135°05′26″E。该区西南高东北低，地貌特征为广阔的冲积低平原和河流形成的阶地，以及河漫滩上广泛发育着的沼泽和沼泽化草甸，为温带湿润、半湿润大陆性季风气候，1月平均气温低于 –18℃，7月平均气温 21~22℃，年降水量 500~650mm。研究区内的河流大多具有平原沼泽性河流的特点，纵比降小，河槽弯曲系数大，一般为 1.5~3.0（刘兴土和马学慧，2002）。植被种类属于长白植物区系，以沼泽化草甸和沼泽植被为主；土壤以棕壤、黑土、白浆土、草甸土和沼泽土为主，土地的自然肥力较高。在过去的 50 年内，研究区内的土地利用/覆被发生了剧烈变化，并由此产生了一系列环境问题（汪爱华等，2003）。

自 20 世纪 50 年代起，由于人口激增，大量湿地遭遇集中开垦，湿地面积由 1954 年的 35 270km² 下降到 2008 年的 13 893km²（赵魁义，1999；刘兴土和马学慧，2002；Wang et al.，2011）。湿地垦殖后的土地利用方式变化会影响土壤生态过程（Guo and Gifford，2002；陈朝等，2011），使湿地中碳、氮严重流失（Huang et al.，2013；Bai et al.，2014）。这势必会对以微生物和土壤碳源物质为食的土壤动物产生影响。

(二) 三江平原湿地土壤动物群落组成

土壤动物是指经常或暂时栖息在土壤环境中并在那里进行生命活动的动物群，包括蚯蚓、蜘蛛、多足类、昆虫及其幼虫、线蚓等体型较大的类群，以及螨类、跳虫、线虫等体型微小的类群。这些土壤动物数量繁多，生物量巨大，是土壤生态系统的重要组成部分，对土壤生态系统中的物质循环转化及土壤的形成与熟化均具有重要作用（尹文英，2000）。土壤动物按土壤上下生态位分布可以分为真土栖、半土栖和表土栖类型，真土栖类群终生活动在土壤中；半土栖类群可以在地表上下迁移；表土栖类群主要生活在土壤层上方。按照土壤动物多度占据总体数量的比例可以分为优势类群、常见类群和稀有类群，总体数量的比例分别大于 10%、1%~10% 和小于 1%。

三江平原土壤动物资源丰富，从数量分布上来看，典型湿地土壤动物优势类群包括真螨目（31.02%）、鞘翅目成虫（11.67%）、线虫（占 11.14%）和柄眼目（占 10.19%）4 类，占个体总数量的 64.02%；常见类型包括弹尾目、蜘蛛目、大蚓类、蛭纲、寄螨目、双翅目幼虫、半翅目、鳞翅目幼虫、鞘翅目幼虫 9 类，占个体总数的 30.83%；稀有类群有 19 类，个体数量仅占总数的 5.15%（武海涛等，2008）。

二、松嫩草原土壤动物多样性概况

（一）松嫩草原自然环境

松嫩草原位于欧亚草原区的最东端，主要分布在我国吉林西部、黑龙江西部和内蒙古兴安盟。该草原区原为土壤肥沃、生物生产力较高的重要牧业生产基地，长期以来，由于过牧和开荒等人为活动影响，草原大面积退化，已成为我国典型的生态脆弱带（刘兴土，2001）。松嫩草原植被属于半干旱、半湿润草原植被类型，优势植被为羊草，区域微地貌起伏，地下水位高，土壤盐碱化严重，土壤质地黏重（李昌华和何万云，1963；郑慧莹和李建东，1993；周道玮等，2010）。

该地区属于半干旱、半湿润的大陆性季风气候区，冬夏季风更替现象明显。全年温差大，年平均气温 4~5℃，年均降水量 350~500mm，降水量年际变化大，年内分配不均，降雨主要集中在 7~8 月。该区蒸发量为 1500~1900mm，为降水量的 3.5~4.75 倍。该区地带性土壤为黑钙土，土壤随着自然要素由东南向西北逐渐变化，随着降水量的递减，气温递增，蒸发量递增，成土母质由黏质到砂质，土壤 pH 递增。受气候、地形、土壤、水分、盐分及风沙活动等影响，该区植被分为东部的森林草甸草原、中部草甸草原和西部半干旱草原，但由于草地开垦活动，受到很大的破坏，20 世纪 90 年代末执行退耕还草政策之后，草地生态开始恢复。东部的森林草甸草原，由于开发早，原始植被已不复存在，为现代的次生木本和草本植物所替代。中部草甸草原典型植被为羊草群落加杂类草群落，由于过牧和过垦，受到严重破坏，盐碱化严重，原始植被也残存不多，形成了很多盐生植物群落，如碱蓬群落和碱茅群落，现被保留下来的天然羊草草甸草原不多。西部是半干旱草原植被的主要分布区域，土壤有机质含量低，沙性大，容易被风蚀，植被生长不旺盛，植被类型主要是沙丘植被。

（二）土壤动物地下功能群概况

松嫩平原典型土地利用方式土壤动物优势类群有鞘翅目、膜翅目、螨类、线虫和跳虫，其中螨类占 35.38%、线虫占 27.25%、跳虫占 20.86%。大型土壤动物占 16.51%（吴东辉等，2005a，2005b，2005c，2006a，2006b）。大型土壤动物优势类群和常见类群的类群数量较少，但个体数量较多，分布广泛；稀有类群的类群数量丰富，个体数量稀少，分布范围相对较小。其中土壤甲虫有 17 科，优势类群为金龟科幼虫、步甲科成虫与幼虫；常见类群包括拟球甲科幼虫、隐翅甲科和金龟科等 5 类；稀有类群包括薪甲科、蚁甲科（Pselaphidae）和虎甲科（Cicindelidae）等 11 类。其他大型土壤动物有 49 科，优势类群为草蚁属、路舍蚁属、蚁属和琥珀螺科（Succineidae），常见类群包括裸线蚓属、杜拉蚓属（Drawida）和弓背蚁属等 11 类，稀有类群包括锹甲科（Lucanidae）、蟹蛛科

（Thomisidae）和平腹蛛科等40类。土壤螨类有61属，其中隐气门亚目25属，前气门亚目15属，中气门亚目21属，优势类群为 *Scutaracus*、盲蛛螨科（Caeculidae）和虫穴螨属（*Zercon*）；常见类群包括 *Oppia* 等10属，占总捕获个体数的52.40%；稀有类群48属。土壤弹尾虫2亚目8科12属，优势类群为 *Onychiurus*、*Folsomia*、*Acanthocyrtus*、*Xenylla* 和 *Coloburella*。土壤线虫有30属，优势类群为真滑刃属和短体属，常见类群包括垫刃属等11属，稀有类群17属。

第二节　区域土壤动物对全球环境变化的响应

一、三江平原土地利用方式对土壤跳虫多样性的影响

（一）跳虫群落结构变化

1. 湿地土壤动物多样性

跳虫在三江平原原位湿地至少有21种，隶属于7科18属。优势类群有3种，分别为鳞长跳 *Lepidocyrtus felipei*、长跳物种一 *Orchesellides* sp.1 和长跳物种二 *Homidia phjongiangica*，占据土壤跳虫总数量的85%以上。

2. 旱田土壤动物多样性

跳虫在三江平原旱作农田至少发现有20种，隶属于7科18属。优势类群有4种，分别为鳞长跳 *Lepidocyrtus felipei*、棘跳物种一 *Protaphorura armata*、棘跳物种二 *Allonychiurus mariangeae*，占据总体数量的90%以上。

3. 水田土壤动物多样性

跳虫在三江平原水稻田至少发现有19种，隶属于6科16属。优势类群有4种，分别为鳞长跳 *Lepidocyrtus felipei*、长跳物种一 *Orchesellides* sp.1、长跳物种二 *Homidia phjongiangica* 和圆跳物种一 *Sminthurides* sp.1，占据跳虫总体数量的80%以上。

4. 林地土壤动物多样性

跳虫在三江平原林地（包括岛状林和人工林）至少发现有21种，隶属于6科16属。优势类群有5种，分别为棘跳物种一 *Protaphorura armata*、棘跳物种二 *Allonychiurus mariangeae*、棘跳物种三 *Oligaphorura ursi*、德跳物种一 *Desoria* sp.1 和符跳物种一 *Folsomia bisetosa*，占据跳虫总体数量的90%以上。

（二）不同土地利用方式对跳虫密度的影响

在原生湿地、林地和长期开垦旱作农田（15年以上大豆地）处理中，土地利用方式对跳虫数量产生了显著影响，其中湿地中跳虫数量显著低于长期开垦农田和林地（图7-1，$F_{2,87}=6.06$，$P=0.003$）。

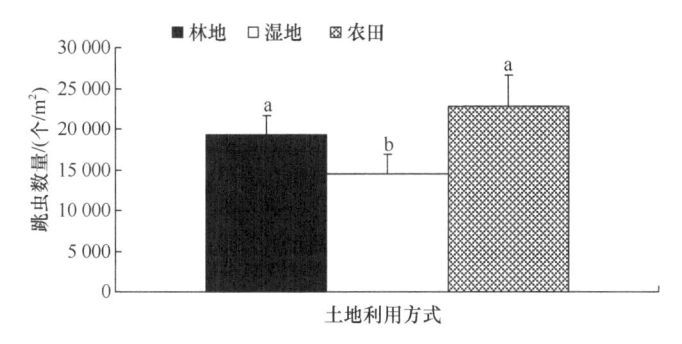

图 7-1 三江平原土地利用方式变化对跳虫密度的影响

不同小写字母表示 0.05 水平上的显著性差异

Fig. 7-1 Effect of land use type on density of Collembola

Different lowercase letters indicate a significant effect ($P<0.05$) among the treatments

原生湿地开垦为农田的当年（开垦 3 个月后），开垦为旱作农田时，跳虫密度并未显著下降（表 7-1）；但是开垦为水稻田后，跳虫密度显著下降（LSD 检验：$df=2$，34；$P<0.05$）。

表 7-1 湿地短期（3 个月）开垦对跳虫的影响

Tab. 7-1 Effect of short-term (three months) wetland reclamation on Collembola

环境因子		密度	物种丰富度
土地利用方式	湿地	8 025±1 136a	8.1±1.09a
	大豆	10 985±1 547a	7.7±1.08a
	水稻	1 371±213b	4.2±0.69b
P 值		<0.001	<0.001

（三）不同土地利用方式对跳虫类群数量的影响

在不同的湿地、林地和长期开垦旱作农田中，土地利用方式对跳虫类群数量并未产生影响（图 7-2，$F_{2,87}=1.53$，$P=0.22$）。

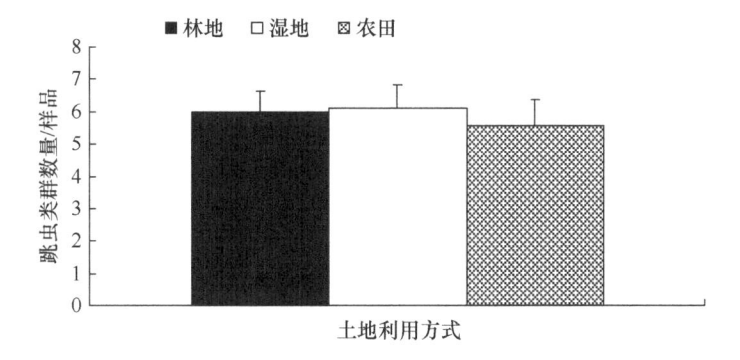

图 7-2 三江平原土地利用方式变化对跳虫类群数量的影响

Fig. 7-2 Effect of land use type on species richness of Collembola in Sanjiang Plain

原生湿地开垦为农田的当年，开垦为旱作农田时，对跳虫密度无显著影响；但是开垦为水稻田后，跳虫密度显著下降（LSD 检验：$df=2$，34；$P<0.05$）。

（四）不同土地利用方式对跳虫群落多样性指数的影响

在不同的湿地、林地和农田中，土地利用方式对跳虫群落多样性指数即香农威纳指数产生显著影响，其中林地和湿地的香农威纳指数显著高于农田中的（图7-3，$F_{2,87}$ = 5.25，P = 0.007）。

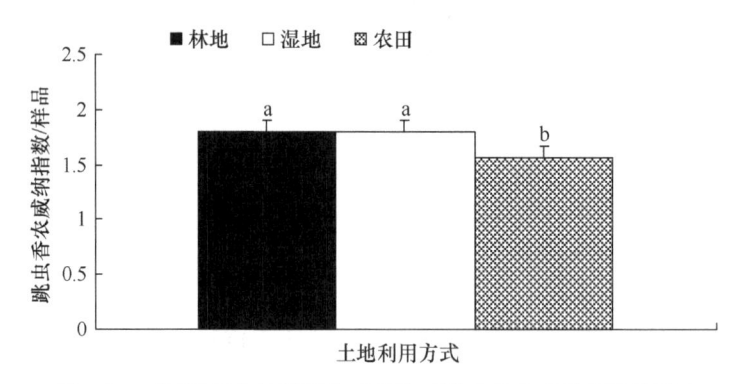

图7-3　三江平原土地利用方式变化对跳虫香农威纳指数的影响

Fig. 7-3　Effect of land use type on Shannon-Wiener index of Collembola in Sanjiang Plain

二、气候变化对不同农田土地利用方式下土壤跳虫多样性的影响

（一）群落结构

本实验中黑龙江、吉林和辽宁各处理中总共捕获跳虫数量22 193头，隶属于9科14属20种（表7-2）。其中优势类群主要为棘跳和符跳，这两个属的类群占据了跳虫总体数量的90%以上。

（二）气候变化对跳虫的总体影响

如表7-3所示，气候变化中随着气温升高（从黑龙江到辽宁）跳虫数量和类群丰富度显著提高（df = 2，34；P < 0.05），跳虫多样性指数变化几乎与跳虫数量和类群丰富度变化相同，但辛普森指数随着气候带温度升高表现为先降低后升高，原位土柱从黑龙江南移至吉林，并未改变跳虫的香农威纳指数，但是从黑龙江移位到辽宁，跳虫的香农威纳指数显著提高。

（三）土地利用方式变化对跳虫的总体影响

如表7-3所示，土地利用方式变化同样显著改变了跳虫数量、类群丰富度和多样性指数，均表现为撂荒处理＞种植大豆＞去除植被（df = 2，34；P < 0.05）。

（四）气候变化及土地利用方式对跳虫影响的时间动态变化

气候变化对跳虫的影响因年份不同而不同。2011年和2013年，跳虫数量、类群数表现随着温度的升高而升高（辽宁＞吉林＞黑龙江）。辽宁地区跳虫数量在种植大豆、撂荒和去除植被处理中大部分达到了最大值（图7-4，df = 2，12；P < 0.05），与

表7-2 辽宁、吉林、黑龙江三地种植大豆、撂荒和去除植被处理中跳虫各类群多度（单位：头）

Tab. 7-2 Collembolans in soybean cultivation, land abandonment and vegetation removal treatments in Liaoning, Jilin and Heilongjiang (Unit: head)

跳虫物种名称	辽宁 大豆	辽宁 撂荒	辽宁 除草	吉林 大豆	吉林 撂荒	吉林 除草	黑龙江 大豆	黑龙江 撂荒	黑龙江 除草
Protaphorura armata	732	1840	401	822	936	87	214	356	84
Allonychiurus mariangeae	392	1453	279	482	986	90	190	174	70
Oligaphorura ursi	330	1094	79	610	1329	55	273	288	151
Tullbergia yosii	5	4	2	6	5	2	3	2	3
Folsomia sp.1	753	1123	224	1088	1629	106	375	551	146
Folsomia bisetosa	1	3	0	0	0	0	0	2	1
Isotomiella minor	59	45	12	95	60	11	12	35	9
Orchesellides sp.1	54	147	11	35	36	11	23	39	26
Homidia phjongiangica	52	97	23	31	40	4	6	23	7
Entomobrya sp.1	4	27	4	3	4	0	0	1	2
Entomobrya koreana	4	36	2	12	10	2	0	4	1
Lepidocyrtus felipei	9	60	12	6	96	1	67	61	45
Tomocerus nigrus	1	33	0	1	1	0	3	4	4
Tomocerus sp.1	0	1	0	1	0	0	0	2	0
Hypogastrura sp.1	115	202	12	102	254	29	9	34	5
Hypogastrura sp. 2	0	4	0	0	4	0	0	0	0
Sminthurides sp.1	4	9	2	3	3	1	2	1	2
Sminthurinus sp.1	1	10	0	0	8	1	0	6	1
Neanura sp.1	1	4	0	0	0	0	0	0	0
Neanura sp. 2	0	6	0	0	0	0	0	0	0
总计	2517	6198	1063	3297	5401	400	1177	1583	557

表7-3 气候变化及土地利用方式变化对跳虫数量及生物多样性的影响

Tab. 7-3 Effect of climate change and land use type on density and biodiversity of Collembola

变量		数量/（个/m²）	类群丰富度	辛普森指数	香农威纳指数	均匀度指数
气候变化	辽宁	10 321±4 135a	6.08±0.99a	0.67±0.06a	1.89±0.21a	0.76±0.06a
	吉林	9 990±3 765ab	5.09±0.86b	0.58±0.08c	1.55±0.23b	0.69±0.08b
	黑龙江	3 501±1 021b	4.28±0.64c	0.63±0.07b	1.55±0.21b	0.78±0.07a
P 值		<0.001	<0.001	<0.001	<0.001	<0.001
土地利用方式	种植大豆	6 956±2 314b	5.18±0.74b	0.61±0.06b	1.67±0.21b	0.82±0.04b
	撂荒	13 914±4 699a	6.54±0.94a	0.66±0.05a	1.92±0.09a	0.77±0.03ab
	去除植被	2 222±722c	3.63±0.64c	0.61±0.09b	1.39±0.25c	0.76±0.09a
P 值		<0.001	<0.001	<0.001	<0.001	0.078
气候变化×土地利用方式 *P* 值		<0.001	<0.001	<0.001	0.059	<0.001

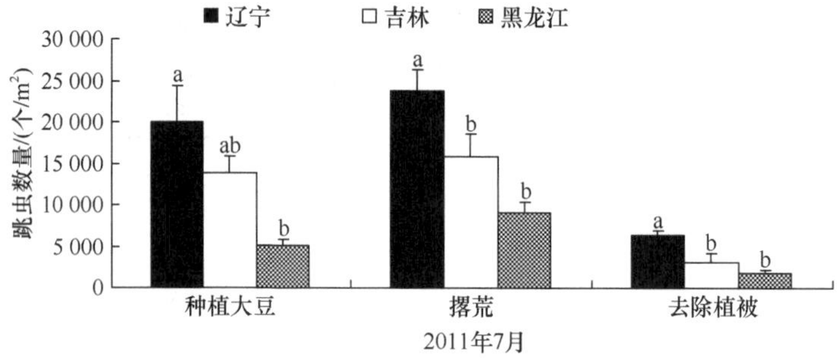

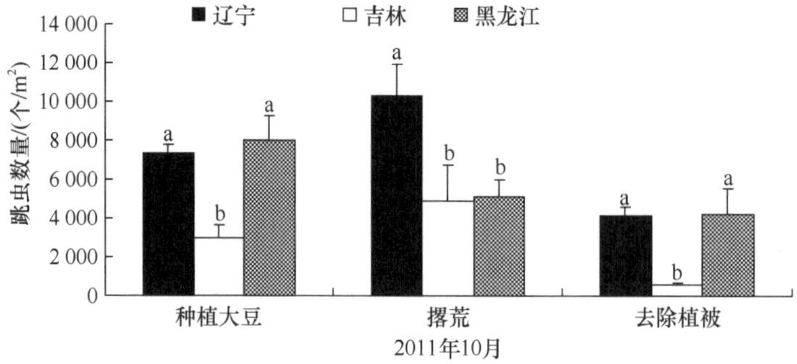

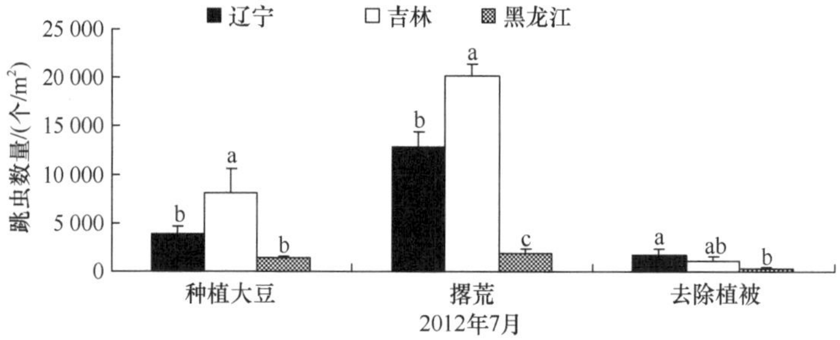

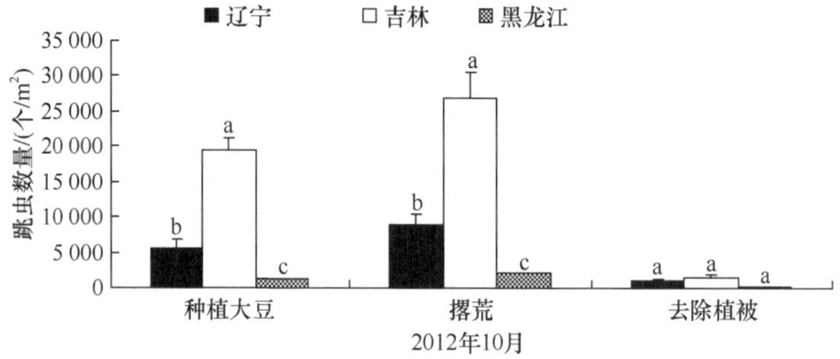

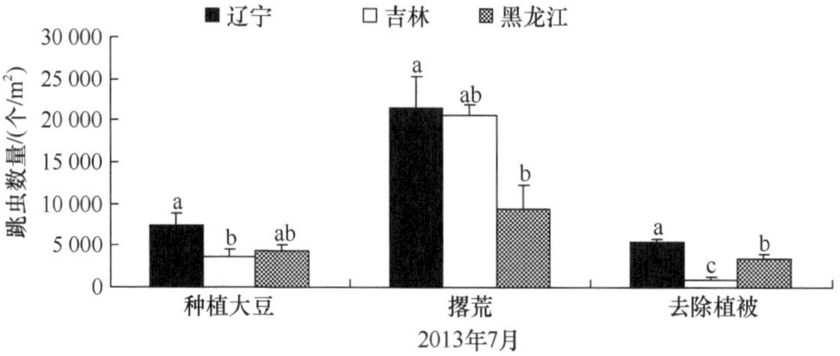

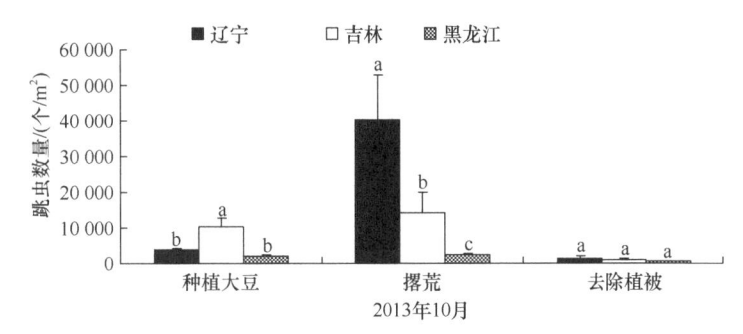

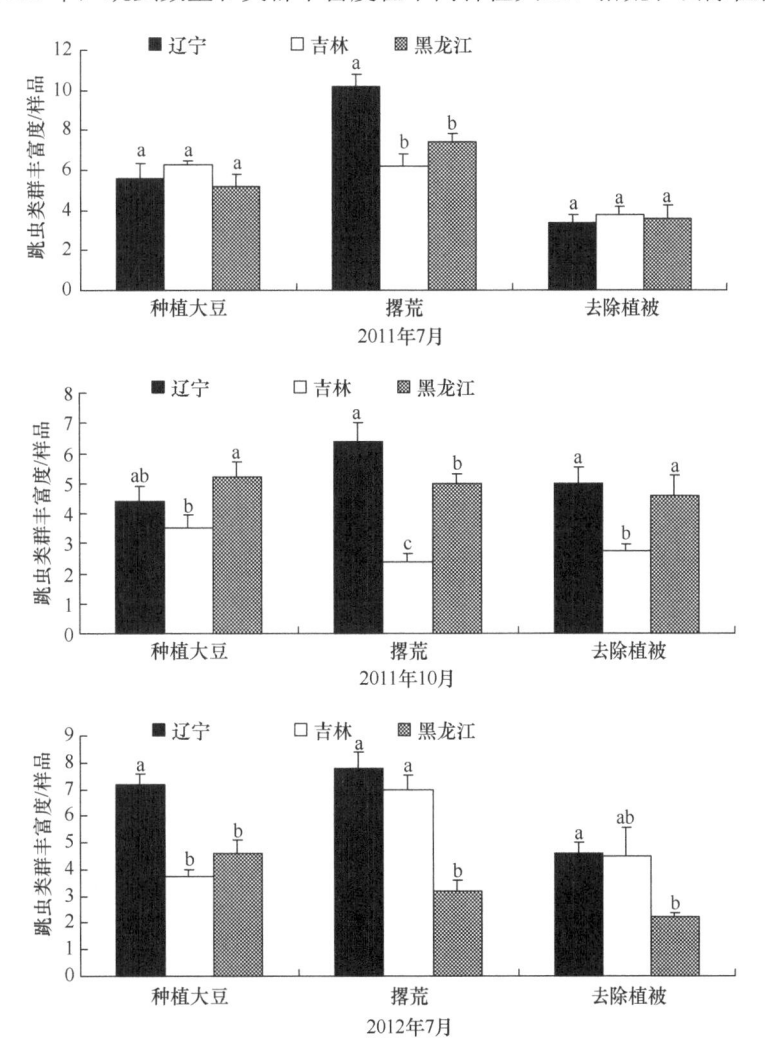

图 7-4　2011~2013 年气候变化（不同地点，包括辽宁、吉林和黑龙江）对种植大豆、撂荒及去除植被处理中跳虫数量的影响

Fig. 7-4　Collembolans in soybean cultivation, land abandonment and vegetation removal treatments in Liaoning, Jilin and Heilongjiang in 2011–2013

跳虫数量类似，跳虫的类群丰富度几乎表现出了同样的趋势（图 7-5，$df = 2, 12$；$P <$ 0.05）。而 2012 年，跳虫数量和类群丰富度在不同种植大豆、撂荒和去除植被处理中大

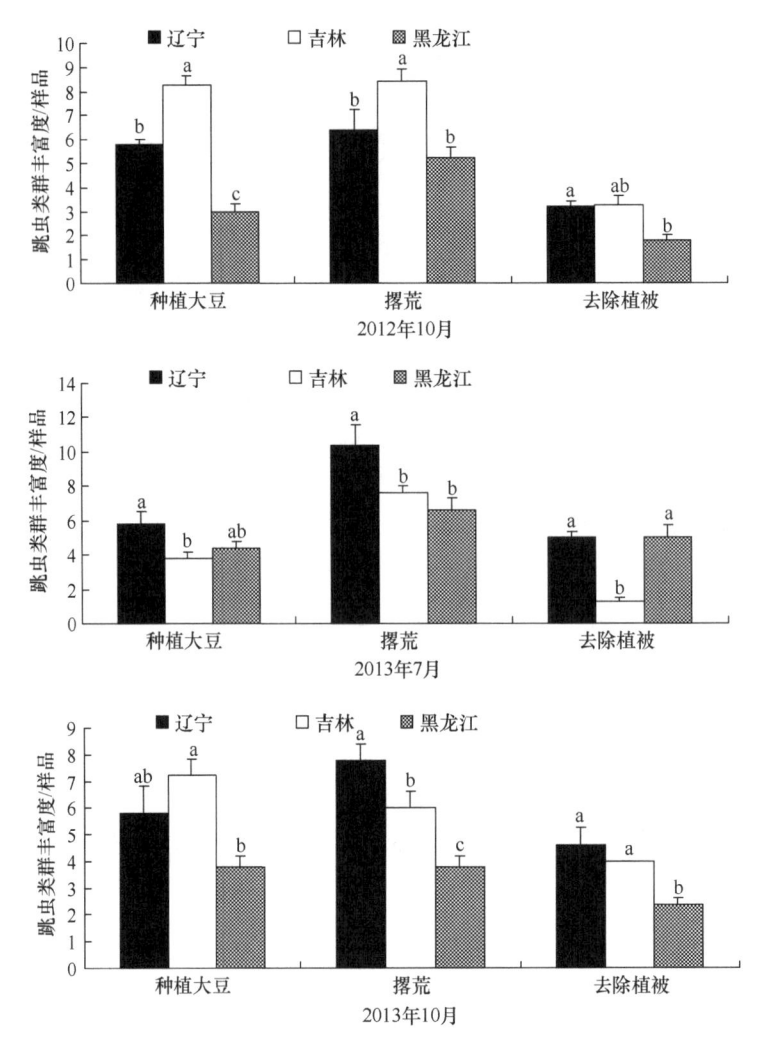

图 7-5 2011~2013 年气候变化（不同地点，包括辽宁、吉林和黑龙江）对种植大豆、撂荒及去除植被处理中跳虫类群丰富度的影响

Fig. 7-5 Species richness of Collembola in soybean cultivation, land abandonment and vegetation removal treatments in Liaoning, Jilin and Heilongjiang in 2011–2013

部分表现为吉林地区最高，可能与不同年份温湿度变化有密切关系。

另外，与跳虫数量和类群丰富度相比，气候变化对跳虫香农威纳指数、辛普森指数和均匀度指数等多样性指数影响较小（图 7-6 ~ 图 7-8），说明在本研究中，跳虫多样性指数可能并不能很好地反映气候变化对跳虫群落的影响。

三、松嫩平原草地土地利用方式对土壤跳虫的影响

作为陆地生态系统中数量最多、生物种类最丰富的亚系统，土壤动物居于营养元素循环与能量转化的核心地位（傅声雷，2007）。全球变化对生态系统产生了影响，同时也对土壤动物群落结构产生了影响。松嫩平原吉林西部平原区属温带森林草原、草

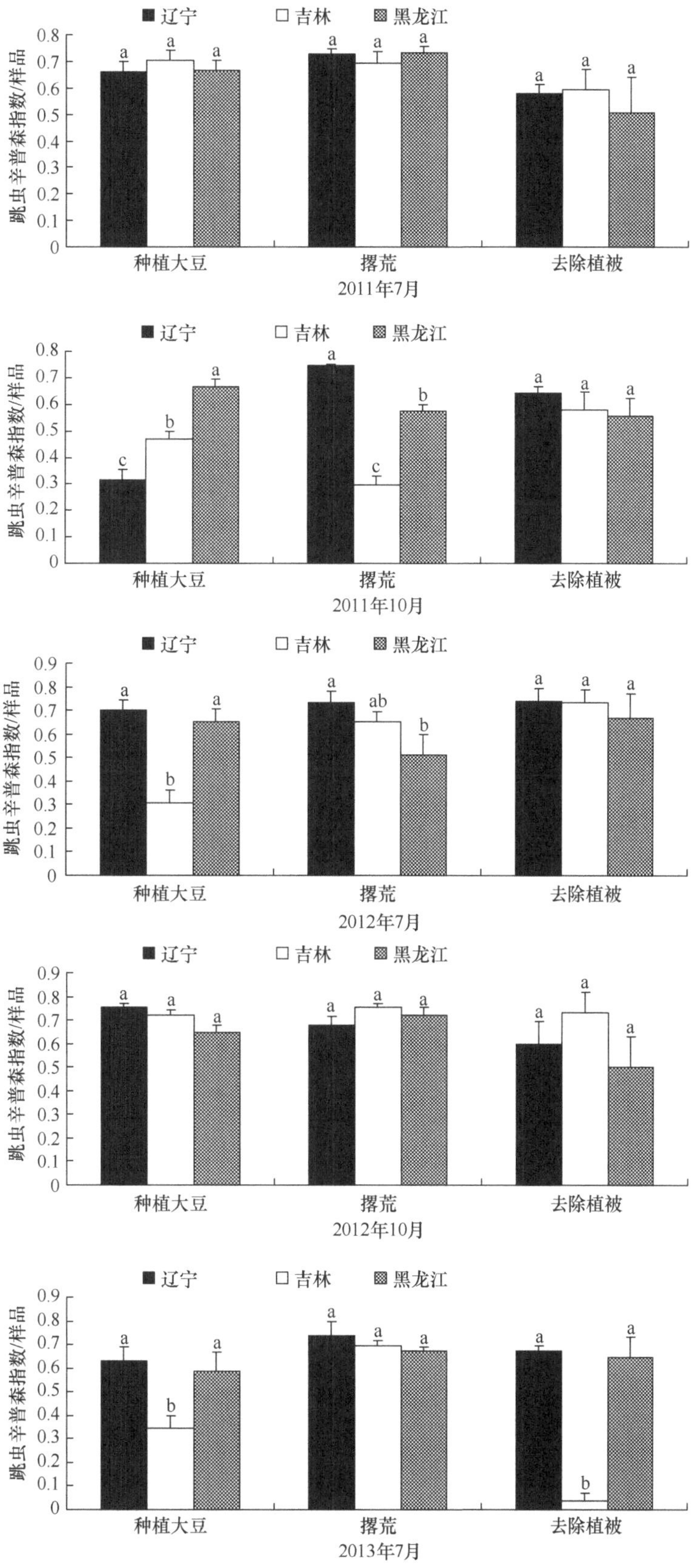

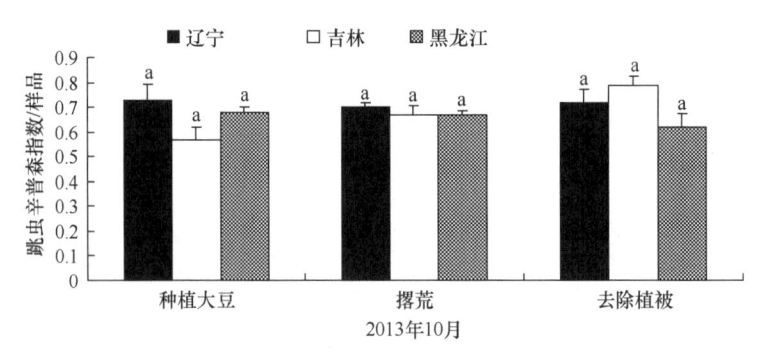

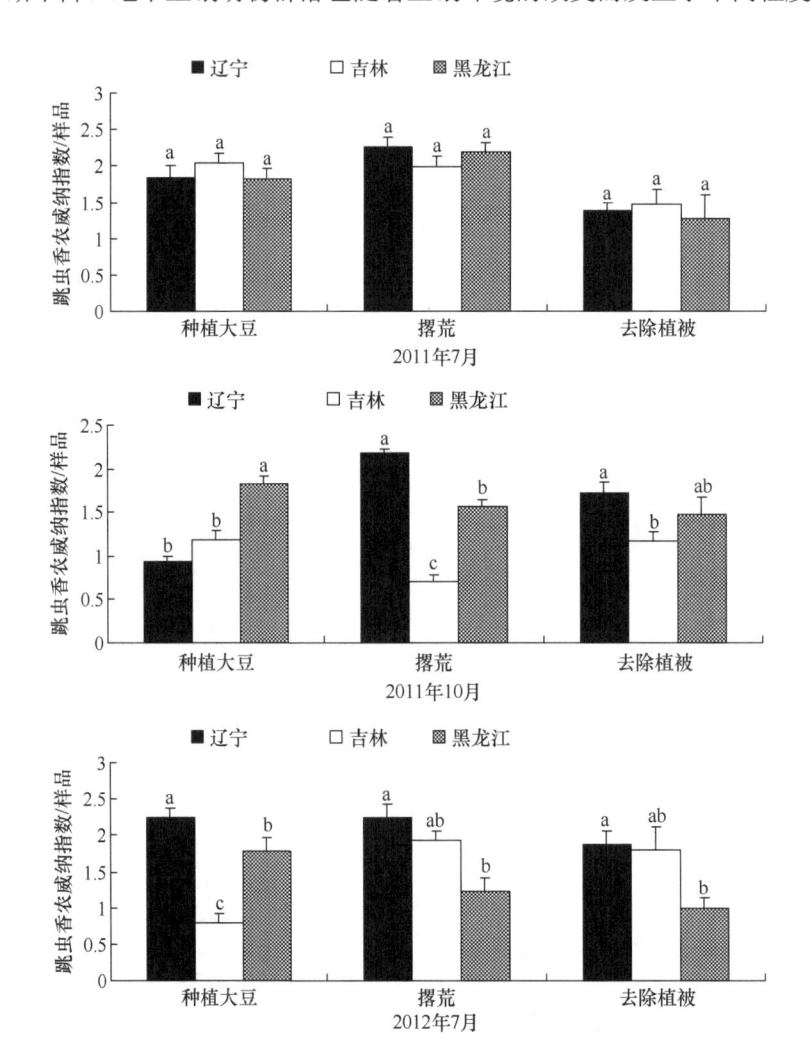

图 7-6　2011~2013 年气候变化（不同地点，包括辽宁、吉林和黑龙江）对种植大豆、撂荒及去除植被处理中跳虫辛普森指数的影响

Fig. 7-6　Simpson index of Collembola in soybean cultivation, land abandonment and vegetation removal treatments in Liaoning, Jilin and Heilongjiang in 2011–2013

甸草原地带，处于生态系统从湿润森林向半干旱草原和沙漠的过渡带，是对环境变化响应比较突出的区域。近年来由于人为过度垦殖，吉林西部土壤生态环境日益恶化，土壤肥力不断下降。地下土壤动物群落也随着土壤环境的改变而发生了不同程度的变化。

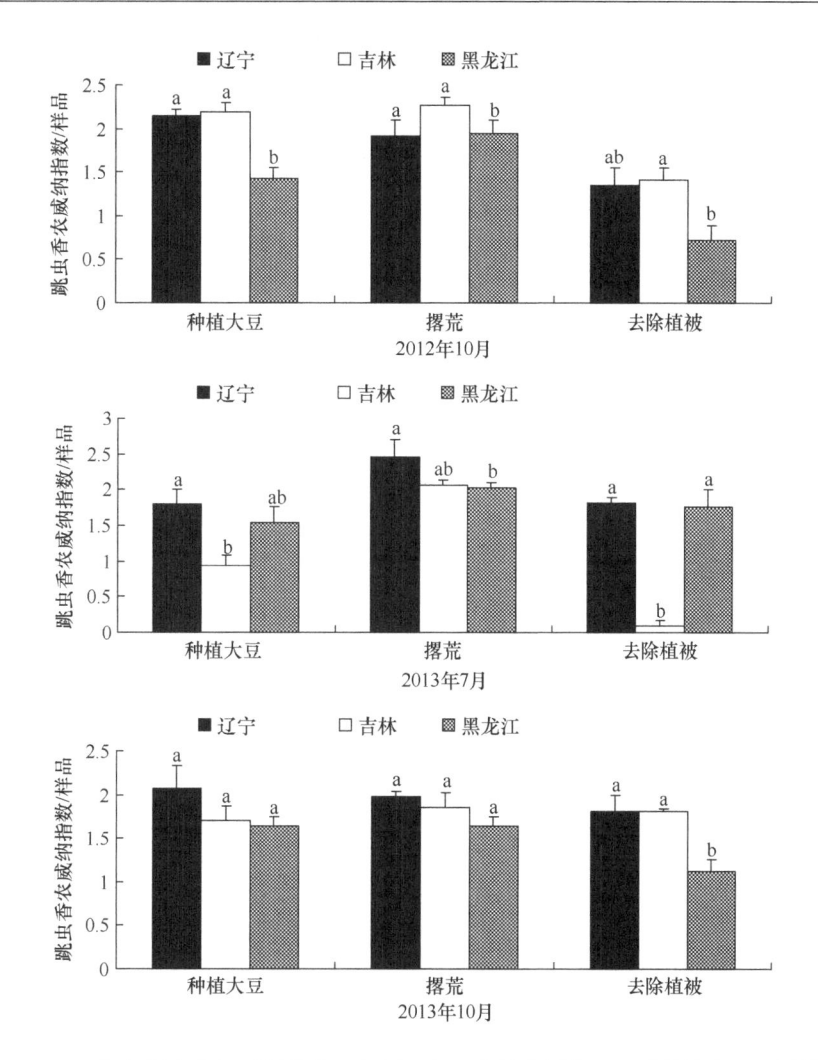

图 7-7 2011~2013 年气候变化（不同地点，包括辽宁、吉林和黑龙江）对种植大豆、摆荒及去除植被处理中跳虫香农威纳指数的影响

Fig. 7-7 Shannon-Wiener index of Collembola in soybean cultivation, land abandonment and vegetation removal treatments in Liaoning, Jilin and Heilongjiang in 2011–2013

（一）实验处理与样品采集

吴东辉等于 2003 年 7~9 月，在研究区 2 次分别对白城市史家屯、大安市大安北镇、大安市大岗乡、长岭县太平川镇农田和防护林及大安市大岗乡姜家甸天然割草场共 5 个采样区 3 类典型土地利用类型样地进行土壤弹尾虫取样。每个样地随机取 4 个重复样，每个样方面积 10cm×10cm，分 0~5cm、5~10cm、10~15cm 三层采样，Tullgren 法实验室分离提取土壤弹尾虫（陈鹏，1983；Culik et al.，2002；Eaton et al.，2004）。弹尾虫标本依据尹文英等（1998）《中国土壤动物检索图鉴》鉴定，一般鉴定到属，同时统计个体数量。

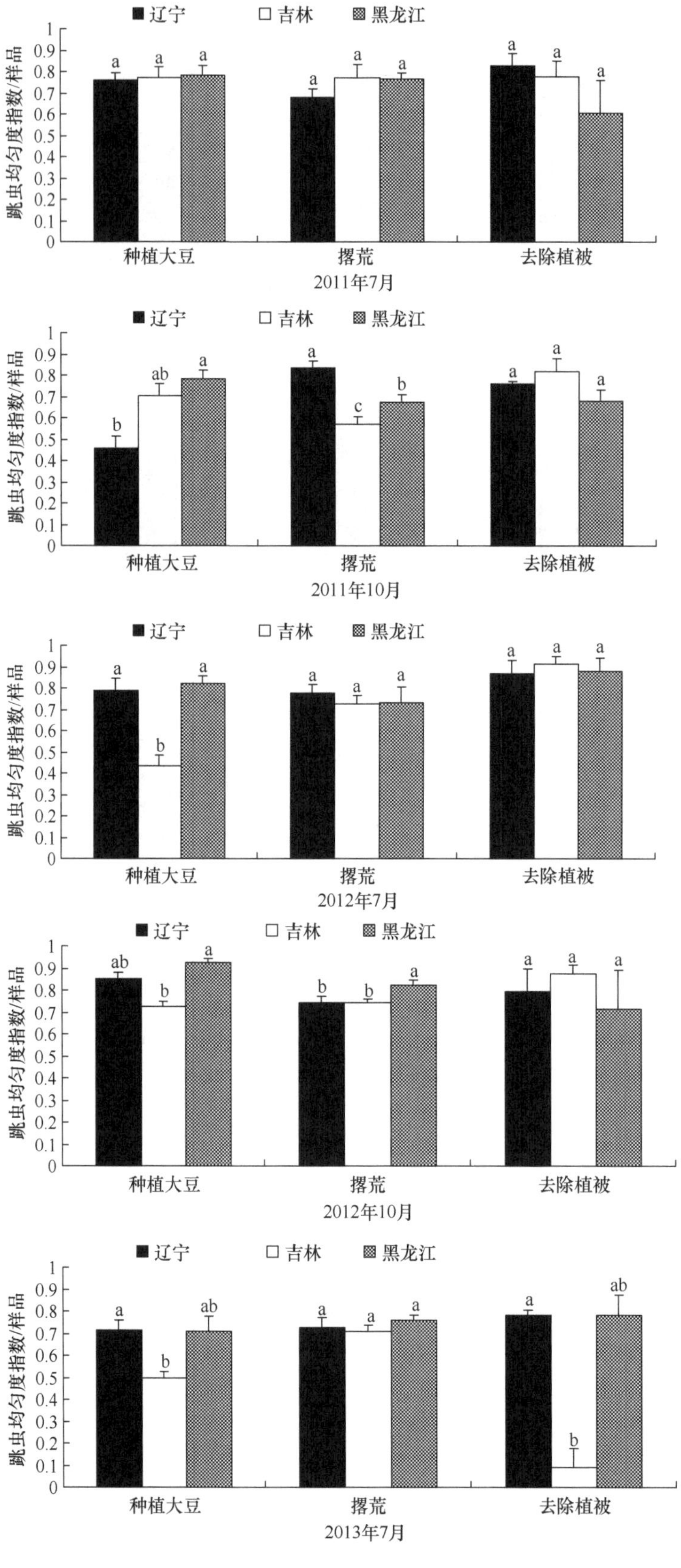

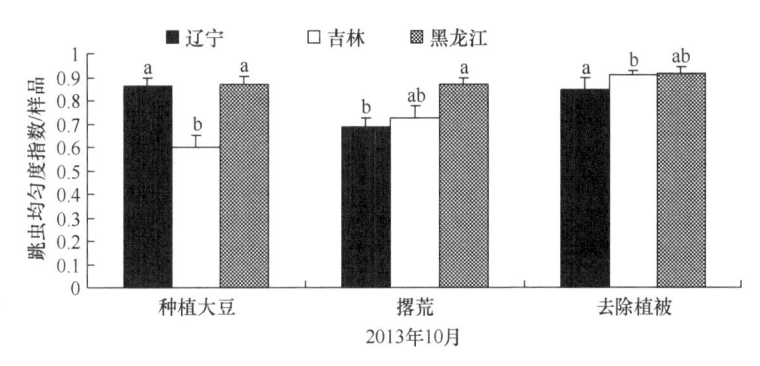

图 7-8　2011~2013 年气候变化（不同地点，包括辽宁、吉林和黑龙江）对种植大豆、撂荒及去除植被处理中跳虫均匀度指数的影响

Fig. 7-8　Pielou index of Collembola in soybean cultivation, land abandonment and vegetation removal treatments in Liaoning, Jilin and Heilongjiang in 2011–2013

（二）数据分析

1. 群落多样性分析

运用 Shannon-Wiener 指数说明土壤弹尾虫群落的多样性（柯欣等，2001；王宗英等，2001；Alvarez et al., 2001；Addison et al., 2003）。

2. 群落相似性分析

采用 Bray-Curtis 距离指数计算两个生境间土壤弹尾虫群落的相似性。

（三）土壤弹尾虫群落构成

西部平原共捕获土壤弹尾虫 9 属 2473 只，优势类群为 *Onychiurus*、*Folsomia*、*Xenylla* 和 *Coloburella*，共占西部总捕获个体数 90.78%；常见类群包括 *Acanthocyrtus* 和 *Papirinus*，共占西部总捕获个体数 8.78%；稀有类群为 *Folsomina*、*Podura* 和 *Proisotoma*，共占西部总捕获个体数 0.44%（表 7-4）。

（四）土壤弹尾虫群落结构

各生境土壤剖面弹尾虫随土壤深度增加密度发生显著变化（表 7-5），但不同季节和不同生境递减幅度不同。防护林生境弹尾虫个体密度表聚性也相当明显，0~5cm 土层弹尾虫个体密度占整个土壤剖面的 93%；天然割草场、农田的弹尾虫个体密度各土壤层次间的差异小于防护林，但仍然表现出一定的表聚性。弹尾虫群数量在各生境土壤层次间垂直分布比较均匀，表聚性不明显。

弹尾虫个体密度不同生境月份间差异明显，防护林中各个土壤层次弹尾虫个体密度 9 月均有下降，而在割草场中 9 月普遍高于 7 月。整体分布趋势，9 月弹尾虫个体向土壤剖面下层移动，9 月平均气温和土壤剖面平均温度普遍下降，其中土壤剖面温差 7 月为 1.7℃，而 9 月为 0.97℃，环境温度变化可能是弹尾虫个体下移的主要原因（王宗英等，2001）。

表7-4 吉林省西部平原土壤弹尾虫群落构成

Tab. 7-4 Compositions of soil Collembola community in the west plain in Jilin Province

土壤弹尾虫名称	个体数	优势度
Onychiurus	844	+++
Folsomia	753	+++
Acanthocyrtus	92	++
Xenylla	274	+++
Coloburella	374	+++
Papirinus	125	++
Folsomina	3	+
Neanura	0	
Podura	6	+
Neelus	0	
Proisotoma	2	+
Pseudanurophorus	0	
合计	2473	

注：+++ 表示个体数占总数10%以上；++ 表示1%~10%；+ 表示小于1%

Note: +++ indicate individuals occupied more than 10% of the total numbers; ++ indicate individuals occupied 1%–10% of the total numbers; + indicate individuals occupied less than 1% of the total numbers

表7-5 吉林省西部平原土壤弹尾虫群落垂直结构

Tab. 7-5 Collembola community structure in the soil profile in the west plain in Jilin Province

	7月			9月			总数		
	0~5cm	5~10cm	10~15cm	0~5cm	5~10cm	10~15cm	0~5cm	5~10cm	10~15cm
G									
割草场	3	5	3	4	3	2	5	6	3
防护林	6	2	6	6	5	6	6	5	7
农田	7	3	5	6	6	6	9	6	6
I									
割草场	525	950	125	8000	3725	750	4263	2338	438
防护林	2225	1600	1706	931	388	556	1578	994	1131
农田	144	750	188	281	150	325	213	450	257

注：G，类群数；I，个体密度（只/m²）

Note: G, genus numbers; I, individual density (ind./m²)

弹尾虫类群数土壤剖面垂直分布月份间变化不大，环境温度变化对类群数量分布影响不明显（表7-6）。

西部弹尾虫个体密度水平空间分布，天然割草场＞防护林＞农田（图7-9），天然割草场土壤弹尾虫个体密度显著高于其他生境（$F_{0.01}$=5.95），尽管天然割草场存在季节性的人为割草现象，土壤弹尾虫群落个体密度增长受到了一定限制，但总体上土壤弹尾虫密度仍然较高。类群数水平空间分布，农田＞防护林＞天然割草场，方差分析无显著差异。

各生境土壤弹尾虫类群数与个体密度月份间变化，弹尾虫群落个体密度天然割草场9月升高，其他生境弹尾虫个体密度9月普遍下降（表7-6，图7-9）。类群数方面，各生境弹尾虫类群数9月普遍下降（图7-10）。

表7-6 不同土地利用方式下土壤弹尾虫群落特征
Tab. 7-6 Soil Collembola community properties in different land use types

	类群数		密度		丰富度		多样性		均匀度	
	t	P	t	P	t	P	t	P	t	P
割草场	0.315	ns	10.067	**	5.343	*	6.412	**	7.498	**
防护林	0.333	ns	0.131	ns	0.665	ns	0.274	ns	1.12	ns
农田	1.567	ns	0.795	ns	2.912	ns	2.013	ns	2.091	ns

注：** $P < 0.01$，* $P < 0.05$，ns $P > 0.05$
Note：** $P < 0.01$，* $P < 0.05$，ns $P > 0.05$

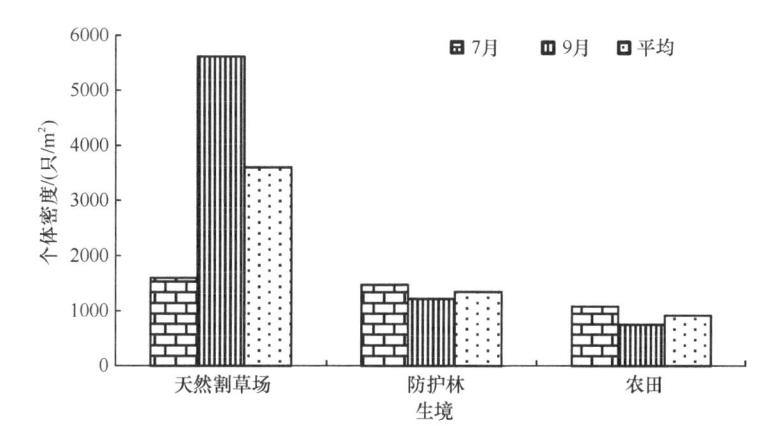

图 7-9 吉林省西部平原土壤弹尾虫个体密度
Fig.7-9 Individual density of soil Collembola in the west plain in Jilin Province

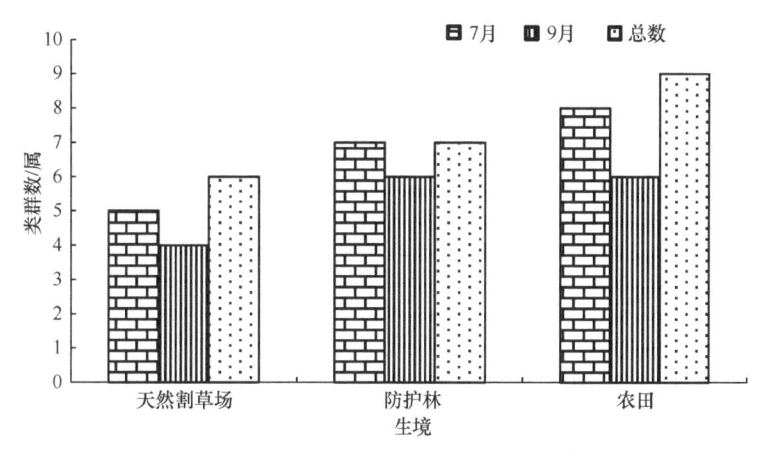

图 7-10 吉林省西部平原土壤弹尾虫类群数
Fig. 7-10 Group numbers of soil Collembola in the west plain in Jilin Province

（五）土壤弹尾虫群落多样性

如表 7-7 所示，生境差异改变和月份变化影响了土壤弹尾虫群落多样性、丰富度和均匀度。

表7-7 吉林省西部平原土壤弹尾虫群落多样性
Tab. 7-9 Diversity of soil Collembola in the mid-west plain in Jilin Province

		割草场		防护林		农田	
		平均值	标准误	平均值	标准误	平均值	标准误
H' 指数	7月	0.44	0.08	0.42	0.15	0.34	0.12
	9月	0.17	0.06	0.40	0.15	0.45	0.16
SR 指数	7月	2.25	0.13	2.33	0.87	1.61	0.60
	9月	1.17	0.11	1.84	0.64	2.18	0.76
J 指数	7月	0.63	0.07	0.68	0.17	0.52	0.18
	9月	0.13	0.00	0.54	0.20	0.62	0.21

各生境香农威纳指数（H'指数）空间分布，7月天然割草场＞防护林＞农田，9月农田＞防护林＞天然割草场；月份间变化，各生境 H' 指数9月农田升高。

各生境物种丰富度指数（SR指数）空间分布，7月防护林＞天然割草场＞农田，9月农田＞防护林＞天然割草场；月份间变化，各生境 SR 指数天然割草场、防护林下降，农田指数值有一定升高。

各生境均匀度指数（J指数）空间分布，7月防护林＞天然割草场＞农田，9月农田＞防护林＞天然割草场；月份间变化，各生境 J 指数9月天然割草场、防护林有不同程度的下降，农田升高。

四、气候变化对松嫩草地不同利用方式下土壤跳虫多样性的影响

2010~2013 年，针对松嫩草地土壤跳虫与全球变化及土地利用方式变化的关系开展了实验研究。研究样地包括两块牧草场，共采集土壤跳虫样品 516 份，其中包含的跳虫共 7 科 11 属 14 种（表7-8）。

表7-8 松嫩平原草地主要分布的跳虫种类
Tab. 7-8 The mean Collembola species of Songnen grassland

科	属	种	种编号
Entomobryidae	*Entomobrya*	*Entomobrya* sp. 1	Ent_sp. 1
		Entomobrya sp. 2	Ent_sp. 2
	Lepidocyrtus	*Lepidocyrtus* sp. 1	Lep_sp. 1
	Orchesellides	*Orchesellides* sp. 1	Orc_sp. 1
Isotomidae	*Isotomiella*	*Isotomiella* sp. 1	Iso_sp. 1
	Proisotoma	*Proisotoma* sp. 1	Pro_sp. 1
Neanuridae	*Friesea*	*Friesea* sp.1	Fri_sp. 1
Bourletiellidae	*Heterosminthurus*	*Heterosminthurus* sp.1	Het_sp. 1
	Bourletiella	*Bourletiella* sp.1	Bou_sp. 1
Dicyrtomidae	*Ptenothrix*	*Ptenothrix* sp. 1	Pte_sp. 1
		Ptenothrix sp. 2	Pte_sp. 2
Arrhopalitidae	*Arrhopalites*	*Arrhopalites* sp. 1	Arr_sp. 1
		Arrhopalites sp. 2	Arr_sp. 2
Tullbergiidae	*Mesaphorura*	*Mesaphorura* sp. 1	Mes_sp. 1

(一) 松嫩平原草地主动增温和施氮对土壤表土栖跳虫群落的影响

在松嫩草地开展关于增温和施氮对表土栖跳虫群落影响的研究表明，土壤增温能显著影响以跳虫为代表的中小型土壤动物。该研究于 2010 年在东北师范大学松嫩草地生态研究站（44°45′N，123°45′E）开展。该实验处理包含两个水平的增温和施氮，以及两因素的交叉，共 4 个处理（对照、增温、施氮和增温施氮），每个处理 6 次重复，各处理间随机分布。每个样方大小为 2m × 3m。增温处理使用红外线加热管（Kalglo Electronics Inc.Bethlehem，PA，MSR-2420，USA），加热管距离地面 2.25m。在每个对照或施氮处理的样方放置与增温处理同样尺寸的假加热管，来模拟加热管对样方的遮挡作用。增温处理对样方的加热输出功率为 1700W，以硝酸铵溶液的形式向样方内施氮，施氮量为 10g/（m²·a），同时向非施氮处理样方内添加等同量的水（大致相当于 2mm 降水）。使用温度水分自动监测仪（ECH2O dielectric aquameter，Em50，USA）测量样方内土壤 5cm 的温度和含水量，每小时一次全天记录。每次取样连续 3d 监测样方内土壤温度和含水量变化。本实验共采样 7 次，分别于 2010 年 5 月 30 日、6 月 20 日、8 月 10 日、8 月 30 日、9 月 20 日、10 月 10 日、10 月 30 日，每次采样连续 3d。使用直径 5.5cm、高度 8cm 的陷阱对样方内土壤节肢动物取样，陷阱间距为 50cm，陷阱位于每个处理样方的中间部分，每个样方设置 3 个陷阱重复。将直径 5cm、高度 7cm 的塑料杯放置在陷阱中，塑料杯装有 2/3 的诱捕液（醋：糖：乙醇：水=2:1:1:20）。分别于早 6 时和下午 6 时将陷阱收回，并分离鉴定其内的土壤动物。

增温显著增加了日间（$F_{1,4} = 13.5$，$P = 0.021$）和夜间（$F_{1,4} = 14.3$，$P = 0.019$）的土壤温度，在增温处理中，日间（$F_{1,4} = 17.3$，$P = 0.014$）和夜间（$F_{1,4} = 44.4$，$P = 0.003$）的土壤含水量均显著下降（图 7-11）。

1. 表土栖中小型节肢动物的群落结构

在 4 个处理 7 次重复取样中，共捕获跳虫 9583 头。其中，夜间取样在对照、施氮、增温和增温施氮处理中分别捕获跳虫 1422 头、1029 头、1368 头和 1249 头；日间取样在对照、施氮、增温和增温施氮处理中分别捕获跳虫 1421 头、1027 头、1209 头和 858 头。羊草不同的生长阶段对土壤跳虫有显著的影响，其对跳虫群落结构变化的解释量超过 70%；而增温和施氮对跳虫群落结构的影响较小，总解释量小于 2%（图 7-12，图 7-13）。

2. 土壤中小型节肢动物的个体多度和物种丰富度的影响

在增温和增温施氮处理中，跳虫总体个体数量显著降低（$F_{3,20} = 5.26$，$P = 0.008$）。跳虫物种丰富度在所有处理中均没有显著差异。在日间的取样中，跳虫个体多度（$F_{3,20} = 4.71$，$P = 0.01$）和物种丰富度（$F_{3,20} = 3.91$；$P = 0.02$）在增温和增温施氮处理下明显降低。在夜间取样中，增温处理对跳虫总体个体数量有近乎显著的影响（$F_{3,20} = 2.83$，$P = 0.06$），但对物种丰富度影响不显著。增温和增温施氮在羊草的花期和成熟期第三次取样中显著减少了跳虫个体数量，且增温和增温施氮在成熟期第三次取样中显著减少了

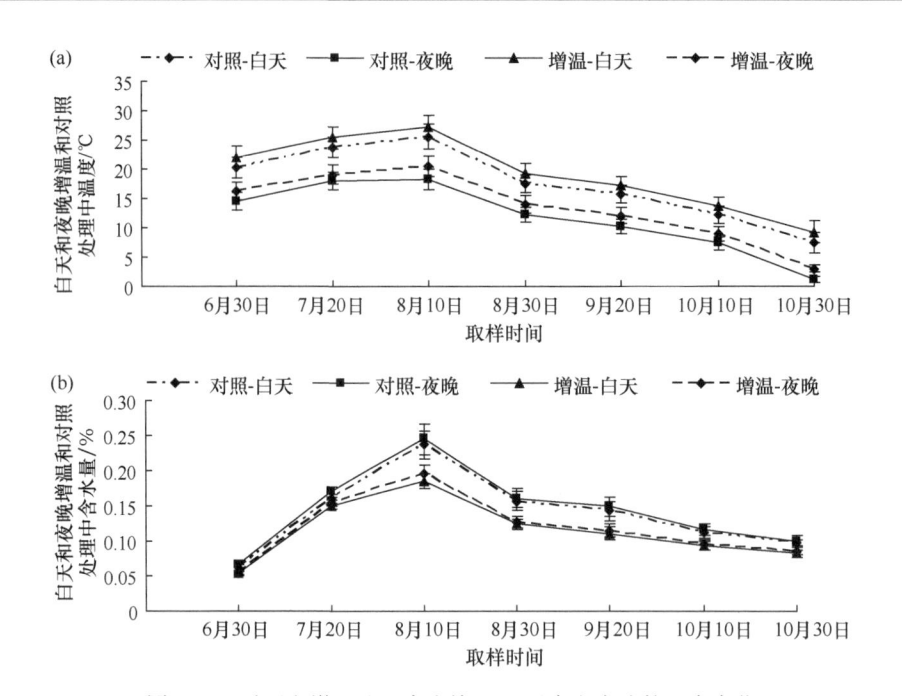

图 7-11 对照和增温处理中土壤 5cm 温度和水分的昼夜变化

Fig.7-11 Diel variation of soil (5cm underground) temperature and water content in control and warming treatments

跳虫的物种丰富度（图 7-14，图 7-15）。在花期和成熟期第一次日间取样中，增温处理显著降低了跳虫的个体多度。

（二）松嫩平原草地气候变暖和不同刈割强度对土壤跳虫群落的影响

同期在松嫩平原草地开展了针对全球变暖和草地利用方式的野外模拟实验。本实验设计为双因素实验，共采用 6 个处理：①对照；②轻度刈割；③重度刈割；④ OTC（open top chamber）增温；⑤增温下的轻度刈割；⑥增温下的重度刈割。选取 5 块均匀的虎尾草样地，样地周围搭建围栏防止牲畜啃食，每个围栏内修建 6 个 5m×5m 的样方，6 个处理随机排布，同一样地内 OTC 内外的处理保持一致。

增温设备 OTC 的制作采用 ITEX 的标准方法，上棱台面积为 $1.92m^2$（图 7-16）。增温设备 OTC 于 2011 年 5 月中旬安置于样地。实验开始时，将刈割样地的枯落物全部移除，以模拟上一年度的刈割处理。每个刈割处理样地随机选取 0.5m×0.5m 的样方，称量移除的枯落物干重，计算单位面积移除的干物质总量。轻度刈割，每年刈割一次；重度刈割，每两个月刈割一次，留茬高度为 3cm。分别于 2011 年 6 月、8 月和 10 月，2012 年 8 月和 10 月进行 5 次刈割。其中，2011 年 6 月实验初始时，对所有处理进行地上植物生物量采样，2012 年 8 月对所有处理进行地上植物生物量采样，并包括地下 10cm 内的植物根系采样，其他时间采样仅包括刈割处理的地上植物生物量采样。每个处理中埋设 DECAGON 公司出产的温度水分自动记录仪监测 0~5cm 土壤温度水分变化。

本实验共采样 6 次，分别于 2011 年 8 月、10 月，2012 年 6 月、8 月、10 月和

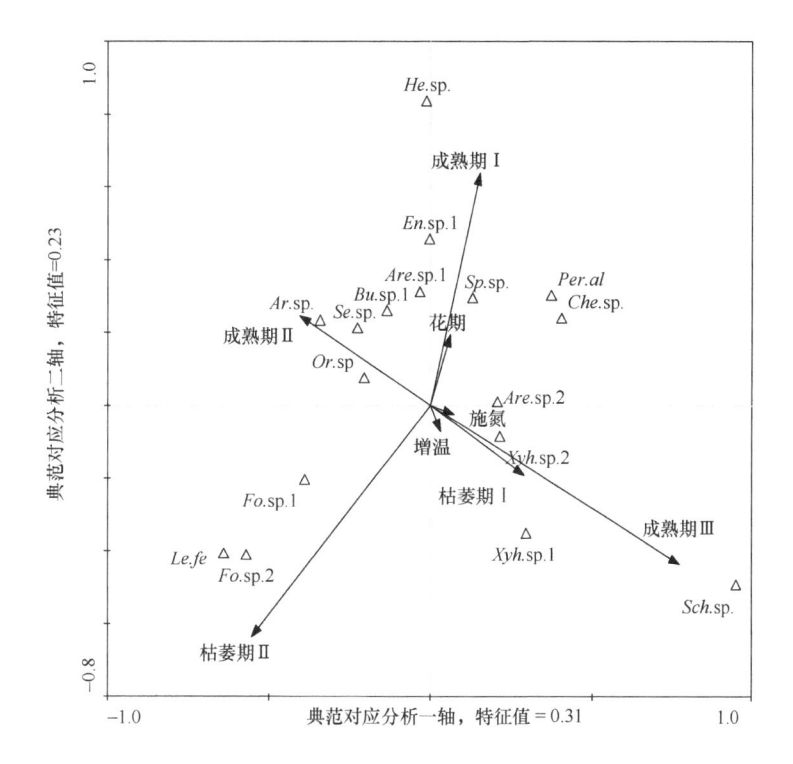

图 7-12　不同增温和施氮处理下夜间取样表土栖跳虫的典型对应分析

花期，5月12日到6月2日；成熟期，6月3日到9月15日；枯萎期，9月16日到11月16日

Fig. 7-12　Ordination biplot of the canonical correspondence analysis（CCA）with mean abundances of upper soil-dwelling microarthropodsspecies under different warming and nitrogen-deposition treatments in *Leymus chinensis* growth periods at night

flowering, from 12th May to 2nd June; ripening, from 3rd June to 15th September; withering, from 16th September to 16th November

2013年9月进行。分离的土壤动物样品保存在95%的乙醇中，送回实验室进行分类鉴定，并拍照计数。同时取土壤样品进行理化性质分析。使用直径6.7cm的标准土钻取样，取地表到10cm深的土壤样品，每个处理中采用四点取样法取样，并将样品混合。取样后中小型土壤动物立即使用改良干漏斗法分离，25W灯泡，分离48h。

1. 增温刈割对样地土壤温湿度的影响

OTC增温处理造成了样地土壤5cm温度的升高，在2011年和2012年实验采样阶段，增温及增温刈割处理与增温对照和对照刈割处理相比较，土壤5cm温度平均升高0.344℃。在刈割处理中，由于地表植被受到干扰，土壤更容易受太阳辐射而增温，使得刈割处理表现出增加土壤5cm温度的趋势（图7-17）。

由于OCT增温设备会对水汽蒸腾产生阻挡作用，因此OTC增温处理对样地5cm土壤湿度有增加趋势，平均增加1.336%，同理刈割处理降低样地5cm土壤湿度，轻度和重度刈割分别降低1.446%和2.957%。

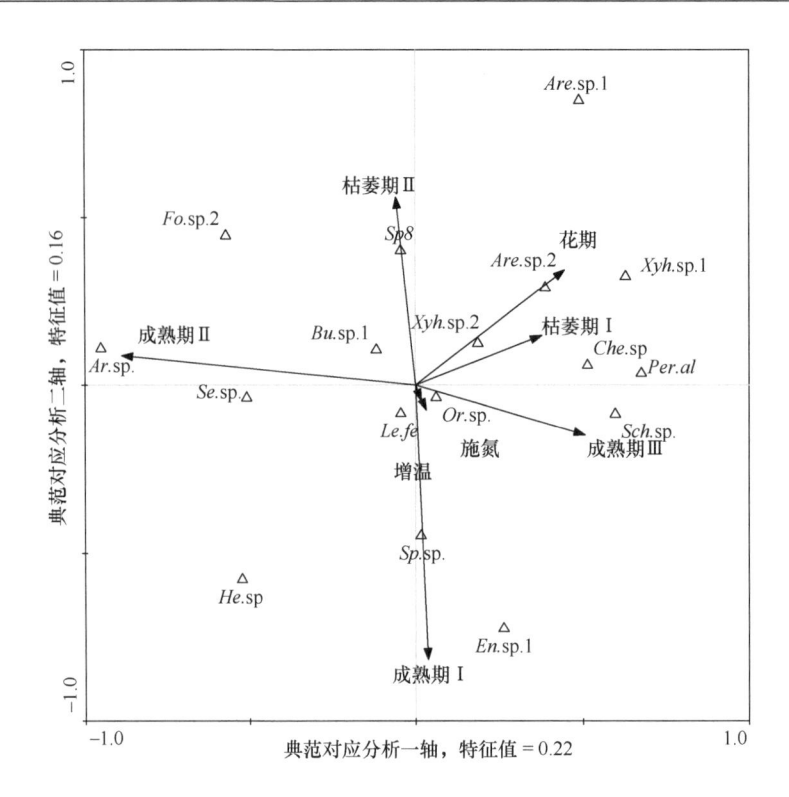

图 7-13　不同增温和施氮处理下日间取样表土栖跳虫的典型对应分析

花期，5月12日到6月2日；成熟期，6月3日到9月15日；枯萎期，9月16日到11月16日

Fig. 7-13　Ordination biplot of the canonical correspondence analysis（CCA）with mean abundances of upper soil-dwelling microarthropodsspecies under different warming and nitrogen-deposition treatments in *Leymus chinensis* growth periods in daytime

flowering，from 12th May to 2nd June；ripening，from 3rd June to 15th September；withering，from 16th September to 16th November

2. 增温刈割对样地植被生物量的影响

刈割处理显著降低了样地植物地上生物量（重复测量方差分析，$F=50.343$，$P<0.01$），增温处理近乎显著地降低了植物地上生物量（重复测量方差分析，$F=3.892$，$P=0.066$），刈割和增温之间不存在显著的交互作用（图 7-18）。

（三）增温刈割对松嫩草地跳虫群落的影响

在本实验研究中，共捕获跳虫个体9070头，分属于12个属14个种。其中 *Orchesellides* sp.1 和 *Isotomiella* sp.1 为群落的优势种，两个种的个体数量分别占总体数量的22.4%和11.7%。鳞长跳物种— *Orchesellides* sp.1 和圆跳 *Heterosminthurus* sp.1 在各实验处理下的变化趋势与整体相一致。不同增温和刈割处理中，优势种 *Isotomiella* sp.1 无显著变化，但表现出刈割处理降低该种的个体数量，而增温处理缓解了刈割的作用（表 7-9）。

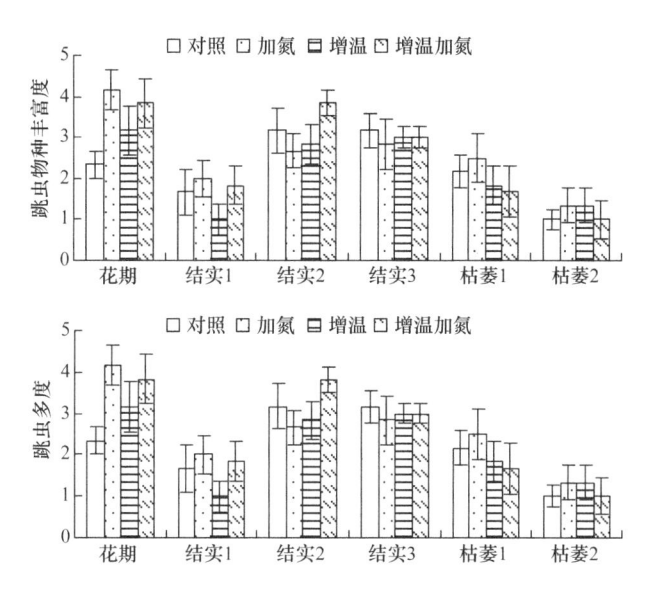

图 7-14 各实验处理对夜间表土栖跳虫和个体多度和物种丰富度的影响

花期，5月12日到6月2日；成熟期，6月3日到9月15日；枯萎期，9月16日到11月16日

Fig. 7-14 Dynamics of ground-dwelling Collembola abundance and species richness at night in each treatment in different *Leymus chinensis* growth periods

Flowering, from 12th May to 2nd June; ripening, from 3rd June to 15th September; withering, from 16th September to 16th November

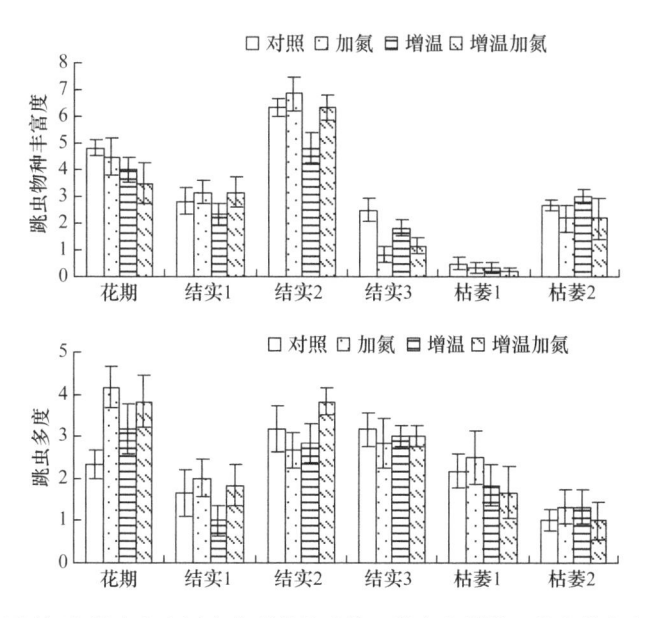

图 7-15 各处理日间取样中表土栖中小型节肢动物（跳虫和螨类）的个体多度和物种丰富度

花期，5月12日到6月2日；成熟期，6月3日到9月15日；枯萎期，9月16日到11月16日

Fig. 7-15 Dynamics of ground-dwelling microarthropod (Collembola and mites) abundance and species richness at daytime in each treatment in different *Leymus chinensis* growth periods

Flowering, from 12th May to 2nd June; ripening, from 3rd June to 15th September; withering, from 16th September to 16th November

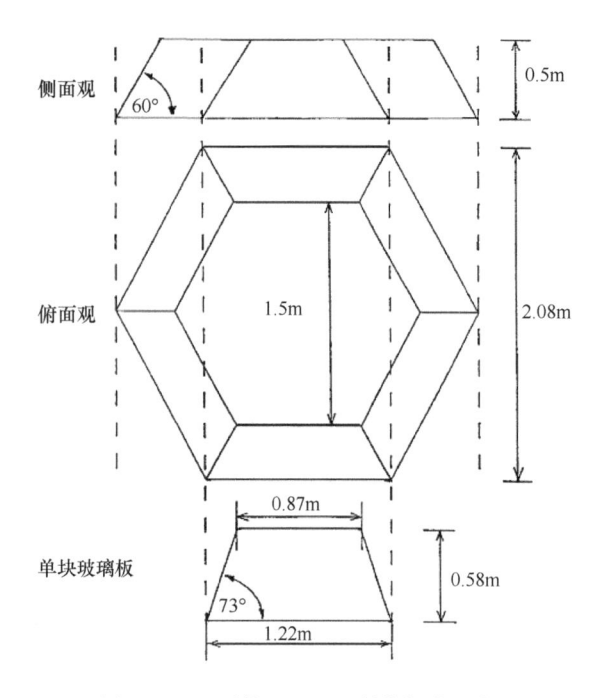

图 7-16　开顶箱（OTC）制作标准示意图

Fig.7-16　The design standard diagram of open top chamber（OTC）

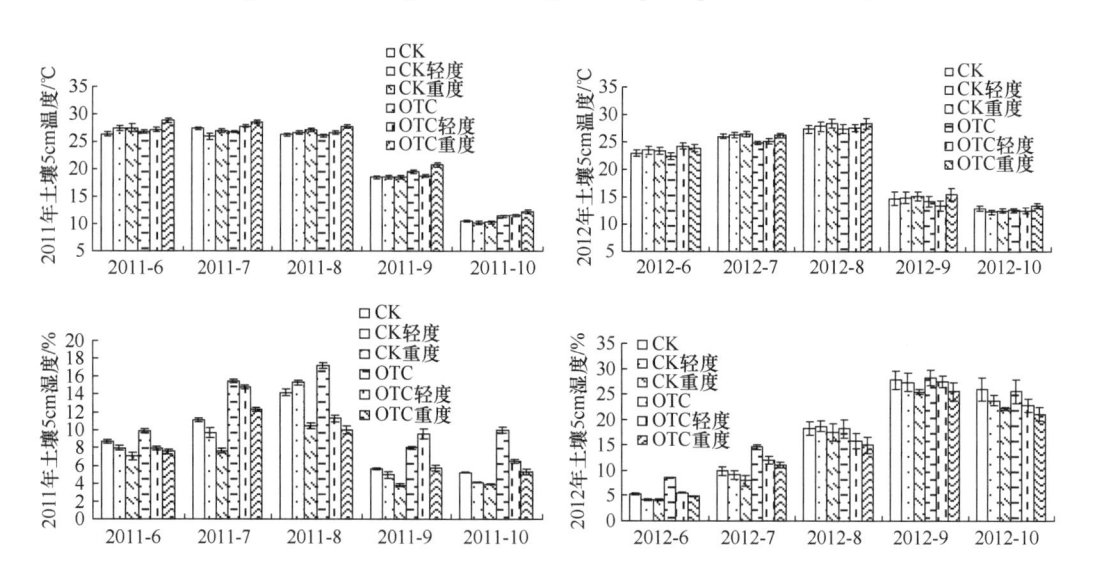

图 7-17　各实验处理样地内土壤 5cm 温湿度变化（2011 年，2012 年）

Fig.7-17　The soil temperature and humidity variation in each treatment（2011，2012）

图 7-19 中给出了增温刈割对跳虫群落个体数量的影响，无论在对照还是增温处理中，重度刈割均显著增加了跳虫的密度（$F=21.505$，$P<0.01$）。

对所有跳虫个体数量进行重复测量方差分析，结果如表 7-10 所示。结果表明，刈割处理显著增加了跳虫群落的个体数量，而增温处理的效果不显著。对方差分析进行

表7-9 各实验处理中6次取样各跳虫的平均数量

Tab. 7-9 The mean number of the Collembola individual in each treatment

Collembola	CK	CK 轻度	CK 重度	OTC	OTC 轻度	OTC 重度
Orchesellides sp.1**	9.54±2.66	11.17±3.3	20.33±7.3	8.54±2.69	8.5±2.72	26.75±10.67
Entomobrya sp.1	0.04±0.04	—	0.04±0.04	0.08±0.08	0.13±0.13	0.08±0.08
Mesaphorura sp.1	2.75±1.07	2.54±0.81	5.08±2.41	4.17±1.56	3.67±1.15	6.13±2.25
Heterosminthurus sp.1**	1.58±0.9	0.46±0.19	2.88±1.78	0.75±0.53	1.04±0.5	3.13±1.56
Bourletiella sp.1	2.08±0.78	1.25±0.64	2.46±1.54	3.08±2.2	2.17±1.1	1.29±0.64
Ptenothrix sp.1	0.42±0.18	0.42±0.21	0.5±0.28	0.13±0.07	0.42±0.29	0.42±0.22
Ptenothrix sp.2	0.04±0.04	0.08±0.06	0.04±0.04	0.08±0.08	0.04±0.04	0.25±0.18
Friesea sp.1	1.08±0.27	1.33±0.51	1.46±0.44	0.63±0.2	0.88±0.22	0.88±0.22
Arrhopalites sp.1	0.04±0.04	—	—	0.04±0.04	—	0.04±0.04
Arrhopalites sp.2	0.04±0.04	—	—	0.13±0.09	—	0.04±0.04
Isotomiella sp.1	9.17±3.57	5.17±1.95	6.42±2.31	8.29±3.16	4.96±2.07	10.08±2.04
Proisotoma sp.1	0.08±0.08	0.67±0.67	0.04±0.04	0.04±0.04	0.13±0.09	0.33±0.17
Lepidocyrtus felipei	0.33±0.22	0.17±0.13	0.04±0.04	0.08±0.08	0.08±0.08	0.38±0.18
Entomobrya sp.2	0.29±0.18	0.21±0.13	0.21±0.12	0.29±0.22	0.08±0.06	0.29±0.22

** 有极显著影响，$P < 0.01$

** indicate a significant effect ($P<0.01$) among the treatments

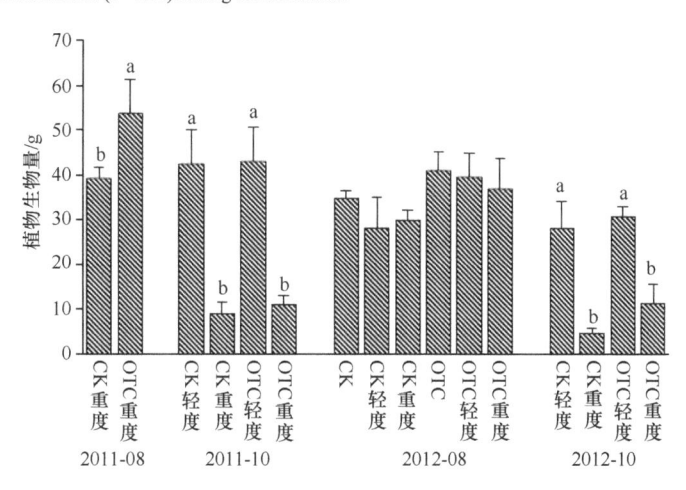

图 7-18 增温刈割处理对样地植物地上生物量的影响

Fig.7-18 The variation of plant biomass of up-ground in elevated temperature and cradle treatment

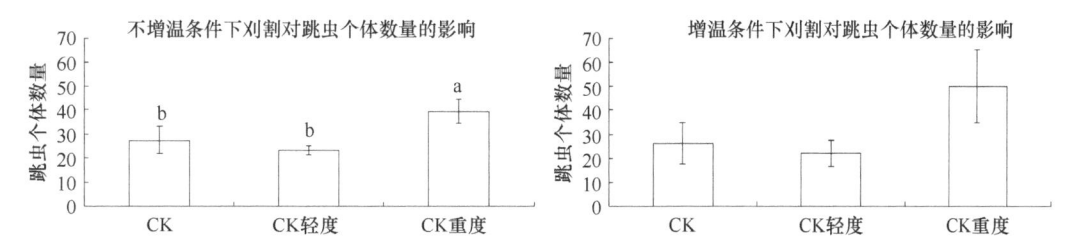

图 7-19 增温刈割对跳虫群落个体数量的影响

Fig.7-19 The variation of Collembola individual in elevated temperature and cradle treatment

表7-10 各实验处理中跳虫个体数量、物种数及多样性指数的重复测量方差分析结果
Tab. 7-10 The result of ANOVA for repeated measurement of Collembola individual, species richness and diversity index in each treatment

	个体数		物种数		Simpson (J)		Shannon (H')		均匀度	
	F	P	F	P	F	P	F	P	F	P
C	4.404	0.028	0.879	0.432	4.182	0.035	0.045	0.956	1.056	0.397
W	0.173	0.682	0.155	0.699	1.77	0.202	0.411	0.531	0.201	0.667
C*W	0.377	0.691	1.169	0.333	0.122	0.886	1.067	0.367	0.311	0.742

注：C 代表刈割处理，W 代表增温处理
Note: C indicated warming, W indicated warming treatment

事后检验，重度刈割处理样地内跳虫的个体数量显著高于对照和轻度处理（$P < 0.05$；$P < 0.05$），轻度处理和对照之间差异不显著。对 OTC 增温处理下 3 个刈割水平和增温对照 3 个刈割水平进行重复测量方差分析，增温对照处理下 3 个刈割水平对跳虫群落个体数量有影响（$F=3.527$，$P < 0.05$），LSD 事后检验结果表明，增温对照处理下重度刈割跳虫群落个体数量显著大于轻度刈割的个体数量（$P < 0.05$）。OTC 增温处理下 3 个刈割水平对跳虫群落个体数量没有显著影响。

增温和刈割处理对样地内跳虫群落的物种数、香农指数和均匀度都不存在显著影响。刈割处理显著降低了跳虫群落的 Simpson（J）多样性指数，且重度刈割处理的影响显著低于轻度刈割处理（$P < 0.05$）。

第三节 区域土壤动物对全球环境变化的适应性机制

一、跳虫对不同土地利用方式的适应性

（一）湿地适应性

不同土地利用方式对跳虫各个类群产生了迥异的影响（图 7-20）。例如，本研究发现在原位湿地中，符跳属的两个新种 $Fo.\text{sp}.1$ 和 $Fo.\text{sp}.2$，只生活在原位湿地中，开垦为农田后，直接消失，说明符跳类是湿地中的高度适应类群，但是对土地利用方式变化的适应性差，非常脆弱。这可能是由于湿地本身营养物质含量和含水量均高于农田中的（表 7-11，LSD 检验：$df = 2, 34$；$P < 0.05$），可能这是符跳属适应湿地生存的关键因素；也可能是由于翻耕、农药等不利因素降低了符跳类群的适合度。

（二）农田适应性

在湿地转化为农田时，还有一些类群，虽然数量有所减少，但是跳虫中部分耐受类群仍能存活，如部分长跳类群（$En.\text{sp}.1$ 和 $En.\text{sp}.2$），说明湿地垦殖为农田后产生的

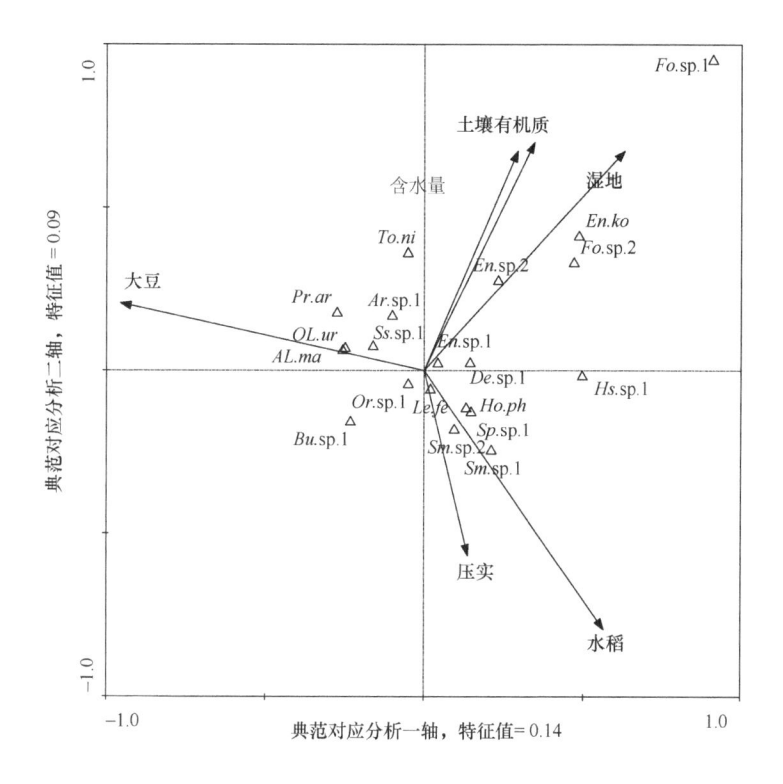

图 7-20　典范对应分析跳虫平均多度与土地利用方式（湿地、大豆田和水稻田）和耕作措施（翻耕、翻耕加肥、翻耕加除草剂、翻耕加肥加除草剂）的关系

Fig. 7-20　Ordination biplot of canonical correspondence analysis（CCA），with the mean abundances of soil Collembola in the different land-use types（marshland and soybean and rice cultivation）and farming managements（cultivation，fertilizer，herbicide and fertilizer + herbicide application）

环境压力（如扰动增加、植物多样性降低）只是降低了这些耐受类群的生存和繁殖能力，并未对种群产生毁灭性的影响，可能主要是由于这些类群属于表土栖类群（表 7-12），活动能力非常强。

土地利用方式的变化也会对部分类群产生有利的影响，如湿地垦殖为农田后，棘跳科物种（Pr.ar、Ol.ur 和 Al.ma）数量增加，主要是由于这些类群为真土栖类群，而湿地中经常产生积水，会对真土栖类群的呼吸产生影响，使其种群密度急剧下降。同时，棘跳等真土栖类群以根周微生物为食，短期内种群密度增加量非常大，对湿地垦殖为旱田后表现出了高度的适应性。

二、气候变化下跳虫对不同农田土地利用方式的适应性

（一）不同土地利用方式下跳虫的适应性

在不同土地利用方式下，总体趋势为跳虫对有植被生长土地的适应性好于对没有植被生长土地的适应性，即跳虫对撂荒和种植大豆的适应性要好于对去除植被处理的适应性；而在有植被的土地中，又表现为跳虫对自然植被系统的适应性好于对人工扰

动系统的适应性，具体表现为对撂荒的适应性好于对种植大豆的适应性。

表7-11 土地利用方式和管理方式对土壤性质的影响
Tab. 7-11 Effect of different land use types and farming managements on soil properties of a Chinese wetland soil

	环境变量	有机质	总氮/(g/kg)	总磷/(g/kg)	总钾/(mg/kg)	含水量/%	紧实度/kPa	pH
土地利用方式	湿地	3.86±0.45a	3.18±0.44a	0.78±0.01a	15.3±0.34a	56.6±8.66a	266±95.3b	4.89±0.15a
	大豆	3.04±0.03b	2.6±0.08b	0.79±0.02a	15.6±0.23a	48.9±1.34ab	544±51.2b	4.62±0.12a
	水稻	2.82±0.05b	2.3±0.06c	0.77±0.01a	15.7±0.35a	43.6±0.57c	1225±107a	4.88±0.13a
P 值		0.038	<0.001	NS	NS	0.012	<0.001	NS
大豆管理方式	耕作	3.28±0.06a	2.89±0.04a	0.79±0.04a	14.9±0.43a	53.1±4.17a	266±59.6b	4.86±0.04a
	耕作+肥	2.90±0.17b	2.45±0.14b	0.85±0.03a	16±0.22a	51.1±3.53a	742±189a	4.38±0.05c
	耕作+除草剂	3.08±0.08ab	2.69±0.10ab	0.75±0.02a	16±0.04a	46.6±2.25a	922±112a	4.63±0.02b
	耕作+肥+除草剂	2.88±0.05b	2.37±0.19b	0.76±0.01a	15.6±0.15a	44.7±3.22a	245±47.0b	4.61±0.02b
P 值		0.042	0.046	NS	NS	NS	0.001	<0.001
水稻管理方式	耕作	2.87±0.04a	2.42±0.17a	0.79±0.05a	16.3±0.76a	40.9±2.48a	1362±212a	4.86±0.04a
	耕作+肥	2.72±0.09a	2.12±0.19a	0.74±0.01a	15.3±0.47a	42.5±2.10a	1220±69a	4.71±0.07b
	耕作+除草剂	2.79±0.12a	2.31±0.09a	0.79±0.09a	15.5±0.16a	44.4±3.26a	1040±67a	4.95±0.04a
	耕作+肥+除草剂	2.88±0.10a	2.34±0.07a	0.77±0.07a	15.5±0.25a	46.6±4.20a	1277±234a	5.00±0.03a
P 值		NS	NS	NS	NS	NS	NS	0.004

注：每个值表示 5 个重复，每个湿地、大豆地及水稻种植处理相同，不同小写字母表示显著差异，$P<0.05$。NS 表示无显著影响

Note：Each value represents the average of 5 replicates; the replicates in each treatment including marshland, soybean and rice cultivation were the same. Different lowercase letters indicate a significant effect ($P< 0.05$). NS indicate no significant effect

（二）气候变化下跳虫的适应性

气候变化模拟通过不同温度带原位土柱移位实验，利用温湿度记录仪对黑龙江、吉林和辽宁三地土壤温湿度进行监测，最后发现不同温度带土壤温湿度条件差异显著（$F_{2,585} = 11.85$, $P < 0.001$）。土壤表层的温度，辽宁高于吉林 1.8℃，而吉林高于黑龙江 2.6℃；土壤 10cm 深度的温度，辽宁分别高于吉林和黑龙江 1.2℃和 1.8℃；而在 20cm 深的土壤中，辽宁分别高于吉林和黑龙江 1.1℃和 1.8℃（图 7-21）。辽宁、吉林和黑龙江降水规律不同，8 月前后三地土壤含水量趋势发生变化，无论是 5cm、10cm 还是 20cm 土层中，湿度均表现为 8 月中旬之前，辽宁＞吉林＞黑龙江；8 月中旬后，黑龙江＞吉林＞辽宁，平均湿度相差不到 2%（图 7-22）。

因此，跳虫对气候变化总体来说表现为温度的适应性（因为三地湿度的变化很小），跳虫的密度和类群丰富度都是在辽宁地区最高，在黑龙江最低。

以上结果充分说明，与湿度相比，温度是影响跳虫群落结构变化的最主要因素，而跳虫在农田中主要以真土栖棘跳类为主，植物根系是跳虫的可能食物。作者也发现了温度最高的辽宁地区地上、地下植被生物量均显著高于吉林和黑龙江地区（图 7-23，$F_{2,10}= 11.85$, $P < 0.001$）。而在有植被的条件下，温度升高导致了根系生物量增加，使

得跳虫更好地适应了这种条件。

表7-12 三江平原跳虫类群丰富度及生态位
Tab. 7-12 The abundance and ecological niche of the Collembola in Sanjiang Plain

跳虫（缩写）	丰富度	生态位
Lepidocyrtus felipei（*Le.fe*）	优势类群[1]	半土栖[2]
Orchesellides sp.1（*Or.*sp.1）	优势类群	表土栖[3]
Homidia phjongiangica（*Ho.ph*）	优势类群	表土栖
Entomobrya sp.1（*En.*sp.1）	常见类群[4]	表土栖
Entomobrya sp.2（*En.*sp.2）	稀有类群[5]	表土栖
Entomobrya koreana（*En.ko*）	常见类群	表土栖
Tomocerus nigrus（*To.ni*）	稀有类群	表土栖
Protaphorura armata（*Pr.ar*）	常见类群	真土栖[6]
Allonychiurus mariangeae（*Al.ma*）	常见类群	真土栖
Oligaphorura ursi（*Ol.ur*）	稀有类群	真土栖
Arrhopalites sp.1（*Ar.*sp.1）	常见类群	真土栖
Sminthurides sp.1（*Sm.*sp.1）	常见类群	表土栖
Sminthurides sp.2（*Sm.*sp.2）	稀有类群	表土栖
Sminthurinus sp.1（*Ss.*sp.1）	常见类群	表土栖
Heterosminthurus sp.1（*Hs.*sp.1）	稀有类群	表土栖
Sphyrotheca sp.1（*Sp.*sp.1）	常见类群	表土栖
Bourletiella sp.1（*Bu.*sp.1）	稀有类群	表土栖
Folsomia sp.1（*Fo.*sp.1）	常见类群	半土栖
Folsomia sp.2（*Fo.*sp.2）	常见类群	半土栖
Desoria sp.1（*De.*sp.1）	稀有类群	半土栖
Hypogastrura sp.1（*Hy.*sp.1）	稀有类群	真土栖

1 该物种数量占据该生态系统中跳虫总数量的 10% 以上；2 该物种可以生活在土层下部或土层上部；3 该物种单一生活在土层上部；4 该物种数量占据该生态系统中跳虫总数量的 1%~10%；5 该物种数量占据该生态系统中跳虫总数量的 1% 以下；6 该物种单一生活在土层下部

1 the number of this species occupied more than 10%; 2 this species live in the upper or lower soil horizons; 3 this species live exclusively in the upper soil horizons; 4 the number of this species occupied 1%–10%; 5 the number of this species occupied less than 1%

三、松嫩平原草地土壤动物地下功能群对全球环境变化的适应性

松嫩平原吉林西部平原属中温带地区，土壤弹尾虫群落个体密度季节变化与我国其他温度带的研究成果相比存在差异，海南尖峰岭弹尾虫个体密度为 7 月＞9 月（廖崇惠等，2002），九华山弹尾虫个体密度为 8 月＜10 月（王宗英等，2001），北京小龙门弹尾虫个体密度为 7 月＜9 月（陈国孝和宋大祥，2002），下辽河平原为 7 月＜10 月（柯欣等，2004），长春净月潭弹尾虫个体密度为 8 月＞10 月（陈鹏和田中真悟，1990）。松嫩平原吉林西部平原捕获的土壤弹尾虫类群数与我国其他温度带的研究成果相比也存在一定的差异，九华山捕获 10 科 52 属（王宗英等，2001），杭州北高峰捕获 24 种（柯欣等，2001），北京小龙门鉴定出 6 科 11 属（陈国孝和宋大祥，2002），长春净月潭捕获 10 科 54 种（陈鹏和田中真悟，1990），小兴安岭捕获 11 科（殷秀琴等，

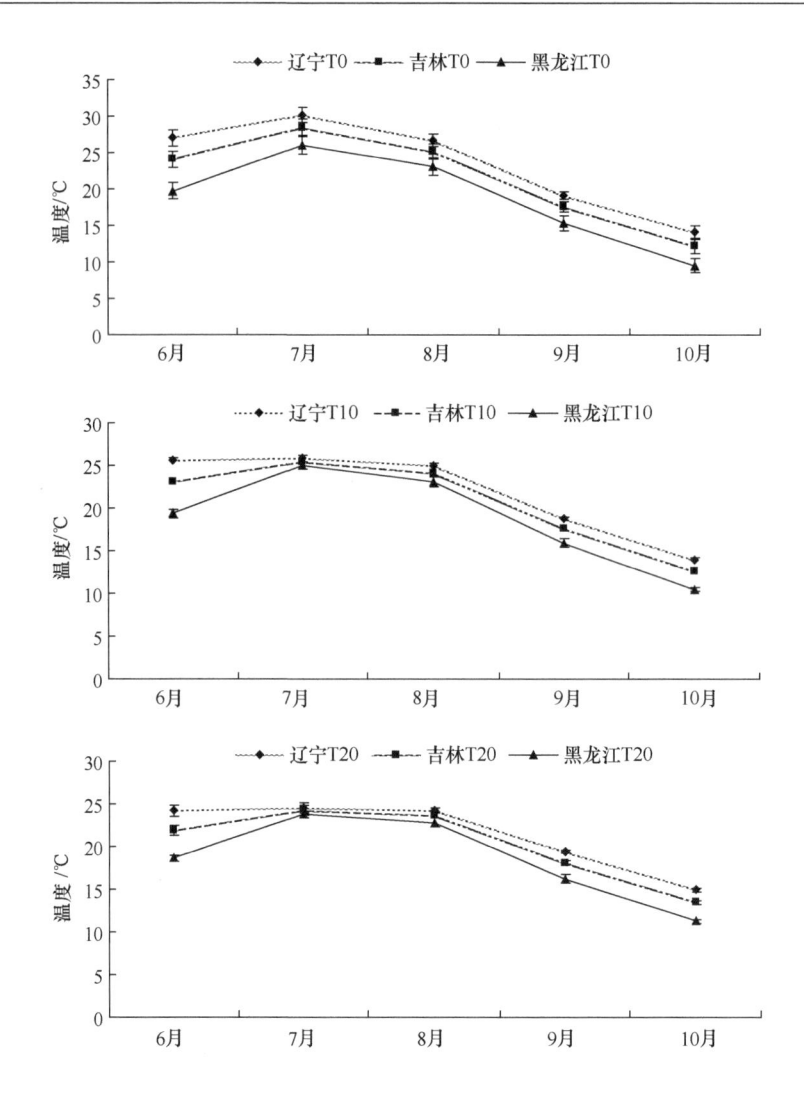

图 7-21 土柱移位实验中黑龙江、吉林和辽宁地区土壤和空气中不同深度土壤温度记录

T0, 空气温度; T10, 土壤 10cm 深度温度; T20, 土壤 20cm 深度温度

Fig. 21 Temperature in air and different soil layers in Liaoning, Jilin and Heilongjiang

T0, air temperature; T10, temperature 10cm belowground; T20, temperature 20cm belowground

2003),吉林中西部平原捕获 8 科 12 属。土壤弹尾虫的类群数与个体密度地区间分布没有表现出明显规律性。

农田弹尾虫在土壤剖面不同土层垂直分布比较均匀,这一结果可能与耕作等农业生产活动有关,土壤孔隙的大小和数量影响弹尾虫在垂直土壤剖面上的数量分布(Larsen et al.,2004),周期性的耕作活动改变了居民点园地和农田土壤的结构,使土壤更加疏松,有利于弹尾虫向下层土壤运动,而防护林由于没有耕作影响,剖面下层土壤相对紧实,大型土壤动物活动所形成的土壤孔隙的数量难以和人为耕作相比。耕作活动增加了农田和居民点园地土壤的孔隙数量,造成弹尾虫个体密度在不同生境土壤剖面表聚性具有差异,但耕作活动对弹尾虫类群数量土壤剖面垂直分布影响不大。

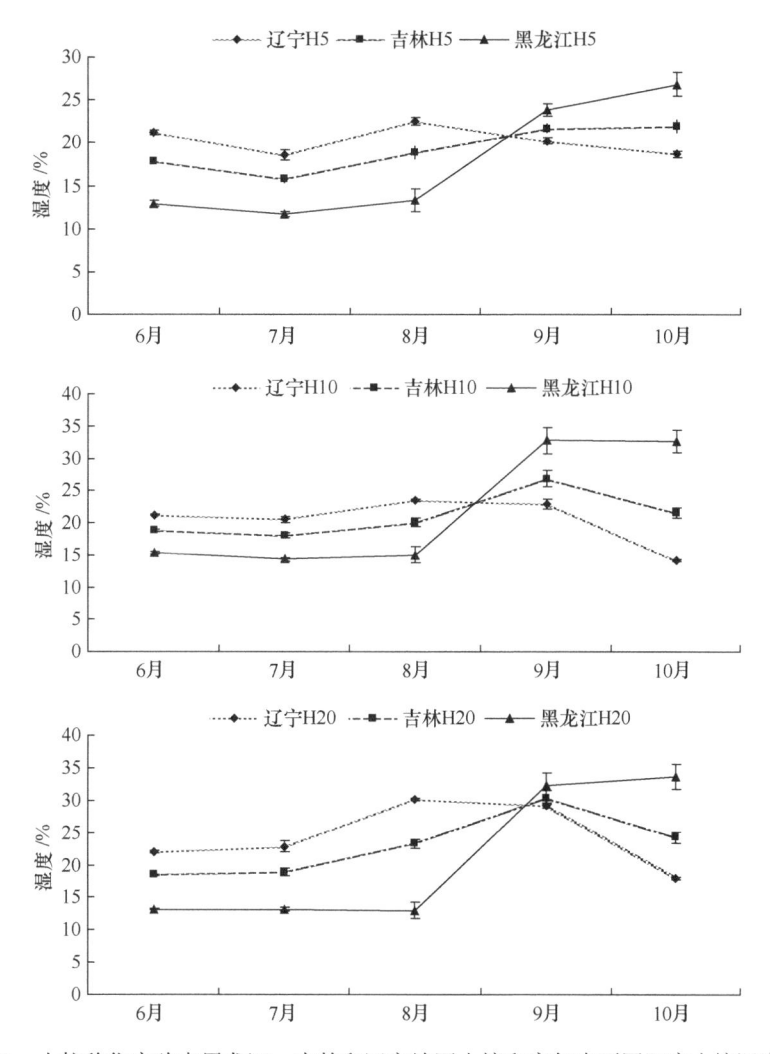

图 7-22 土柱移位实验中黑龙江、吉林和辽宁地区土壤和空气中不同深度土壤湿度记录
H5，地下 5cm 湿度；H10，地下 10cm 湿度；H20，地下 20cm 湿度

Fig. 7-22 Humidity in different soil layers in Liaoning, Jilin and Heilongjiang
H5, humidity 5cm belowground; H10, humidity 10cm belowground; H20, humidity 20cm belowground

与吉林中部平原黑土区弹尾虫群落相比，松嫩平原吉林西部弹尾虫个体密度略小于中部平原，中部、西部弹尾虫群落个体密度的差别主要反映在群落优势类群方面，西部 *Onychiurus* 和 *Folsomia* 个体数量大于中部，中部 *Acanthocyrtus*、*Xenylla*、*Papirinus* 和 *Folsomina* 个体数量大于西部，其中 *Acanthocyrtus* 个体数量中部远大于西部，中部是西部的 10 倍之多（吴东辉等，2006b）。*Onychiurus* 和 *Folsomia* 主要种都是近地表生存的类群（Maraun et al.，2003），*Acanthocyrtus* 在土壤剖面不同层次均有分布，但主要集中于凋落物层，占整个土壤剖面的 86%，是典型的地表生存类群。

生物多样性是群落生物组成结构的重要指标，反映群落内物种的多少和生态系统食物网的复杂程度，从而反映各生境间的相似性及差异性，各生境土壤弹尾虫群落多样性差异反映了土地利用方式对土壤弹尾虫群落结构有明显影响。没有受到耕作等农

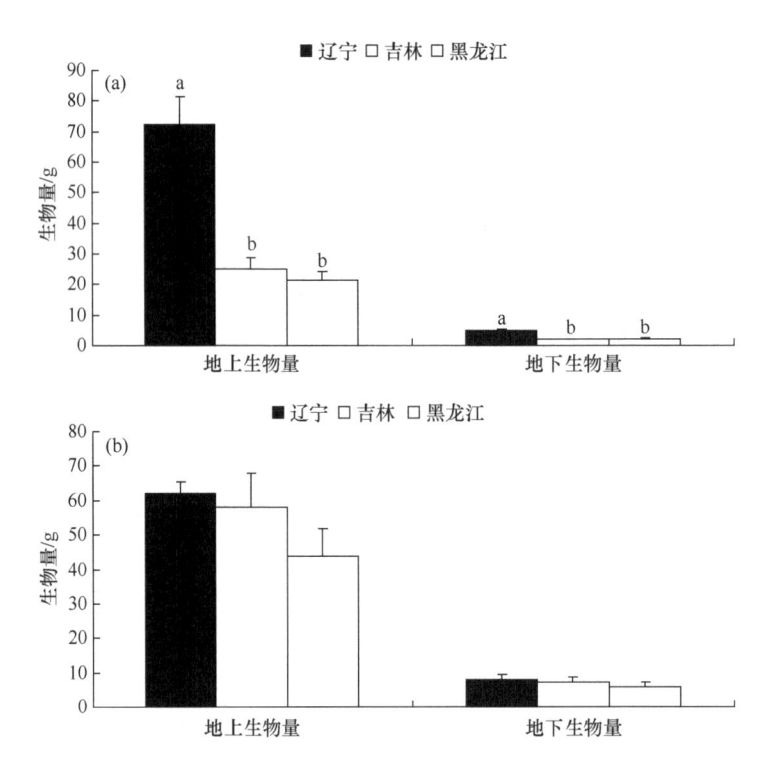

图 7-23　土柱移位实验中黑龙江、吉林和辽宁地区种植大豆（a）和撂荒处理（b）中地上和地下生物量
Fig. 7-23　Biomass of aboveground and belowground in soybean cultivation (a) and land abandonment (b) in Liaoning, Jilin and Heilongjiang

业生产活动影响的防护林保持了一定的多样性，较农田适合弹尾虫活动；7月是农田耕作、施肥和锄草等生产活动增加的时期，土壤弹尾虫群落的多样性较低，经过一段时间的恢复，9月农田玉米增高使环境质量有所改善，土壤弹尾虫群落多样性保持较高的水平，天然割草场由于有周期性的人为割草和养护，尽管它是松嫩平原的地带性植被，但弹尾虫群落多样性也依然不高，尤其是9月的割草活动使弹尾虫的多样性降低，尽管它的个体密度很高。土地利用类型差异影响弹尾虫群落结构，上述结果表明农业生产活动降低了土壤弹尾虫群落多样性，从而降低了土壤弹尾虫群落结构的稳定性。

土地利用类型差异明显影响弹尾虫个体密度分布，农田和防护林减少了土壤弹尾虫个体密度，耕作活动使弹尾虫在土壤剖面不同土层间分布更加均匀，但生境差异对弹尾虫类群数特征的影响不显著；同时农业生产活动也降低了弹尾虫群落的多样性。

松嫩平原西部处于半干旱的农牧交错地区，是全球变化的敏感区域，是生态环境的脆弱地区，过度垦荒、放牧等不合理的土地利用已经对区域的生态环境及生物多样性带来了较为严重的负面影响。由于人口增长及人为干扰强度增大，松嫩平原已由传统的草甸草原向农田、林地、草地和疏林草地交错分布的格局转变，天然草地面积逐渐减少，大面积草地被开垦为耕地，部分草地发生沙化，甚至退化为光碱斑。导致草地退化的因素是多种多样的，自然因素有长期干旱、风蚀、鼠、虫害等；人为因素有过度放牧、重刈、滥垦、樵采、开矿等，草地退化是自然条件与社会经济环境共同作用的结果，自然因素是草地退化形成的基本条件，不合理利用、超载过牧是研究区草地退化的根本原因。草地退化的实质是草原生态系统结构和功能的退化，生物多样性锐减或丧失是其发生发展的关键，而草地退化又同时加剧了生物多样性的降低。土壤动物多样性是生物多样性的重要组成部分，土壤动物在土壤生态系统中起到了不可替代的作用。因此，研究草地退化对土壤动物多样性的影响，以及退化草地恢复过程中土壤动物多样性的恢复技术和机制是退化草地生态恢复研究工作的重点，研究结果对于退化草地生态环境改善具有重要理论意义与实际应用价值。

一个地区生物的类群、个体数量组成和生物多样性与环境资源的丰富度密切相关。松嫩平原草地土壤跳虫和线虫的群落特征为：环境压力较大，与其他生态系统相比较，群落的物种多样性和个体多度较低。

全球气候变暖是当今对生物多样性影响最为主要的因素之一（Hoffman and Parsons，1997）。全球变暖会直接或间接地影响土壤动物群落的物种丰富度、个体生长繁殖和生存策略等，进而影响跳虫在生态系统中的功能（Haimi et al.，2005）。全球变暖主要会造成温度升高、降水分布不均及极端环境增加等诸多严重的环境变化。而温度和湿度等环境因子的变化会影响跳虫生长、繁殖及生存策略，进而影响跳虫在生态系统中的功能。因此，研究跳虫对全球变化的响应有十分必要的意义。如何更好地理解环境变化对生物产生的影响及其过程，以及生物群落和生态系统对环境变化的适应响应过程，是在可预见的将来对生态系统管理必需的理论依据。

地上植被群落为土壤动物群落提供了主要的食物来源，植被与土壤动物之间存在着相互协调、互相适应的共同进化关系（Ehrlich and Raven，1964；Whitham，1983；张苏芳等，2013）。植物群落对地下土壤动物群落提供的食物质量和数量的改变，会影响土壤动物群落的结果，同时也会影响土壤食物网之间的关系（Wall et al.，2012）。土壤动物对植物群落的采食会影响植物群落的结构和组成（Wardle et al.，2004），同时，植物对土壤动物的适应也将影响土壤动物与植物群落之间的相互作用关系（de Deyn et al.，2004）。土壤动物与植物群落通过共同进化达到生态平衡。

人类活动干扰，尤其是因人类活动而造成的全球变暖，是破坏生态平衡的主要因素之一。在本实验中，重度刈割处理降低了植物对其取食者的防范能力，使得跳虫在取食植物时更容易吸收转化，而适度的刈割处理加强了植物对取食者的抵御能力（吴东辉等，2008；韩龙等，2010）。

增温处理对植物群落是正向影响，不仅增加了植物群落的生物量，而且提高了植物对其取食者的抵御能力（王玉辉和周广胜，2003）。在本实验中由于刈割处理降低了植物群落对跳虫群落的取食抵御能力，跳虫群落的食物资源更加优质，因而刈割处理对跳虫群落的个体丰富度有着正向的促进作用。而由于增温处理对植物群落的正向促进作用，弱化了在增温处理下刈割处理对跳虫群落的促进作用，因而没有表现出显著的差异。

增温和刈割处理对样地内跳虫群落的物种数不存在显著影响。刈割处理显著降低了跳虫群落的 Simpson 多样性指数（J），且重度刈割处理的 Simpson 指数显著低于轻度刈割处理（$P < 0.05$）。造成这一结果的原因，主要是实验区环境条件恶劣，跳虫对环境条件的耐受范围较广；地表跳虫的活动能力很强，可以通过个体移动来趋避不良环境条件等。

本实验的数据结果表明，人类生产活动对以跳虫为代表的土壤中型节肢动物有显著的影响。在本实验的刈割强度范围内，刈割强度的增加会降低松嫩草地植物群落对草食节肢动物取食的抵御能力，从会增加草地虫害的危险。而在未来全球变暖的气候背景下，这一危害会由于增温对植物群落的正向促进而弱化，但仍需进一步加强人类生产在外来气候环境变化下对草地植物群落与节肢动物群落之间关系的研究。

第四节　区域土壤动物对全球环境变化的适应技术体系

一、一种基于原位土柱移位的土壤动物响应气候变化技术体系

（一）技术体系摘要

本技术体系提供一种基于全球变化条件下农田土壤生物多样性维护和保护的方法，主要步骤包括：气候变化条件模拟、土壤动物隔离、土地利用方式构建、植物处理、取样分析等。本技术体系通过原位土柱移植到不同温度带模拟气候变化影响；利用 PVC 板隔离内外土壤动物区系；利用撂荒、种植农田和去除植被模拟土地利用方式变化，通过对不同温度带上原位土样土壤跳虫进行取样分析，最后综合评价气候变化不同土地利用方式对土壤生物多样性保护的不同效果。

（二）技术体系要求

1）一种基于原位土柱移位的土壤动物响应气候变化技术体系步骤如下。

气候变化条件模拟：将位于黑龙江三江站的原位农田土壤原位切割、装袋，平行移动到黑龙江三江站、吉林德惠和辽宁辽中。

土壤动物隔离：利用 PVC 板方框（长 × 宽 × 高 =1.1m×1.1m×1.1m）承装黑龙江、吉林和辽宁样地中原位土壤，在 PVC 底部覆盖孔径 0.1mm 网筛隔离下部土壤动物，同时将 PVC 板调高到距离地面 20cm 来隔离内外部土壤动物交流。

土地利用方式构建：利用土地撂荒、种植大豆和去除植被构建自然系统、人造系统和无植被系统。

植物处理：在旱作农田生长期播种、管理大豆；对土地撂荒不做任何管理；对于去除植被处理每个月 10 日、20 日、30 日进行植被全去除。

取样分析：实验处理后的第一、二、三年中的 7 月和 10 月对土壤动跳虫进行采样，利用体视镜结合显微镜对土壤跳虫类群进行分析，计算跳虫种群密度、类群丰富度及群落多样性指数，评估不同土地利用方式对气候变化的缓冲效果。

2）根据技术体系要求 1）所述，所移动的原位土柱长 × 宽 × 高 =1m×1m×1m。

3）根据技术体系要求 1）所述，PVC 框长 × 宽 × 高 =1.1m×1.1m×1.1m。

4）根据技术体系要求 1）所述，黑龙江、吉林和辽宁地区的不同土地利用方式下原位土柱需要设置 5 个重复。

5）根据技术体系要求 1）所述，黑龙江、吉林和辽宁地区的不同土地利用方式下植

物种植、样地管理及土壤动物取样需要在同一天进行，以保证反映气候变化的真实影响。

（三）技术体系产生背景

土壤动物是指长期或生活史中某一个阶段在土壤或地表凋落物层中度过的动物。土壤动物在凋落物分解、土壤肥力提高、地下生态系统物质循环与能量流动方面有重要影响。以往关于气候变化对于土壤生态系统的影响大多采用原位加温管加热或开顶式气室加热法，通常会带来其他间接影响，如样地破坏、不对称增温等，不能完全反映气候变化的影响。

（四）技术体系内容及结果

针对本领域研究方面的不足，本技术体系提出了一种基于原位土柱移位的方法来模拟气候变化，准确反映了不同温度带的气候条件。

1. 结果1

在利用三地原位土壤模拟气候变化影响的整个体系中，三地温度差距最为明显，湿度差异不大，具体为辽宁高于吉林1.8℃，而吉林高于黑龙江2.6℃；土壤10cm深度的温度，辽宁分别高于吉林和黑龙江1.2℃和1.8℃；而在20cm深的土壤中，辽宁分别高于吉林和黑龙江1.1℃和1.8℃。辽宁、吉林和黑龙江降水规律不同，8月前后三地土壤含水量趋势发生变化，无论是5cm、10cm还是20cm土层中，湿度均表现为8月中旬之前，辽宁＞吉林＞黑龙江；8月中旬后，黑龙江＞吉林＞辽宁，平均湿度相差不到2%。

2. 结果2

气候变化中随着气温升高（从黑龙江到辽宁），跳虫数量、类群丰富度和群落多样性指数显著提高，跳虫多样性指数变化几乎与跳虫数量和类群丰富度变化相同。

土地利用方式变化同样显著改变了跳虫数量、类群丰富度和多样性指数，表现为撂荒处理＞种植大豆＞去除植被。

（五）结论

气候变化对土壤生态系统的影响主要表现为温度影响，而不同的土地利用方式同样可以改变气候变化的影响，撂荒处理中土壤动物可以维持较高的数量和多样性水平，因此建议在土壤动物多样性维持中可以预留撂荒自然处理以缓冲未来气候变化对土壤生态系统的影响。

二、一种基于开顶箱土壤增温的土壤动物响应气候变化和草地利用方式的技术体系

（一）技术体系摘要

本技术体系提供一种基于全球变化条件下草地土壤生物多样性维护和保护的方法，

主要步骤包括：气候变化条件模拟、草地利用方式构建、植被取样分析和土壤跳虫取样分析等。本技术体系通过使用开顶箱对野外原位样地土壤进行加热模拟气候变化影响；利用不同强度的刈割模拟草地利用方式变化；通过对不同处理下土壤跳虫群落的取样分析，最后综合评价气候变化下不同草地利用方式对土壤生物多样性的影响。

（二）技术体系要求

1）一种基于开顶箱增温的土壤动物响应气候变化技术体系步骤如下。

气候变化条件模拟：采用 ITEX 的标准方法使用聚乙烯板制作开顶箱，上棱台面积为 $1.92m^2$，并于 2011 年 5 月安置到样地中（图 7-16）。

草地利用方式构建：轻度刈割每年 8 月刈割一次；重度刈割从 6 月开始每两个月刈割一次，留茬高度为 3cm。分别于 2011 年 6 月、8 月和 10 月，2012 年 8 月和 10 月进行 5 次刈割。

植被取样分析：2012 年 8 月对所有处理进行地上植物生物量采样，并包括地下 10cm 内的植物根系采样，其他时间采样仅包括刈割处理的地上植物生物量采样。

土壤跳虫取样分析：对样方内土壤跳虫进行 6 次采样，分别于 2011 年 8 月、10 月，2012 年 6 月、8 月、10 月和 2013 年 9 月进行。取样后使用改良干漏斗法分离，25W 灯泡，分离 48h。分离的土壤动物样品保存在 95% 的乙醇中，送回实验室进行分类鉴定，并拍照计数。

2）根据技术体系要求 1）所述标准制作开顶箱并安置到样地中，每个处理设置 5 次重复。

3）根据技术体系要求 1）所述，对样地地上植被进行 5 次刈割处理。

4）根据技术体系要求 1）所述，对样地地上植被生物量进行 5 次采样。

5）根据技术体系要求 1）所述，对样方内土壤跳虫进行 6 次采样，并分离鉴定。

（三）技术体系产生背景

土壤跳虫是土壤生物中重要的组成部分，是土壤生态系统功能重要的参与者，土壤跳虫在凋落物分解、土壤肥力提高、地下生态系统物质循环与能量流动方面有重要影响。松嫩平原草地是重要的牧业生产基地，但近年来由于人为活动和全球变化等干扰，松嫩平原草地的生物多样性等受到严重破坏。以往关于松嫩平原草地土壤动物的研究多关注于生物多样性本身的调查研究，而在全球变化的背景下，土壤跳虫与草地生产之间的关系研究较为薄弱。

（四）技术体系内容及结果

针对本领域研究方面的不足，本技术体系提出一种基于开顶箱增温模拟全球变暖，并探究了全球变暖背景下草地刈割与土壤跳虫之间的关系。

1. 结果 1

增温处理造成了样地土壤 5cm 温度的升高，在 2011 年和 2012 年实验采样阶段，增温条件下不刈割、轻度刈割和重度刈割与不增温条件下的不刈割、轻度刈割和重度刈割处理相比较，土壤5cm温度平均升高0.344℃。在刈割处理中，由于地表植被受到干扰，土壤更容易受太阳辐射而增温，使得刈割处理表现出增加土壤5cm温度的趋势。由于OTC增温设备会对水汽蒸腾产生阻挡作用，因此OTC增温处理对样地5cm土壤湿度有增加趋势，平均增加1.336%，同理刈割处理降低样地5cm土壤湿度，轻度和重度刈割分别降低1.446%和2.957%。刈割处理显著降低了样地植物地上生物量，而增温处理近乎显著地降低了植物地上生物量，刈割和增温之间不存在显著的交互作用。

2. 结果2

对所有跳虫个体数量进行重复测量方差分析（表7-10）。刈割处理显著增加了跳虫群落的个体数量，而增温处理的效果不显著。对方差分析进行事后检验，重度刈割处理样地内跳虫的个体数量显著高于不刈割和轻度刈割处理，轻度刈割处理和不刈割之间差异不显著。对增温条件下3个刈割处理和不增温条件下3个刈割水平进行重复测量方差分析，不增温条件下3个刈割水平对跳虫群落个体数量有影响，不增温条件下重度刈割跳虫群落个体数量显著高于轻度刈割的个体数量。

（五）结论

数据结果表明，人类生产活动对以跳虫为代表的土壤中型节肢动物有显著的影响。在本实验的刈割强度范围内，刈割强度的增加会降低松嫩草地植物群落对草食节肢动物取食的抵御能力，从会增加草地虫害的危险，适度刈割是保证牧草生产和土壤节肢动物多样性良好的生产方式。而在未来全球变暖的气候背景下，这一危害会由于增温对植物群落的正向促进而弱化，但仍需进一步加强人类生产在外来气候环境变化下对草地植物群落与节肢动物群落之间关系的研究。

参 考 文 献

陈朝, 吕昌河, 范兰, 等. 2011. 土地利用变化对土壤有机碳的影响研究进展. 生态学报, 31: 5358-5371.
陈国孝, 宋大祥. 2002. 暖温带北京小龙门林区土壤动物的研究. 生物多样性, 8(1): 88-95.
陈鹏. 1983. 土壤动物的采集和调查方法. 生态学杂志, 2(2): 46-51.
陈鹏, 田中真悟. 1990. 长春净月潭地区土壤弹尾虫的生态分布. 昆虫学报, 33(2): 219-226.
傅声雷. 2007. 土壤生物多样性的研究概况与发展趋势. 生物多样性, 15(2): 109-115.
韩龙, 郭彦军, 韩建国, 等. 2010. 不同刈割强度下羊草草甸草原生物量与植物群落多样性研究. 草业学报, 19(3): 70-75.
柯欣, 梁文举, 宇万太, 等. 2004. 下辽河平原不同土地利用方式下土壤微节肢动物群落结构研究. 应用生态学报, 15(4): 600-604.
柯欣, 赵立军, 尹文英. 2001. 三种乔木落叶分解过程中弹尾虫群落结构的演替. 昆虫学报, 44(2): 221-226.
李昌华, 何万云. 1963. 松嫩平原盐渍土主要类型、性质及其形成过程. 土壤学报, 11(2): 196-209.
廖崇惠, 李健雄, 杨悦屏, 等. 2002. 海南尖峰岭热带林土壤动物群落——群落结构的季节变化及其气候因素. 生态学报, 23(1)139-147.
刘兴土. 2001. 松嫩平原退化土地整治与农业发展. 北京: 科学出版社: 62-192.
刘兴土, 马学慧. 2002. 三江平原自然环境变化与生态保育. 北京: 科学出版社: 59-82.
汪爱华, 张树清, 张柏. 2003. 三江平原沼泽湿地景观空间格局变化. 生态学报. 23(2): 237-243.
王玉辉, 周广胜. 2003. 冬季增温对羊草草原的影响//中国植物学会. 中国植物学会七十周年年会论文摘要汇编(1933-2003). 北京: 高等教育出版社.
王宗英, 朱永恒, 路有成, 等, 2001. 九华山土壤弹尾虫的生态分布. 生态学报, 21(7): 1142-1147.
吴东辉, 尹文英, 李月芬. 2008. 刈割和封育对松嫩草原碱化羊草草地土壤跳虫群落的影响. 草业学报, (5): 117-123.
吴东辉, 张柏, 陈鹏. 2005a. 吉林省中西部平原区大型土壤动物群落组成与生态分布. 动物学研究, 26(4): 365-372.
吴东辉, 张柏, 陈鹏. 2005b. 吉林省中西部平原区土壤螨类群落结构特征. 动物学报, 51(3): 401-412.
吴东辉, 张柏, 殷秀琴, 等. 2005c. 吉林省中西部平原区土壤线虫群落生态特征. 生态学报, 25(1): 59-67.
吴东辉, 张柏, 陈鹏. 2006a. 吉林省中西部平原区农业生境土壤甲虫群落结构特征. 土壤学报, 43(2): 280-286.
吴东辉, 张柏, 陈鹏. 2006b. 吉林中、西部平原区土壤弹尾虫群落结构的比较. 昆虫学报, 48(6): 935-942.
武海涛, 吕宪国, 姜明, 等. 2008. 三江平原典型湿地土壤动物群落结构及季节变化. 湿地科学, 6(4): 459-465.
殷秀琴, 王海霞, 周道玮. 2003. 松嫩草原区不同农业生态系统土壤动物群落特征. 生态学报, 23(6): 1071-1078.
尹文英. 2000. 中国土壤动物. 北京: 科学出版社.
尹文英, 等. 1998. 中国土壤动物检索图鉴. 北京: 科学出版社.
张苏芳, 孔祥波, 王鸿斌, 等. 2013. 植物对昆虫不同防御类型及内在联系. 应用昆虫学报, 50(5): 1428-1437.
赵魁义. 1999. 中国沼泽志. 北京: 科学出版社.
郑慧莹, 李建东. 1993. 松嫩平原的草地植被及其利用保护. 北京: 科学出版社.
周道玮, 张正祥, 靳英华, 等. 2010. 东北植被区划及其分布格局. 植物生态学报, 34(12): 1359-1368.
Addison J A, Trofymow J A, Marshall V G. 2003. Abundance, species diversity, and community structure of Collembola in successional coastal temperate forests on Vancouver Island, Canada. Applied Soil Ecology, 24: 233-246.
Alvarez T, Frampton C K, Goulson D. 2001. Epigeic Collembola in winter wheat under organic, integrated and conventional farm management regime. Agriculture Ecosystems and Enviroment, 83: 95-110.
Bai J, Zhao Q, Lu Q, et al. 2014. Land-use effects on soil carbon and nitrogen in a typical plateau lakeshore wetland of China. Archives of Agronomy and Soil Science, 6: 817-825.
Balogh J, Balogh P. 1992. The Oribatid Mite Genera of the World. Vol. 1. Budapest: Hungarian Natural History Museum: 1-263.
Bellinger P F, Christiansen K A, Janssens F. 2012. Checklist of the Collembola of the world. http: //www. collembola. org. [2015-5-11].
Christiansen K, Bellinger P. 1980. The Collembola of North America of the Rio Grand. Grinnell, Iowa: Grinnell College.
Culik M P, Souza J L, Ventura J A. 2002. Biodiversity of Collembola in tropical agricultural enviroments of Espirito Santo. Applied Soil Ecology, 21: 49-58.
de Deyn G B, Raaijakers C E, van Ruijven J, et al. 2004. Plant species identity and diversity effects on different trophic levels of nematodes in the soil food web. Oikos, 106: 576-586.

Eaton R J, Barbercheck M, Buford M. 2004. Effects if organic matter removal soil compaction and vegetation control on Collembolan populations. Pedobiologia, 48: 121-128.

Ehrlich P R, Raven P H. 1964. Butterflies and plants —a study in coevolution. Evolution, 18(4): 586-608.

Guo L B, Gifford R M. 2002. Soil carbon stocks and land use change: a meta analysis. Global Change Biology, 8: 345-360.

Haimi J, Laamanen J, Penttinen R, et al. 2005. Impacts of elevated CO_2 and temperature on the soil fauna of boreal forests. Applied Soil Ecology, 30: 104-112.

Hoffman A A, Parsons P A. 1997. Extreme Environmental Change and Evolution. Cambridge: Cambridge University Press.

Huang J, Song C, Nkrumah P N. 2013. Effects of wetland recovery on soil labile carbon and nitrogen in the Sanjiang Plain. Environmental Monitoring and Assessment, 185: 5861-5871.

Larsen T, Schjønning P, Axelsen J. 2004. The impact of soil compaction on euedaphic Collembola. Applied Soil Ecology, 26: 273-281.

Maraun M, Salamon J A, Schneider K, et al. 2003. Oribatid mite and collembolan diversity, density and community structure in a moder beech forest(*Fagus sylvatica*): effects of mechanical perturbations. Soil Biology & Biochemistry, 35: 1387-1394.

Pomorski R J. 1998. Onychiurinae of Poland(Collembola: Onychiuridae). Wrocklaw: Polish Taxonomical Society: 1-201.

Wall D H, Bardgett R D, Behan-Pelletier V, et al. 2012. Soil Ecology and Ecosystem Services. Oxford: Oxford University Press.

Wang Z, Song K, Ma W, et al. 2011. Loss and fragmentation of marshes in the Sanjiang Plain, Northeast China, 1954-2005. Wetlands, 31: 945-954.

Wardle D A, Bardgett R D, Klironomos J N, et al. 2004. Ecological linkages between aboveground and belowground biota. Science, 304: 1629-1633.

Whitham T G. 1983. Host manipulation of parasites: within— plant variation as a defense against rapidly evolving pests. *In*: Denno R F, McClure M S. Variable Plants and Herbivores in Natural and Managed Systems. New York: Academic: 15-41.

第八章　气候变化情境下水鸟栖息地潜在分布及应对策略

东方白鹳属于夏候鸟型，通常在每年的 3 月到达中国的东北地区，4~6 月繁殖，10 月集群，11 月南迁至我国长江中下游地区(江西鄱阳湖、安徽升金湖、湖北沉湖和长江口、湖南洞庭湖、江苏盐城等地)，也可至我国台湾和香港，少量个体越冬于朝鲜半岛、日本，偶见于菲律宾、印度东北部、缅甸、孟加拉国等地（Collar et al., 2001；何芬奇等，2009）。东方白鹳是大型的濒危涉禽物种，在我国的繁殖地主要集中在东北地区三江平原的洪河、兴凯湖、珍宝岛、挠力河和三江等自然保护区及松嫩平原的扎龙自然保护区（Collar et al., 2001；朱宝光等，2008）。根据生活习性，东方白鹳喜于栖息在河流和湖边等茂密的湿草地，且在人烟稀少的高大乔木或高压线铁塔上营巢。采食地为河泡边缘、苇塘的浅水处，以及常年积水的沼泽草甸；主要的食物为鱼类，有时也以鼠、蛙及昆虫为食。东方白鹳的这些生理习性为大尺度揭示其生境适宜性提供了依据。因此，如何合理保护繁殖地和取食地对保护东方白鹳尤为重要。

气候变化对珍稀物种的影响也逐渐引起了人们的警觉，尤其是南北迁徙的珍稀候鸟，其对气候的响应尤为敏感。在未来几十年里，气候变化被认为是影响生物多样性及其适宜性生境分布最为重要的因素（IPCC，2007）。为了分析气候变化对物种生境分布的影响，不同学者发展了诸多生态位物种分布模型（Phillips et al., 2004）。MaxEnt 物种分布模型由于具有高级而简易的算法（Elith et al., 2011），是近年来生态学领域应用最为广泛的模型之一（Araujo and Peterson，2012）。对东北地区近 50 多年的气象监测发现，其气候变暖趋势明显高于我国的平均水平（任国玉等，2006），是中国气候变暖最为显著的地区之一。在气候变暖的背景下，蒸发显著增加，加速了东方白鹳适宜生境的缩减。因此，揭示气候变化背景下，东方白鹳未来适宜性生境的空间分布特征，以及采取何种适应性策略提高东方白鹳对生存环境的适宜性，对保护东方白鹳种群具有重要的意义。

第一节　东北地区三江平原气候变化空间分布特征

一、当今气候变化空间分布特征

（一）气温要素特征及变化

东北三江平原地区的年平均气温为 1.4~4.3℃，全年有 5 个月的月均温在 0℃以下。多年的平均无霜期为130多天，南部的部分地区达160多天；≥10℃积温为2300~2700℃·d。1979~2007年，三江平原4~10月的月均温为4.1~22.4℃。其中，7月均温为21.81℃，为东方白鹳繁殖期栖息地气温的峰值（图8-1，图8-2）。

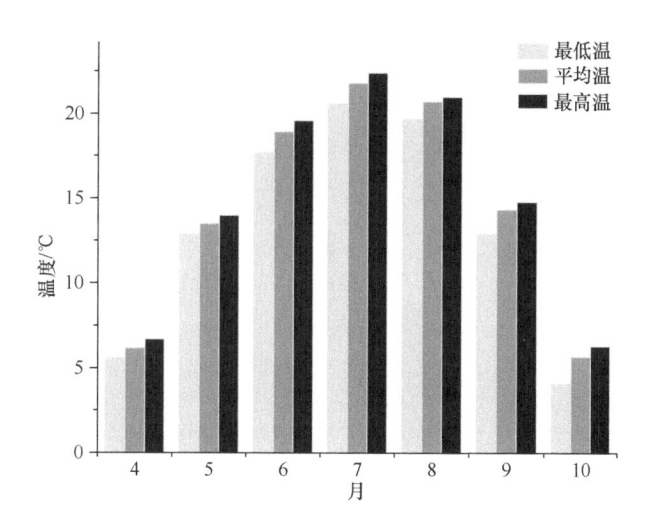

图 8-1　三江平原东方白鹳繁殖期月平均温（1979~2007 年，中国气象局）
Fig.8-1　The average monthly temperature of Sanjiang Plain during Oriental White Storks's breeding period（1979–2007，China Meteorological Administration）

1. 春季平均气温变化趋势

三江平原春季平均气温有显著的线性上升趋势，4月的平均增温速率为每10年0.54℃，其中南部穆棱市的升温速率最大，达到每10年0.73℃（图8-3）。该地区5月的平均增温速率为0.45℃/10年。

2. 夏季平均气温变化趋势

多年的监测数据显示，研究区6月平均气温具有明显的上升趋势，而且呈现出从东北向西南递减的趋势。其中，兴凯湖地区升温幅度最大，达到0.73℃/10年，全区平均升温速率为0.47℃/10年。7月和8月升温幅度较小，7月全区升温速率为0.23℃/10年，8月平均增温速率为0.01℃/10年。

3. 秋季平均气温变化趋势

秋季平均气温比春季平均气温的上升速率更加明显，9月和10月的平均增温速率分别为0.56℃/10年和0.61℃/10年。研究区全区升温较为平均，地区差异不大。

（二）降水要素特征及变化

1. 繁殖期平均降水量分布

三江平原地区因受东南季风、气旋和台风等天气系统、海陆分布和复杂地形的影

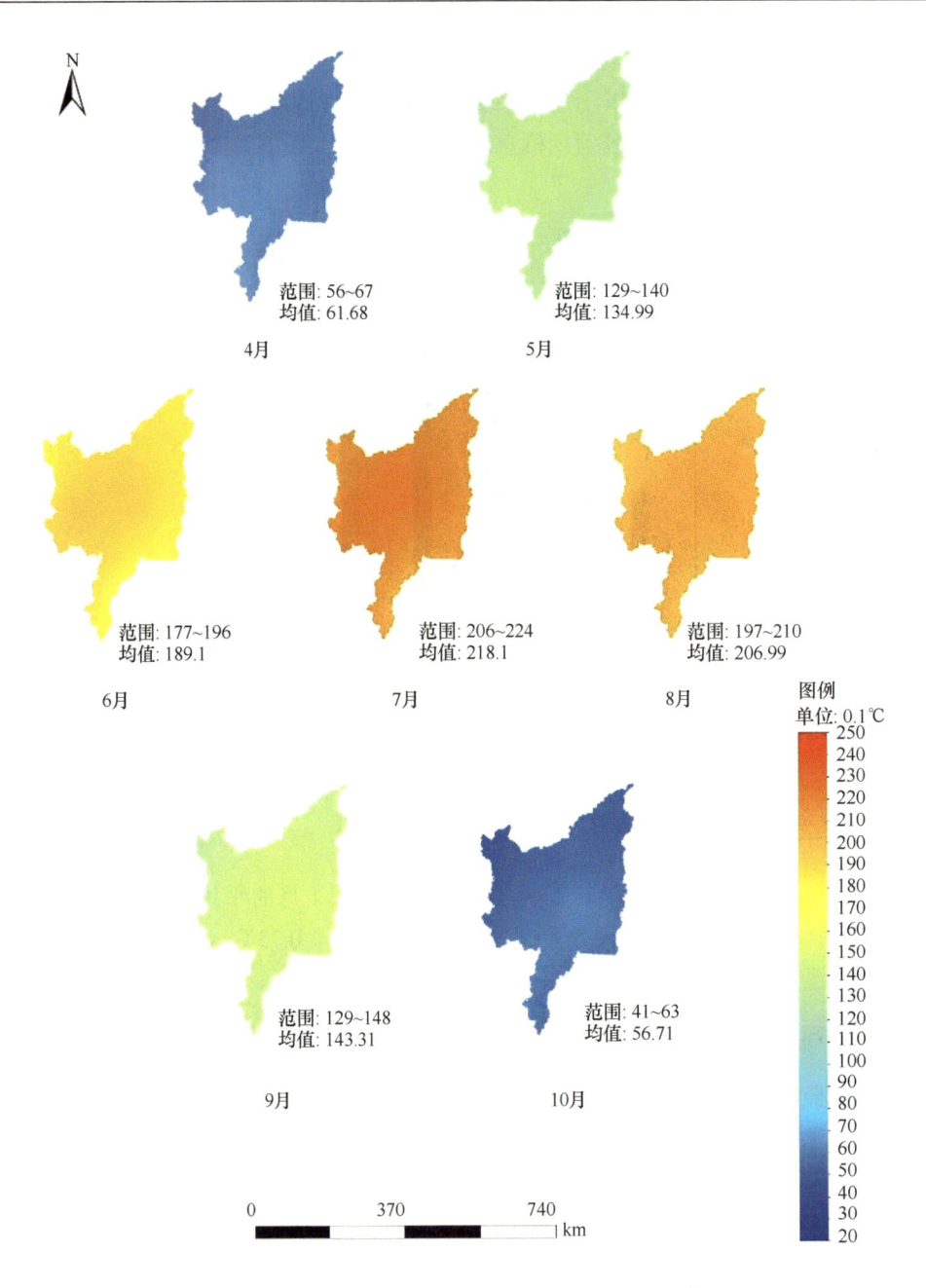

图 8-2　三江平原 4~10 月各月均温（1979~2007 年）

Fig.8-2　The average monthly temperature of Sanjiang Plain from April to October（1979–2007）

响而呈现出明显的地域特征。东方白鹳繁殖栖息期间，三江平原中部地区降水量最小，为 440~460mm，以此为圆心呈同心圆状分布（图 8-4），雨量峰谷差值最大达到 90mm。东部降水等值线稀疏，地区差异较小，降水量在 520mm 左右，这与东部地区多平原有关，太平洋暖湿气流较易进入，给该地区带来了丰沛水汽。西部为小兴安岭东南缘和张广才岭东坡，属于低山丘陵地貌，降水受地形影响大，因此降水量较大（> 500mm）

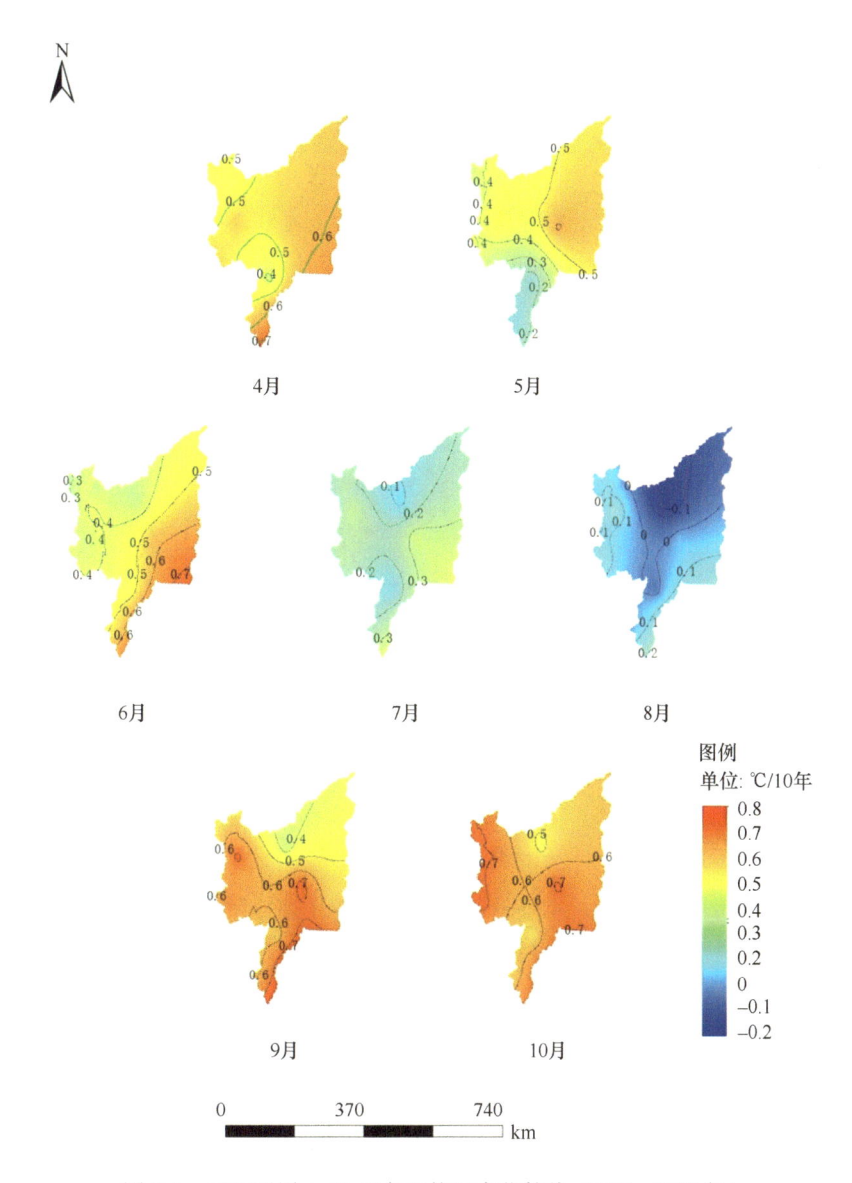

图 8-3　三江平原 4~10 月各月均温变化趋势（1979~2007 年）

Fig.8-3　The trends of average monthly temperature across Sanjiang Plain from April to October（1979–2007）

且等值线密集，地区间差异较大。

2. 繁殖期降水季节分布

东方白鹳繁殖期内，三江平原的降水量分布具有明显的季风气候特征，即夏季降水多，春秋两季降水少（图 8-5，图 8-6）。夏季（6~8 月）降水量为 315.6mm，约占整个繁殖期间降水量（490.1mm）的 64.4%；春季（4~5 月）的降水量为 77.4mm，占 15.8%；秋季（9~10 月）降水量为 97.1mm，约占 19.8%。在整个繁殖期内，以 4 月平均降水量最低，仅为 23.8~33.2mm，而 8 月平均降水量最高，达 100.9~135.4mm。

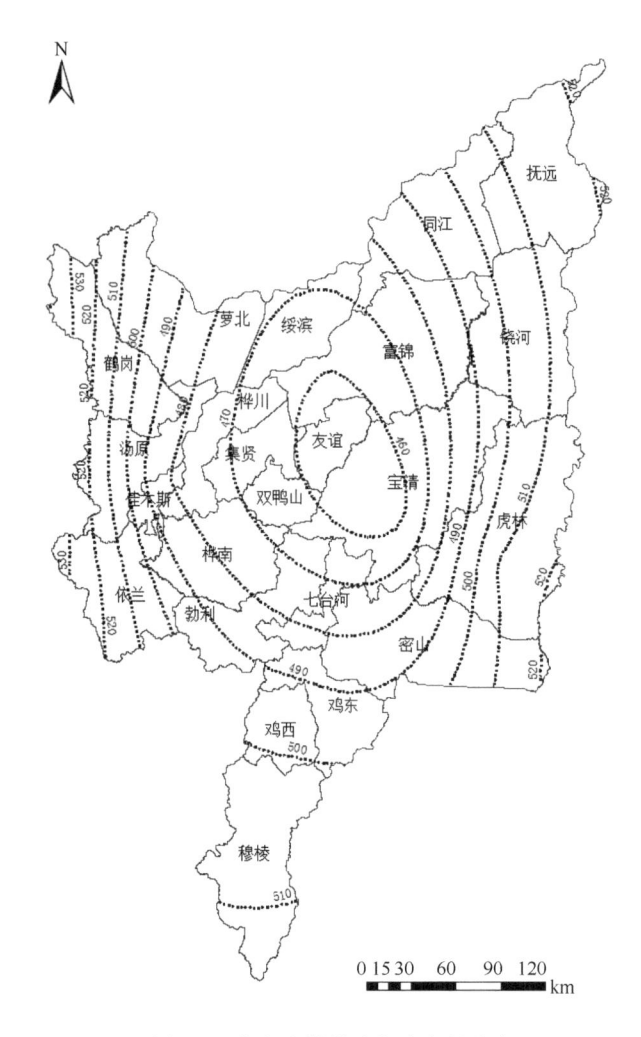

图 8-4 东方白鹳繁殖期降水量分布
Fig.8-4 The precipitation distribution of Sanjiang Plain during *Ciconia boyciana*'s breeding period

二、未来 A1B 情景和线性情景下气候变化的空间分布格局

A1 情景是 IPCC 特别报告中的排放情景之一，假设全球高速增长，全球人口高峰出现在 21 世纪中叶然后下降，快速引进新的技术和更高效的技术。最重要的假设是地区间趋同、建设能力增强、不同文化和社会相互渗透增加，以及各地区间人均收入差距快速减小。根据能源系统内技术变化趋势的不同，A1 情景家族分为 3 个组：高比例化石燃料（A1FI），非化石能源（A1T）和平衡的各种能源（A1B）（平衡的定义是不过分依赖某种特定能源，假设各种能源供应和终端技术都以相似的速度发展）（Joos et al., 2001）。

模拟过程中选择的区域气候模式是 CCSM3.0（Community Climate System Model）。该计划由美国国家科学基金会（National Science Foundation，NSF）资助，由美国国家大气研究中心（The National Center for Atmospheric Research，NCAR）、美国国家能

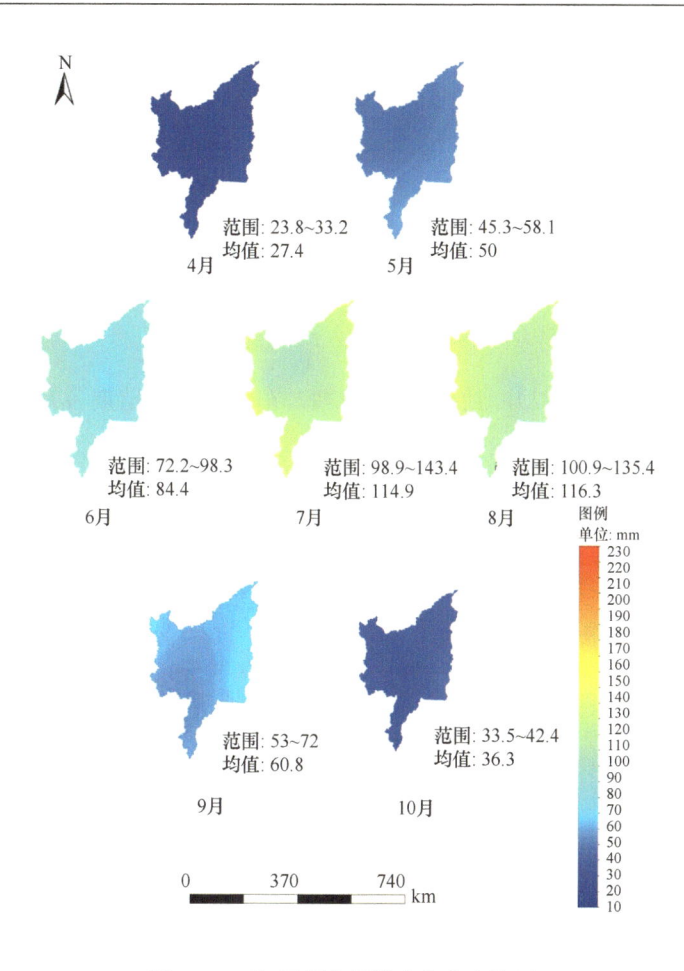

图 8-5 三江平原各月降水量分布格局

Fig.8-5　The monthly average precipitation distribution in Sanjiang Plain

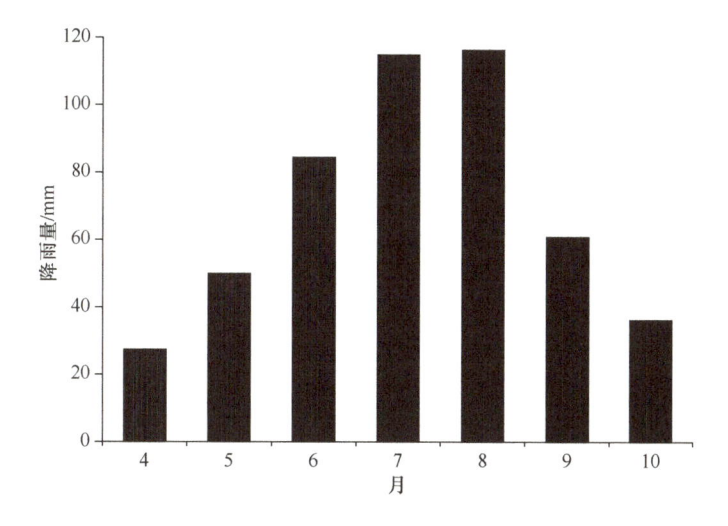

图 8-6　三江平原各月降水量柱状图（1979~2007 年，中国气象局）

Fig.8-6　The average monthly precipitation of Sanjian Plain（1979–2007，CMA）

源局（US Department of Energy）和美国航空航天局（National Aeronautics and Space Administration，NASA）联合开发。相关数据可在以下链接中下载：http://www.ccafs-climate.org/data/.。本研究模拟了 2050 年中国东北地区三江平原气温和降水要素的分布格局。

线性情景是假设气温和降水的长期变化率是恒定的（即线性情景），根据气象站点历史记录，用克里格（Kriging）法进行空间插值，并求算每个像元同期多年的平均变化速率，用以模拟该像元未来的气候特征。

（一）未来气温要素特征

在 A1B 情景下（图 8-7），到 21 世纪中期，东方白鹳繁殖期各月均温均有所增加，

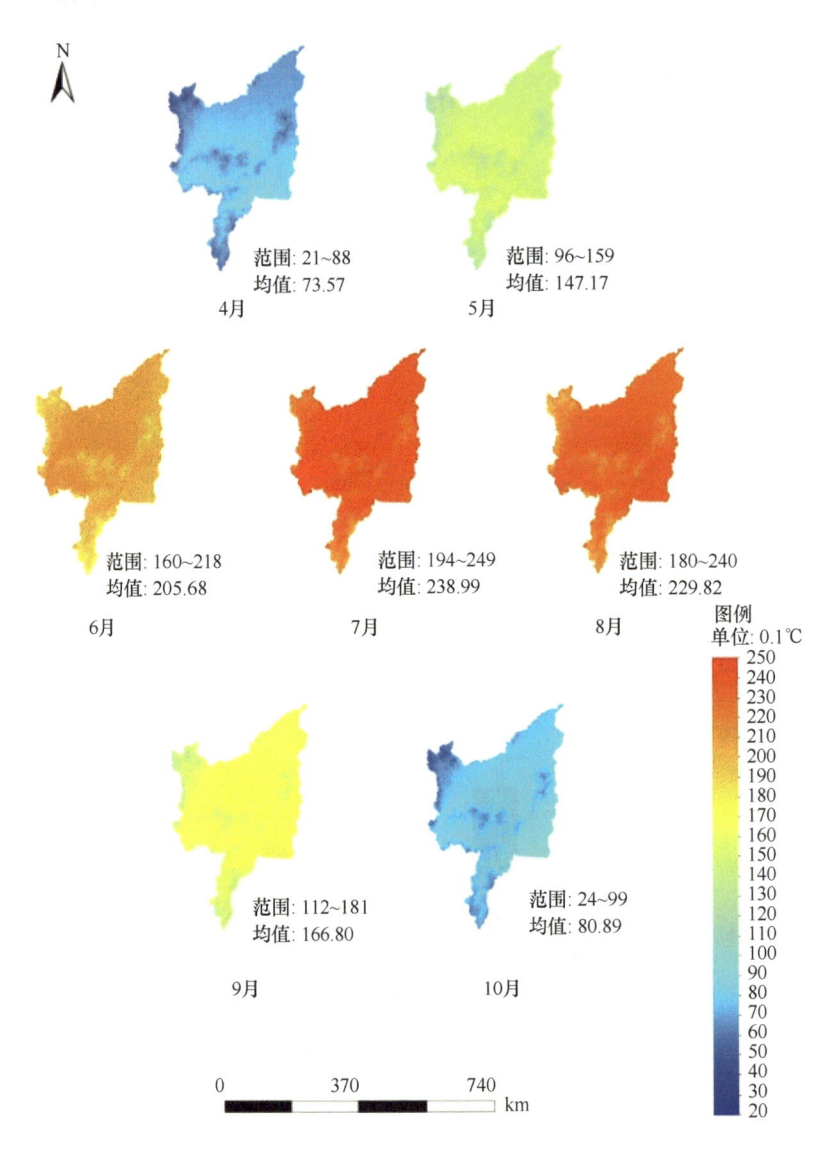

图 8-7　A1B 情景下三江平原月均温

Fig.8-7　The average monthly temperature of Sanjiang Plain under A1B climatic scenario

春季 4 月、5 月均温都增加了 1.2℃，分别达到了 7.4℃和 14.7℃；夏季均温为 22.48℃，比当前夏季均温（20.47℃）增加了约 2℃，其中平均最高温出现在 7 月，高达 23.9℃；未来秋季 9 月比当前增温 2.35℃，10 月则为 2.42℃，为各月中气温增量之首。从增温幅度来看，10 月均温由当前的 5.67℃上升到 A1B 情景的 8.09℃，增幅达到了 42.68%，同样为各月气温增幅之最，4 月次之，平均温增幅 19.28%，夏季各月由于气温基数较高，因此增幅最小。

线性情景下三江平原的平均气温分布特征与 A1B 情景不同，主要表现在夏季与春秋季气温增量与增幅的差异上。在线性情景下（图 8-8），夏季增温较小，8 月均温仅增

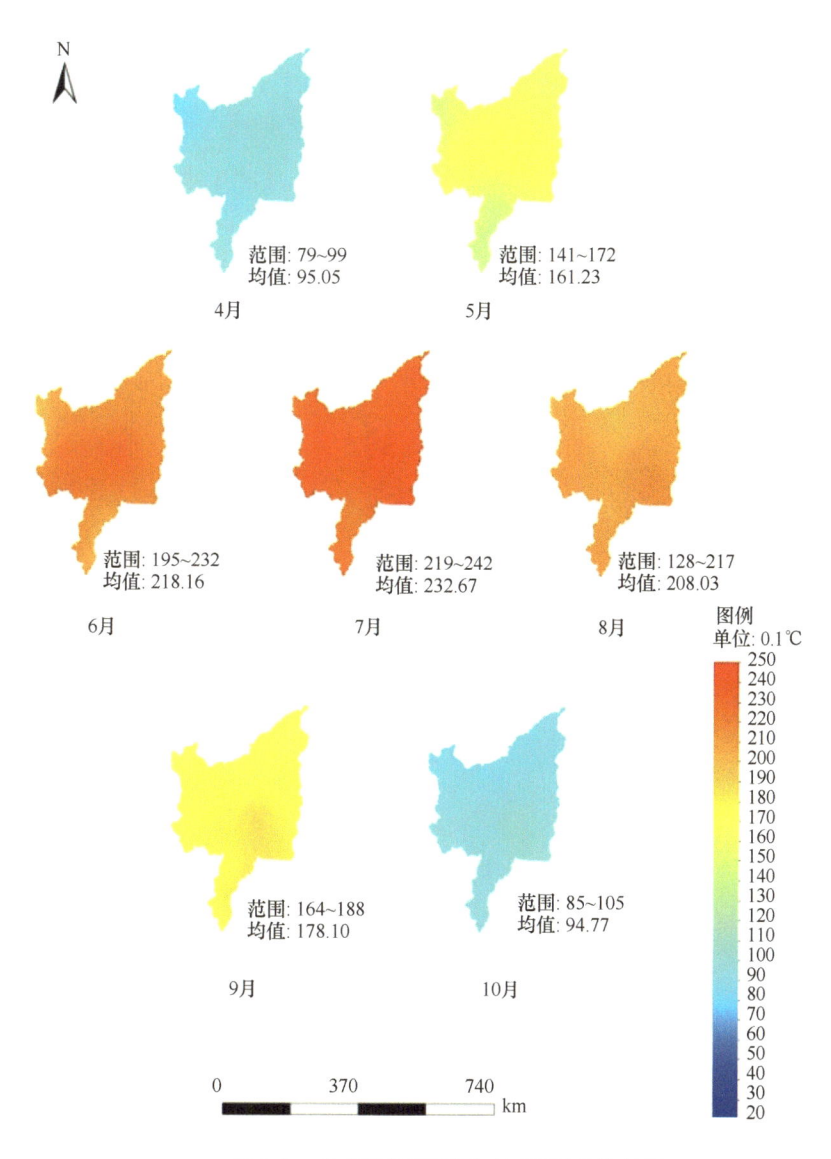

图 8-8　未来线性情景下三江平原月均气温

Fig.8-8　The average monthly temperature of Sanjiang Plain under future scenario based on linear trend

加了 0.1℃。春秋两季增温非常明显，4 月均温由 6.2℃上升到 9.6℃，增幅达 54%，10 月均温则从 5.7℃上升到 9.5℃，增量为 3.8℃，增幅高达 67.7%，为繁殖期间各月增温之首。

（二）未来降水要素特征

在 A1B 情景下（图 8-9），到 21 世纪中期，三江平原繁殖期降水总量为 607mm，比当前的 490mm 高出 117mm，增幅达 23.9%。其中，夏季降水为 386mm，增加了 70mm，占总增量的 60%。但对比当前夏季降水占繁殖期总降水量的比例来看，A1B 情景下夏季降水占比反而降低了 0.8%（由 64.4% 下降到 63.6%），即虽然夏季降水总量多、

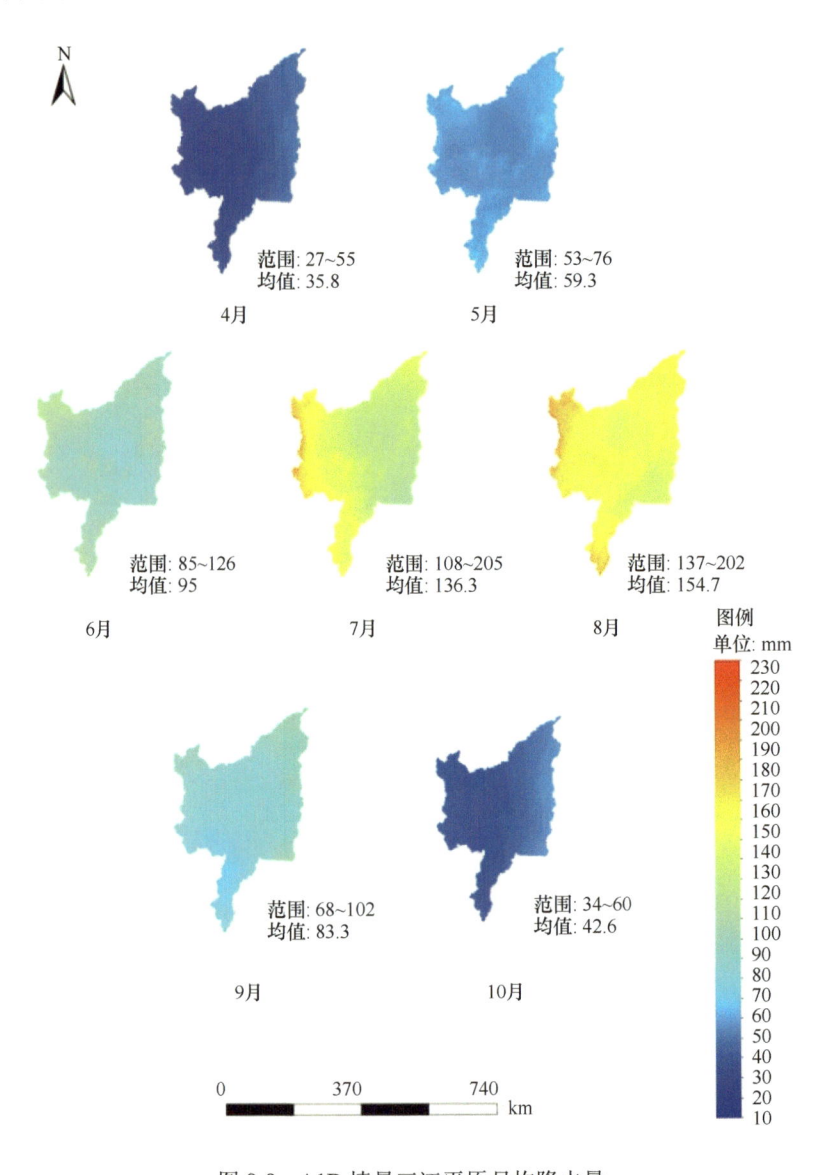

图 8-9 A1B 情景三江平原月均降水量

Fig.8-9 The average monthly precipitation of Sanjiang Plain under A1B climatic scenario

增量多，但其所占比例仍然保持相对稳定。同样，春秋两季降水也明显增加，9月平均降水量达到83.3mm，比当前9月降水增加了22.5mm，增幅达37%。总体来说，到2050年，各月降水均会增多，繁殖期干湿状况基本稳定，仍为夏季多雨，春秋少雨，干湿季雨量差逐步增大。

在线性情景下（图8-10），到2050年，三江平原繁殖期总降水量达535mm，仅增加了45mm，且不同于A1B情景中普遍降水增多的现象，而是季节差异大，各月有增有降。其中4月、5月、6月3个月降水明显增加，平均降水量分别达51.4mm、10.3mm、146.9mm，增幅为87.6%、106%、74.1%。而7~10月降水均呈下降趋势，其

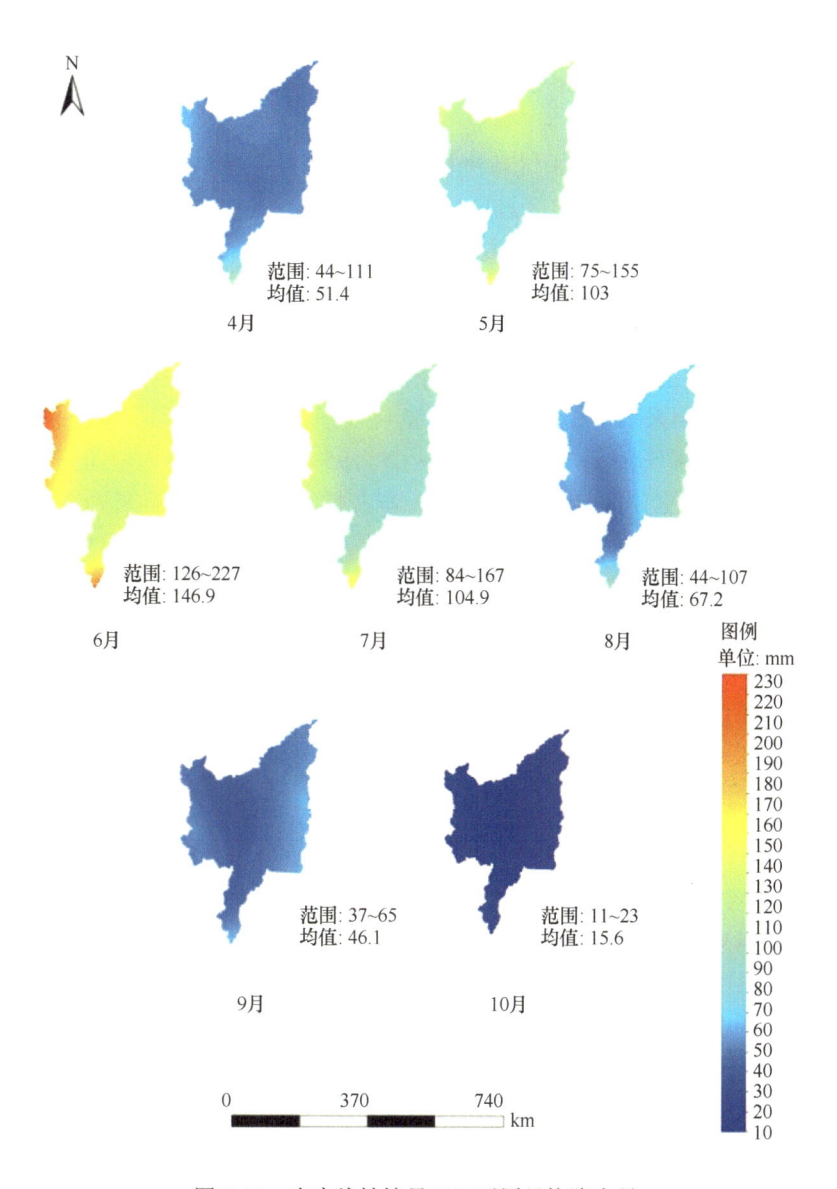

图8-10 未来线性情景三江平原月均降水量

Fig.8-10 The average monthly precipitation of Sanjiang Plain under future scenario based on linear trend

中，到 2050 年，8 月平均降水量仅为 67.2mm，仅为当前降水量的 57.8%。纵观整个繁殖期，在线性情景下，三江平原湿季大大提前，降水峰值由 7 月的 143.4mm 提前到 6 月的 227mm，月均值则由 8 月的 116.3mm 提前至 6 月的 146.9mm。10 月平均降水量仅为 15.6mm，干湿季雨量差达 131.3mm，干湿状况发生明显变化。

第二节　气候变化影响下三江平原东方白鹳栖息地的分布

目前，已经有很多学者对湿地水鸟的食性、繁殖、栖息地等方面进行了研究，也得到了不少结论。杜林芳（2010）从湿地鸟类角度出发，把对湿地鸟类生活习性影响较为明显的干扰、水分、食物和隐蔽物等 4 种因素作为生境因子，研究了天津市东方白鹳栖息地的变化。研究认为，干扰是导致鸟类适应性生境衰退最为重要的来源。也有学者利用最大熵模型，结合大气环流模型和 IPCC 发布的 A2 和 B2 气候情景，模拟和预测了气候变化对我国东北地区丹顶鹤（*Grus japonensis*）繁殖地分布范围及空间格局的影响趋势（吴伟伟等，2012）。结果表明，在 A2 和 B2 气候情景下，气候变化将导致丹顶鹤的繁殖适生区域不断缩减，核心分布区域向西和向北移动，其中东北三省的栖息地变化明显，内蒙古东部地区未来将成为丹顶鹤的主要栖息地。刘红玉等（2006，2007）基于东方白鹳主要生境因子与景观植被类型之间的关系建立了 HIS 模型，评价了挠力河流域近 40 年来东方白鹳生境质量变化过程。研究发现，湿地面积的丧失及地理隔离，导致东方白鹳最佳适宜生境面积减少了 95%，最小繁殖生境面积减少了 97%。以上研究得出了许多重要的结果，其结果为本文探讨东方白鹳生境适宜性管理策略提供了借鉴。本研究主要应用的环境变量，如居民点直线距离、湿地直线距离等，均能定量反映干扰因子对东方白鹳生境变化的影响，并且依据刀切法判断各生态因子对东方白鹳栖息地模拟和预测的贡献率。

一、当今气候变化影响下栖息地的空间分布

（一）模型介绍及运行

本研究使用 MaxEnt 最大熵模型（the MaxEnt program for maximum entropy modelling of specie's geographic distribution），该软件由 Phillips S J、Dudik M 和 Schapire R E 共同编写（Phillips et al., 2006）。MaxEnt 模型把研究区所有像元作为构成最大熵的可能分布空间，将已知物种分布点的像元作为样点，根据样点像元的环境变量得出约束条件，探寻此约束条件下的最大熵的可能分布（即探寻与物种分布点的环境变量特征相同的像元），据此预测物种在研究区的分布。

根据公开发表的文献记载和新闻报道等权威渠道获取东方白鹳的空间分布点，样本量满足最大熵模型的精度要求。物种分布数据以物种名、物种所在经纬度的逗号分隔（csv）格式保存，包括高程、各土地类型欧式距离、物种繁殖期栖息地气候（气温和降水）数据共 25 个主要环境因子，将其导入 MaxEnt 软件。随机抽取 75% 的样本点

用于训练模型，余下 25% 用于验证模型的可靠性。

（二）东方白鹳栖息地潜在分布

图 8-11 是 MaxEnt 模型运行之后经 ARCGIS 符号化制图得到的东方白鹳栖息地潜在分布图。像素值表示物种在该地存在的发生概率，冷色调表明存在的可能性小，暖色调则表明存在的可能性大。从图中可以看出，东方白鹳主要分布在黑龙江、松花江、乌苏里江及兴凯湖沿岸，其中以乌苏里江中上游河段沿岸发生概率最大，最高达到 0.95，根据 IPCC 第五次评估报告不确定性的描述（表 8-1），可以解读为"很可能"存在。

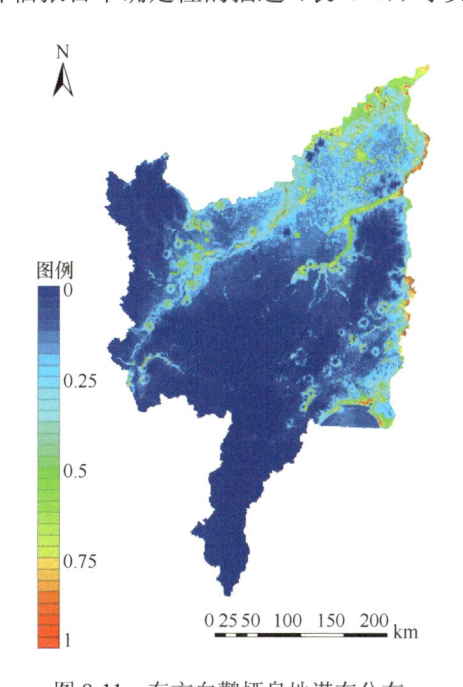

图 8-11　东方白鹳栖息地潜在分布
Fig.8-11　The current potential distribution of *Ciconia boyciana*

表 8-1　IPCC第五次评估报告关于不确定性的描述
Tab. 8-1　The description of uncertainty in the IPCC WGI Fifth Assessment Report

术语	结果的可能性
几乎可能	99%~100% 概率
很可能	90%~100% 概率
可能	66%~100% 概率
或许可能	33%~66% 概率
不可能	0%~33% 概率
很不可能	0%~10% 概率
几乎不可能	0%~1% 概率

从物种生境适宜性角度出发，本研究用自然间断点分级法（Jenks）将适宜性分为不适宜、较不适宜、一般适宜、较好适宜和高度适宜 5 类，并统计面积和所占比例。结果表明，一般适宜生境面积为 5482km^2，占三江平原总面积的 5.04%，较好适宜生境

面积为 2626km²，占三江平原总面积的 2.41%，高度适宜生境面积为 494km²，仅占三江平原总面积的 0.45%。

（三）模拟结果精度

目前对模型模拟精度的评价通常是借助 AUC 值（area under curve），它是 ROC 曲线（receiver operator characteristic curve）下面积值，取值为 0.5~1.0。ROC 曲线是以预测结果的每一个值作为可能的判断阈值，由此计算得到相应的灵敏度即真阳性率（指实际有分布且被预测为阳性的概率）和特异度（指实际没有该物种分布且被正确预测为阴性的概率，即真阴性率）。以假阳性率（即 1-特异度）为横坐标，以真阳性率（即灵敏度）为纵坐标绘制 ROC 曲线。AUC 值越大，表示环境变量与预测物种地理分布模型之间的相关性越大，越能将该物种有分布和无分布判别开，预测效果也就越好。具体评价标准（Swets，1988；Araújo et al.，2005）为：0.50~0.60，失败；0.60~0.70，较差；0.70~0.80，一般；0.80~0.90，好；0.90~1.00，非常好。

MaxEnt 接受者特性曲线 ROC 曲线远离直线 $y=x$，表明与随机分布相距较远，环境变量与预测的物种地理分布之间的相关性大，模型预测效果好。如图 8-12 所示，当前生境训练数据 AUC 高达 0.929，表明预测结果非常好，测试数据 AUC 也达到 0.896，预测效果好，均符合模型模拟的精度要求，预测结果比较可信。

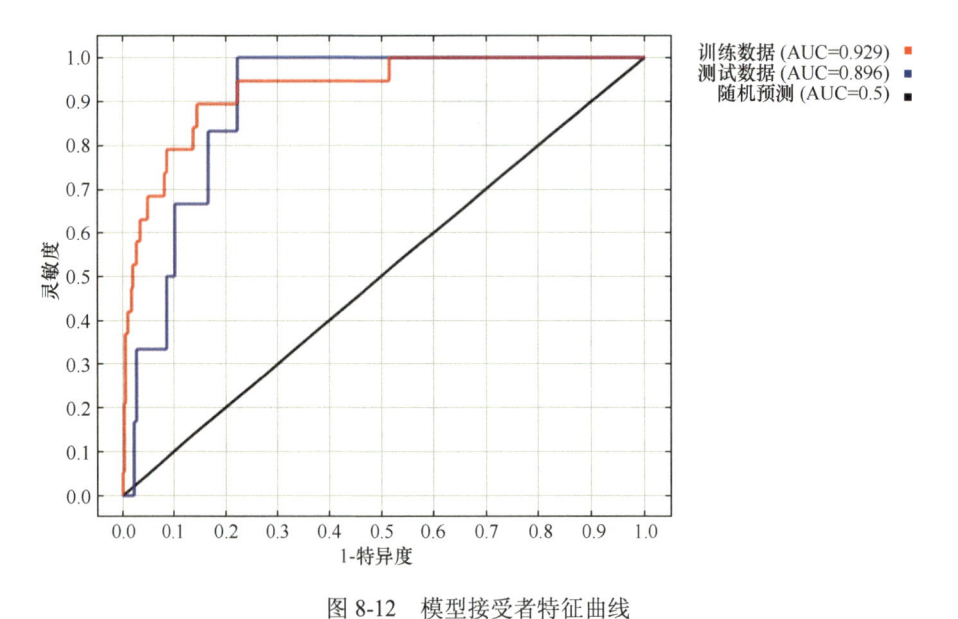

图 8-12　模型接受者特征曲线
Fig.8-12　Receiver operating characteristic（ROC）curve for accuracy assessment

（四）主导环境因子

从图 8-13 中可以看出，除高程外，对模型预测结果影响较大的是生境到各类用地的距离，这些是不可或缺的要素，其中又以到沼泽的距离（luc64）最为重要；在气候条件方面，4 月、9 月、10 月降水和 4 月、5 月、10 月气温，以及 4~10 月的均温对预

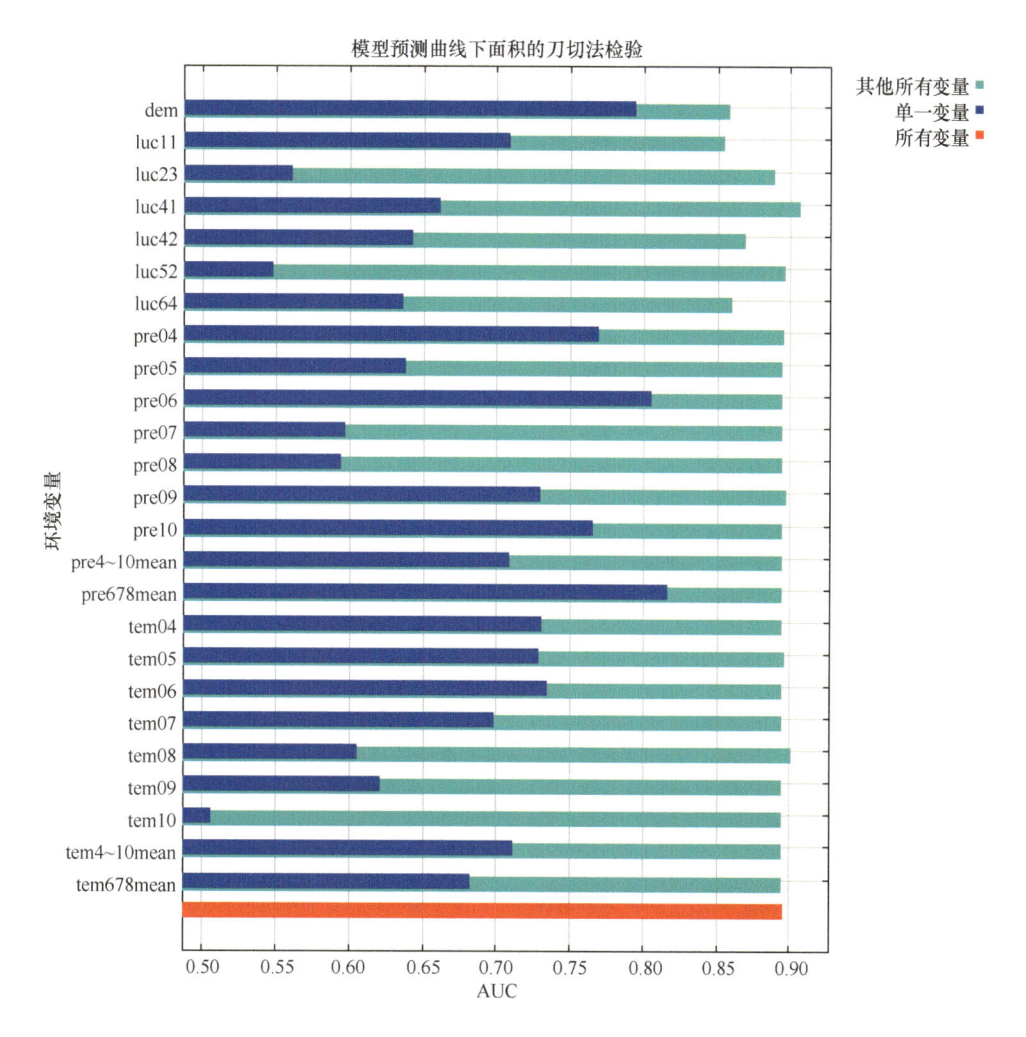

第八章 气候变化情境下水鸟栖息地潜在分布及应对策略

图 8-13 环境变量对模型预测的重要性

深蓝色表示单一变量；浅蓝色表示除该变量外的其他变量组合；红色表示所有变量。dem. 高程，m；luc**. 到各类地的欧式距离，m；11- 水田、23- 疏林地、41- 河渠、42- 湖泊、52- 居民点、64- 沼泽地；pre**. 4~10 月各月平均降水量，mm；pre4~10mean. 4~10 月平均降水量，mm；pre678mean. 夏季平均降水量，mm；tem**. 4~10 月各月平均气温，0.1℃；tem4~10mean. 4~10 月平均气温，0.1℃；tem678mean. 夏季平均气温，0.1℃

Fig.8-13 Jackknife analyses of individual predictor

Deep blue indicates single variable, shallow blue indicates other variables; red represents all variables. dem, digital elevation model (m); luc indicates Euclidean distance for all land use types, 11-paddy fields, 23-sparse woodlands, 41-rivers, 42-lakes, 52-residential areas, 64-wetlands; pre indicates precipitation (mm), pre4-10 indicates average precipitation from April to October, pre678 indicates average precipitation in summer; tem indicates temperature (0.1℃), tem4-10mean indicates average temperature from April to October, tem678mean indicates average temperature in summer

测的结果影响较为明显，而夏季尤其是 7 月、8 月的降水和气温等因素对结果影响不大。

以 4 月、10 月平均气温为例来说明气温对物种分布的影响。图 8-14 反馈曲线表明，4 月平均气温为 5.85~6.1℃时，比较适宜物种生存，超出该范围则适宜性降低；当 5 月平均气温对分布的影响呈现单调递减的规律，温度高于 13.4℃时，适宜性减弱，不利

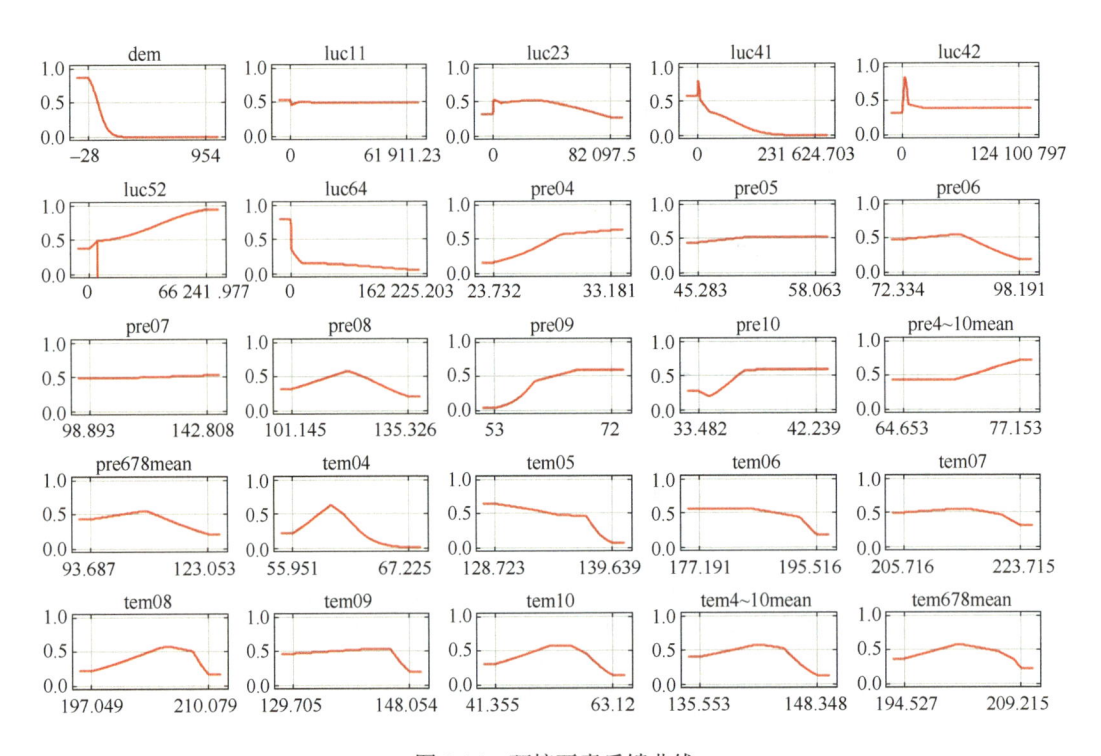

图 8-14 环境要素反馈曲线

Fig.8-14 The response curves of corresponding variables

dem. 高程, m；luc**. 到各类地的欧式距离, m, 11- 水田、23- 疏林地、41- 河渠、42- 湖泊、52- 居民点、64- 沼泽地；pre**. 4~10 月各月平均降水量, mm；pre4~10mean. 4~10 月平均降水量, mm；pre678mean. 夏季平均降水量, mm；tem**. 4~10 月各月平均气温, 0.1℃；tem4~10mean. 4~10 月平均气温, 0.1℃；tem678mean. 夏季平均气温, 0.1℃

dem, digital elevation model (m); luc indicates Euclidean distance for all land use types, 11-paddy fields, 23-sparse woodlands, 41-rivers, 42-lakes, 52-residential areas, 64-wetlands; pre indicates precipitation (mm), pre4-10 indicates average precipitation from April to October, pre678 indicates average precipitation in summer; tem indicates temperature (0.1 ℃), tem4-10mean indicates average temperature from April to October, tem678mean indicates average temperature in summer

于物种生存。

距湖泊距离的反馈曲线表明，在湖泊内（即距离为零或负值）或距离太远均不适宜东方白鹳生存，湖泊周边地区则非常适宜生存，由于图表精度原因无法判读具体距离阈值。

距居民点距离的反馈曲线表明，离居民点越远越有利于物种生存，这是因为干扰因子逐渐减弱。从图 8-14 中可以看出距离超过约 4km 时，物种的分布概率超过随机分布。

高程对物种生境的影响明显，随着海拔由低到高，物种的分布概率也逐渐下降，当海拔高于 50m 时，物种分布概率低于随机分布概率。

二、未来气候变化影响下栖息地的空间分布

在两种未来气候情景下，东方白鹳的适宜生境面积均减少。其中，在 A1B 情景下（图 8-15），一般适宜生境面积比例由 5.04% 下降到 1.19%、较好适宜生境面积比例由 2.41% 下降到 0.05%、高度适宜比例则从 0.45% 下降到 0.01%，三类适宜性生境由当前

的 7.9% 下降到 1.25%，面积从 8602km² 减少到 1353km²。

在线性情景下（图 8-16），东方白鹳适宜生境面积同样呈现大幅度减少。一般适宜生境面积比例由 5.04% 下降到 2.17%、较好适宜生境面积比例由 2.41% 下降到 0.35%、高度适宜比例则从 0.45% 下降到 0.02%，三类适宜性生境由当前的 7.9% 下降到 2.54%，面积从 8602km² 减少到 2773km²。

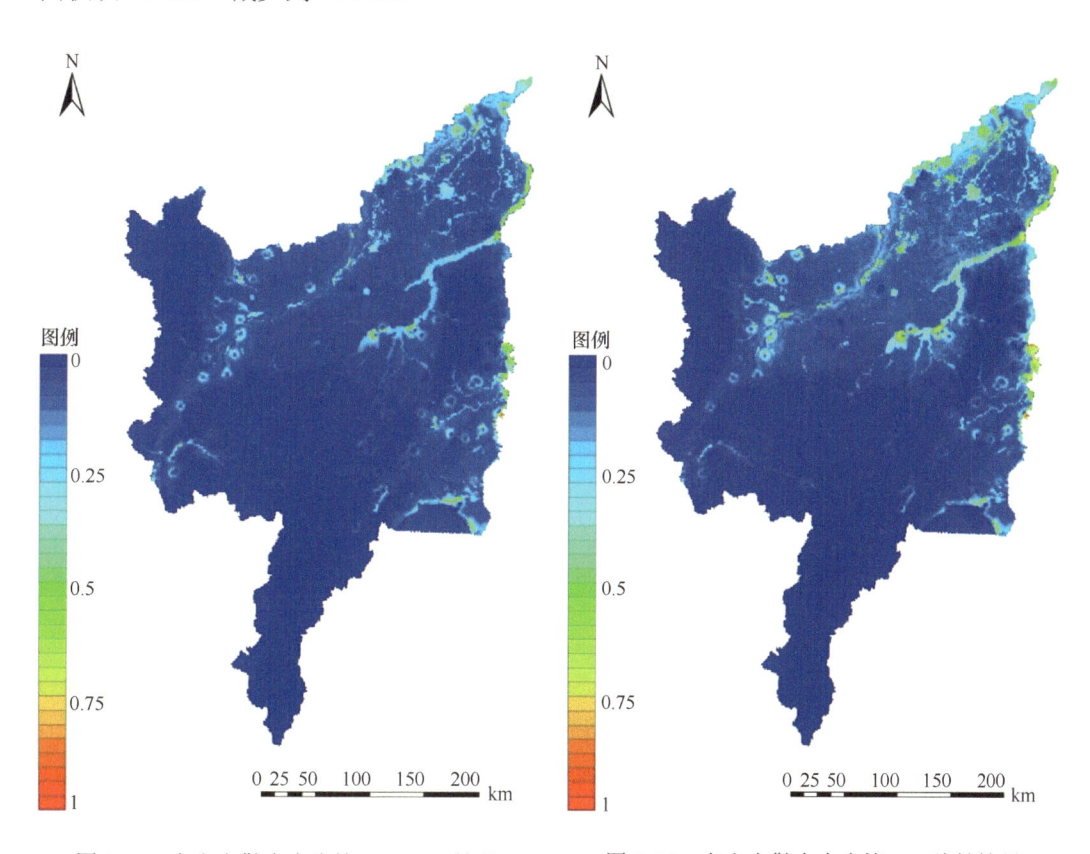

图 8-15　东方白鹳未来生境——A1B 情景
Fig.8-15　Habitat distribution of *Ciconia boyciana* under A1B scenario

图 8-16　东方白鹳未来生境——线性情景
Fig.8-16　Habitat distribution of *Ciconia boyciana* under the linear trend climate scenario

第三节　东方白鹳栖息地适应气候变化的策略分析

一、保护区建立及其空间适应性效益

（一）保护区适应性管理策略

刘红玉等（2007）及 Smirenski（1991）在相关研究中界定 9.6km² 为东方白鹳最小适宜生境面积的阈值。由于东方白鹳生境主要土地利用类型是湿地，因此本研究设定在生态完好及面积大于 9.6km² 的现有湿地建立 5 个自然保护区（图 8-17）。

图 8-17　自然保护区适应性策略样点选取

Fig.8-17　The strategy samples of nature reserves

（二）保护区适应性效益

相对于 A1B 情景下的未来生境（图 8-18），执行"自然保护区"策略，东方白鹳未来一般适宜生境的面积为 1300km², 比例由 1.19% 上升到 1.2%，较好适宜和高度适宜生境占比均未提高。对于线性情景下的未来生境（图 8-19），物种未来一般适宜生境的面积为 6523km², 所占比例由 2.18% 上升到 6.01%；较好适宜生境占比由 0.35% 上升到 0.8%；高度适宜生境占比无变化。挠力河、穆棱河上游流域是生境适宜性提高的主要区域。

二、退田还湿及其空间适应性效益

（一）退田还湿适应性管理策略

近几十年的开荒及农业生产对三江平原湿地生态系统造成了巨大影响，湿地下垫

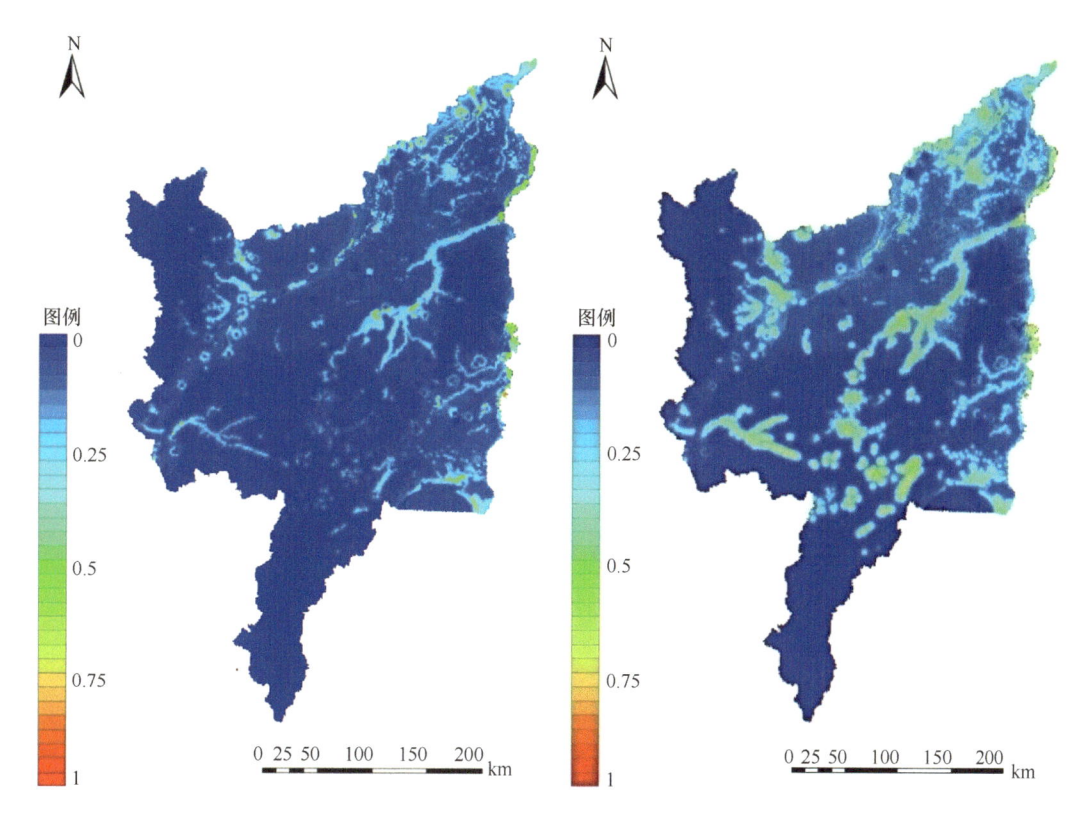

图 8-18　A1B 情景下保护区策略未来生境
Fig.8-18　Future habitat distribution under A1B scenario based on the establishment of natural reserve

图 8-19　线性情景下保护区策略未来生境
Fig.8-19　Future habitat distribution under linear trends scenario based on the establishment of natural reserve

面（水鸟栖息地和繁殖地）的水分条件和植被受到破坏，湿地面积锐减，脆弱性更加严重。东方白鹳是完全依赖湿地生存的水鸟，因此其栖息地和繁殖地正逐步减少，甚至丧失。为了提高其空间适应性效益，提出了退田还湿适应性管理策略。在前期沼泽退化（被开垦）为农田的区域中，选取面积大于 9.6km² 的 12 个斑块作为退田还湿试验区，并获取其各自中心点作为退田还湿策略的试验点，进而将其作为模型的输入数据（图 8-20）。

（二）退田还湿适应性效益

在 A1B 情景（图 8-21）和线性情景下（图 8-22），"退田还湿"策略均能显著提高三类适宜性生境的面积。对于 A1B 情景下的未来生境来讲，执行"退田还湿"策略，东方白鹳未来一般适宜生境面积增加 6693km²，所占比例由 1.19% 上升到 7.36%；较好适宜生境面积增加 2906km²，所占比例由 0.05% 上升到 2.73%；高度适宜生境面积提高 74km²，所占比例由 0.01% 上升到 0.07%。相对于线性情景下的未来生境，物种未来一般适宜生境面积提高 6630km²，所占比例由 2.18% 上升到 8.29%；较好适宜生境面积提高 2904km²，所占比例由 0.35% 上升到 3.03%；高度适宜生境占比也由 0.02% 上升到 0.09%。

图 8-20 "退田还湿"适应性策略
Fig.8-20 The strategy samples of "reclaiming farmland to wetland"

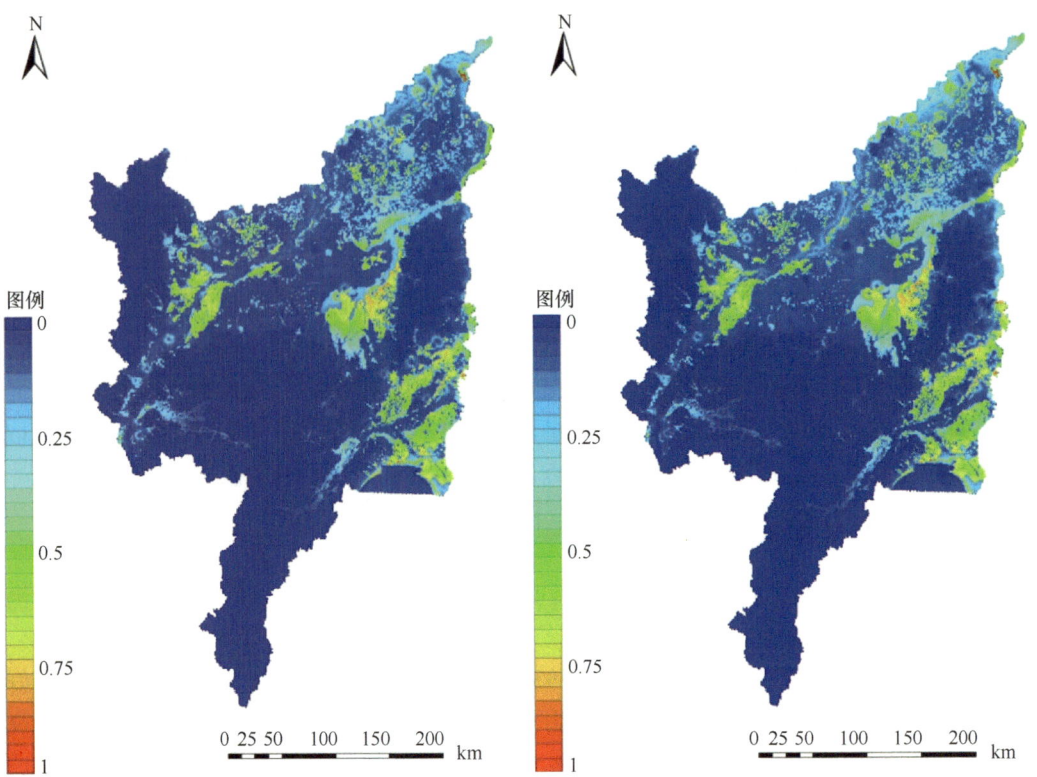

图 8-21 A1B 情景下"退田还湿"策略未来生境
Fig.8-21 Future habitat distribution under A1B scenario based on "reclaiming farmland to wetland"

图 8-22 线性情景下"退田还湿"策略未来生境
Fig.8-22 Future habitat distribution under linear trend scenario based on "reclaiming farmland to wetland"

三、人工筑巢及其空间适应性效益

（一）人工筑巢适应性管理策略

段玉宝（2010，2011）研究认为东方白鹳巢穴距居民点等人为干扰源最小距离为 1107m，距树林小于 1000m；王健和李晓民（2006），王健等（2006）研究认为距干扰源距离为 1071m；Smirenski（1991）认为筑巢区距觅食区最大距离为 2km，即筑巢区和觅食区距离小于 2km 会被东方白鹳繁殖期间利用，而东方白鹳主要觅食区为浅水沼泽或河滩。东方白鹳筑巢需满足 3 个条件：①离居民点 1100m 外；②离沼泽、水面 2000m 内；③距树林距离 1000m。本研究选取了 8 个人工筑巢试验点（图 8-23）。

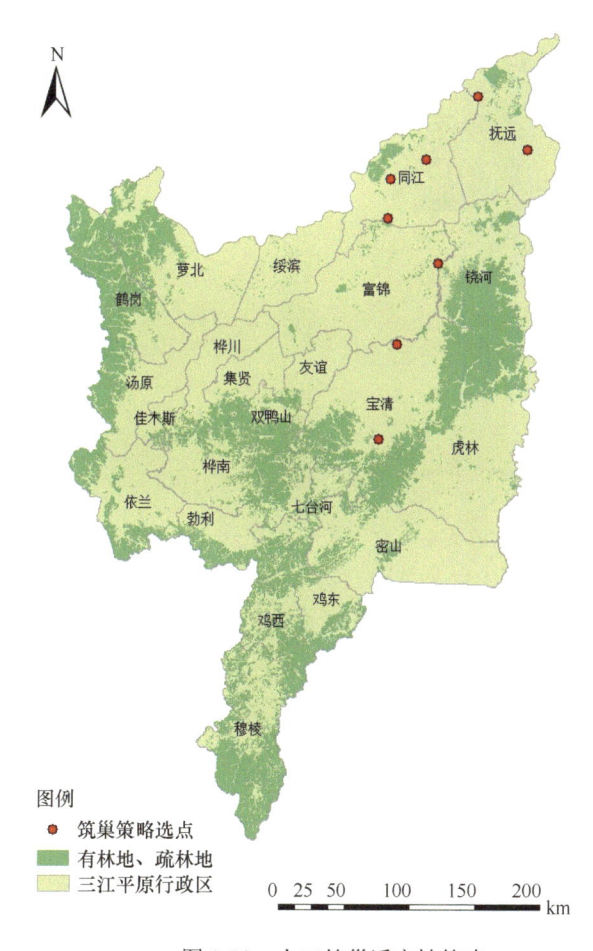

图 8-23　人工筑巢适应性策略

Fig.8-23　The strategy samples of artificial bird nest

（二）人工筑巢适应性效益

A1B 情景下的未来生境（图 8-24），执行人工筑巢策略，东方白鹳未来一般适宜生境面积 2820km², 所占比例由 1.19% 上升到 2.6%; 较好适宜和高度适宜生境面积提高不大。而在线性情景下(图 8-25), 人工筑巢策略效益不明显, 仅将一般适宜生境面积比提高了 0.01%。

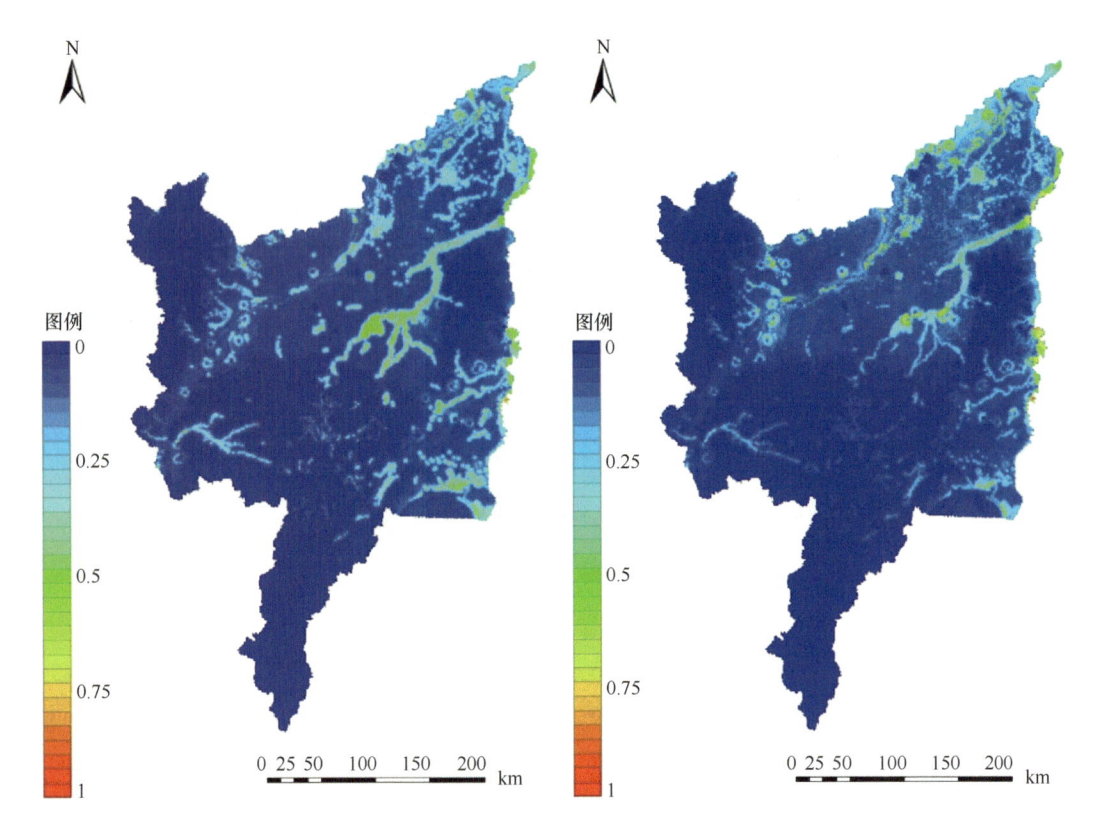

图 8-24 A1B 情景下人工筑巢策略未来生境
Fig.8-24 Future habitat distribution under A1B scenario based on artificial bird nest

图 8-25 线性情景下人工筑巢策略未来生境
Fig.8-25 Future habitat distribution under linear trends scenario based on artificial bird nest

根据对比可以发现,无论在何种未来气候情景下,3 种适宜性生境的面积,在执行"退田还湿"策略时,都得到较大幅度提高,而自然保护区策略和人工筑巢策略只能提高"一般适宜"的面积,对"较好适宜"和"高度适宜"效果不大。

四、组合适应对策及其空间适应性效益

组合适应对策是指综合"保护区建立"、"退田还湿"和"人工筑巢"3 个适应性管理策略,对执行 3 个策略后得到的物种适应性分布进行地理空间取最优,得到组合适应对策下的物种适应性分布图。在 A1B 情景下(图 8-26),执行组合适应对策之后,东方白鹳一般适宜面积达到 9544km², 占三江平原总面积的 8.77%, 比未执行任何策略时高出 7.58%; 较好适宜面积为 2971km², 占三江平原总面积的 2.73%, 适宜性提高了 2.68%; 高度适宜面积也提高了 0.06%, 占总面积的 0.07%, 面积约为 76km²。在线

性情景下（图 8-27），执行组合适应对策之后，东方白鹳的适宜面积同样也有较大增加。其中，一般适宜面积由 2366km² 提升到 12 830 km²，所占比例则由 2.17% 提高到 11.79%；较好适宜面积由 384km² 提升到 3787km²，所占比例由 0.35% 提升到 3.48%；高度适宜面积由 23km² 提升到 98km²，达到了 0.09%。

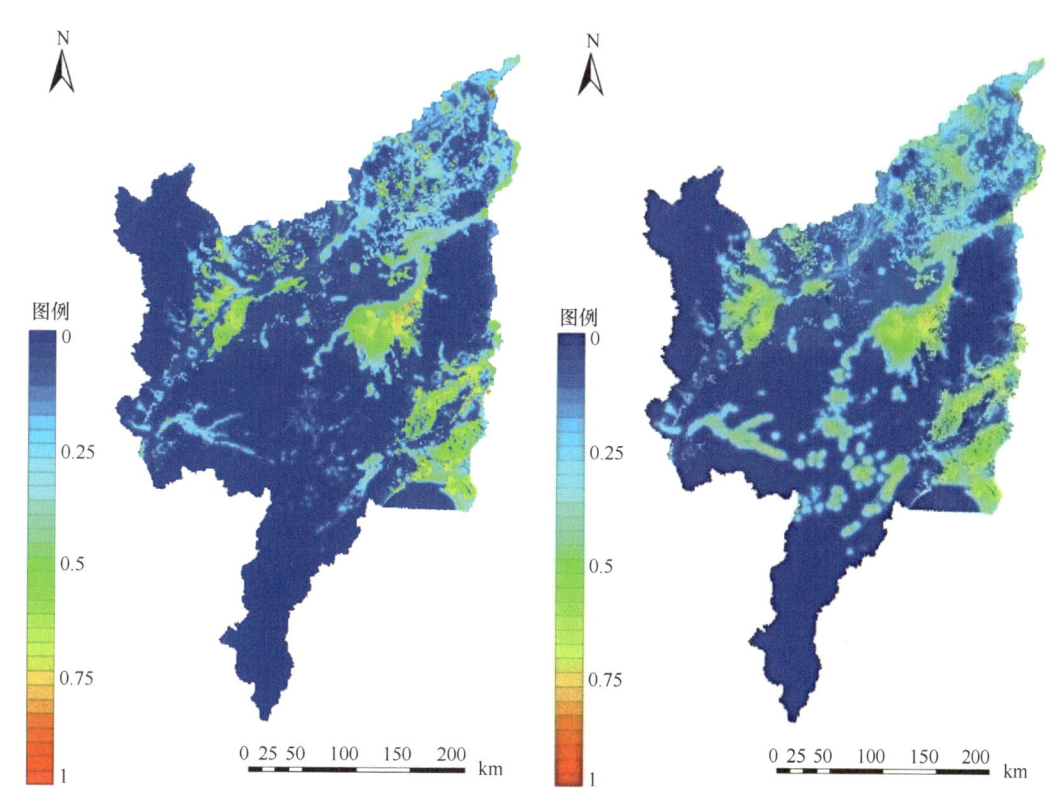

图 8-26　A1B 情景下组合适应对策未来生境
Fig.8-26　Future habitat distribution under A1B scenario based on combined strategies

图 8-27　线性情景下组合适应对策未来生境
Fig.8-27　Future habitat distribution under linear trends scenario based on combined strategies

　　三江平原地区未来气候变化对水鸟栖息地的不良影响正在发生，要减少这种影响，提高东方白鹳的生境适宜性，应该着重开展湿地恢复工程，加强对区域内现存湿地严格保护、严禁开发和破坏，合理规划并建立自然保护区，积极着手物种人工招引、人工筑巢等工作，恢复被破坏的河流、湖泊湿地生态系统结构和功能，特别是对积水沼泽生态系统的恢复，对被开垦为农田的湿地的恢复，可以为东方白鹳等水鸟提供更大面积的栖息地。

参 考 文 献

杜林芳. 2010. 天津市东方白鹳栖息地变化研究. 北京: 北京林业大学硕士学位论文.
段玉宝, 田秀华, 朱书玉, 等. 2010. 东方白鹳繁殖期行为时间分配及日节律. 生态学杂志, 29: 968-972.

段玉宝, 田秀华, 朱书玉, 等. 2011. 黄河三角洲自然保护区东方白鹳的巢址利用. 生态学报, 31: 666-672.

何芬奇, 田秀华, 于海玲, 等. 2009. 略论东方白鹳的繁殖分布区域的扩展. 动物学杂志, 43: 154-157.

刘红玉, 李兆富, 白云芳. 2006. 挠力河流域东方白鹳生境质量变化景观模拟. 生态学报, 26: 4007-4013.

刘红玉, 李兆富, 李晓民. 2007. 小三江平原湿地东方白鹳(Ciconia boyciana)生境丧失的生态后果. 生态学报, 27(7): 2678-2683.

任国玉, 初子莹, 周雅清, 等. 2006. 中国气温变化研究最新进展. 气候与环境研究, 10: 701-716.

王健, 李晓民. 2006. 黑龙江省洪河自然保护区东方白鹳巢址选择. 东北林业大学学报, 34: 65-66.

王健, 李晓民, 程岭, 等. 2006. 洪河自然保护区东方白鹳巢址选择与种群恢复研究. 国土与自然资源研究, (01): 88-89.

吴伟伟, 顾莎莎, 吴军, 等. 2012. 气候变化对我国丹顶鹤繁殖地分布的影响. 生态与农村环境学报, 28: 243-248.

朱宝光, 刘化金, 李晓民, 等. 2008. 三江平原东方白鹳种群现状与人工招引研究. 湿地科学与管理, 4: 21-23.

Araújo M B, Pearson R G, Thuiller W, et al. 2005. Validation of species–climate impact models under climate change. Global Change Biology, 11: 1504-1513.

Araújo M B, Peterson A T. 2012. Uses and misuses of bioclimatic envelope modeling. Ecology, 93: 1527-1539.

Collar N J, Crosby R, Crosby M. 2001. Threatened Birds of Asia: the BirdLife International Red Data Book. Cambridge, UK: BirdLife International.

Elith J, Phillips S J, Hastie T, et al. 2011. A statistical explanation of MaxEnt for ecologists. Diversity and Distributions, 17: 43-57.

IPCC. 2007. IPCC WGII Fourth Assessment Report. Climatic change: impacts, adaptation and vulnerability(Intergovernmental Panel on Climate Change: Geneva)

Joos F, Prentice I C, Sitch S, et al. 2001. Global warming feedbacks on terrestrial carbon uptake under the Intergovernmental Panel on Climate Change(IPCC)emission scenarios. Global Biogeochemical Cycles, 15: 891-907.

Phillips S J, Anderson R P, Schapire R E. 2006. Maximum entropy modeling of species geographic distributions. Ecological Modelling, 190: 231-259.

Phillips S J, Dudík M, Schapire R E. 2004. A maximum entropy approach to species distribution modeling. In Proceedings of the Twenty-First International Conference on Machine Learning.

Smirenski S. 1991. Oriental White Stork action plan in the USSR. In: Coulter M C, Wang Q, Luthin C S. Biology and Conservation of Oriental White Stork Ciconia Boyciana. South Carolina: Savannah River Ecology Labolatory: 165-177.

Solomon S, Qin D, Manning M, et al. 2007. Climate Change 2007: The Physical Science Basis. Contribution of Working Group I to the Fourth Assessment Report of the Intergovernment Panel on Climate Change, 2007.

Swets J A. 1988. Measuring the accuracy of diagnostic systems. Science, 240: 1285-1293.